進階 遊戲設計

系統性的
遊戲設計方法

設計更具吸引力、優雅和有趣的遊戲！

獻給所有創造和成為下一代遊戲設計師的人們。

目錄

致謝 ix

關於作者 x

前言 1

整合式的方法來學習遊戲設計 2

這本書從何而來？ 2

本書涵蓋的內容 3

本書目標 3

如何閱讀本書？ 7

摘要 10

PART I　基礎 11

1　系統的基礎 13

系統是看待和思考事物的方式 14

系統思維的簡要歷史 28

系統作為世界的運行過程 34

摘要 49

2　定義系統 51

系統的意義 52

簡要的定義 52

定義構成元件 53

循環（Loops） 64

整體 92

摘要 92

3 遊戲和遊戲設計的基礎 **95**

什麼是遊戲？ 96

遊戲框架（Game Frameworks） 99

總結遊戲的定義 102

一個遊戲的系統性模型 103

遊戲設計的演變 126

摘要 128

4 互動性和樂趣 **131**

玩家作為遊戲的構成元件，如同一個系統 132

實現互動性的系統性方法 132

心智模型、激發和參與 139

互動循環 148

認識、定義和創造樂趣 175

摘要 180

PART II 原理 **183**

5 作為一位系統性的遊戲設計師 **185**

你甚至該如何開始？ 186

設計系統性遊戲 189

從系統觀點分析遊戲 197

原型製作和遊戲測試 199

摘要 200

6 設計整體的體驗 **201**

整體構想是什麼？ 202

概念文件 208

設計遊戲＋玩家的系統 231

關於你的設計願景應思考的問題 232

摘要 233

7 打造遊戲循環 235

不僅僅是個別的總和 236

關於循環的簡要回顧 236

四個主要循環 241

三種遊戲玩法循環 252

定義系統的循環和目標 276

設計遊戲系統的工具 279

記錄你的系統設計 280

關於遊戲循環應思考的問題 283

摘要 284

8 定義遊戲的構成元件 287

了解構成元件 288

定義構成元件 289

指定構成元件的行為 297

創造循環系統 307

不要迷失在雜草或雲中 308

開始進行及整體結構 309

關於詳細設計你應考慮的問題 313

摘要 314

PART III 實踐 315

9 遊戲平衡的方法 317

尋找遊戲中的平衡 318

方法和工具概述 319

在遊戲平衡中使用機率 327

遞移和非遞移系統 335

摘要 341

10 遊戲平衡的實踐 **343**

把方法付諸實踐 344

創造進展和能力曲線 344

平衡構成元件、進展和系統 357

分析性平衡 374

摘要 381

11 與團隊一同工作 **383**

團隊合作 384

成功的團隊做了什麼？ 384

團隊內的角色 393

摘要 404

12 讓你的遊戲成真 **405**

著手開始 406

進行募投簡報 406

建構遊戲 417

設計、建構和測試 417

快速找到遊戲中的樂趣 417

有效的遊戲原型製作 418

有效的遊戲測試 423

製作的不同階段 432

完成你的遊戲 440

摘要 442

參考資料 **443**

索引 **453**

致謝

任何一本書都是一趟寫作的旅程。我要感謝我的所有家庭成員、朋友和同事，他們多年來幫助我磨銳了我對遊戲設計的想法，並敦促我（有時是以強有力的方式）邁向這個旅程。特別是，我要感謝 Ted Castronova 和 Jeremy Gibson Bond 的持續支持；我的學生們在印第安納大學的遊戲設計課程中與我一起測試這本書；最重要的是，我的妻子 Jo Anna，她多年來堅定的愛、給予我支持和靈感，陪我走過這些冒險。

我還要感謝 Kees Luyendijk 擔任這本書的插畫家和早期讀者的角色，在他當一名研究生的同時！我也很感激 Laura Lewin、Chris Zahn 和 Pearson Education 編輯團隊的其餘成員，感謝他們為使本書成為現實所提供的指導和支持，感謝 Daniel Cook 和 Ellen Guon Beeman 這兩位技術評論者在過程中的慷慨、體貼及鞭辟入裡。如果沒有這些人的辛勤工作，這本書就無法成真。

關於作者

Michael Sellers 是美國印第安納大學遊戲設計計畫的主任和實務教授（Professor of Practice），學校位於印第安納州的 Bloomington。

Sellers 自 1994 年以來一直擔任專業遊戲設計師，專注於設計社交、手機和大型多人線上遊戲（MMOs）。他已經創辦並經營三家成功的遊戲工作室，並曾任 3DO、Electronic Arts、Kabam 和 Rumble Entertainment 等知名遊戲開發商的首席設計師、執行製作人、總經理和創意總監。

他的第一款商業遊戲是屢獲殊榮的 *Meridian 59*，那是 1996 年發布的第一款 3D 大型多人線上遊戲。他還是 *The Sims 2*、*Ultima Online*、*Holiday Village*、*Blastron* 和 *Realm of the Mad God* 等遊戲的首席設計師。

除了他在遊戲方面的工作，Sellers 還進行並發表了人工智慧領域的原創研究。他的人工智慧研究，部分由美國國防高等研究計劃署（DARPA）資助，專注於「社交人工智慧（social artificial intelligence）」——也就是創造在社交情境中表現合宜的代理人（agents）。作為這項工作的一部分，Sellers 發表了開創性的研究成果，使人工智慧代理人能夠學習、形成社會關係、並在統一的心理結構基礎上擁有並能表達情感。

Sellers 擁有認知科學學士學位。除了從事遊戲和人工智慧工作之外，他還曾擔任過軟體工程師、使用者介面設計師、角色扮演遊戲的微縮模型雕塑家以及短暫的馬戲團雜工和電影臨時演員。

他的貝肯數（Bacon number）是 2，希望有一天會得到一個埃爾德什數（Erdos number）。

前言

「在人們可以執行的最艱鉅任務中，有一項經常受到其他人的輕視，
那就是創造出好的遊戲。而這是那些與自己的本能價值觀脫節的人無法做到的。」

—卡爾・榮格（Carl Jung）（Van Der Post，1977 年）

整合式的方法來學習遊戲設計

這本書是一個特殊的遊戲設計指南。你將在其中學習深入的理論、以遊戲設計
原理為根基的實踐，以及經過驗證的行業實務。所有這些都是透過理解和應用
系統思維（systems thinking）來獲得的。如同你將看到的，遊戲設計和系統思
維以令人驚訝且豐富的方式互補。將這些整合在一起將幫助你成為一個更好的
遊戲設計師，並以全新的方式看待世界。

這本書從何而來？

自從 1994 年我和我的兄弟成立我們的第一家公司 Archetype Interactive 後，我
就一直是一位專業的遊戲設計師。但遠在那之前，我就一直把設計遊戲當做嗜
好了，那是從 1972 年我第一次遇到一個關於亞述戰車戰爭的古老戰棋遊戲開
始。在我的職業生涯中，我有機會領導了多項突破性的計畫，包括：*Meridian
59*（第一款 3D 大型多人線上遊戲）、**模擬市民 2**、*Dynemotion*（一種用於軍事
訓練和遊戲的先進人工智慧套件），以及其他許多大大小小的遊戲。

包括在學校、作為一位軟體工程師、使用者介面設計師、遊戲設計師的這些期
間內，我著迷於系統（systems）、湧現（emergence）及超越以往那些線性、集
中控制模型的想法。在我看來，遊戲擁有獨特的能力來允許我們創建並和系統
互動，真正了解什麼是系統以及它們是如何運作的。如果世界上有真的魔法存
在，它應該就存在於系統如何運作中，從原子如何形成、到螢光蟲如何同步閃
爍、到經濟內的市場價格，而那是沒有人告訴它們該如何做的。

採用系統方法進行遊戲設計並不容易——它很難理解及表達，更不用說專注到
特定的設計上了。但我發現這種方法是有效的，非常適合創造出玩家可以沉浸
在其中的——有生命的世界（系統）。根據我作為遊戲設計師的經驗，很重要的
是保持孩童般的敬畏和驚奇的感覺，並同時對於產品是如何被製造出來的擁有
清晰的實際知識。將遊戲視為許多系統，並同時看到整體和個別部分（構成元
件），使我能夠做到這一點。學習如何在遊戲設計中，表達和使用這種結合了
驚奇和實用性的方法是這本書的起源。

本書涵蓋的內容

本書旨在成為進階遊戲設計的教科書。它可以作為大學課程的一部分或單獨閱讀。本書以系統思維為基礎,對遊戲設計提供了嚴謹、廣泛和深入的討論。它的目的是「深入討論基本原理」,而不是一本容易、輕型的入門書。如果你才剛開始接觸遊戲設計,這可能是一個艱鉅的旅程。但是,如果你想學習系統性的遊戲設計理論和根基於理論並經過行業驗證的設計實務,這就是適合你的書了。

更具體地說,這不是一本專注在關卡設計、謎題設計、修改既有遊戲、創造動畫精靈、製作對話樹或類似主題。相反的,它主要是專注在創造所有我們非正式地稱之為系統的東西——戰鬥系統、任務系統、公會系統、交易系統、聊天系統、魔法系統等等,這會透過更深入地了解系統到底是什麼以及設計系統性遊戲意味著什麼來達成。

為了達到更深層次的理解,我們將在此過程中接觸許多其他領域,包括天文學、粒子物理學、化學、心理學、社會學、歷史和經濟學。在一開始可能會覺得,這些似乎和學習系統及遊戲設計沒有什麼關連(甚至是阻礙)!但事實上,要成為一位成功的遊戲設計師的其中一個重要環節,就是要對從眾多學科中借用知識感到習慣。作為遊戲設計師,你需要學會擴大心智和學習的網絡,在廣泛的領域中找尋知識和原理來運用在或改進你的設計。

這本書也是關於成為一位專業遊戲設計師意味著什麼。透過閱讀本書,你將學習遊戲設計的原理和方式,你也會學到在一個充滿活力的行業中工作是什麼樣子。你也將學習到如何成為一個有效率、多元化且有創意的團隊中的一份子,以及設計和開發成功遊戲的過程。

本書目標

閱讀本書並應用其中的原理將使你能夠更加欣賞系統及遊戲是如何互相支持。最終,目標是讓你能夠打造出更好的遊戲和更好的遊戲系統,雖然這遠遠超出了實際的產業目標。

遊戲和系統可以看作是彼此相互照射的光線,或看作是互相幫助聚焦影像的透鏡。因此,在整個系統中,是由系統和遊戲構成了兩個部分(見圖 I.1)。如同你將看到的,遊戲和系統是密切相關的。在系統思維的語言中,它們在結構上

是耦合的（structurally coupled），形成了一個更大系統中的兩個部分（構成元件），就像騎馬和騎士或遊戲和玩家一樣。「遊戲＋玩家」的系統是你在本書中會不斷看到的。

圖 I.1　遊戲和系統相互連通，共同組成一個更大的系統。

在原理和理論方面，本書的目標是幫助你更好地理解系統及了解使用系統來思考所代表的意義。這包括了使用情境思考（contextual thinking），並且能夠看出不同的元素間如何相互作用，並產生一些全新且時常令人驚訝的東西。系統思維是一個廣大的主題，但遊戲設計提供了一個獨特的觀點來理解它——反之亦然。

在更實務的方面，本書的第一個目標是幫助你利用系統思維的框架來學習分析既有的遊戲設計，並辨別出隱藏在其中的系統。你將了解遊戲中的系統間如何相互作用，以及它們彼此之間是否有效的運作：它們是否創造出一個架構來達成設計師想要提供的體驗？要回答這個問題，你要知道如何辨識出遊戲中的不同組織層次。作為一個遊戲設計師，你將學習如何看待整個遊戲、構成它的系統、個別的構成元件及它們彼此間的關係。如圖 I.2。在閱讀過程中你將看到有關此過程的更多詳細訊息，包括從系統層面（普遍性的）和遊戲層面（特定性的）來探討。

除了將遊戲識別為系統外，本書的下一個目標是幫助你將自己的遊戲設計，有意且明確的把想要創造的體驗與遊戲結構和流程聯繫起來。成為一位成功的遊戲設計師包括了，練習將腦海裡的遊戲構想從腦袋裡拉出來，並將其塑造成現實，讓其他人可以體驗。這通常感覺就像把一個從來沒有經過充分定義的遊戲想法，要從模糊的陰影中艱辛的拉入無情的光亮之中，而所有特定元件和行為在過程中都必需被徹底的編目和測試。這個過程並不容易，也不是一次性的實行而已：對每一個遊戲，你作為一位設計師都會和遊戲、玩家及由遊戲＋玩家所組成的系統來互動，透過你所打造的互動循環來呈現出你想創造的遊戲體

驗。如圖 I.3。在第 4 章「互動性和樂趣」中，你將再次看到這張圖表以及更多類似它的系統循環圖。這張圖表和先前的 2 張圖表為你提供了本書的基本概念。

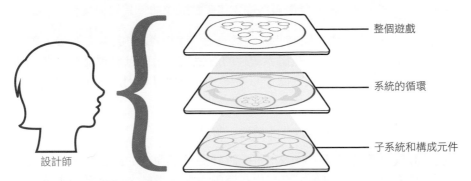

圖 I.2　遊戲設計師能夠在整體、循環和構成元件之間轉換視野和焦點。學習以這種方式觀察遊戲和遊戲設計是這本書的首要目標。

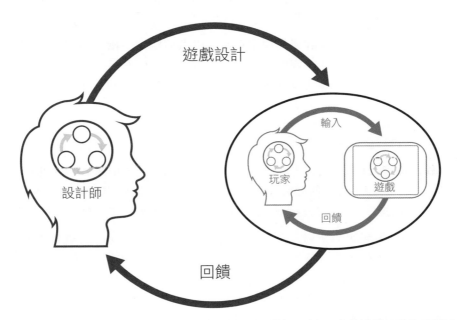

圖 I.3　設計師的循環，展示了設計師進行互動的主系統，以及玩家和遊戲互動的子系統。進一步說明請參見第 4 章「互動性和樂趣 」和第 7 章「打造遊戲循環」。

定義和設計遊戲的一個重要部分是成為開發團隊中的一員。因此本書的下一個目標就是幫助你了解遊戲開發中涉及的成員角色和流程。這種知識並不是理想化的理論，而是基於數十年的實際遊戲開發團隊所獲得的經驗——並搭配上一些數據分析所獲得的洞察，來了解為什麼有些團隊和遊戲很成功、其他卻沒有。

讓我們拉回到最初的目標，同時也是最後一個目標，我寫這本書的最大願望是，你將不僅能夠有意識的創造出系統性的遊戲設計，而且你也能將這些知識貫通到日常生活中。我們身邊到處都有系統，正如你將看到的，了解它們也已變得越來越重要了。

為了將這些內容說明清楚，本書有 3 個核心假設：

■ **遊戲設計就是系統設計。** 遊戲和遊戲設計提供了獨特的觀點來理解系統思維。要將系統性思考內化，沒有比在遊戲中探索系統、並設計引人入勝的遊戲更好的方式了。了解系統讓你可以創造出更好的遊戲，而創造出更好的遊戲又幫助你加深對系統的理解。它們是互相影響的透鏡，分別都聚焦且增強了對另一個的了解。

■ **掌握系統性的遊戲設計與你使用系統性思考的能力，兩者之間是相輔相成的。** 現今的遊戲設計與成熟的理論相比，仍然是擁有較多探索和臨時實踐的成分。深入了解如何設計和打造系統性的遊戲，有助於明瞭設計遊戲時所需的基本設計原理，並可以延伸到遊戲以外的領域。這些原理將幫助你創造出更好、更具吸引力的遊戲，並將提高你對系統思維的整體理解。熟悉這兩者將會幫助你同時精通它們。

■ **系統思維對 21 世紀而言，就像識字對 20 世紀而言一樣重要。** 在 20 世紀的早期，人們即使不懂如何閱讀和寫字，也可以在西方世界的許多地方過活。隨著時間的推移，這種能力愈來愈成為理所當然，以至於文盲愈來愈難糊口。

　　同樣地，了解如何辨識、分析和創造系統已成為 21 世紀的關鍵能力。許多人即使現在沒有這項能力也能應付過去，但隨著時間推移，系統思維將變得像閱讀和寫字一樣：它對於你如何駕馭世界而言非常重要，自然而然的成為了一種思考方式，甚至自然到不再去想它了。那些繼續以有限的、線性的、簡化的方式來思考的人們將被拋在後面，無法有效地應對周圍世界發生的越來越快速的交互變化。你需要將世界視為許多系統，並將這種思維有意識的運用在遊戲設計中。隨著我們的世界變得愈來愈互相連接並交互影響，在你的遊戲設計技能庫中建立起這樣的能力也將對你有更多的幫助。

如何閱讀本書？

有幾種不同閱讀本書並從中學習的方式。首先是按順序閱讀，首先關注基礎理論、然後是遊戲設計原理、最後是實踐要素。這樣做可能看起來有很長的路要走，但它將為遊戲設計的實踐層面提供最有效的基礎。閱讀本書偏重理論的第一部分就像向下挖掘一棟高層建物的地基：向下而不是向上移動，看起來像是搞錯了方向，但這樣做可以確保整棟建築物不會在後續倒塌。

同樣地，在把系統運用到遊戲之前，先對系統有更好的理解，有助於你之後創造出更好並更成功的遊戲。（你還可以在學習遊戲設計之後，再次閱讀書中有關系統的部分，並看看你可以透過遊戲設計中學到的觀點，增加多少對系統的理解。）

如果對你來說，覺得沒有必要在接觸實際的遊戲設計前就閱讀全部的那些理論，你可以在本書的理論、原理和實踐這三個部分中跳躍式的來回閱讀。我會建議了解一些系統方面的基礎及它們的運作，但你可能想要閱讀一些有關它們如何應用到遊戲設計中的章節，並來回的跳躍閱讀。在某些時候，你希望有足夠的理論並花更多時間將它們應用在實際設計上，來避免遺漏掉任何重要的東西。在此情況下，系統思維將有助於支持和增進你的設計工作，但話又說回來，在實務上事情其實已經被完成了。

本書的快速導覽

本書分為 3 個部分：第 1 部分「基礎」、第 2 部分「原理」、第 3 部分「實踐」。如同前述，每一部分都基於並參考了前面的章節內容。第 1 部分是最理論化的，檢視了系統、遊戲和互動性。第 2 部分根基於並應用了基礎元素，來設計遊戲系統（designing systems in games）和設計如同系統的遊戲（designing games as systems）。最後，第 3 部分討論了在現實世界中實際設計、建立和測試遊戲所需的內容。

這個由三部分組成的結構形成一個循環，第 3 個的實踐部分會增進你對第 1 部分中理論的理解。透過這種方式，本書形成了一個系統，如圖 I.4 所示。構成元件間互相影響、形成循環，並創造出一個連貫的整體，便是這本書的核心概念，也是你在閱讀本書過程中會愈來愈熟悉的內容。

圖 I.4　基礎、原理和實踐是本書的構成元件，同時也是在遊戲設計這個更大系統內的元件。

章節概述

第 1 章「系統的基礎」是第 1 部分的起始。本章概述了看待世界的不同方式。它包括了過去幾個世紀以來系統思維如何演變的簡要歷史。它還探討了為什麼系統思維如此重要，並開啟了一個有些奇怪的閱讀旅程，從忒修斯之船（Theseus' ship）到原子的核心，藉以說明即使系統經常是隱藏的，但其實是非常普遍的存在。這聽起來可能很抽象，但它直接關係到了對系統、遊戲設計的深度理解，以及玩家如何以你不期望的方式來體驗遊戲。

第 2 章「定義系統」更詳細地介紹了系統本身，提供了本書後續部分所使用的結構和功能的定義。這是你首次看到所有系統共有的層次結構：構成元件、循環和整體，你也將在設計系統遊戲時使用它們。透過這些，你會開始對各式各樣的例子感到熟悉，例如眼鏡蛇的問題、雪球和平衡、事物之間如何形成界限、以及難以確定且有時令人費解的湧現（emergence）性質。這將引導我們探索意義，以及它在世界和遊戲中如何發生。那時，你可能開始會在任何地方看到系統，並準備從這個角度來看待遊戲。

第 3 章「遊戲和遊戲設計的基礎」回答了一些基本但重要的問題，例如什麼是遊戲？你會發現有時這些問題的答案並不是那麼明確，你將開始理解目前遊戲設計理論的侷限。你也將更好地了解遊戲設計在過去是如何完成的，以及它如何從默契、依賴經驗的臨時設計轉變為明確的、基於理論的系統設計。

第 4 章「互動性和樂趣」探討了重要但棘手的互動性（interactivity）主題，這將同時提升你在遊戲設計上的理論面和實踐面。這不僅包括不同類型的互動性，還包括玩家如何建構對遊戲的心智模型，以及你作為一位設計師如何與玩家和遊戲互動。在這個過程中，這個章節甚至會討論如何定義樂趣這個棘手的問題。作為一位設計師，你需要考慮樂趣代表了什麼，以及你為何將遊戲設計為它所呈現的形式。

第 5 章「作為一位系統性的遊戲設計師」是第 2 部分的起始。如果第 1 部分的理論讓你飄到了外太空中，這個部分則帶你回到堅實的地面。你在第 1 部分中學到關於系統的一切，現在都可以應用到遊戲設計中，並可以在遊戲中創造出相同類型的系統結構。透過其中，你將開始發現你作為設計師的優勢──以及其他那些你需要向他人尋求協助的地方。

第 6 章「設計整體的體驗」涵蓋了最高層級的系統性設計及遊戲概念的創造。這包含了進行藍天設計（blue-sky design）的流程，以及將想法呈現在單個句子和簡短的文件中。

第 7 章「打造遊戲循環」回到系統循環的思想並將其應用在遊戲設計上。我們會討論任何遊戲中固有的各種循環──遊戲的內部循環、玩家心智內的循環、前述二者間的交互循環，以及你作為設計師從外部觀看遊戲＋玩家系統的循環。本章還詳細介紹了遊戲系統中一些常見的循環，以及設計和記錄它們的工具。

第 8 章「定義遊戲的構成元件」深入探討了創造任何遊戲系統的細節。你必須清楚且詳細地了解任何遊戲系統中的構成元件，包括深入到定義出它們的屬性和行為──以及如何使用它們來建構第 7 章中討論的遊戲循環。

第 9 章「遊戲平衡的方法」是第 3 部分的起始。這個本書的最後一部分著重於實務上設計和創造遊戲的所需的內容，而這是兩個討論遊戲平衡章節中的第一個。本章介紹了不同的方法，可用來平衡遊戲中的構成元件和循環，例如基於設計師、基於玩家、分析和數學模型等方法。本章還介紹了遞移（transitive）和非遞移（intransitive）系統的概念，以及它們如何最有效地平衡。

第 10 章「遊戲平衡的實踐」是討論遊戲平衡的下半部分。使用第 9 章中提到的方法，你學習如何平衡系統以實現有效的進展和經濟平衡，以及如何根據實際的玩家行為來平衡遊戲。

第 11 章「與團隊一同工作」把焦點從遊戲設計本身，轉移到成為成功開發團隊中的一員的過程。最優的實踐方法是存在的，無論它是出自量化研究、或從數十年經驗中得到的，都將幫助身為遊戲設計師的你。本章還概述了任何開發團隊所需要的不同成員角色，以使你可以更好的的理解遊戲開發系統內的不同成員（構成元件）。

第 12 章「讓你的遊戲成真」匯集了所有的基礎、原理和實踐要點，並添加了實際製作遊戲時一些最重要的層面。要開發遊戲，你需要能夠有效地傳達你的想法。你還必需能夠快速建立原型並有效地測試遊戲，讓它更接近你嘗試為玩家所創造的體驗。理解這些開發時涉及的層面以及任何完整遊戲開發計畫會經歷的各個階段，將不僅能幫助你談論和設計你的遊戲，而且能夠實際的將它製造出來並看到其他人遊玩它。這是任何遊戲設計師的終極目標。

摘要

本書將基礎理論、系統原理及實踐過程結合起來作為遊戲設計的指引。透過詳細了解系統如何運作，你將在本書中學習如何應用系統思維的原理來製作更好的遊戲。你還將在世界上各個角落指出其中系統的運行，並運用這樣的理解來在你的遊戲設計中創造類似的系統。本書將賦予你運用這些原理及實務方法的能力，來創造出具有系統性、創造性和吸引人的遊戲。

PART I

基礎

1　系統的基礎

2　定義系統

3　遊戲和遊戲設計的基礎

4　互動性和樂趣

系統的基礎

清楚地了解系統是什麼對於建構出具有系統性的遊戲非常重要。在本章中，我們透過觀察和思考世界的不同方式來深入探究基礎，並快速回顧系統和系統思維的歷史。這將使你可以更好地理解系統思維及它在遊戲設計中的重要性。

最後，我們展開一趟奇怪的旅程，途中會談及船隻、水與原子核心，來幫助你更清楚的了解系統、事物和遊戲究竟是什麼。

系統是看待和思考事物的方式

大多數人很少去思考：我們是如何思考的。這個過程被稱為後設認知（metacognition）──思考關於思考──這對遊戲設計師來說很重要。你需要能夠思考，玩家如何思考及你自己的思考過程。作為遊戲設計師，你必需能夠理解人們看待和思考世界相關的習慣和限制。雖然本書主要不是關於知覺心理學或認知心理學，但它確實涵蓋了那些領域中的某些方面。

我們將討論幾種不同的思考方式。首先，我們將看看 Richard Nesbitt 博士和 Takahiko Masuda 博士與美國和日本學生共同完成的一項跨文化實驗（Nisbett， 2003 年），它被稱為「密西根魚測試」（Michigan Fish Test）。

快速看一下圖 1.1，不要超過幾秒鐘。你看到了什麼？遠離圖片一會兒，再快速寫下你所看到的，或閉上眼睛並大聲把它說出來。

現在回到圖片上並和你的描述做比較。你有沒有提到蝸牛或青蛙？有沒有提到 3 隻大魚或全部的 5 隻魚？還有植物和石頭？──你有沒有在你的描述中包含了那些？你覺得來自不同文化的人們會如何以不同的方式來描述這個場景？

圖 1.1　Nisbett 博士的密西根魚測試。(經授權使用)

在 Nisbett 和 Masuda 博士的研究中，學生們觀看這個水族箱場景圖片 5 秒，並被要求描述他們看到了什麼。大多數美國學生描述了 3 條大魚，而大多數日本學生則描述了一個更全面性的場景。然後圖片有了改變，學生被要求在原始圖片上指出有變化的地方。美國學生很快就認出了 3 條大魚（或是哪些魚消失了），但他們常常錯過了植物、青蛙、蝸牛和小魚。日本學生則更擅長注意整體場景的變化，但他們更常錯過 3 隻大魚的變化。換句話說，這些來自不同文化的學生看待和思考同一張圖片的方式並不相同。

透過這個和其他研究，Nesbitt 博士發現美國人（以及普遍來說，來自西方傳統思考的人）傾向於簡化：他們將場景縮減到個別部分、忽略它們之間的關係。相比之下，他們發現來自東亞文化的人更有可能看到整體影像，而較少專注在個別物件上。

密西根魚測試突顯了一個事實，即不同的人有不同的思考方式，而大多數人都認為「我們的」方式與每個人的思考方式相同——這很顯然不是事實。為了能夠使用系統有效地思考，並在遊戲設計中使用它們，我們需要了解人們思考的一些不同方式。

現象學的思考方式（Phenomenological Thinking）

幾千年來，尤其在西方傳統中，人們的思想中幾乎沒有統一的理論。世界就像它曾經歷的一樣，充滿了單獨、通常不可預測的現象，而被前人以神秘主義、哲學、亞里士多德邏輯或簡單觀察來解釋[1]。即使在最後一種情況下，如果觀察結果使得任何模型將不同的現象結合在一起，沒有任何潛在關係或驅動的原理；事情還是沒有任何進展。

這方面的一個主要例子是地心說，認為地球是靜止的位於宇宙中心，而恆星、行星、月球和太陽都環繞在周圍的軌道上運行。這種觀點至少從古巴比倫人開始就存在，並且在歷經觀察（天空確實經歷白天和黑夜）和哲學（當然我們處於一切的中心！）後仍然存活下來。隨著時間推移，天文學家製作了精心設計的模型，來解釋愈來愈精確且有時候令人困擾的觀測，例如當行星在其軌道上向後移動時，這被稱為逆行運動（retrograde motion）。我們現在知道逆行運動是發生在當移動速度較快的地球經過移動較慢的外圍行星的時候，但如果你的模型是所有東西都圍繞著地球轉時，這是一個非常難以解釋的觀察。

1　也因此在這裡所使用的詞彙是現象學的思考方式（*Phenomenological Thinking*），而不是像後來的哲學家，例如：康德、黑格爾或胡塞爾所使用的，關於對世界的理解以及感知的方面。

因為要解釋複雜的觀察結果是很困難的，也因此導向了更確定性、邏輯性和最終的系統思維——正如你將看到的。這裡的關鍵點是，數千年來，直到現今仍有一定程度，人們透過簡單的觀察和推理的混合來走近世界：因為太陽每天從頭頂經過，它必須圍繞地球運行；或者因為今天下雪，氣候一定不會變暖；或者因為我們公司去年賺錢，我們應該更努力地使用同樣的策略。這作為看待世界的一種方式，會使一個人的理解有限，並很有可能大幅地受到隱藏在其中的系統運行所影響。

比較看看以下想法，舉例而言，某一個人的想法是「潮水退卻的非常快速，我可以抓住這個機會去探索露出的海灘」對比上另一個了解系統原理的人，則會思考這樣快速退卻的潮水是災難性海嘯將至的指標。或是一個人會想說「哇，抵押貸款突然變得非常容易；我可以藉此機會獲得貸款並換成一個更大的房子」對比一個可以看出系統運行的人則知道那會導致信用受損及毀滅性的經濟危機。將世界視為通常是彼此無關的孤立事件或不存在任何更深層的系統——這種現象學的思考方式——對我們是不夠的。幸運的是，我們擁有更好的工具。

簡化論及牛頓的遺產

我們將簡略的探討牛頓在系統思維興起中的關鍵作用。他可以說是一位關鍵人物，讓思考方式從有限的觀察和現象學的思考，轉移到科學的、基於模型的、並以簡化論／簡化思維（reductionist thinking）來看待世界。

法國哲學家笛卡兒在他 1637 年的傑作**方法論**一書中提倡了這個觀點。他的核心思想是，宇宙及其中的一切都是看作是偉大的機器，可以拆分——**簡化**——到它們的構成元件，來弄清楚它們是如何運作的。在這個觀點中，任何現象，無論多麼複雜，原則上都可以看作是個別部分的總和，每一部分貢獻出它的功能到總體上。如同笛卡兒所說的「一個只由輪子和砝碼組成的時鐘，可以比我們所有的全部技能更能準確地測量時間。」

雖然牛頓的思想可以被笛卡兒和其他人所倡導的簡化論來發現和分析，但他是第一個把笛卡兒將宇宙視為發條運作的想法帶離哲學領域，並成為數學和科學領域的統一觀點的人。

科學方法

科學方法，簡要來說包含了二個主要部分：

■ 首先，觀察一件事物，提出假設（有根據的猜測）來推測在某些條件下可能發生的事情（根據觀察到的內容），然後測試假設來檢驗它是否正確。

■ 然後利用觀察和假設一遍又一遍地做這件事情。

這些假設和觀察通常要求保持所有條件不變，除了其中一個之外，並判斷這個變化造成了什麼影響。這是一種分析的形式，將某些東西分解成更單純的成分，並依序檢視其中的各個部分或條件。笛卡兒的核心哲學原則之一就是使用這種方法來理解宇宙，也由此將科學思考和早期現象學的思考方式區隔開來。

科學方法的第二部分是利用這些累積的觀測結果來建立模型並描述事物（或其中的一小部分），這也是根基於觀測和經過驗證的假設上。如果建構的好，這些模型會引導出需要解答的新問題——更多可以透過新的觀察來驗證的假設。如果模型成立，它會獲得可信度；如果不是，它往往會被遺棄[2]。

經由假設所驅動的分析在本質上主要是簡化主義，並導致在我們當前的許多思想中廣泛應用了簡化論和決定論。正如簡化論觀點所堅持的那樣，我們傾向於認為我們可以分解任何看似複雜的問題，將其簡化到更簡單的問題，直到解決方案是顯而易見的為止。這種簡化主義思想的一部分是，與機器一樣，這個世界的運作是具有**確然性／決定論的**（*deterministically*）：一旦發生過的事情將再次發生。事件不是隨機發生的，如果我們知曉了所有的相關條件，我們就可以完美地預測未來。這是愛因斯坦在給他的朋友暨同事 Max Born 的信件中表達的觀點，他們那時是在討論當時的新領域量子力學。在這些信件中，愛因斯坦多次表達了確定性的觀點，例如「你信仰擲骰子的上帝，而我信仰一個客觀存在的世界當中具有了完備的定律和秩序。」

使用這種詮釋世界的方式，問題可以被簡化，例如整個宇宙可以簡化為更簡單的部分，而那些部分是完全確定性並可預測的。因此，使用這種分析方法，我們可以找到問題的根源並應用分析中指出的修復方法。這種思維有很多優點和好處。它在幾個世紀以來，幫助我們在生活中的各個面向都獲得科學性的進步，總的來說，它改善了我們塑造環境、避免危險，並帶來食物、住所、通訊和貿易等方面的全球性進步。

2　這無疑是對科學如何運作的理想主義觀點。科學家同樣具有人類會犯的傾向，常常堅持於自己喜歡的想法過久、而又太快放棄不喜歡的那些。有句存在已久的話說「科學最大的進步是發生在葬禮上的」，意思是具有老派思想的科學家有時需要退休或死亡，以便使新思想得到它們應得的關注。Thomas Kuhn 在 1962 年時首先提出「典範轉移」的思想，它對於理解科學如何運作至關重要。一般來說，了解思考方式是如何轉變的也很重要，但進一步的探討它會超出了本書所要討論的內容。

事實上，這種思考方式在商業和工程領域得到了廣泛的運用，通常效果很好。例如，在許多電腦科學課程中，學生被教導將複雜的問題或任務逐步分解為較單純的形式，直到他們到達一系列容易理解和執行的任務為止。或是像在處理材料時，工程師經常採取有限元素分析（finite element analysis），其中一個物體（如結構鋼樑）的每個部分被分解成離散的部分（元素）和指定的屬性，然後分析它的強度、壓力等等，整體的數值可以由個別部分加總來得出。當然，這些分析只是估計值，但已被證明可用於建構所有從建築物、飛機到太空梭等等的東西。

然而，整個社會經常過度使用這種邏輯的、分析性的、確定性的思考方式[3]。我們積極的尋求將情況簡化為最簡單、最確定元素的解決方案，即使這意味著忽略複雜的交互作用，並選擇了會導致我們出錯的單一解決方案。例如，我們經常將相關性（兩件事情一起發生）和因果關係混淆，認為其中一個引發了另一個。一種常見的說明方式是「隨著冰淇淋消費的增加，溺水也會增加，那麼必然是冰淇淋導致了溺水」。當然，這忽略了一個共同的潛在因素：人們在天氣熱的時候更頻繁的游泳、並吃更多的冰淇淋。冰淇淋和游泳只是具有相關性；一個並不會引發另一個。

這類想法有很多有趣的例子（如：隨著海盜數量減少，全球氣溫上升；因此，驅逐海盜導致了全球暖化！），當然也有一些真實存在的案例。例如，發表在著名期刊 *Nature* 雜誌上的一項研究指出，2 歲以下的兒童睡覺時有燈亮著的話，後來長大時會產生近視（Quinn 等人，1999 年）。但是，其他研究並沒有發現這項結果，反而發現近視與遺傳有很強的關係性（如果你的父母近視，你很有可能也是。），而近視的父母會「更有可能為孩子使用夜間照明輔助設備」（Gwiazda 等人，2000 年）。儘管是專業和技術熟純的科學家，Quinn 和他的同事們也似乎陷入了相關性的陷阱中，誤認為亮著燈睡覺和近視是有因果關係的。

有一個類似的例子來自於經濟學的領域：過度的國債（超過國內生產毛額 [GDP] 的 90%）會減緩經濟增長，並讓該國人民陷入困境（Reinhart 和 Rogoff，2010 年）。其他經濟學家後來發現，其實因果關係是相反的：經濟增長首先放緩，然後國家增加了債務負擔（Krugman，2013 年）。當然，多年來

3　在文化上來說，美國人可能更常運用這種思考方式。許多年前，一位挪威記者告訴我，在他看來，美國人與眾不同的是「相信每個問題都有解決方法」。在當時，我對此感到困惑。我的想法是「與此相反的又是什麼？」（Sellers，2012 年）。

不同的經濟學家們仍不斷在爭論，部分原因是他們在尋找**根本原因**——會導致特定、直接影響的條件，而在這個領域內這種清楚的原因是很少見的。

實際上，在許多情況中，並不存在簡單的邏輯解決方案，透過分析來嘗試把複雜問題簡化成更單純元素的這種努力，可能只會產生不完整或誤導的結果。例如，Dennett（1995）所稱的「貪婪的簡化論（greedy reductionism）」可能會推論成人體不過是一堆化學物質——大多數是氧、碳和氫——加起來價值約 160 美元（Berry，2011 年）。這裡似乎有些東西遺漏了：這些原子彼此結合和互動的方式應該是有所影響的？

另一個有關線性、簡化思想的著名例子是一個被稱為「眼鏡蛇效應」的軼事。（原始資料來源不明確，可以追溯到 2001 年由 Horst Siebert 所著的一本德國著作。）故事講述了在英國統治時期的印度，有毒的眼鏡蛇盛行並造成重大的問題——以至於政府付費且計量的收購蛇頭。這觸發了一波眼鏡蛇狩獵潮並產生可預見的結果：眼鏡蛇打擾和傷人事件數量急遽下降了。這毫無疑問是英國的目的：一個良好乾淨的線性結果，如果你付費收購蛇頭，人們就會帶來它，而眼鏡蛇也將從土地被移除！但不久之後政府官員開始注意到，雖然已經到處都看不到眼鏡蛇，但仍然不斷有人帶來蛇頭。顯然還有一些其他事情正在發生。

因為政府懷疑這些蛇頭的來源，就宣布不再收購眼鏡蛇頭。這所導致的結果，至少在回想起來時，是完全可以預測的：人們刻意的**飼養**眼鏡蛇，並殺死後交出蛇頭來賺錢。而當政府不再收購，農民們就不再需要這些爬蟲類了——所以他們將這些費心飼養的眼鏡蛇再放回到野外，回到牠們最初就在的地方！

有很多這類產生意料之外結果的例子，一個期望結果出現、並伴隨另一個意料之外（通常很糟糕）結果的共同出現。但偶爾這個預期外結果可能是好的。稍後我們將討論一個例子，關於美國在 1990 年代釋放少數的狼到野外所產生的意外影響。

為了結束這段關於線性、簡化、確定性思維的討論，我們看一看鐘擺的例子（圖 1.2）。一根桿子一端附著重物，另一端則被固定住，會以精確可預測的方式擺動。鐘擺的運動非常規律因此你可以使用它來展示地球在下方如何旋轉，如同法國物理學家 Léon Foucault 在 1851 年發現的那樣。這是一個很好的例子可以說明笛卡兒、牛頓和其他偉大思想家所使用的發條運作世界觀。

但是，如果你對這可靠的鐘擺進行一個簡單的改動，它就會完全變成其他東西。如果你在原先鐘擺的桿子中間加上一個關節，並允許關節自由移動，那

　　麼鐘擺的路徑就會突然從完全可預測轉變成完全不可預測。雙擺的移動路徑是混亂的（*chaotic*）：不是隨機的，因為它保持在已知範圍內但不可預測，出於它對其起始條件非常敏感。即使是一個微小的落下位置變化，都會讓雙擺的移動路徑產生巨大的變化。圖 1.3 顯示了可自由運動的雙擺的移動路徑圖（Ioannidis，2008 年）。如果你從儘可能靠近前一次的地方，把一個雙擺拋下，它的路徑和前一次都會非常不同。起始條件上的微小差異，造成的是完全不同於先前的結果。

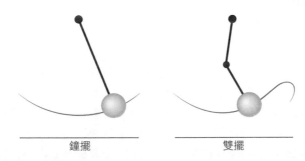

圖 **1.2**　鐘擺 (左)、雙擺 (右)

圖 **1.3**　雙擺混亂、獨特、不可預測的移動路徑（Ioannidis，2008 年）。

這種行為通常很難被我們理解，因為我們會看到的是構成元件而不是整體。我們可以了解鐘擺的運作方式、或多或少，因為它的構成元件會產生直接、看似線性的效果。增加一點點的變化，例如雙擺僅僅是多加了一個關節在其中，而結果表現卻發生了巨大的變化。我們經常很難掌握這種行為是如何產生的。

這回應了我們先前討論到的密西根魚測試：我們傾向看到場景中的魚，而不是周圍環境，而且我們將它們看作是靜態的獨立構成元件。看著雙擺，我們傾向把兩根桿子和關節視為靜態的元件，但我們看不到它們如何移動或相互作用。或者，如果我們確實看到關節如何移動，如果我們使用邏輯、簡化思維，我們通常無法理解這樣的裝置如何產生圖 1.3 的瘋狂、非線性曲線。那如果我們將整個場景視為一個整體呢？這引出了我們的下一種思維：整體論。

整體思維

整體論是簡化論的有效相反面。簡化論是關於分析，而整體論是關於綜合、尋找統一，以及將看似不同的東西集合在一起。在它更極端的哲學形式中，整體論的觀點認為一切事物都彼此有連結，因此一切事物可以看作是一個整體。因此，整體論的觀點在日常生活中並不常用，儘管對許多人來說，所有事物相關連的想法在美學或哲學層面來說是具有吸引力的。

與簡化論一樣，這種思考方式有其優點：透過整體性的思考，你不會迷失在細節中，並且可以觀察到在較高的層級（如群體、經濟、生態等）中運作的顯著宏觀效應和趨勢。整體論避免了 Dennett 提出的「貪婪的簡化論」的錯誤，例如，會將人視為個體而不是化學物質的集合。

然而，過分依賴集合和整體論可能會導致錯誤，就像過度依賴分析和簡化論一樣。如果一切都有關連，要找出任何重要的因果關係可能很困難。此外，很容易找到偽陽性，將兩個毫不相關的現象從整體論的觀點誤解成是相關的。除了前面討論過的像冰淇淋導致溺水這種錯誤的結論外，還有一些例子，例如：Vigen（2015）在他有關「偽相關（spurious correlations）」的研究中指出的，如圖 1.4 顯示了「獲選的美國小姐的年紀」和「被熱蒸氣謀殺的案件數」在 20 年間是**非常緊密**連結的。

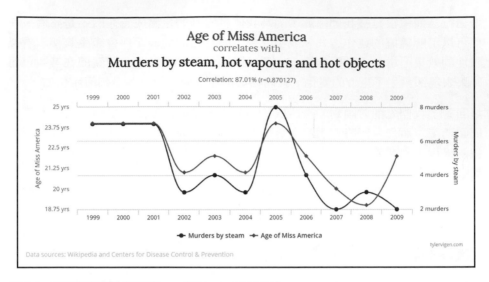

圖 1.4　許多偽相關的例子之一。（Vigen，2015 年）

從整體的角度來看，我們可能會試圖說這兩種效應是相關的，即使沒有因果關係，但這將是一個明顯的錯誤。也許有可能存在一個隱藏的潛在因素，但在這個例子中，這似乎不太可能。這極可能只是數據的巧合，而沒有任何真正的實際連結存在，而整體、統整性的觀點就是會被誤用在類似這樣的案例中。

整體論確實為我們帶來了另一個重要的概念，我們將多次以不同的方式來討論它。那就是湧現（emergence）的概念：「整體大於個別的總和。」這是一個古老的觀念，顯然是亞里士多德首先闡述的，他說：「當事物擁有多個構成部分時，整體不只是各部分的堆疊，整體是部分以外的東西，並有其原因。」（亞里士多德，西元前 350 年）。同樣的，在完形（Gestalt）[4] 心理學的早期，心理學家 Kurt Koffka 有一句名言：「整體不是各部分的總和」（Heider，1977 年）。在 Koffka 的觀點中，整體（例如圖 1.5 中我們看到的白色三角形，即使它實際上並不存在）並不**大於**部分，但如同亞里士多里所說的，整體有其自行的存在，有別於組成它的各部分（Wertheimer，1923 年）。幾年後，Jan Christian Smuts（1927 年）在整體性的演化生物學中呼應了這個想法，他寫道：「整體不僅僅是人為的思想結構；他們指出了宇宙中真實存在的東西。…把植物或動物看作是一個整體的一種形式時，我們注意到…各部分的緊密統合，並不僅僅是各部分的總和。」這些具有一致性的想法指出，整體是「宇宙中真實存在的東西」，

4　Gestalt 是一個德文，意思是「形式」或「形狀」。這個心理學分支研究知覺的整體觀點，即使在視覺上只看到部分形狀，我們的心智仍會補足並讓我們看到完整的形狀。

它們包含了簡化的各部分，但卻是獨立存在的，這是我們將再次看到的重要觀點。

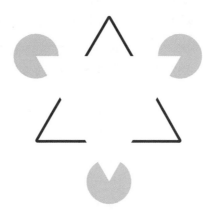

圖 1.5　「主觀的輪廓」，在知覺心理學和完形心理學的研究中被使用。即使形狀本身不存在，我們的心智也會自行依據周圍情況形塑出形狀。

系統思維

介於簡化和整體思維兩者之間，有一種看待世界的方式稱為**系統思維**。在許多方面，這是一種「金髮姑娘（Goldilocks）」的思考方式，介於過於低層級的簡化論和太廣泛的整體思維之間，並同時利用了兩者所使用的方法。系統思維考慮了過程或事件的結構和功能脈絡，而不是將其視為待分解的機器或單一整體。正如你將看到的，學會系統性思考對於遊戲設計師來說是一項至關重要的技能。

系統思維的關鍵面向包括，分析、找到並定義系統的構成元件，與此同樣重要的是，在操作性的脈絡中，了解它們如何存在並以一個整體的方式協同運作：它們如何影響系統的其他部分，而系統的其他部分又如何影響它們。這進一步導向了尋找這些交互作用間形成的循環，及各個部分如何增加或減少其他部分的活化。稍後你將看到更多有關循環（loops）的討論，但就目前而言，「事物 A 影響 B，B 影響 C，C 影響 A」定義了一個系統循環。這個單一的想法對系統思維和系統性的遊戲設計來說至關重要。

值得注意的是，描述循環和系統如何一起運作很困難，部分原因是語言是線性的：我必需一行一行的寫，你必需一行一行的讀。這意味著對循環系統的描述會看起來很奇怪，直到你已經讀到最後並再回到開頭重讀為止，這個過程可能甚至不只一次。系統由循環組成，而我們的語言不能很好地處理循環。

讓我們從一個簡單的循環例子開始，看看當你加熱烤箱時會發生什麼。你有一個期望烤箱到達的溫度。因為當前溫度還未達到期望溫度，烤箱便不斷加熱。隨著加熱，烤箱溫度上升，而當前溫度和期望溫度的差值縮小。最後烤箱會到達期望溫度，烤箱便不再加熱（見圖 1.6）。透過這種方式，烤箱形成了一個簡單的回饋循環（feedback loop）：溫度落差影響了施加的熱量，而加熱又降低了溫度的落差。

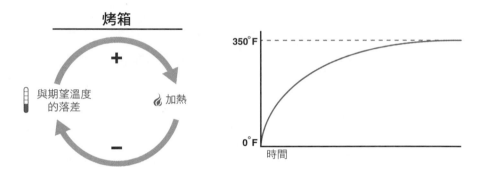

圖 1.6　烤箱加熱的回饋循環，且溫度隨著加熱而變化。

圖 1.7 顯示了一個同樣關於循環結構，但更複雜、卻很經典的物理範例（也很難被以線性的方式來描述）。除非你對引擎有所了解，否則只看一下圖片，你可能很難看出它的作用；因為你缺乏了它的運作情境。重要的部分包含了圖左側的兩個重物（A）、它們上方的連桿（C、D、E）和右側的閥門（F）。

這些構成元件都互相作用並形成一個操作循環，描述如下（操作是一步接著一步的執行）：當右側的閥門（F）打開時，它允許空氣進入，這會允許引擎（未顯示在圖片中）運行得更快。這使得左側的中央垂直主軸（B）旋轉得更快。這並導致重物（A）和它們所在的臂因為重量和離心力而展開；主軸的動量使它們想要向外飛。結果，它們連接所連接到的臂（C）向下拉，然後將上方水平桿（D）的左側向下拉。因為槓桿（D）依著中間轉動，所以會使它的右側向上移動──這會將連桿（E）向上拉，這會關閉節流閥（F）並使我們回到這個循環的起點。

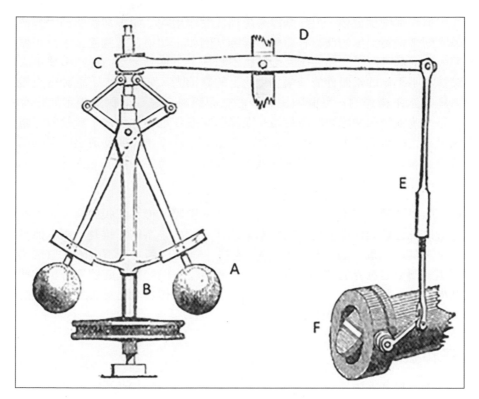

圖 1.7　離心式調速器（Routledge，1881 年）理解這個裝置的唯一方法是系統性的、透過它的運作流程和脈絡來了解。它形成了一個系統，並且也是更大系統的其中一部分。請將顯示在圖中的英文字母對照正文內容來了解。

當閥門打開時，引擎會獲得更多空間並因此旋轉得更快。這導致重物向外移出，水平桿傾斜，閥門開始關閉，並導致引擎減速。當它減速時，重物回到下降位置，水平桿左側向上、右側向下，閥門再度開啟，讓引擎再一次加速運作。

這個循環使得離心式調速器可以有效的運作：它讓引擎可以自我調節，保持在一定範圍內，永遠不過快或過慢。但要理解這一點，你必須能夠看到各個構成元件、它們連動的行為、**以及**對引擎的整體系統性影響。

以這種方式看待和思考機械（運作機制），使你能夠建構出理解系統的心智模型，並從心智上和物理上進行嘗試。能夠實際、系統性理解事物的其中一個關鍵，就是了解哪些構成元件在什麼情境下相互作用，而這些交互作用又對其他部分造成什麼影響。在像離心式調速器這種簡明的例子中，所有構成元件和交

互作用似乎都同樣重要。但是摩擦會起到什麼作用呢？如果某些關節太緊或太鬆怎麼辦？這對引擎的運行有顯著影響嗎？例如，如果在這些連結中沒有鬆動或間隙，則當閥門打開和關閉時引擎將不斷地上下振動，從而導致引擎不必要的磨損和不平均的整體性能。增加重物上的摩擦力，使它們上下移動得更慢，或者增加水平橫桿的一點間隙使其不會立即傾斜，在這個例子中可能是有用的，它會使重物和閥門變動得更慢，而使引擎運作地更加均衡。無論所考慮的系統是蒸汽引擎調速器、經濟體或奇幻遊戲的魔法系統，要創造出所需的循環和效果都需要對系統進行操作性地理解和建模，並將各個構成元件或它們的相互影響進行調整以達到最大效果。

系統思維要求將整個系統視為一個有組織性的整體，但不忽視對構成元件的基礎分析以及它們如何從簡化論的觀點來運作。因此，系統思維是「兩者兼具」而不是「其中一個」：它具有簡化論和整體思維的優勢，而不會陷入只透過其中一個鏡頭來看世界的陷阱。這種「兩者兼具」——能夠同時運用分析和統整觀點來理解系統的能力——可能很困難，但會隨著練習變得更容易，並且能讓我們更清楚地了解系統是什麼。

兔子和狼的系統

讓我們看看另外兩個例子，小小的變化就帶來了廣大的系統性影響。這些在一開始看起來可能和遊戲設計無關，但這個例子中的交互作用（也就是系統），正是你在設計任何複雜遊戲時需要考慮的類型。

第一個例子，在 19 世紀中期，Thomas Austin 在他位於澳洲東南部的地產內釋放了 24 隻兔子到野外。根據報導，他說「一些兔子的引入幾乎沒有什麼害處，反而可以提供一些家的感覺、還可以打獵。」（出處：The State Barrier Fence of Western Australia，日期未註明）。在野外釋放的幾年裡，這些兔子的數量仍然相對較少且穩定，但在十年之內，牠們的數量已經爆發。牠們被掠食的可能性相對較低、具有理想的穴居條件、能夠全年繁殖，並且可能因為兩種類型兔子同時釋放導致的雜交增加了牠們的耐寒性（出處：Animal Control Technologies，日期未註明）。

新物種快速入侵的結果是對原生植物和動物造成災難性的環境破壞（Cooke，1988 年）。越來越多的兔子啃平了地面，小樹因為靠近地面的外皮被啃咬而死，並使土地遭受嚴重的傾蝕，並破壞了其他動物生存所需的食物和空間。

對這種兔子災難的應變反應從 19 世紀後期就一直持續到現在。已經嘗試了各種方法——包括射擊、誘捕、毒害、煙燻和超過 2,000 英哩的圍籬，但沒有一個取得圓滿的成功。野兔因為打獵和「一點家的感覺」而被引入，改變了澳洲的地景和生物圈，這肯定是 Thomas Austin 當初無法想像的。

雖然有許多在意料之外引起生態浩劫的例子，但並不是全部都是負面的。這裡的第二個例子涉及了將狼重新引入美國的黃石國家公園。狼群在 19 世紀後期還普遍見於區內，但因被捕獵而到了 1920 年代時已經完全消失。在 10 年內，黃石公園的鹿和麋鹿族群急遽增加，也使得許多植物瀕臨死亡。到了 1960 年代，生物學家擔心整個地區的生態系統因為過量的麋鹿而失去平衡，並開始討論把狼群帶回來。有許多牧場主和其他人都反對這個想法，因為狼是一個狩獵的頂級捕食者，有人認為，這可能對該地區的自然生態系統和畜牧的牛羊群造成全新的破壞。

經過數十年的公眾輿論和法律爭論，在 1995 年 1 月，由 14 隻狼所組成的小型初始群體被重新引入黃石公園，隨後又在下一年增加了 52 隻。結果影響廣泛，遠遠超出了許多人的想像。現在，這已經成為了**營養瀑布**（*trophic cascade*）的經典案例，在其中高級捕食者的族群變化向下影響了整個生態系統，導致廣泛且通常令人意外的效應。

在這個例子中，狼群就像預期的那樣以無數的麋鹿為食。但因為有太多麋鹿卻只有少數的狼，無法期望只由捕食者就能限制住麋鹿的族群數量。狼群除了捕食一些麋鹿之外，造成的效應是讓麋鹿離開了在山谷中的舒適生活，而回到高地去生活，在那裡牠們更容易隱藏、但生活變得困難的多。這些麋鹿改變了牠們的習慣：牠們不再來到河岸吃多汁的食物和輕鬆的喝水。結果，牠們無法再像從前那樣大量繁殖，而族群量降低到更可持續的規模，同時仍為狼群提供了足夠的獵物。

在沒有麋鹿的情況下，低處山谷的樹木和草開始回復生長。草地不再被大群動物踩踏，且根據 George Monbiot（2013）的報導，谷底許多樹木的高度在短短幾年內增加了五倍。這允許了更多漿果生長，並提供更多熊的食物（牠們同時也吃了一些麋鹿）。茂盛的灌木、草和樹支持了更多的鳥類，而鳥類的活動更幫助散播種子、引發灌木和樹木的增長。

樹木和草的穩定性增加，減輕了生態學家從 1960 年代就擔心的土地侵蝕問題。
這意味著河岸坍塌較少，河流變得更加清澈，使更多魚類生長。在河床生長的
樹木支持了更多的海狸，這些海狸又透過建造水壩提供了更多動物所需的生態
區位。

最後，侵蝕減少意味著黃石公園的河流也變得穩定。正如 Monbiot 指出的，將
狼群重新引入黃石公園內，遠不僅止於消滅掉一些麋鹿而已，同時也改變了那
裡的河流。做為廣義營養瀑布的一部分，土地的地理情況也被改變了。

作為一個令人難以置信的生態成功故事，它也是自然界中發生的各種交互作用
和循環的一個很好的例子，只有將它們視為系統才能良好的理解。圖 1.8 以圖
形形式顯示了黃石公園中狼群造成的影響。每個旁邊有「−」號的箭頭表示目
標減少了——例如，狼群減少了鹿和麋鹿的數量；而每個旁邊有「+」號的箭頭
表示目標增加了。這些也具有逆向的遞移關係：例如，因為鹿和麋鹿先前會吃
（減少了）樹和草，當狼捕食麋鹿（並讓其數量減少），也會降低麋鹿對樹和
草的影響，這些植物就可以回復良好的生長。透過仔細研究這個圖表，你可能
可以更好地了解，釋放少量的狼回到黃石公園內所造成的系統性循環作用，以
及這種釋放對整個生態系統產生的顯著影響。

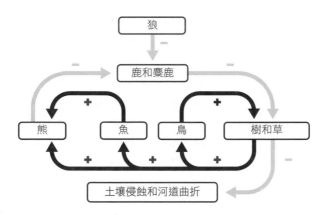

圖 1.8　將狼重新引入黃石國家公園的影響，以系統圖表示。

系統思維的簡要歷史

現在你已經了解了一些有關系統思維及其他看待世界的方式，接下來這個章節
簡要介紹了我們對系統和世界的理解是如何演進的。

柏拉圖到伽利略：「一個有組織的整體，由構成元件組成」

英文中的 *system* 一詞，基本上是完全承襲了古希臘的 *systema* 一詞，意思是「站在一起」或更廣泛地說是「幾個部分的整體複合」，這與我們現有的定義非常相似。從希臘人而言至少可以追溯到阿基米德，這個定義在意義上有幾個明顯的變體，包括：由幾個音符組成的單一和弦、一群畜牧動物或一個有組織的政府（Armson，2011 年、Liddel 和 Scott，1940 年）。這些變體中的每一個都呈現了我們現今在思考系統時的重要面向，所有這些都集中在：不同的構成元件交互形成一個更大的整體，這樣的一個想法上。

儘管如此，希臘人和那些追隨他們的人並沒有系統地運用這種系統觀點：它花了很多世紀才成為我們理解世界的方式——在某些方面它甚至還沒有完全發生。相反地，如前面所述，古代的現象學觀點結合了有限的觀察和壓倒一切的哲學。這為當時的人們提供了地球是宇宙核心的觀點：正如任何觀察者所看到的那樣，太陽、月亮和星星都圍繞地球旋轉，所以地球位在全部的中心。這種模式至少可以追溯到古埃及人，而隨著時間推移，人們建構了越來越精細的太陽系和宇宙模型來解釋新的觀察，但都是以一種特定目的的方式，而沒有統一的原則。即使是世界上可能存在某種一致性系統的想法，似乎也沒有考慮到季節的規律性以及恆星和行星的上升和下降。為什麼它們是這樣運作的，是一個哲學問題，而不是觀察。

這種日益複雜的宇宙觀在丹麥天文學家 Tycho Brahe 於 1588 年提出的模型上達到高潮，其中太陽和月球繞著地球運行，而其餘已知的行星繞太陽運作。這個模型使 Brahe 能夠保持古老的地心說模型的哲學純度，同時也考慮了其他各種觀察，包括後來伽利略在 1610 年透過一款革命性的望遠鏡所觀察到的金星相位，那就像月球的相位一樣（Thoren，1989 年）。這種 Tycho 式或「地理——日心說」（geo-heliocentric）及其後跟隨它的那些模型，實際上是以現象學模型、以哲學觀點來看待宇宙的最尾聲。

在 Tycho 的宇宙模型出版近一個世紀之後，它依然是主流觀點。但是有很多雜音，其中一些最終完全改變了我們看待世界的方式。在此期間，笛卡兒創造了著名的哲學基礎，在仔細的觀察中信任我們的感官、並使用數學來驗證和延伸我們的觀察。伽利略隨後在 1632 年出版的一本具有里程碑意義的書「*The Dialogue Concerning the Two Chief World Systems*」中，支持哥白尼或日心說的太陽系觀點——也就是把太陽視為中心、不是地球。（而這本書就是導致伽利略被懷疑為異端邪說的那本書。）雖然這個模型不是直接針對了 Tycho 所提的系統，但它為另一項重大發展奠定了基礎。

牛頓的遺產：「世界的系統」

在 17 世紀後期，牛頓熟悉笛卡兒的作品，並幾乎肯定讀過伽利略的書，因為那顯然對他形成了影響，他也了解 Edumund Halley（著名的哈雷慧星以他為名）對於慧星的計算和木星的衛星。哈雷用他的望遠鏡對這些進行了精確的觀察，而牛頓在他的數學模型中使用了哈雷的筆記。根據它們之間的對應關係（包括我們現在只有草稿形式的早期未發表的論文）和哈雷的觀測數據，牛頓因此能夠做出最終論證——有利於哥白尼及太陽系以太陽為中心的觀點，他也因此將地心說和 Brahe 的模型從可能性中剔除了（Newton c.1687 / 1974）。

牛頓在他 1687 年出版的大師級作品 *Principia Mathematica* 中的部分內容達成了這一點（Newton 1687 / c.1846）。作品的第三冊被稱為 *De Mundi Systemate* 或 *The System of the World*（世界的系統）——這是一個重要的卷冊和標題。在這卷冊中，牛頓根據哈雷對木星衛星的細緻觀察，得出了他現在著名的描述引力的方程式。更重要的是，他顯示了重力在地球和天體中是相同的。在此之前，沒有任何假設，更不用說一個方程式，顯示了物理機制在地球上的運行方式和在木星上相同。根本沒有人期望物理機制以任何方式統一。牛頓的方程式顯示了，並沒有太多系統在運行，但有一個萬有引力、一個一致性的原理、一個系統：世界的系統。

很難過度描述牛頓原理的重要性，或它如何改變了人們看待世界的方式。在地球上一顆球被拋到空氣中的移動路徑，可以被一個公式所描述，而這個同樣的公式也可以描述遙遠衛星軌道上微弱火花的軌跡，這是非常革命性的。這個想法創造了一個新的、統一的、機械的宇宙觀。太陽和行星都是這個巨大機制的一部分，並可以像巨型發條裝置一樣利用數學來完整的描述出來。

牛頓的成果開啟了科學革命，並也是科學革命的一部分。這個革命不僅增加了知識，也開啟了這種知識是可以獲得的觀點，宇宙並非反覆無常、而是基於穩定、可定義的原則——只要它們能被發現。世界不再受現象學的突發奇想和哲學思考的影響，而是受到嚴格的確定性邏輯的束縛。

牛頓到 20 世紀

牛頓將宇宙視為巨型發條裝置的思想，迅速從數學傳播到物理、化學、生物、經濟及當然包括了哲學領域。但與其他任何事情一樣，它的受歡迎程度消弱了。浪漫的哲學家（這樣稱呼是因為他們喜歡個人主義、想像力和情感，而不是啟蒙運動的冷靜邏輯和理性主義），就像 Blake 和歌德批評牛頓和笛卡兒一

樣。歌德引入「形態學」的概念來描述生物形式，形式（form）被定義為「一個有組織性的整體內交互關係的模式」（White，2008 年），這種觀點又回到了與古希臘和現今系統思維觀點的一致。然而，這種系統觀點並沒有流行起來。而且，儘管浪漫主義者付出了努力，直到 20 世紀的整體趨勢是將世界視為機械的觀點。隨之而來的想法是，由於牛頓已經證明了原則上任何事物可以被簡化為數學，因此數學（或物理、化學）可以被用來解釋任何一切。

系統思維的興起

在 20 世紀，系統思維融入了廣泛的多樣化領域：包括生物學、心理學、電腦科學、建築和商業。雖然許多人都為系統思維及相關領域（系統工程、複雜性理論…等）做出了貢獻，我們將在這裡簡要介紹其中的一些，來提供一些背景及作為在廣泛領域中人們已經融入了系統思維的提示。

正如前面所討論的，心理學家 Kurt Koffka、Max Wertheimer 及 Wolfgang Kohler 創建了完形心理學派（Wertheimer，1923 年），確定了當構成元件組合在一起時，創造出的一個新的整體具有整體性的湧現效應。同樣的，Jan Smuts 探討了歌德般的觀點，即「整體不僅僅是人為的思想結構；它們指出了宇宙中真實存在的東西。…將植物或動物看作是一個整體，我們注意到…各部分的緊密統合，並不僅僅是各部分的總和」（Smuts，1927 年）。這些思路基本上是原始的系統思維，還好通常沒有屈服於浪漫主義哲學家的個人主義甚至反科學思想。正如在牛頓之前的現象學觀點，系統具有的許多不同觀點通常不被應用，或被視為對理解宇宙運作有所幫助。系統的普遍應用直到 20 世紀末才開始，即使是現在仍在發生。

繼 Smuts 之後，奧地利生物學家 Karl von Bertalanffy 朝廣泛性地將宇宙視為系統的觀點邁出了一大步。他在 1949 年寫下了可能是系統思維最早被用作一種通用方法的表述，他寫出的基礎如下：

> …模型、原則和定律這些可適用於廣義的系統或其次要階層，不論其特定種類、組成元素的性質，以及彼此之間的關係或「力」。（Bertalnaffy，1949 年）

在他 1968 年出版的「通用系統理論（*General Systems Theory*）」一書中，Bertalanffy 對此進行了大量的說明，包括以下這則介紹，他視為是一個廣泛的議題並且也是可以運用到其他主題的基礎：

> 因此，通用系統理論是「整體性」的普遍科學，到目前為止，它被認為是一個模糊、朦朧和半形而上學的概念。在縝密、純粹的形式中，它是一個具有邏輯的數學學科，但適用於各種經驗科學⋯包括最多樣化的領域，如：熱力學、生物學、醫學實驗、遺傳學、人壽保險統計等。（Bertalnaffy，1968 年）

雖然 Bertalanffy 從來未曾看到這個願景的實現，但他的工作成果對於將系統思維原則傳播到許多學科至關重要。

在 20 世紀中期，其他人積極探索和篩選將導致更廣泛的系統思維的概念。一個值得注意的是 Norbert Wiener 他撰寫了具影響力的**控制論**（*Cybernetics*，1948 年）一書。這本以數學為導向的書影響了電腦科學、人工智慧和系統思維領域的許多進步。與此同時，它的標題、焦點和後續影響可能表示了以系統進行思考的重要分界點。*Cybernetics* 一詞來自希臘語，意思是「治理」或「操縱或控制的人」[5]。Wiener 將控制論定義為「交流與控制」（第 39 頁）的科學，並設想控制論是關於「自動機（automata）有效地與外部世界連結」並具有傳感器和行動器——也就是負責輸入和輸出的部分——這些會與內部的「中央控制系統」（第 42 頁）交互作用。這種集中控制的想法在 20 世紀非常流行，並且是一個很難擺脫的想法。但是，正如你將看到的那樣，系統思維和系統設計都需要我們能夠放棄中央控制所引發的限制，從而使有組織的功能從系統本身湧現出來。

在 Wiener 的書出版幾年後，John Forrester 開始研究最終被稱為系統動力學的東西——系統思維樹上的另一個分支。在他 1970 年在城市發展小組委員會（以及後來關於同一主題的論文）上的證詞中，Forrester 指出「社會系統屬於稱為多循環非線性回饋系統的類別。」（Forrester，1971 年，第 3 頁）他說，這是屬於「系統動力學專業領域」，是了解社會系統如何以更高的保真度運作的新方法。系統動力學現在主要用於商業和一些工程學科。因果關係的緊密模型使得解開複雜、混亂的現實世界情況變得更加容易。這種用途後來導致了備受歡迎的書籍**第五項修練**（Senge，1990 年），該書在商業界引入了許多系統思維的概念。

雖然控制論的早期工作保持了中心控制思維，但它也導致了複雜性科學和複雜適應系統（complex adaptive systems，CAS）的發展，該系統側重於研究模擬許多小的、通常是簡單媒介，以及由它們的相互作用產生的複雜行為。這導致了對演化、人工生命、有機、生態和社會過程理解面的突破。**John Holland**

5　Wiener 所創造的 *cybernetics* 一詞有時也導致了誤用，在 20 世紀後期以 *cyber* 作為字首非常流行，並指的是尖端技術或資訊科技。

為這個領域做出了巨大貢獻；他的書 *Hidden Order*（隱藏秩序）（1995 年）和 *Emergence*（湧現）（1998 年）大大增加了我們目前對系統作為普遍進程的理解。

與這些發展並行的是，其他人如 Christopher Alexander 正在開發類似的思維方式──以他而言是在建築領域。正如你將在本章後面看到的，他的書籍 *A Pattern Language*（1977 年）和 *The Timeless Way of Building*（1979 年）使人們更加意識到模式或系統在許多情況下的重要性，例如物理建築到軟體工程。

現今的系統思維

從 20 世紀的最後幾年到現在，系統思維的深度發展一直在持續。這領域的一些傑出人物包括 Donella Meadows、Fritjof Capra、Humberto Maturana 和 Francisco Varela 以及 Niklas Luhmann。

Meadows 是一位在 20 世紀後期的環保主義寫作者。她在使許多人更加注重環保意識和系統思維方面具有很大的影響力。特別是，她的著作 *Thinking in Systems*（2008 年）一直是許多人認識系統思維的入門書。

Carpa 是一位物理學家，他透過流行書籍來傳遞系統和整體性思維。他主要的著作是 *The Tao of Physics*（1975 年），這本書尋求科學和神秘主義的交會點，而更近期也更專注在運用系統思維的著作則是生物學的教科書 *The Systems View of Life*（2014 年）。在這些和其他作品中（包括 1990 年他共同編寫的電影 *Mindwalk*），Carpa 主張從笛卡兒和牛頓對科學、生命和宇宙的機械觀之侷限中脫離，轉向更交互連結和系統性的觀點。

Maturana 和 Varela 透過生物學來到了系統思維的世界。他們特別被知曉的是討論及探索 *autopoiesis*（自我生成）這個概念的細節（1972 年）。*Autopoiesis* 是生物創造自己的過程。Maturana 和 Varela 在他們的書中說：

> 一個自我生成機器是一個有組織性的機器 { 定義成一個 Unity（聯合）}，作為構成元件的生產（包括轉換和破壞）過程的網絡，在其中：(1) 透過它們的交互作用和轉換不斷地再生和實現產生它們的過程（關係）網絡；以及 (2) 將它（即機械）作為存在空間中一個實際的聯合，在其中它們（這些構成元件）存在並擁有拓樸領域就像一個網絡。（第 78 頁）

這種描述可能有點密集，但它提出了重要的系統概念：整體被視為一個**聯合**和支持它的過程的基礎網絡，並且實際上不斷地在物理空間中創建機器（或細胞

或生物體）。這種過程網絡（network of process）的概念是共同運作而沒有集中控制，以創建一個更有組織的整體，這是我們將多次重訪的概念。

最後，Luhmann 是一位德國社會學家，寫作於 20 世紀末。雖然他的重點是社會的系統模型，但他借用並擴展了許多 Maturana 和 Varela 的觀點，特別是社會系統是自我生成（autopoiesis）的觀念，並且由個體之間的交流互動產生（Luhmann，2002、2013 年）。在 Luhmann 看來，溝通不是存在於一個人之內，而是僅存在於人之間，或者在我們這裡使用的術語中，作為兩個或更多人溝通時湧現的系統效應，其中個體是系統中的互動元件。Luhmann 對系統理論的貢獻，將其視為跨學科的廣泛適用，至今仍持續被探索中。這在某種程度上是對 Bertalanffy 的「通用系統理論」的復興，這種觀點是將系統思維應用於遊戲設計和使用遊戲設計來闡明我們對系統的理解的核心。

系統思維的歷史還沒有完成；它可能才剛剛開始。儘管它有豐富的歷史和許多進步，系統思維及其相關領域（系統動力學、複雜適應系統…等）對於許多沒有直接參與其中的人來說仍然是難以捉摸的。一些教科書已經開始出現，例如 Capra 的 *The Systems View of Life*（2014 年）和 *Gaming the System*（Teknibas 等人，2014 年），將大學深度的內容提供給教師和年輕學生；還有許多專注於系統思維的商業導向之書籍和網站。儘管如此，許多人 —— 即使那些在工作上似乎需要高度系統思維的人 —— 仍然不確定系統是什麼，以及為什麼他們應該知道或關心系統。

系統作為世界的運行過程

系統思維是 21 世紀生存的重要技能。如前所述，能夠以系統的方式思考對本世紀來說的重要性相當於閱讀對 20 世紀而言。我們需要能夠改變我們的觀點，並認識到世界上運行的系統，這樣我們才能理解甚至預測諸如幾隻兔子造成的生態破壞或由幾隻狼造成的正向的營養瀑布等事件。

我們還需要能夠有效地預測並有效應對人類世界的變化。特別是，自 1980 年代以來，我們的世界變得更加互相連結和互動，從而產生了許多新的潛在問題和機會，從 2008 年的金融危機、到增加的全球貿易、與國際間的相互依賴。線性、簡化的思維不足以理解這些事件及趨勢背後的過程，以及我們將來會面臨的那些。我們的世界再也不能被分割成整齊的部分，任何形式的線性分析也不足以理解我們周圍的一切。

一個互相聯結的世界

作為我們的世界在過去幾十年中如何變化的一個例子，看看從 1980 年代以來技術如何變化，會讓我們對世界變得多麼相互連結、以及它可能走多遠有清楚的認識。

Cisco Systems（思科系統公司）是全球最大的電腦網路硬體製造商。該公司的首席執行長 John Chambers 在 2014 年描述了世界是如何變化的——在很大程度上歸功於思科公司自 1984 年成立以來所做的工作（Sempercon，2014 年）。他說，在當年，世界上大約有 1,000 台電腦設備透過網路連接在一起，主要是大學和一些技術公司 [6]。在不到十年的時間裡，到 1992 年，這個數字已躍升至 1 百萬以上（網路連線裝置）。到 2008 年，有超過 100 億個網路連線裝置——遠遠超過地球人口。Chambers 預計，到 2020 年，網路連線的計算設備數量將增加到至少 500 億。但他指出，目前只有不到 1% 的可連網裝置已連接；換句話說，我們仍處於進入互聯世界門檻的早期階段。

與此相似，2017 年初，晶片製造商 Qualcomm（高通公司）首席執行官 Stephen Mollenkopf 討論了計算設備之間第五代（5G）網絡的出現。他說，新一代的連接晶片「將以我們自電力引入以來從未見過的方式改變社會」，開啟了一個「互聯城市，從房屋到路燈等所有東西互相交流」的時代」（Reilly，2017 年）。這可能只是行銷上的誇張，但正如 Mollenkopf（2017）所說，這些晶片將支持「具有前所未有的規模、速度和複雜性的各種設備。」簡而言之，連結和相互關聯性的快速增長顯示出沒有任何減緩的跡象。

那還只是硬體。在文字、圖片和其他數據方面，Cisco 的 Chambers 指出，Facebook 和 Amazon 每一天創造的訊息量超過 20PB（即 20,000TB）。每天的訊息量，比從最古老的金字塔時代到網路時代開始時累計的所有人類記錄的總和還更多，而且它們全部線上連結。

這些互連可能會產生遠遠超出當地規模的長期影響。例如，你獲得汽車或房屋貸款的能力直接受到全球各城市銀行家和投資者對前景的判斷和擔憂所影響。作為世界市場緊密連繫的一個具體例子，1993 年，一場火災摧毀了位於日本 Nihama 的 Sumitomo 化學工廠，它是一家生產環氧樹脂的工廠。這一次火災

6　網路在 1984 年出現，但它那時比今天要小得多。那時我是一名大學生和軟體工程師。那時還沒有全球資訊網（將在大約 10 年後出現），但我們有電子郵件、Usenet（類似你用的 Reddit）和許多其他服務。也是在這段時間，遊戲設計師開始通過 Genie 和 CompuServe 等新服務進行電子通信。當時，我們認為線上的體驗非常驚人，並且無法想像它在未來幾十年會如何發展。

的結果是，電腦記憶體晶片的價格在短短幾週內意外地全球性的從每 megabyte
值 33 美元飆升至 95 美元，因為該工廠生產了 60 ％用於製造這些晶片的塑料
（Mintz，1993 年）。這個事件在發生後，影響了電腦記憶體的銷售超過 2 年的
時間。

在這個世界裡，財務、經濟、家庭、生態和國家是密不可分的，如果我們不了
解它們形成的系統和這些系統所產生的影響，或者如果我們假設簡單的線性解
決方案就足夠了，那麼我們自己就會陷入困境，被這些系統的影響所驅使而不
是理解和驅動它們。

早在 1991 年，美國教育部和勞工部就認識到必須改善社會各階層的系統思維。
他們將系統思維視為「21 世紀的關鍵技能」，稱其為進入職場所需的「五項能
力」之一：

> 工作者應該要能夠從周圍的背景下理解自己的工作；了解構成元件和系統如
> 何連結在一起、預測後果、監測和糾正自己的表現；可以識別系統功能的趨
> 勢和異常、統整多重資料、並將符號（例如：電腦螢幕上的顯示）與真實現
> 象（例如：機器性能）鏈結起來。

> 隨著勞動世界變得越來越複雜，所有工作者都被要求在其他人所處的情境與
> 背景下理解自己的工作。他們必須將離散的任務視為連貫整體的一部分。（美
> 國教育部和美國勞工部，1991 年）

與此相似的，軟體工程師 Edmond Lau 將系統思維視為軟體工程師需要發展的
五大技能之一（Lau，2016 年）：

> 要建構和發布實質上重要的程式碼，你需要將思維提升到程式碼之外，達
> 到整個系統的層級：

- 你的程式碼如何契合程式碼庫的其他部分以及其他人正在建構的功能？

- 你是否對程式碼進行了充分測試，品質管理團隊（如果有的話）是否能
  夠運行你建立的功能？

- 要進入生產環境時，你的程式碼還需要進行哪些更改才能發布？

- 新的程式碼是否會對其他任何運作的系統產生負面的行為或效能上的影
  響？客戶和使用者在使用你的程式碼時，行為是否如同預期？

- 你的程式碼是否導向了期望的商業成果？

這些都是困難的問題，要很好地回答它們需要付出努力。但是你需要一個明確的心智模型，知道你的程式碼如何融入整體情況，知道如何配置你的時間和精力讓工作成果產生最大的正向效益。

儘管對於系統思維有著明確的需求、而且能夠辨識和分析世界上運作中的系統能夠帶來許多好處，但系統思維依然主要是學術上的追求，或只在商業領域中被狹隘的運用。我們依然使用簡化論、線性、發條裝置的方法來理解世界，好像它們就足夠幫助我們了解及影響世界了。實際上，我們仍然堅持只看到 Nesbitt 測試中的大魚，忽略了操作的情境，即使我們已經了解了更多。

體驗系統

我們仍然只看到大魚的部分原因是系統很難從外部來解釋。系統不是靜態的，嘗試使用簡化、分析、靜態的觀點來理解它們注定會失敗。

例如，正如 Craig Reynolds 在 1987 年首次展示的那樣，只用三個規則就可以定義一個完全有組織的鳥群系統：

1. 每隻鳥都盡量不觸及到其他鄰居。

2. 每隻鳥試圖沿著與其鄰居大致相同的方向和大約相同的速度前進。

3. 每隻鳥都試圖到達它周圍可以看到的鳥類的分布中心。

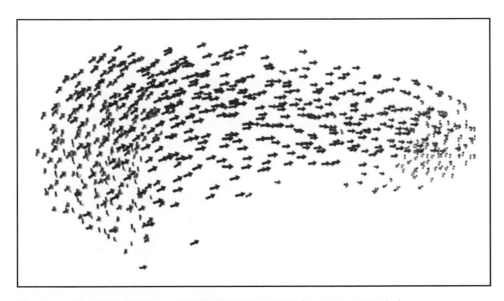

圖 1.9　一個人造的「鳥群」，每個箭頭都代表一隻鳥（Scheytt，2012 年）

利用這些規則，可以在軟體中使用小型的人造鳥或類似媒介來產生一個完全可信的鳥群，會在天空中自然的飛行（見圖 1.9）。但是，即使在閱讀了這三條規則後，你也不太可能有足夠的心智模型來創建它們之間的回饋循環，來讓鳥群可以湧現。把這些當作靜態的規則不足以創造出互動的、相互連接的系統。

相反的，要辨識和有效地分析系統需要一個系統性的觀點：系統必須在其運作環境中進行觀察——它們必須**被體驗**才能被完全的理解。要了解和提高從系統的角度看待世界的能力，特別是要創造和修改系統的話，體驗系統是唯一的方法。

遊戲設計與體驗系統

這本書的定位，也許並不令人驚訝，是迄今為止體驗系統的最佳方式——學習辨識、分析、修改和創建系統——透過設計和創造遊戲。正如你將在第 3 章「遊戲和遊戲設計的基礎」中看到的那樣，遊戲在許多方面都是獨一無二的，這使它們成為學習和創建新系統的理想選擇。其中包括遊戲為人們——尤其是遊戲設計師提供的機會，以反映他們自己的思想（後設認知，如前所述）以及作為遊戲一部分所創建出的心智模型。這種反思使人們能夠辨別遊戲中不易看出的系統，並識別出在其生活的其他方面運行的類似系統。

做為這方面的一個例子，幾年前，我和我的妻子預計賣房子並討論如何定價。這為我的孩子帶來了關於房屋價格如何決定的疑問，是否有人設定價格限制，如果定價過高或過低會怎麼樣，以及許多類似和可理解的問題。

不久之後，其中一個孩子提出了至關重要的聯結：「這聽起來就像**魔獸世界**的拍賣行（Auction House）！」在那個遊戲中，和許多其他線上遊戲一樣，玩家可以在遊戲中得到他們找到的物品並將他們出售。為了有效銷售，玩家必須觀看其他類似商品的價格，而不是定價太高或太低。如果幾乎沒有相似的物品，他們將不得不做出最好的猜測，再看看他們的物品銷售情況如何。所有這些複雜的玩家行為都源於暴雪公司（Blizzard）創造的經濟體系，而那是拍賣行的基礎。在那一天，孩子使用那個系統的體驗推展到了現實世界，這一切在出售真實稀有物品（我們的房子）方面都是有意義的，就像銷售遊戲內罕見的物品一樣。

將世界理解為系統

了解辨識、分析和創造系統的重要性後，我們仍需要更全面地了解系統是什麼以及它們如何運作。但要做到這一點，我們需要從一個不同的、更容易識別的地方開始：**事物**（*things*）的世界。這是我們習慣的世界，可能不會經常去思考它。我們將改變這一點，並先透過了解**事物**來幫助我們理解系統。一旦我們完成了這項工作，我們將回過頭來看看遊戲和系統如何融合在一起。

一個奇怪的系統之旅

系統對我們來說，就像水對魚一樣：在我們周圍、創造出我們的世界、對我們的生存至關重要，而且很難看到。大多數情況下，我們並不知道系統存在於我們的日常生活中，儘管像水中的魚一樣，我們一直都沉浸在其中[7]。

忒修斯的船

這是一個來自希臘傳奇的古老故事，經常被稱為悖論。這是忒修斯的船（Theseus' ship）的故事。忒修斯似乎是一名水手和造船者。他擁有一艘他定期維護的船。每當他看到一塊船板或其他部件開始磨損時，他就將其移除並替換它。多年來，他最終取代了船上的每一個部件，直到原來的零件都沒有留下來。現在的問題是：這艘他擁有的船還是他的船嗎？如果每一零件都被更換了，這是原先的舊船還是全新的一艘船？「船」這個東西的身分標記又是在哪裡？

為了增加一些變化（英國哲學家 Thomas Hobbes 在 1655 年首次提出），假設海倫在忒修斯附近的海灘上，密切注視著他。每當忒修斯取下他的一塊零件並將其扔掉以便更換時，海倫就會拿起舊件（它們仍處於良好狀態，因為忒修斯總是提前更換它們）。有了這些，她建造了另一艘船（見圖 1.10）。所以有一天，忒修斯用新的替換了他船上的最後一個舊部件。他退後一步欣賞他現在完全翻新過的船並遇到了海倫。她剛剛退後一步欣賞她的手工藝，因為她剛剛將最後一部分添加到她的船上。

7　這個見解的靈感部分來自於 David Foster Wallace（2014）的演講影片「This Is Water」。

圖 1.10　忒修斯、海倫和船

問題是，哪一艘是忒修斯的船？他有兩艘船還是沒有船，或者是他有一艘而另一艘是海倫的船？使船成為船的基本要素是什麼？什麼使它具有**船**的身份和完整性與整體性？

這是幾千年來一直困擾哲學家的矛盾問題；你也可以思考一下。我們將以一種新的方式來回顧忒修斯和海倫以及有關忒修斯的船的身份問題。在那之前，我們將繼續進行一段奇怪的旅程。

我們將重新審視**事物**並探究它們究竟是什麼。這是一個奇怪的旅程，它將把我們帶到最微小的現實階層，然後再次回到事物的世界。這將意味著首先深入到我們所知道的最小結構，直到原子甚至那些我們不熟悉的——原子內部的世界。從那裡我們將回到熟悉的世界及其之外。這可能會導致一些意想不到的結論，並可能改變你對周圍世界的看法。

以這種方式討論事物的本質似乎是開始討論系統（遊戲的成分也更少）的漫漫長路，但重要的是透過首先了解**事物**是什麼，進而了解系統的字面意思，而不是對現實的隱喻。如果你不是一個「科學控」，不要擔心；這不會**太**技術性的。

事物和身份

是什麼讓事物成為一個事物？什麼是**東西**？這些可能是看似簡單（甚至是愚蠢）的問題。畢竟，這似乎是顯而易見的：事物就是你能看到或觸摸到的東西；它們具有質量、重量和物質。你可以拿起一支筆、在桌子上敲打你的指關節、或者喝一杯水。至少宏觀的事物似乎表現得很像**事物**。但真正的結構是什麼？什麼在其內部而使事物成為一個事物？向下探索到微觀世界，我們知道這最終會引導我們到分子和原子的層級上。這就是我們要開始的地方。

我們來看看水吧。你可能知道，它是最常見的物質之一，是由兩個氫和一個氧原子組成的小分子，通常如圖 1.11 所示。但是，如果你停下來思考它，那三個原子看起來就不像是你所知道的**水**。是什麼使這些氫和氧具有水的特性——像液體一樣晃動、像冰一樣凍結、或在天空中形成雲？

這個問題需要我們在系統中思考才能回答。我們將在恢復規模的過程中回到這個主題。現在讓我們再探索更小的層級，進入到每個水分子都有的氫原子內。

氫是最小的原子。它由一個電子包圍一個質子所組成。但是電子和質子非常小，原子幾乎完全是空的。具體來說，「幾乎完全是空的」意味著原子的 99.9999999999996％ 都是空的。這不是一個近似值，而是化學家和物理學家好不容易計算出來的數字。

圖 1.11　一個水分子通常被描繪成的圖示：兩個小的氫原子和一個較大的氧。

所以氫原子幾乎完全是空的——由空所組成的。那空曠的空間裡沒有空氣，只有空曠的空間。由於空虛，很難看出原子是如何構成任何東西的。為了提供一些對照，可以想像一些微小的東西——可能是胡椒粒或 BB 槍的子彈，大約 2mm 寬，位在一個大型專業體育場的中間，在一個足球場的中間。胡椒粒像是氫原子核心的質子，體育場則是氫原子的近似體積，約為質子大小的 60,000 倍。周圍所有的剩餘體積、整個體育場周圍的大小，都是空的——沒有空氣、沒有任何東西，只有空虛。它們就這樣一起形成氫原子。氫也是迄今為止宇宙中最常見的元素。它佔所有元素物質的約 74％，而你體內的氫原子佔你體重的 10％左右。

但為何一個如此接近完全是空虛的東西，可以在所有事物中含有這麼多呢？該如何能夠解釋在你身上和其他 *事物* 中它竟有這麼多？原子中的電子只貢獻了極少量的物質（約為氫原子已經很微小質量的 0.05％），因此絕大部分（超過 99％）的質量，皆來自於其中心的微小質子。

在這裡，故事開始變得有點奇怪。我們經常在教科書中看到將原子顯示為小球體的圖片，如圖 1.11 所示。在這些球體中，構成原子核的質子和中子通常表現為更小的球體，在原子核心處幾乎沒有東西。這是一個方便的觀點，但也使我們完全誤解了現實—— *事物* 和系統——實際上是如何運作的。

原子不是小球。電子不會在清楚的路徑上運行，並且原子周圍沒有明確的球形包裹物。氫原子中電子的性質比我們需要深入研究的更為複雜，但事實是，將原子視為擁有模糊的邊界（邊界的定義是能夠發現電子的範圍）反而比較準確——任何幾乎完全沒有的東西都可以有一個邊界！

在氫原子中心的是它的質子。這也是我們經常想像的一個堅硬的小球體，一個必不可少的堅固小東西。這就是組成了超過 99.95％的氫原子質量的東西，然而，就像原子本身一樣，它實際上並不像任何集中的小塊狀物質。為了真正了解 *事物* 是什麼，我們需要繼續探索原子心臟中的質子，看看它會告訴我們什麼。

質子是原子核的兩個主要部分之一，另一個（比單一個氫重的原子）是中子。它們共同組成幾乎所有的原子質量，原子累積起來就是我們所經驗到的所有重量和堅固性。它們對於讓事物成為 *事物* 是必不可少的，因為我們經由物質和重量來體驗事物。雖然質子和中子是必不可少的，但它們並不是最基本的單位：事實證明它們是由更小的稱為 **夸克** 的粒子組成。據我們所知，夸克是沒有內部結構的基本粒子，它們在很多方面都像它們的名字所暗示的那樣奇怪。

質子經常被稱為是由三個夸克組成的[8]。這些夸克不在質子的「內部」；他們是質子。這可能有點令人困惑，但請記住，質子並沒有一個包裹或球形的形狀來將夸克隱藏在內。當更仔細地觀察質子時，夸克**就是**質子。這實際上是一個非常重要的概念，我們會馬上回過頭來討論它。

構成質子（或中子）的每個夸克都具有一點質量，但奇怪的是，當我們測量質量時，所有三個夸克的質量相當於我們發現質子總質量的約 1%。但如果夸克**就是**質子，那怎麼可能呢？剩下大部分的質量來自哪裡？

你先前已經看到了，我們需要拋棄掉原子甚至質子都是硬質小球的這種方便觀點。原子是「模糊的」，並且幾乎由虛無所組成。可以說質子具有大小和形狀，儘管它們最好被描述為模糊的（或更準確的說，界限是不確定的）。正如原子從可能發現電子的空間中，獲得了它的大小和形狀一樣；質子的大小和形狀則來自可能發現其夸克的位置。

構成質子的三個夸克彼此緊密相連：它們存在於非常非常小的尺度中（大約 0.85×10^{-15} 公尺），彼此間永遠不會相距太遠。但是在這個小範圍內，物理學的運作方式與我們習慣的不同，甚至我們在物質和能量之間看到的差異也基本上消失了。（幸運的是，愛因斯坦的簡明方程式 $E = mc^2$ 允許我們，將次原子粒子輕易地從一個轉換為另一個。）除了三個束縛夸克的能量之外，在相同的非常小的體積中，還有無數成對的夸克與反夸克總是突然出現。這些配對幾乎立即出現和消失，從無到有、再回到一無所有，但卻為質子增添了能量。這在非常小的空間中創造了穩定和不斷變化的環境，基於這些小型的能量爆發間的關係。

這意味著夸克的動能與它們之間的鏈結關係（在物理學上稱為「膠子場（gluon field）」）的組合以及虛擬夸克對不斷的立即出現和消失，共同創造出了其他 99% 的觀測質量——穩定但總是在變化的粒子，我們稱之為質子和中子。聽起來很奇怪，但這就是**事物**的根源。這構成你周圍的一切，你所見過或觸及的一切。儘管我們每天經歷了堅固性和穩定性，但正如 Simler（2014）恰當地指出的那樣，實際上我們每天所接觸的事物「較不像桌子，更像是龍捲風」。以這種方式理解事物，也將有助於讓我們更清楚地了解系統是什麼。

8　在一個質子中，兩個夸克標記為「上」，一個夸克標記為「下」。中子也由三個夸克組成：兩個「下」和一個「上」。不要被這些術語混淆；他們並沒有真正提到方向。如果有的話，他們表示物理學家在命名時通常會有一種奇怪的幽默感。「夸克」這個名字本身來自於 James Joyce 的 Finnegan's Wake 書中的一個段落，並被夸克的共同發現者 Murray Gell-Mann（1995）選中來描述這些奇異的次原子實體。

看看它們由夸克和質子組成的這些事物，我們可以看到最重要的是，物體（不論是原子還是船隻）不是我們通常認為的那樣：它們實際上並不是定義明確的，沒有清楚的界限、也無法明顯地與其他一切分開。在最小的現實尺度，它們並不像任何小塊的物質。他們是能量、作用力和關係。儘管最初可能難以理解，但讓質子和其他一切得以存在的關係網絡，與我們認為是遊戲設計的核心元素是相似的。

花點時間切回到質子和中子，這些存在是由於夸克之間擁有充滿能量、穩定卻總在變化的關係。夸克本身是一種穩定但總在變化的效應（在多重時間——空間裡它可能是一種波動，但那是題外話）。三個範圍的夸克和數以萬計的「虛擬」（真實但出現時間非常短暫）夸克對在空間和時間上相互關聯，形成穩定但總是在變化的質子和中子。原子核（包含質子和中子）和電子也是如此：它們是因為**交互關係**才形成穩定但總在變化的原子。

準穩態和協同作用

這種穩定但總在變化（*stable-but-always-changing*）的概念稱為準穩態（*metastability*）。擁有準穩態的事物是以穩定的狀態隨著時間存在（通常而言），但總是在較低的組織層級上變化[9]。表面穩定的質子實際上是由下一個較低層級的組織中聚集的較小粒子群所構成。同樣地，原子本身是穩定的，但內部是由其原子核和電子之間不斷變化的關係所構成的。除了質子和原子之外，還有許多其他準穩態結構的例子，例如：一群鳥、一個颶風或一股水流。我們將很快檢視更多。

繼續從次原子領域向上爬，就像原子是一個準穩態結構一樣，分子也是如此。我們之前看到的簡單的水分子是一個**事物**，就像質子或原子是個事物一樣。它也是準穩態的，因為分子內的原子經歷變化，在它們之間共享電子並改變它們的相對位置[10]。

9　在許多科學分支中，將事物分組為準穩態結構被稱為「整合性層次（integrative levels）」（Novikoff，1945 年）。在原子和次原子領域，物理學家創造了他們所說的「有效場理論（effective field theories）」，它將下一個較低組織層級的變異數近似於當前層級的準穩態整體。

10　水分子雖然是準穩態的，但仍然以我們通常不會想到的、非常奇怪的方式來作用。在跳回或被另一個 H^+ 離子取代之前，氫原子可能會跳出以留下 OH^- 離子，並在短時間內產生新的 H_3O^+ 分子。水是準穩態的，即使是分子會交換氫離子或在分子層級上進行其他類似的方式。

正如氫原子由質子和電子組成，水分子由兩個氫和一個氧原子組成。水分子不會「含有」這些，它就是這些。然而，雖然周圍沒有表皮或確定的界限，但在考慮水分子相互作用的方式時，將它們視為原子「向上一級」的組織通常是有意義的。

也就是說，水分子的存在是由於構成它的原子之間的協同關係，就如同氫原子是由於質子和電子之間的協同作用而存在，並且質子的存在是由於夸克之間的協同作用。協同作用（*synergy*）一詞意味著「共同努力」。近幾十年來，它已被用於許多情境下，特別是在商業上，但最初是由 Buckminster Fuller 引入現代的用途，他將其描述為「整個系統的行為無法被分開地經由個別部分的行為來預測」（Fuller，1975 年）。這是描述準穩態的另一種方式，其中一些新的東西是來自於較低層級組織的構成元件之組合，通常形成元件本身不存在的屬性。像質子和原子一樣，到了分子這個層級時具有了穩定性和完整性的特性：它不能在不改變其基本性質的情況下進行細分。

系統是具有獨特屬性的準穩態事物，並包含了較低層級的準穩態事物，這個觀點是理解系統思維和遊戲設計的關鍵點之一。當我們討論湧現（emergence）現象時，我們將再次看到這一點。

作為具有自身特徵的事物，水分子可以被認為是有點塊狀的球體，更像是馬鈴薯而不是橘子的形狀（如圖 1.12 所示）。這種塊狀形狀是由氧和氫原子之間的關係（*relationships*）所構成。

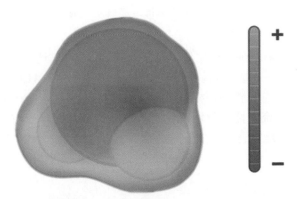

圖 1.12　水分子的電荷示意圖，像「塊狀的球體」。

在分子中，原子之間的關係決定了分子的準穩態及整體電學屬性。質子和中子內部的夸克決定了它們各自的電荷[11]。氫和氧原子中的質子和電子決定了水分子的總電荷。氧原子部分地將電子拉離開氫原子，有點像是向可憐的氫竊取它的封面。這使構成氫原子核的質子稍微暴露出來，並給了分子的塊狀結構端一部分正電荷。以同樣的方式，分子的另一側，最接近氧氣並最遠離氫氣處，帶有約 10 倍的負電荷，因為氫氣的電子現在會花一些時間在氧氣上。

結果，水分子作為一個整體、且作為一個**事物**，具有極性、一些部分正電荷多、一些部分負電荷多。了解這一點——並了解事物是如何透過較低層級的構成元件間的交互關係所組成——使我們能夠回答以下這個問題，水分子如何成為我們所認識的水？ D. H. Lawrence（1972 年，第 515 頁）在他的詩「**第三部分 / 第三件事**（*The Third Thing*）」中寫到了這一點：

水是 H_2O，氫氣兩部分，氧氣一部分，但也有第三部分，這使得它成為水，沒有人知道那是什麼。

這個「第三部分」是討論的核心。這是亞里士多德在 2,000 多年前所想的獨立存在的整體，在 20 世紀初由 Smuts 和 Koffka 在他們的領域中迴響。這個「第三部分」非常重要，但它不是一個單獨的元素或對象：它是從我們已經知道的較低層次事物的**交互關係**中產生的整體，在較高層級上創造出了一個新的獨立事物。再次引用 Lawrence，他在 1915 年的小說「**彩虹**（*The Rainbow*）」中，以不同的情景述說幾乎相同的東西，他寫道：

在兩個人之間，愛本身就是重要的事情，那既不是你也不是他。這是你必須創造的第三部分。

從較低層級的關係中新創造出來的「第三部分」，使得一切——原子、水、愛、互動、遊戲、生命——成為可能。以水的例子而言，由於 H_2O 分子形成鬆散但準穩態的群集，這些群體開始相互滑過。當這種情況發生時，大量的這些分子和群集開始呈現出流動性的特性，我們認為這些特性是分子或其原子中沒有的液態水的特性，而是從它的構成元件的交互關係中產生的全新特性。

11　給好奇的人：構成質子和中子的每個夸克都帶有電荷；這些的總和是讓質子帶電的原因，而也是中子是電中性的原因。由於在我們知道夸克之前，質子已經被給定了是 +1 電荷，而使夸克必須有分數型的電荷：兩個「上」夸克每個都有 $a + \frac{2}{3}$ 電荷，而「下」有則是 $a - \frac{1}{3}$。$\frac{2}{3} + \frac{2}{3} - \frac{1}{3} = 1$，這就是質子是 +1 電荷的來由。類似地，中子具有兩個「下」夸克和一個「上」，這相當於 $\frac{2}{3} - \frac{1}{3} - \frac{1}{3} = 0$，這就是中子是電中性的原因。

隨著我們從觀察分子，將尺度擴大到周圍可以看到的事物，準穩態結構在各處都是明顯存在的。繼續以水為例——無論是在水滴、水流還是波浪中——它在更大的組織層級上創造了額外的準穩態。請記住，水分子非常小。它們比我們之前談到的質子大幾千倍，但仍然是難以想像的小[12]。因此，小從睫毛末端懸掛的一滴水、大到最大的颶風，界於之間的任何東西，都是由水形成的許多準穩態結構之一。

回到我們開始的地方

事物就是這樣的了：你所知道的任何「事物」就是由它們中較小的構成元件之間的關係所構成的。每個元件都是它的次級結構的準穩態，一直到宇宙的基本底層，在那裡夸克／反夸克的配對不斷地進入和離開，在此過程中產生了質子和中子（及其質量）。

了解這一點使我們能夠回到我們開始的地方。我們現在可以再看看忒修斯和海倫及其船隻。就像質子、原子和分子都是準穩態結構一樣，船也是如此：一艘船不僅僅是一堆木板；它是這些木板之間的協同關係，它們**之間存在著特定的準穩態關係**。因此，如果忒修斯移除一塊木板並用一塊新木板替換它，他不僅改變了一個物理組件，甚至改變了它與船上所有其他物理組件的關係。他已經從船隻的系統中移除了木板，但船隻本身仍然存在（只要它保留足夠的部件以保持其準穩態並維持船的功能）。就海倫而言，她透過逐漸的運用舊零件建立新的關係，創造了一種新的準穩態結構，即一艘新的船。重要的是要記住，正如我們之前所說的那樣，兩個氫原子和一個氧原子不在水分子的「內部」，木板也不在船的「內部」：它們是由於它們彼此之間的關係而存在，而造就了船這個事物。

我們將暫時回到遊戲設計的世界，請記得以上有關**事物**生成的理解——特別是關係（relationships）和交互作用（interactions）在創造出新的、更高層級的系統（和事物）中的重要性——這將幫助我們設計更多系統性的、更令人滿意的遊戲。

12　這裡有一個思想練習，可以幫助你想像出一滴水中有多少水分子：想像一下目前已超過 70 億的地球人口。現在，很艱難的去嘗試，想像一下這個星球上的每個人都擁有 10 份地球，每個地球都擁有超過 70 億的人口。有概念了嗎？地球上的每個人現在都有 10 個閃閃發光的地球，每個地球都擁有自己龐大的人口。所有那些地球副本（加上原始的！）的所有人的總數大約等於一小滴水中的分子數。也就是說，地球上大約有 7.2×10^9 的人口。把這個數字平方，就像讓每個人擁有 7.2×10^9 個地球副本一樣。這一共約有 5×10^{19} 個人。現在在給原始地球上的每個人 10 份，而不是 1 份，這大約是 5×10^{20}，或者只是一滴水（約 3 毫米、重量 0.015 克）中的水分子數。

磚與房屋、模式和質量

哲學家和科學家 Henri Poincaré（1901）說過，「科學是建立在事實上的，就像房屋是用磚砌成的；但是，積累的事實並不比一堆磚塊更像科學。」回想一下亞里士多德的說法，「當事物擁有多個構成部分時，整體不只是各部分的堆疊，整體是部分以外的東西，並有其原因。」他所說的*原因*是事物之間的結構和功能關係。在 Poincaré 描述的房子的情況下，它是磚與其彼此之間的關係——他們的位置、活力與對彼此的支持。這就是它與「單純堆疊」的區別，並創造了我們稱之為房屋的有組織的系統，就像事實間的結構與功能關係、創造了有組織性的理論與模型，並構成我們所謂的科學一樣。沒有超越元素本身的這些元素間效應，就沒有房子，也沒有科學。

除此之外，還有兩個來自建築師 Christopher Alexander 的觀察結果。第一個來自他的書「*A Pattern Language*」。這是一本關於物理建築的書——城鎮、房屋、花園和角落。除此之外，這本書及其原理極大地影響了幾代軟體工程師和遊戲設計師。每當你聽到某人談論*設計模式*（*design pattern*）時，無論他們是否知道，他們都提到的都是這本影響深遠的書籍的成果。Alexander 的方法完全是系統性的。回想一下前面關於水分子、夸克和船隻的討論：

> 簡而言之，沒有模式是孤立的實體。每個模式都可以存在於世界中，差別只在它被其他模式所支持的程度：較大模式中它是嵌入到其中的，相同大小的模式中他是圍繞它，較小模式中則是被嵌入的。

> 這是看待世界的基本觀點。也就是說，當你建造一件東西時，你不能孤立地建造那件東西，而必須修復它周圍的世界，並擴及到其內，以便在一處更大的世界中變得更連貫、更整體；而你所製作的東西，可在大自然的網絡中佔有一席之地，就像你製作的那樣。（Alexander 等人，1977 年，第 xiii 頁）

Alexander 說的「模式」，就是我們所說的「系統」。模式的基本整體模式，是這個系統性的組織存在於現實世界中，從夸克到颶風（繼續擴大到宇宙中難以想像的巨大結構）；也存在於建造出家庭、廚房和城市的建築中；甚至在遊戲中作為所設計的體驗。

第二個想法來自 Alexander 的著作 *The Timeless Way of Buidling*，這是一本在哲學上與 *A Pattern Language* 相似的書。在這本書中，Alexander 介紹了他認為必須在所有建築中以及任何設計中注入的「無名品質（quality without a name）」。這種品質包括「一體（oneness）」、動態和諧、力量之間的平衡，以及由支持和互補的巢狀模式中產生的整體。Alexander 認為，作為包含這些次模式的統一模式，它不能被包含在一個名稱中。他說：

> *一個系統在由自己個別存在時具有這種品質；當它分裂時、它就缺乏了它…這種一體性，或缺少了它，是任何事物的基本品質。無論是詩詞、人，或是滿是人群的建築，還是森林、城市，重要的一切都源自於它。它體現了一切。然而，這種品質仍然無法命名。*（Alexander，1979 年，第 28 頁）

Alexander 說的「無名品質」，呼應了亞里士多德在一個有組織的系統中發現的未命名的「原因」，以及 Lawrence 使水變濕的「第三部分」。它也許沒有名字，因為命名它也會使它在我們的腦海中變得扁平，將我們的視角從複雜的、動態的模式中的模式（pattern-of-patterns），轉變為穩定、惰性的簡化視角。透過我們現在的理解，我們可以將其稱為某些事物或過程的品質是**系統性**（*systemic*）的。我們將在第 2 章「定義系統」中更精確地定義它。

踏步到系統內

系統觀點至關重要：你必須學會在明顯不動的桌子上看到動態的龍捲風，並在我們自己的設計中看到動態過程。在遊戲設計的術語中，你必須學會看到玩遊戲中的整體體驗，同時理解每個玩家將擁有獨特的體驗路徑。同時，作為遊戲設計師，你必須能夠「局部放大」並指出遊戲的每個單獨部分，而不需要它透過遊戲的狀態空間折疊成單一路徑。

牢記這一切，不要屈服於模糊的過度整體思維和貪婪的線性簡化思維，你將能夠系統性地看待這個世界。透過這樣做，你將能夠理解並識別這種未命名的、不受約束的系統性、協同性、準穩態、湧現品質——然後將其納入你的創意設計中。

將這些放在腦海上，你現在已處在一個可以更全面檢視**系統**定義的位置，並了解在設計遊戲時能夠辨識、思考和有意地使用系統的重要性。

摘要

在本章中，你了解了觀察世界的不同方式，以及將世界視為系統的重要性。你已經開始了解將系統理解為相互關聯部分的連結網絡，並由此形成準穩態。

這個系統性的觀點對於理解世界的運作方式至關重要，將周圍的世俗事物視為充滿活力的系統並藉此創造引人入勝的遊戲。透過對系統如何構成世界的深入理解，你現在可以更準確地定義系統。這將使你能夠將術語和系統理解用於遊戲設計。

定義系統

有了系統思維的基礎，你現在可以建構一個更正式、更具體的系統定義。在這裡，我們將探討系統的組織方式，以及新事物和經驗如何從截然不同的部分產生。

這樣做可以為你提供分析和設計系統性遊戲時所需的基本概念和詞彙。

系統的意義

如你所看到的，系統是一個熟悉但通常只是被模糊定義的概念。透過仔細檢視「事物」究竟是什麼，這種無定形的概念會變得更加清晰。正如你在第 1 章「系統的基礎」中看到的那樣，系統是事物，而事物也是系統。系統實際上就在我們周圍。它們構成了我們生活的物質世界，和我們創造出的社會世界。

然而，重要的是要記住，系統（和事物）是動態的，而不是靜態的：你無法透過凍結系統來理解系統；你必須在它運作的情境下去體驗它，才能真正理解它。因為系統體現了 Alexander 所說的「無名品質」（Alexander，1979 年，第28 頁），很難用一個類似保險槓貼紙的句子來定義它們[1]。要了解系統具有的品質（可能令人發狂但也是神奇的）必需同時從——組成元件以及它們如何動態組合並形成更大的東西，這兩者同時來進行理解。必需根據其情境關係來理解它們，而不是靜態的狀況。

換句話說，任何對系統的定義必需是系統性的。

簡要的定義

為了提供一個不會過度掩飾的簡短定義，系統可以描述如下：

> 構成元件的集合體在彼此間形成了循環和交互關係，並創造出了一個持續的「整體」。整體具有歸屬於群體的自身屬性和行為，但不屬於其內任何單一構成元件。

這很複雜。在本章中，我們將拆解這段話（並將其組裝回來！）以更接近正式的定義和詳細解釋。如前所述，語言的線性結構造成了一個問題：你將看到對尚未解釋事物的引用，並且可能需要不止一次的閱讀（多個循環！）來構建出你自己對系統的心智模型。

讓我們從這裡開始，以下列表將系統的定義做了一些擴充。我們將在本章中更詳細地研究這幾點：

1　我所看過的最接近的是「這句話是一個系統。」字母和單字之間的相互關係在一個簡短的陳述中創造了新的有組織性的意思。感謝 Michael Chabin 這個簡潔的定義。

- 系統由**構成元件**（*parts*）所組成。構成元件具有內部**狀態**（*state*）和外部**界限**（*boundaries*）。它們透過**行為**（*behaviors*）與其他構成元件互動。行為將訊息、或更常見的**資源**（*resources*）發送到其他部分以影響其他構成元件的內部狀態。

- 構成元件透過行為與其他構成元件互動以創造**循環**（*loops*）。行為創造了局部的交互作用（A 到 B），而循環創造了遞移性的交互作用（A 到 B 到 C 到 A）。

- 系統是組織成階級式的綜合**層級**（*levels*），這些層級來自基於其循環結構的**湧現**（*emergent*）性質。在每個層級中，系統顯示出有組織性的狀態和行為，這同義於屬於向上一個層級中、較大系統的一部分。

- 在每個層級，系統顯示了**持久性**（*persistence*）和**適應性**（*adaptability*）。它不會迅速崩潰、而會自我強化、能夠容忍和適應其界限以外存在的不同條件。

- 系統展示了有組織、分散但協調的行為。系統創建了一個統一的整體——而這又是一個更大系統的一部分。

我們現在將更詳細地檢視系統的每個面向。

定義構成元件

每個系統都由構成元件所組成，並且可以被分解成分離的構成元件：構成元件可以是分子中的原子、鳥群中的鳥、軍隊中的一個部隊等等。每個構成元件都獨立於其他部分，因為每個構成元件都有自己的身份並且獨立行事。具體而言，每個構成元件由其**狀態**、**界限**和**行為**來定義，如以下章節內容所述。（你將在第 8 章「定義遊戲的構成元件」中以遊戲專門術語再次看到這些內容。）

狀態（State）

每個構成元件都有自己的內部**狀態**。它由屬性組合而成，每個屬性在任何時間點都具有特定值。因此，鳥群中的每隻鳥都有自己的速度、方向、質量、健康等等。鳥的速度和質量是屬性，每個都有一個值（在這個例子中是數字），這是屬性的當前狀態。構成元件的整體狀態是其所有當前屬性值的聚合。這在任何時間點都是靜態的，但如果構成元件受到其他部分的影響，則會隨時間發生變化。

在現實世界中，物體的狀態不是由具有值的簡單屬性所定義的。（例如，人們並沒有真正具有特定數量的「生命值」。）相反的，狀態從一個較低組織層級的次級系統內的狀態所聚合而成。（請參閱本章稍後的「組織的階層結構和層級」一節。）這些次級系統也由構成元件組成，全部都會相互作用。正如你所看到的，在現實世界中，我們必須向下探查至夸克，然後才不再能繼續找到由較小的構成元件所組成的次級系統。

在遊戲中，構成元件的狀態通常由──更細微層次的構成元件之狀態來決定：森林可能沒有自己的「健康」屬性，但是可以利用裡面每棵樹的狀態之聚合來進行定義。但是，在某些時候，你必須「觸及底層」並創造簡單的構成元件，且其具有的屬性／數值配對是簡單的、非系統性的──例如：整體、字串等。舉例而言，西洋棋子有一個類型（兵、城堡…等）及一個在棋盤上的位置，這就是它的狀態。在電腦遊戲中，怪物可能有 10 點生命值，並被命名為史蒂夫。

這種程度的專一性為我們的設計提供了可行的基礎，使其能夠實施。由於遊戲中各個部分的預設或初始狀態通常保存在電子表格中，我們有時會將此層級的定義稱為「詳列於電子表格（spreadsheet specific）」。這是遊戲設計的重要品質，因為在你實際上敲定設計中所有模糊的部分、並將它們詳列於電子表格前，你是無法真正創造遊戲的。你將在本書中多次看到這一點，特別是在第 8 章和第 10 章「遊戲平衡的實踐」中。

但是，電子表格層級的明確性並不是遊戲設計能夠達成的系統性上限。透過從包含構成元件的次級系統來建構系統，你可以創造更具吸引力、動態的「二階設計（second-order design）」（參見第 3 章「遊戲和遊戲設計的基礎」），這個的成功不依賴於需創造出廣大且昂貴的內容。你應該在設計中尋找機會，將較簡單的構成元件組合在一起，來創造出更強大的系統性整體。

界限（Boundaries）

一個構成元件的**界限**是一個湧現的屬性（見後續關於**湧現**的討論），由其中次級構成元件之間相互作用的局部鄰近區域所定義（見圖 2.1）。緊密聯結的構成元件──即彼此之間具有更多交互關係的構成元件──特別是那些創造出循環的交互關係，形成局部的次級系統並在更高層次的組織中創造出新的構成元件。

構成元件之間的界限不是絕對的，因為一些局部的構成元件也必然與界限「外部」的其他構成元件相互作用。與我們對原子和質子的討論一樣，重要的是要

記住，通常在構成元件周圍並沒有明顯的外皮或包覆物[2]；它的界限由構成它的緊密相互關聯的次級構成元件的集群來定義。實際上，從更高層次的角度來看，界限可能看起來很明確，但進一步觀察後，它變得更模糊，更難以準確地說出它所處的位置。

要定義一個東西是在構成元件「外部」或「內部」，典型的規則是它是否可以改變更高層級**系統**的行為。如果可以，那麼它就在界限內並且是系統的一部分。如果某個東西與系統內部的某個構成元件溝通，但不能透過其行為改變系統的整體行為，那麼它被認為是在構成元件或系統的界限之外。

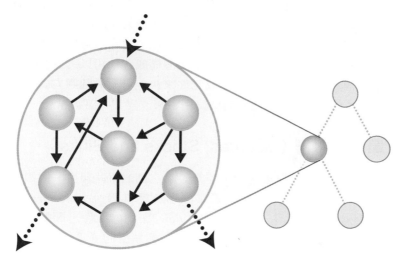

圖 2.1　一個構成元件及其界限、相互連接的次級構成元件，以及它在整個系統中的位置。請注意，界限是概念性的，由構成元件之間的互連形成，而不是單獨的構成元件。

實際上，它提供的界限和組織是一種模組化的形式，在創造構成元件和系統時可能是湧現的或強制的，像在軟體中一樣。使用界限可以使系統的各個部分更易於理解和重複使用，並且還消除了依賴各種形式的集中控制的誘惑。這與 Weinberger（2002）用於描述全球資訊網的「小部分的鬆散連結（small pieces loosely joined）」概念背後的想法相同：每個網頁都是整個系統的一部分。沒有其中一個可以控制整體，如果一個或另一個消失，其餘的繼續運作。

2　在某些情況下，像是細胞膜一樣，在內部和外部之間實際上存在一個外皮來形成邊界。然而，即使在這裡，也有專門的渠道允許緊密互聯的內部帶入東西或透過界限送出東西。

行為（Behaviors）

構成元件透過它們的行為相互影響。每個構成元件都有它所做的事情 —— 最常見的是它在系統中創造、更改或銷毀某些資源。這些行為可能很簡單或很複雜，它們通常會透過向其他構成元件傳遞某些資源或造成數值變化來形成影響。特定的構成元件也可以透過其行為影響自己，例如遊戲中的怪物隨著時間治癒自己的傷口，或者一個帳戶透過複利計算增加總值。

與行為相關的一個重要概念是，一個構成元件可能會擾亂或影響另一個構成元件及其行為，但每個構成元件決定其自身內部狀態的變化以及產生的任何行為反應。在物件導向程式語言中，每個構成元件都封裝（*encapsulates*）了它自身的狀態，這意味著沒有其他部分可以「觸及」並改變它。每個構成元件決定了將注意哪些行為訊息並受其影響。因此，一個構成元件可以透過其行為向另一構成元件發送消息，但是由第二個構成元件來決定自己的回應方式：它可以忽略該消息，或者根據其自己的內部規則使用它來改變其內部狀態。

來源、庫存與水槽（Sources, Stocks and Sinks）

在討論構成元件時，系統思維的語言經常討論它們的不同類型，例如：**來源、庫存**與**水槽**。它們相互作用的行為通常顯示為**連接器**（*connectors*），其中最常見的類型是兩個構成元件之間的**流動**（*flow*）。構成元件之間的流動可以是消息或其他形式的訊息，但通常是一種或另一種類型的資源。（請注意，雖然這些名稱及其符號已廣泛用於系統思維、科學和工程，但到現在仍然沒有規範的形式。我們將在這裡使用通用的名稱和符號，但它們旨在實用，不是規定性的。）

任何提升了其他構成元件狀態的構成元件被稱為**來源**（*source*）。其中一個最簡單的例子是用水來填充浴缸的水龍頭（見圖 2.2）。在現實世界中，水來自某個地方，但在遊戲中（以及一般的系統思維中），我們常常認為來源代表了一些資源的無窮無盡的供應，例如水。

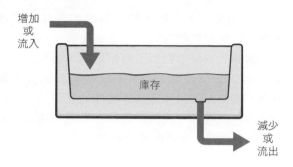

圖 2.2　來源、庫存和水槽，以及資源的流入、儲存和流出。

使用浴缸的例子，一定量的水（資源）從來源流入庫存。代表來源的構成元件的內部狀態指定了創造其新的單位資源的速率。因此，來源可能具有值為 2 的內部變數，這意味著它每單位時間（例如：每秒）創造 2 單位的水。來源的行為是傳遞這些水的原因；這通常被稱為**流動**。來源本身不保存任何水；如果可以的話，它只會生成一些數量並傳遞它。

資源（*resource*）表示某個數量的某物（在這個例子中是水），它會從一個構成元件流動到另一個，也就是從來源到庫存。一般來說，任何可數、可儲存或可交換的東西都可以作為資源，即使它不是嚴格的物理資源。在角色扮演遊戲中的生命值代表了健康、它可以是資源，帝國控制下的某個省也可以是資源。我們將在第 7 章「打造遊戲循環」和第 8 章中再次討論資源。

庫存（*stock*）是來源所創造的資源流向的位置。在這個例子中它是浴缸。你還可以把這個想像成是商店中有多少「庫存」或一個「蓄水池」內有多少魚。庫存會累積事物；例如：浴缸累積水、銀行帳戶累積金錢。對任何庫存而言，其狀態被描述為特定時間內（某些資源）的數量。因此，浴缸可能包含 10 個單位的水，而銀行帳戶可能包含 100 美元。這些數量可能會隨著時間而變化，但在任何指定時間，你都可以檢查庫存的狀態，它會告訴你它包含多少資源。庫存也可能有一個接受量的上限。你的銀行帳戶應該沒有上限，但你的浴缸能裝的水卻是有限的。

水槽（*sink*）是排水管：它是從庫存流出的。就像庫存的狀態是它現在包含的資源「有多少」一樣，水槽的行為是每單位時間傳送一定數量的資源。透過這種方式，它的功能非常類似於來源，關鍵區別在於如果庫存為空，它就無法傳遞任何東西，而來源通常被假設為總是能夠生成其資源。

雖然談論系統中的「水龍頭」和「排水管」似乎很奇怪，但這些都是關鍵元素，特別是對於遊戲而言。在某些時候，你必須繪製出你正在設計的範圍，並撇開其他外部因素。例如，如果你要為工廠創建系統模型，你可能會假設水和電將從外部（且無限制）的來源流入，而不是同時要為發電和供水來建立模型。特別是在遊戲中，當要創造出一個構成元件的狀態並「詳列於電子表格」一樣，這些細節是以非系統性的方式來呈現的，你通常需要根據它們如何影響遊戲來指定各種的來源和水槽、水龍頭和排水管。

例如，在大型多人線上遊戲（MMOs）的早期，這些遊戲中的經濟系統被稱為「水龍頭／排水管」經濟體。圖 2.3 改編自描述遊戲網路創世紀中的經濟圖表，並顯示了如何以突顯來源、庫存、流量、資源和排水管的方式來繪製圖表。

在這個系統模型中，左上方有一個無限制的水龍頭（實際上不止一個），代表了各種「虛擬資源」的無限來源，包括由非玩家角色（NPC）提供的商品、無處不在的怪物、和 NPC 向玩家支付的金幣。這些資源在各種庫存間流動，並且大部分透過相連的流動通往右下方來流出經濟體。

在這張圖中，資源顯示為保存在各種庫存（類似灰盤子的框框）中，但此處顯示的分組是圖解性質高於真實性。例如，玩家可以「製造」商品並將其保留在庫存中（灰框 6），但他們的庫存與任何其他玩家的庫存是分開的。這些庫存的數量通常也不受限制，並且不能保證會透過排水管流出：Simpson 提及了一個眾所周知的故事，即一個玩家在他遊戲中的房子裡保留了超過 10,000 件製造出來的（虛擬）襯衫。這給遊戲經濟帶來了真正的問題，因為它意味著每個物件（例如每件襯衫）必須永遠被追蹤和計算。

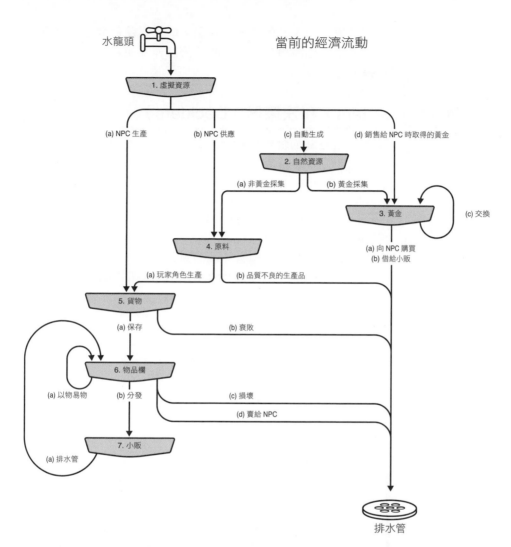

圖 2.3 水龍頭／排水管的經濟體，改編自網路創世紀。每個灰色框是一個庫存，彼此之間有流動。起點是一個永無止境的水龍頭，終點是一個永遠填不滿的排水管。

這種經濟體系引發的類似問題是通貨膨脹嚴重。請注意，「黃金」（遊戲中的主要資源之一和貨幣）是從無中生有且無限供應的水龍頭來源所創造的。每當遊戲中的玩家殺死怪物或將物品賣給 NPC 小販時，就會創造出新的黃金並將其添加到經濟體中。這種黃金可能透過製造貨物或其他手段從經濟體中流出，但其中大部分仍然存在於其中。隨著可用黃金數量的增加，每個單位的黃金價值對玩家來說都會降低——這是通貨膨脹的定義。雖然這個問題的解決方案通常很

複雜，如果沒有對於經濟體沒有足夠的系統性觀點，即使是這個問題本身就會令人難以理解。在第 7 章中，你將再次看到有關經濟體作為遊戲內系統及其衍生問題（包括通貨膨脹）的內容。

轉換器（Converters）和決策器（Deciders）

除了來源、庫存和水槽，還有其他特殊類型的構成元件，我們在繪製系統時經常會遇到。其中兩個是**轉換器**（*converters*）和**決策器**（*deciders*）。圖 2.4 顯示了包含這些的系統圖，以及來源和水槽。

在這個系統中，一些資源從**來源**流動到**轉換器**流程然後再到水槽。這本身並不是非常了不起（它甚至不是一個系統），但它是一個抽象的方法來幫助保持這張圖的簡潔。作為該流程的一部分，還有一個衡量標準：流程進行得太快還是太慢？這是它變得系統化的地方，因為這些連結創造了一個循環並回到來源處。透過進行衡量的決策器構成元件，轉換器流程保持在所需的範圍內。

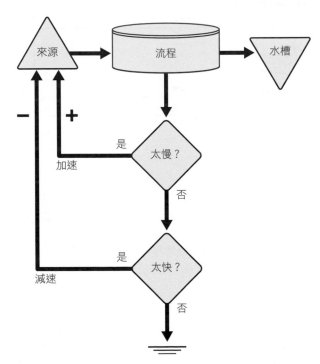

圖 2.4　一個抽象的系統圖，包含：來源、轉換器、水槽及兩個決策器。

細心的讀者可能會注意到，這張圖與圖 1.7 中的離心式調速器的詳盡繪圖基本上是相同的：引擎是來源，它為某些流程提供動力（例如將熱量轉換為旋轉運動，而排氣管是水槽。引擎轉速增加或減少，使重物隨離心力上下移動。重物作為機械的決策器，使引擎保持在範圍內。

複雜的（Complicated）與複雜（Complex）

相互連結的構成元件會形成系統，並總是以形成循環的方式。正如你將在這裡看到的，循環系統變得複雜（*complex*）。非循環集合可能產生複雜的（*complicated*）過程，但最終它們不會創造出複雜的系統。這對整個系統設計和特別是遊戲設計來說有重大影響。

簡單的集合和複雜的過程

如果你有一堆沒有任何連結的構成元件，它們沒有影響彼此狀態的行為，那麼它們就形成了一個簡單的集合（*collection*），而不是一個系統：一堆磚塊（如 Poincaré 所說）或一碗的水果是一個集合[3]。這些集合中的項目之間沒有重要的連結或交互關係，因此它們保持孤立。構成元件必需根據其行為來產生重要的、引起狀態變化的連結，來產生一個系統。

圖 2.5　以線性相互連結的構成元件，組成複雜的過程。

複雜的過程是具有多個構成元件和許多交互關係的過程。然而，這些構成元件是順序性連結的，並且只是一個接一個的線性式相互影響（見圖 2.5）。這樣的過程通常是可預測和可重複的，並且你知道在每個步驟之後會發生什麼。但是，由於沒有循環來創造回饋，因此該過程不會形成系統。

一個複雜的集合例子，是我們先前提過的單擺（參見圖 1.2）。擺錘的重量和它懸掛的桿子的長度相互作用產生了容易預測的（有時可能是複雜的）路徑。但是沒有重要的回饋循環，因此無法形成一個複雜的系統。

3　這基本上是正確的。碗中的水果實際上會在較長的時間尺度內相互作用，影響彼此的成熟和變質，但是對於大多數的目的而言，我們可以將每顆水果視為與其周圍的其他水果不相互作用的單獨物品。

相似地，許多裝配線流程都是很複雜的：在裝配線上組裝汽車涉及了很多層面，但是對同一類型車款的組裝來說，每輛車之間不會發生很大變化。向月球發射火箭是更複雜的例子：有很多需要考慮的，沒有人會說是容易的事情，但是這個流程的不同階段對彼此沒有不成比例的影響。一旦你完成發射和加速，這些階段不會對後續階段產生不可預測的影響，例如進入月球軌道。更重要的是，在登月階段發生的事情對初始發射階段沒有影響。並且由於連結是線性的，一旦你向月球發射過火箭，第二次再以同樣方式進行時、結果幾乎沒有差異（至少在構成元件確實相互作用且沒有問題發生前是如此，但若發生，那就是過程突然轉入了複雜領域）。

在遊戲設計的術語中，向玩家呈現連續等級的遊戲比較接近複雜的（complicated）而不是複雜（complex）：通常在等級 10 上發生的事情對等級 2 時的狀態或遊戲玩法沒有影響。一旦玩家玩過一個等級，他們可能永遠不會再玩它（如果他們重玩了，即使他們已經歷過，發生的事情也不會改變）。這種順序性而非系統性的遊戲設計要求設計師創造更多內容，因為一旦玩家經歷了部分遊戲，其未來的遊戲價值就會大幅降低。

這裡的關鍵概念是，在複雜的過程（complicated process）中，構成元件之間存在相互作用，但這些相互作用基本上是線性或隨機的：過程中沒有回饋循環。這樣產生的一個結果是，當在複雜的過程中發生意外事件時，它或者是完全隨機的，或者更常見的是，可以將問題從事件的影響追溯到單一原因，並對那個特定部分進行修復或替換。因此，這種流程通常會服從由線性的、簡化思維，即從一個部分回溯到前一個部分來找出根本原因。

複雜系統（complex systems）

當構成元件以連結在一起形成循環的方式來相互影響時，事情變得更加有趣。在這樣的情況下，構成元件仍然相互作用，但現在當它們這樣做時，會使得一個構成元件的行為通過循環並再次影響到自身，因此構成元件的行為不可避免地會改變其自身未來的狀態和行為（見圖 2.6）。這些循環是創造出複雜系統的原因。

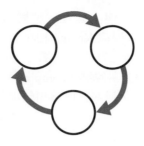

圖 2.6　高度簡化的複雜回饋循環（complex feedback loop）。系統中的每個構成元件直接或間接地影響其他部分。

就像單擺是一個複雜的集合例子一樣，雙擺（參見圖 1.2）是一個複雜系統的一個相對簡單的例子。雙擺的構成元件——重物的質量、關節的位置、重物在空間中的位置、關節、懸掛的支點，這些全部都彼此相互作用和互相回饋。這就是為什麼雙擺的移動路徑對其初始條件非常敏感的原因：當它移動時，每個構成元件的位置和力都會發生變化，每個構成元件都會回饋到其他部分（以及自身上），因此相似的起始位置會產生截然不同的路徑。

在我們生活周遭的每個部分都有許多複雜系統的例子，包括人體、全球經濟、浪漫、颶風、白蟻丘，當然還有許多遊戲。即使本書開頭的圖 I.1 也顯示了本書所涉及的複雜系統的抽象觀點。

這些系統中的每一個都具有多個、獨立的構成元件的性質，這些構成元件具有自己的內部狀態，並且透過其行為來形成回饋循環並彼此影響。正如你將在這裡看到的那樣，它們對於外部變化隨著時間的推移保有適應性和穩健性，並創造出有組織的行為和湧現的特性。

構成元件形成循環的方式意味著每個構成元件都會影響其自身的未來狀態和行為。構成元件 A 影響 B，B 影響 C，然後 C 再次影響 A。這些行為效應需要一些時間，因此「未來 A」將在一個循環後、處於與「當前 A」不同的狀態並且受到了 C 的影響。這種循環連結具有顯著的後果。這意味著，這裡不適用對宇宙的簡化主義觀點（由笛卡兒和牛頓支持），複雜系統不能輕易被分解為僅僅是複雜的過程：「解開循環」會經由打破最終的連結（例如：從 C 回到 A），從而破壞了其本質結構。

我們將再回到這一點，因為它與非線性、整體大於部分的總和這些內容有關——正如亞里士多德、心理學家 Koffka 和生態學家 Smuts 所理解的那樣，Lawrence 在他關於水的詩中稱之為「第三部分」、而 Alexander 稱其為「無名品質」。複雜的（complicated）和複雜（complex）之間的連結，簡化的構成元件之間如何創造出湧現的整體，這些對理解和創造系統至關重要。

循環（Loops）

複雜系統包含具有行為的構成元件，這些行為以形成循環的方式將構成元件連結在一起。這些循環在很多方面是系統和遊戲中最重要的結構。認識它們並有效地建構它們，是系統思維的重要關鍵。

在最基本的情況下，循環可能是建設性的或破壞性的。在系統思維中，它們通常被稱為*增強*（*reinforcing*）或*平衡*（*balancing*）循環｛有時是正回饋（positive feedback）或負回饋（negative feedback）循環｝。增強循環增加了每個構成元件的行為對循環的影響，而平衡循環則減少了它們。這兩者都很重要，但在幾乎所有情況下，如果一個系統沒有至少一個主要的增強循環，它將很快消失並停止存在：如果循環滅絕了其內構成元件的行為，這些元件將很快停止它們的功能、且彼此間的連結也不復存在。（例外情況是當每個構成元件形成了穩定的循環，以防止其他構成元件起作用時，例如在由兩側相對的支撐物所撐起的牆壁中，缺少任一個都會導致牆壁翻倒。）

循環是因構成元件之間的交互作用而存在。每個構成元件都有一個影響另一個構成元件的行為，並且由循環中的箭頭顯示，如圖 2.7 所示。在此處顯示的範例中，文字部分（例如，「帳戶餘額」和「擁有的房地產」）是庫存的例子，如前所述：這是某些數值被保存的地方。箭頭表示對庫存數量造成影響，影響程度來自於構成元件的行為：如果箭頭旁邊有一個＋號，則第一個庫存越多，第二個庫存的數量就越多。如果在箭頭旁邊有個－（減）號那麼第一個庫存中增加的數量會減少第二個的庫存量。

增強和平衡循環

增強循環（*reinforcing loops*）涉及兩個或更多個的構成元件，其中每個都增強或增加了下一個庫存中某些資源的量，這增強了其行為的輸出。這些循環可以在生活和遊戲中的很多情況下找到。兩個常見的例子如圖 2.7 所示。在銀行帳戶中，帳戶餘額會增加所賺取的利息，而利息會增加帳戶餘額。也就是說，

你的庫存資金（帳戶餘額）越多，這筆金額因利息所增加的越多。同樣的，在大富翁遊戲中，你擁有的現金越多（你庫存的現金是一種資源），你可以購買的房地產越多。房地產也是資源，你擁有的這種資源越多，獲得的現金資源就越多。

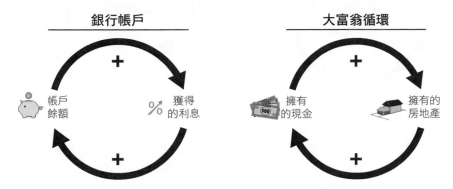

圖 2.7 平衡循環的二個例子，銀行帳戶與大富翁遊戲。

通常，增強循環增加了所涉及之構成元件的數值或活動。在遊戲中，它們傾向於獎勵獲勝者，放大遊戲中的早期成功，並破壞遊戲玩法的穩定性。如果一個玩家能夠較好的利用遊戲中的增強循環，那麼增強循環有可能導致遊戲的勝利條件與預期不符。由於這個特性，這些循環有時被稱為「雪球」循環（就像一個隨著下坡滾動而變得越來越大的雪球）或「富者更富」的循環。你將在第 7 章中再次看到這些條件，更詳細地討論遊戲中的增強循環如何出錯。

平衡循環（*balancing loops*）與增強循環相反：每個構成元件減少了在循環中下一構成元件的數值或活動。平衡循環的兩個簡單範例如圖 2.8 所示。第一個是烤箱恆溫器的抽象描述。根據烤箱設定的溫度，當前溫度與此設置之間存在差距。溫差越大，施加的熱量越多。這種差距成為了庫存中的資源，並會慢慢消耗殆盡。隨著施加更多的熱量，溫差變小（資源減少），導致施加的熱量也變小。

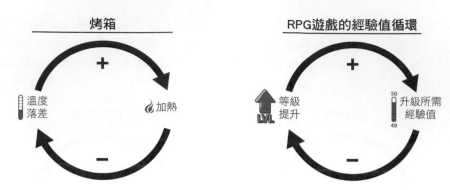

圖 2.8　平衡循環的二個例子：烤箱和角色扮演遊戲。

圖 2.8 右側的圖表顯示了在角色扮演遊戲（RPG）中如何處理經驗值（XP）的常用方案。在升級時，下一次升級所需的經驗值增加了（通常增加顯著），並超過這次升級所需的經驗值數量。這會讓角色較慢的達到下一個等級。

平衡循環用於維持或恢復循環中各構成元件之間的平衡或均勢。在遊戲中，它們往往對落後的玩家更加寬容、穩定並因此延長遊戲時間，防止早期獲勝者永久領先。一個典型的例子是遊戲瑪莉歐賽車中的「藍色外殼」（正式名稱為「多刺外殼」）。此物品是在遊戲中隨機提供的能量升級（power-up），除了第 1 名的玩家外都可以獲得。一旦被發射，它會向前移動並能夠擊中任何擋路的人，但它特別會針對第 1 名賽車手。擊中時，它會將玩家的賽車打翻、並減慢速度。透過這種方式，它可以作為一個強大的平衡因素，為那些落後的玩家提供趕上的機會。

組合、線性和非線性效應

每個系統都有增強和平衡循環。以先前提過的離心式調速器為例（參見圖 1.7和圖 2.4），你可以看到它同時使用兩種循環：如果引擎轉速太慢，減少的旋轉會導致重物下降且閥門打開，從而增加引擎的速度（增強循環）。但如果引擎轉得太快、重物會上升、閥門關閉，引擎的活動跟著減少（平衡循環）。

以離心式調速器而言，輸出結果可能是**線性的**：即，重物的上升和下降與引擎的速度成正比。這樣的關係很容易理解。然而，大多數系統的輸出與輸入或潛在變化具有**非線性**關係，這使得它們的行為更加有趣。

例如，假設你有兩個族群的動物，一群是捕食者山貓（lynxes）、一群是獵物野兔（hares）。兩者都會嘗試繁殖並增加自己的族群量，當然山貓也會捕食並吃掉野兔。（山貓可能也有自己的捕食者，但我們在這個模型中只會抽象地表示它們。）

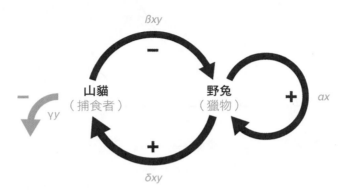

圖 2.9　山貓和野兔處於典型的捕食者——獵物關係中。

你可能想像山貓和野兔形成一個平衡循環，如圖 2.9 中的大循環所示。現在先不要擔心那裡顯示的希臘字母；只注意循環就好。野兔繁殖，增加（增強）牠們的數量，如右邊的小循環所示。然而，山貓吃野兔，減少（平衡）了牠們的族群量。結果，當野兔族群數量下降時，山貓的生存更難，因為食物減少了。從這種複雜關係中得出的不僅僅是線性平衡，而是非線性振盪圖，如圖 2.10 所示。此圖的時間是向右移動的，捕食者和獵物的數量隨著時間變化而上升和下降。這些線條顯示了捕食者和獵物（山貓和野兔）的數量如何因彼此之間的相互和整體平衡關係而發生變化。捕食者從來沒有牠們的獵物那麼多，牠們的上升和下降一直隨著時間受獵物的影響而抵消：一旦野兔開始消失，山貓就會更難以繁殖（或生存），因此牠們的數量也會開始逐漸減少。當這種情況發生時，野兔會有一段時間更容易生存，因此牠們的數量開始再次增長。這又使得山貓更容易生存、並產生後代，跟著吃掉更多的野兔，整個循環又會再重新進行。

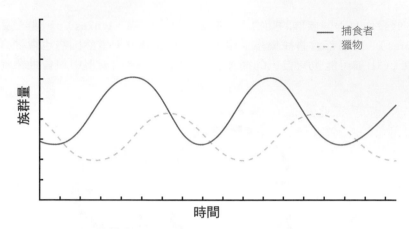

圖 2.10　山貓和野兔隨著時間的族群變化模型（Iberg，2015 年）

從這個系統中出現的非線性情形是重要且需要了解。我們經常（天真地）期望現在正在上升的數量將無限期地持續上升：如果今天情況良好，明天它們將繼續順利。這忽略了任何潛在的非線性效應，正如任何數學或系統模型所示。如果你考慮了系統各構成元件之間的關係，那麼非線性和振盪關係的原因就變得清晰了：每當捕食者殺死一隻獵物時，牠所殺死的不只是單一隻獵物，而應該將獵物所有可能潛在的後代也列入。這會隨著時間具有放大效應。因此，兩者之間的關係不僅是加法的，而是加乘的。一步步的說明它，可能有助於說清楚這一點：

■ 當一隻山貓殺死一隻野兔時，它會將野兔族群量減少一隻。

■ 但未來的野兔族群也會失去這隻野兔可能產生的後代。

■ 而下一代的野兔不只是少了一隻，而是一隻野兔**乘以**牠可能產生的後代數量。

■ **那些**野兔原本可能產生的後代數量也跟著減少了，並依此類推。

■ 整體結果是殺死一隻野兔對未來野兔族群的影響是具有放大的、相乘的關係。

■ 最後，由於山貓的族群需要野兔才能存活，當野兔很少時，山貓也會很難生存，這使得野兔的族群量能夠拉回一些。

透過檢視山貓和野兔所形成的系統，你可以看到牠們的關係不僅僅是線性或相加的。那裡存在的多於個別運作之總和。從系統的角度來看，另一種說法是，如同 Smuts（1927）所說，在個體的層次上這種交互作用的結果是，創造出了一個「整體不僅僅是各部分的總和」的非線性整體。

然而，系統的非線性輸出不一定是週期性的，並且像人口數據一樣振盪；各種結果都是可能的。你已經看過這方面的一個例子——不可預測的雙擺移動路徑（參見圖 1.3）。一些穩定的構成元件（例如重物和經由關節連接的兩根桿子）的行為是完全非線性和混亂的。

非線性效應的數學模型

為了更準確地說明捕食者和獵物之間的乘法關係，我們可以看一下長期以來被稱為捕食者——獵物或 Lotka-Volterra 方程式（Lotka，1910 年、Volterra，1926 年），如圖 2.11 所示。這些方程式看起來比它們實際上更令人生畏——我們通常不會在遊戲設計中使用它們，甚至是在一般系統性的表示捕食者和獵物之間的關係時也不常使用。然而，從系統的角度來理解這些方程式如何運作，以及如何處理相同類型的問題是有用的。

$$\frac{dx}{dt} = \alpha x - \beta xy$$

$$\frac{dy}{dt} = \delta xy - \gamma y$$

x = 獵物數量
y = 捕食者數量
$\alpha, \beta, \gamma, \delta$ = 參數
t = 時間

圖 2.11　　Lotka-Volterra 方程式，或稱捕食者——獵物方程式。

圖 2.11 中的方程式和圖 2.9 中的因果循環圖表明，獵物以 αx 的速率增加，即獵物的數量 x 乘以它們產生後代的速率，由 α 表示（alpha，這裡當作變數）。另一種說法是，在這個模型中假設每個活著的獵物 x 在下一代都會產生 α 個後代。這些獵物的死亡速率以 βxy 表示，其中 y 是有多少捕食者，而 β（beta）是一個參數，表示了獵物 x 和捕食者 y 相會的頻率，並會導致一個獵物死亡。第一個方程式的左側，它表示了「隨時間變化」的 x，即獵物的數量（dx/dt 在微積分中用於表示「在很短的時間內 x 的非常小的變化」，d 表示變化量或時間盡可能接近零，t 表示時間）。

因此，再說明一遍完整的第一個方程式，在任何給定時間內野兔（獵物）數量的變化，是基於野兔數量乘以出生率減去被山貓吃掉的野兔數量。山貓所吃掉的量是由山貓的數量、野兔的數量、以及一隻山貓抓到一隻野兔的頻率而計算來的。

捕食者的方程式是相似的，但在這裡我們抽象表示牠們死亡的原因。因此，任何給定時間內的山貓（捕食者）的數量（y）都取決於牠們有多少食物和牠們的出生率（δxy）以及牠們死亡的速率（γy），其中 δ（小寫希臘字母 delta）是山貓如何有效地將食物轉變成小山貓的參數值，而 γ（gamma）是每隻山貓死亡速率的參數值。

為了顯示這種非線性模型是反映在現實世界中，圖 2.12 顯示了在 19 世紀末和 20 世紀初收集的實際山貓——野兔族群量振盪數據的圖表（MacLulich，1937 年）。當然，這個數據比上面的模型更麻煩，因為在我們的抽象系統中沒有納入其他影響因素，例如：野兔的食物來源、捕食捕食者或獵物的其他動物、氣候影響等等。然而，族群量的非線性振盪是顯而易見的。

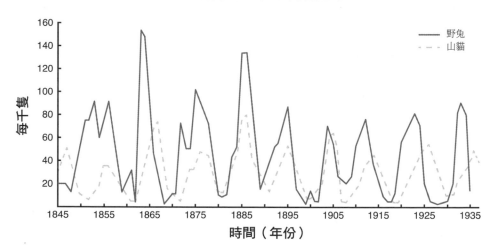

圖 2.12　實際的捕食者——獵物族群量資料，改編自 MacLulich（1937）。

數學與系統模型

上一節中提到的 Lotka-Volterra 方程式為一組系統效應創造了一個簡明的數學模型。它們很好地展示了捕食者——獵物關係中出現的非線性，這種方式會使熟悉這類數學模型的人可以找到簡潔甚至美麗的東西。然而，這樣一套數學陳

述並不能增進我們對系統本身內部運作的理解。它將系統的各個構成元件，每個野兔和山貓視為抽象的聚合符號，而不是透過其行為互相影響的實體。

在這種情況下，花一點時間來討論**模型**（*model*）的含義可能是值得的。前述的系統和數學模型都提供了對現實世界過程的抽象近似。如圖 2.12 所示，真實世界中山貓和野兔之間的關係，比系統圖及數學方程式所提供的不精確描繪還更為混亂。在遊戲中，與你創造的大多數其他系統一樣，你正在製作世界某些部分的模型。沒有任何模型能夠真的完全準確，就像模型船永遠不會像真實尺寸的船一樣。我們製作的模型仍然很有用，因為它們可以讓我們更好地理解更大規模、更詳細的過程——在我們的例子中，能幫助我們製作遊戲。我們將在第 3 章和第 7 章中詳細討論遊戲的內部模型。

在圖 2.11 所示的數學模型方程式中，諸如出生、捕食和死亡率的這些參數——α、δ、β 和 γ——是可以調整並改變整體行為的控制器。在遊戲中，這些參數通常被非正式地稱為「**旋鈕**（**knobs**）」，意味著設計師可以以將旋鈕向上或向下轉動、來達成特定影響。在數學模型中，這些旋鈕基本上位於黑盒子的外部：它們透過給定的方程式影響內部的工作，但是它們的行動對觀察者來說可能並不明顯。

在系統設計中，這些參數通常透過捕食者和獵物的內部狀態中之較低層級交互作用來實現，而不是作為高層級的參數旋鈕來實現。例如，在系統模型中，山貓和野兔可能有自己的內部狀態和行為，決定了它們的有效出生率（前述等式中的 α 和 δ），而山貓的攻擊強度與野兔的防禦值將一起決定出上述方程式中顯示的聚合捕食參數（β）。這種系統觀點可能使較易於理解和有細緻差異的模型從設計師的角度來看不那麼透明。很重要的是將你的系統建構成，像這樣的非線性結果會從較高層級中湧現。然而，在某些時候，作為設計師，你需要決定系統詳細度的最低層級，並在那裡放置適當的參數（包括隨機值）來呈現更低層級的行為。

混沌與隨機性

在循環系統的背景下討論數學和系統模型時，我們還應該討論混沌（*chaos*）和隨機性（*randomness*）之間的差異。你將在第 9 章「遊戲平衡的方法」中看到關於機率和隨機性的另一個詳細討論。

隨機效應

隨機的系統是不可預測的,至少在一定範圍內是如此;例如,具有 1 到 10 之間的隨機狀態的系統可以處於該範圍內的任何值。也就是說,每當要調用一個構成元件上某個屬性的數值時,不是簡單地為其指定一個數字(例如 5),而是隨機在它的範圍內決定出一個數值。在最簡單的情況下,如果範圍是 1 到 10,則該範圍中的每個數字具有相同的機會──1/10 或 10%的機率出現。由於屬性的狀態是隨機的,因此你無法根據現在的情況來確定其未來的數值。

在遊戲中,像這樣的系統可以模擬我們實際上沒有建模的低層級系統的動作:不會讓系統的輸出總是相同,我們可以讓它在規定的範圍內隨機變化。這為較高層級的系統提供了可變性,這個例子只是其中一部分,因此這裡的結果是不可預測及無聊的。遊戲中常見的一個例子是攻擊會造成多大的傷害。雖然可以考慮多種因素(使用的武器、使用者的技能、攻擊類型、任何裝甲或其他防禦等),但在某些時候,在指定範圍內隨機發生可變數量的傷害是適合的方法。而不需要模擬 1,000 多個因素,那樣太困難、耗時,或者可以忽略不計。

混沌效應

在現實世界中,我們遇到混沌系統的頻率遠遠超過我們所經歷的隨機效應:就像前面討論過的雙擺,這些是確定性的系統,這意味著原則上,如果你知道系統在某個時間點的完整狀態,你可以預測它未來的行為。然而,這些系統也非常容易受到條件的微小變化的影響。因此,從兩個微小差異的不同位置開始雙擺或其他混沌系統將導致兩條路徑不僅稍微不同,而是完全不一樣。

但當然事情並不總是那麼簡單。如前所述,一個混沌但確定性且不隨機的系統不適合進行簡化的「發條式」分析。系統的非線性效應通常使得分離系統是件不太可能的事情;這樣的系統必須以一個整體系統的方式來進行分析,要麼透過表示其次級構成元件、它們之間的關係、以及這些相互作用所產生的影響,要麼使用數學模型,如前面討論的 Lotka-Volterra 方程式。

此外,混沌系統有時會顯示出看起來像非混沌行為的樣子。當混沌系統與其**自身**表現出非線性時,這一點尤其明顯;這種事件通常被稱為「共振事件(resonance events)」。共振事件發生在:大量的小型混沌事件組合在一個增強循環中並產生非線性結果,且對系統本身產生巨大影響。例如風或行人穿過橋樑並造成它搖擺,有時甚至是災難性的。

倒塌的橋樑

華盛頓州的塔科馬海峽大橋在 1940 年遭受風的衝擊後自毀，這是個著名的事件。雖然風不可能單獨導致橋樑倒塌，但它確實推動了橋樑，導致它搖擺——起初只是一點點。當風推動橋樑時，主跨徑（main span）的長度使其以特定頻率搖擺。這種搖擺隨後增加了橋樑捕捉的風量，進一步增加了其運動的強度。

橋樑和風很快就變成了一個混沌的系統，並具有一個強勢的增強循環，導致了破壞性且災難性的結果（Eldridge，1940 年）。見圖 2.13。

類似的案例，19 世紀晚期倫敦當局在阿爾伯特大橋上發布了一些標語，上面寫著「部隊在經過這座橋時需要以不一致的腳步前進」，這是源於許多人踏步產生的共振，已經導致了其他類似的橋樑倒塌。與橋樑的強度相比，每個腳步本身都很小，但是它們共同創造了足夠的增強循環，因此士兵的踏步可能導致悲劇性的非線性共振結果（Cookson，2006 年）。

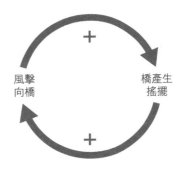

圖 2.13 塔科馬海峽大橋的災難性崩塌和這一事件的增強循環圖。最終，這座橋的運動非常劇烈，以至於它造成橋樑的破壞並打破了循環。

螢火蟲

我們可以在一些螢火蟲中找到，破壞性較小的、非線性共振的混沌系統之例子。

這些小蟲子在世界許多地方的夜晚提供了精彩的燈光秀，因為每一個都會發出閃光以吸引配偶。然而，在東南亞的一些地區和美國南部的大煙山，整個螢火蟲群體會同時閃爍、全部同步（NPS.gov，2017 年）。

它們自己會這麼做，沒有任何螢火蟲指揮官告訴它們什麼時候閃爍，而是透過一個簡單的機制：每當一隻螢火蟲看到附近的夥伴發亮時，它會比其他情況更快地能夠發光。透過這種簡單的機制，整個系統從混沌變為共振。

這裡的每隻螢火蟲都是系統的一個構成元件，並擁有一個行為是腹部會發光。當另一個螢火蟲（系統中的另一構成元件）看到這種行為時，它會改變它自己的內部狀態，以便比其他情況更快地發光——這當然也會被其他螢火蟲看到。結果是，在很短的時間內，越來越多的螢火蟲同時閃爍，直到它們全部同步閃爍。該系統是混沌的，因為它對其起始條件非常敏感，並且沒有辦法確切地告訴螢火蟲什麼時候發光。然而，由於它們的一種局部交互作用，整個螢火蟲群體很快就開始產生共振：首先是一小部分、然後是一整片、然後是全部一起，因為每隻螢火蟲都會根據它看到的情況來稍微調整下一個發光的時間。

類似的共振效應可以在哺乳動物心臟、大腦的神經細胞中，以及自然界的許多情況中發現。它們是從系統內不同構成元件分散的行動中，產生出共振、同步情況的非線性效應的極佳例子。

循環結構的例子

有許多系統循環的例子說明了這些結構如何產生各種（通常是非線性的）效應。我們在這裡討論其中的一些。

一個普遍的類型通常被稱為「修復失敗（fixes that fail）」，並且透過第 1 章中討論的「眼鏡蛇效應」（Siebert，2001 年）來舉例說明。在那種情況下，問題是「太多眼鏡蛇！」並且解決方案是「獎勵獵殺眼鏡蛇」，如圖 2.14 所示。這形成了一個很好的平衡循環：當人們為交出眼鏡蛇頭而獲得獎勵時，周圍的眼鏡蛇減少（繁殖出的下一代也更少），因此問題的嚴重性會降低。

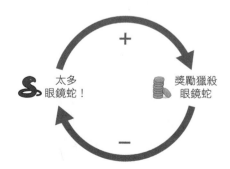

圖 2.14　對「太多眼鏡蛇」的平衡循環

但是，這裡還有另一個外圍循環，如圖 2.15 所示。這通常被稱為「意外後果（unintended consequences）」循環，因為它會創造一個將隱藏一段時間的增強循環，並重新引發原始問題（或其他相關條件）及復仇性後果。值得注意的是，在這個循環中有一個延遲，由弧上加註兩個「\\」記號來標記（產生的圖案類似井字號），它意味著這個外圍循環比內圈循環來得慢。結果通常是問題比開始時更糟糕——加上大量的時間和精力花在了虛幻的「解決方案」上。

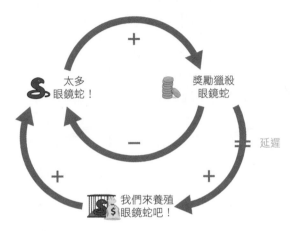

圖 2.15　外圍的增強循環顯示了修復失敗的情況

在現實生活中有很多這種結構的例子：你需要省錢，所以你不常保養你的車。這種情況持續了一段時間，直到延遲的外圍循環找上了你，現在你需要花更多的錢來修復本來可以用較低成本來預防的重大故障。或者，公司的一個部門遇到了麻煩，所以一位新經理提出了一系列的快速解決方案。公司收益開始上升，事情看起來很棒，而且「化險為夷」的經理得到了提升。然而，很快就會出現長期的意外後果（隱喻的「養殖眼鏡蛇」）。取代了那位晉升經理的新主管開始掙扎，但現在的情況比以前差得多，最終他們不僅因為表現不佳而被指責，而且還弄砸了前任經理在任時的極好情況（前經理可能已經成為他的上司）。忽視潛在的系統性原因及影響的短期觀點通常會導致這種修復失敗（fixes that fail）」的情況[4]。

在遊戲情況中，在戰略遊戲內迅速建立龐大軍隊的玩家實際上可能會發現自己處於不利於另一個玩家的位置，另一位玩家則將一些資源用於研究如何製造更好的部隊。第一位玩家採用了快速路線，但忽略了不考慮長期而造成的虧損；

4　我很遺憾地說，這是我在軟體行業內多次觀察到的模式。

他們的「修復」沒有考慮到，需要更長時間來製造的部隊，擁有更佳的個別效能。第二位玩家透過長期投資來避免快速修復（即擁有一支龐大的軍隊）。這種在「立即快速建構」和「為未來投資」之間的選擇，是一個稱為**引擎**（*engine*）的循環結構的範例，你將在第 7 章中再次看到。

增長的限制──以及可以遵循的崩潰

循環結構的另一個例子，以及一個非常好地顯示非線性結果的例子，是顯示了**增長限制**（*limits to growth*）的類別（見圖 2.16）。這個詞彙最初出自一本同名書籍（Meadows 等人，1972 年），該書旨在作為對整個世界系統的前瞻性評論，以及它的增長是否能夠在 21 世紀持續下去。（作者並不樂觀。）除了這種特殊用途外，這種模式整體上來說是值得研究和理解的。

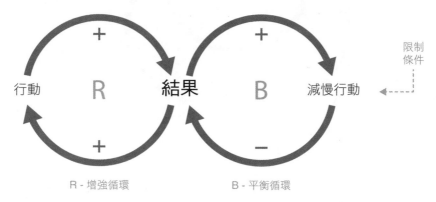

圖 2.16　兩個交錯的循環，描述了增長的限制。

我們經常假設，對於一些特定結果，若執行更多導致這個結果的行動，將帶給我們一個繼續線性增長的結果。我們經常聽到「如果我們的業務繼續按照這個速度增長…」或「如果人口繼續以這個速度增加」這些說法，其中隱含了一個假設，即事情將依過去的方式繼續在未來發生。這幾乎從來不是實際的情況。原因在於，對於由增強循環供給的每個加速條件──例如增加的銷售量、作物產量或建造的單元數量──都存在著由限制條件來制衡的分離的平衡循環。這種情況通常是一些資源在增長時是必需的、且會隨著增長被減損（如市場變得飽和時可獲得的新客戶、土壤中的礦物質被吸收而未被補充、能夠支付給每單位的費用…等等）。

整體非線性結果是曲線緩慢上升，然後快速上升，然後更慢，直到它再次平穩。圖 2.17 描繪了一個典型的例子，它顯示了自 1990 年代末期以來小麥的產量如何平穩下來（Bruins，2009 年）。導致這種成長放緩的因素在全球情勢中無疑是很複雜的，涉及了自然、經濟和政治資源，但總體效果是相同的：如果有人根據 1970 或 1980 年代的數據來線性的推斷、預測未來，十年後他們會非常失望。

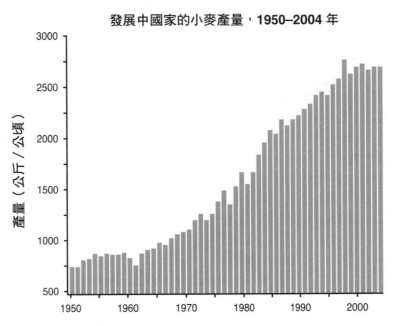

發展中國家的小麥產量，1950–2004 年

圖 2.17　小麥產量增長的極限。請注意，增加的產量會快速加速、然後變慢，在經典的 S型曲線中變平，而不是保持線性。

甚至一些看似簡單且可能無休止的增強循環也會限制了它們的增長——並且，正如修復失敗的意外後果一樣，這些限制有時會突然出現。一個經典的案例在 1929 年的股市崩盤中很明顯。在崩盤之前的幾年內，經濟正在蓬勃發展，股票價格似乎只有一個方向：上漲。對於一個投資者來說，今天購買一些股票，並轉手就在明天賣出且獲取利潤，似乎是一個簡單的賭注。結果，許多投資者通過信貸購買股票。只要信貸成本低於他們出售時的利潤，那就是「得來容易的錢」。一種稱為「融資買進（buying on the margin）」的股票購買形式，讓投資者更容易這樣做了。以這種方式購買，投資者只需要保留他們購買股票總值的 10％至 20％的現金儲備，其中假設了他們總是可以出售一些股票（並獲利）以支付購買不同股票的任何成本。實際上，這意味著如果你將 100 美元存入股票

經紀賬戶，你可以購買價值高達 1,000 美元的股票。由於股票價格不斷上漲，人們相信你可以隨時賣出並仍能獲利。很多人以這種方式變得富有，這吸引了更多的人湧入市場。

當然，增長總有極限。1929 年，出現問題的第一個跡象是一些公司在 3 月份的表現令人失望，這導致市場下跌並讓投資者暫停其行為。然而，市場在夏季反彈，這具有諷刺性的效果，即讓人們更加確定其股票的價值將繼續無限制地上漲。然後，在 1929 年 10 月，股票價格處於令人難以置信的高價，有幾家公司的業績表現不佳。這讓一些投資者認為，雖然經濟狀況仍然良好，但也許現在是時候兌現並退出市場了。由於有這麼多人採用了融資買進，他們不得不負擔先前的購買，這意味著他們必須出售更多的股票才能這樣做。由於股票價格在 10 月下旬開始下跌，投資者不得不賣出越來越多的股票以支付他們先前的購買價，並且一個新的增強、滾雪球循環開始生效（見圖 2.18）。之前投資者所展示的「非理性繁榮（irrational exuberance）[5]」現在變成了恐慌，他們都試圖透過盡可能的快速賣出來挽救他們的所有。隨著每個人都試圖賣出及只有少量的買入，價格進一步下跌，而增強循環——在這種情況下，即是推動了價格下跌——則更迅速的加速了。到年底時，超過 90% 的股票市場價值和累積的財富已經消失，引發了全球大蕭條。

圖 2.18　這種增強循環造成了 1929 年的股市崩盤。隨著投資者失去資本和對市場的信心，他們賣出了股票。這導致每股價格下跌，進一步削弱了投資者的信心。請注意，雖然所有效果都是負面的，但這是一個增強循環，而不是平衡循環——這種循環有時又被稱為惡性循環（vicious cycle）。

5　這個詞彙被美國聯邦準備理事會主席 Alan Greenspan（1996）用來描述他那個時代市場中的類似情況。

不幸的是，在 2017 年的財務狀況中可以看到一個類似的例子。根據 Turner（2016）的說法，次級貸款正在上升，就像 2008 年金融危機之前一樣。然而，這一次，貸款是在信用卡和汽車等事物上，而不是房屋貸款。「次級抵押貸款（Subprime）」意味著這些貸款是有風險的，並承認很多貸款會因為借款人沒有錢，而不會被償還。為了彌補這一風險，借款人為貸款支付了更多的利息。風險越高的貸款，借款人無法償還貸款的情況（defaults）就越容易發生（見圖 2.19）。此外，這種情況發生在一個經濟背景下，幾十年來（2008 年的崩潰並未減輕這個情況），美國和全球社會中最富有的人的財富集中度增加。這意味著有一些人想要在他們（已經增加的）財富上獲得進一步的利潤，並且還有更多的人需要以高成本借用這些錢。根據他對 UBS 銀行數據的分析，Turner 用以下方式描述了這種情況：

> 隨著財富越來越集中，富人和其他人間的不對稱性就越大，富人通常希望投資並獲得回報，而其他人則通常是借款人。這降低了普通借款人的信用。這樣的情況再加進一個低利率的環境中，當投資者持續尋求時收益，就產生了問題。（Turner，2016 年）

圖 2.19 投資者尋求利潤以抵消借款人違約時造成的損失。想想看這種增長的限制是什麼呢？

也就是說，財富越集中，那些持有資金的人就越難以透過投資找到增加資金的方法，因為許多其他人的資金越來越少，投資風險跟著越來越大。這種困難促使投資者進一步尋找獲利的方法，並越來越願意接受高風險的投資。那些風險較高的投資將增加貸款違約率，這增強了投資者獲得利潤的需要，從而推動他們尋找風險越來越高的領域（參見圖 2.19）。更糟糕的是，這個循環還有另一個元件，如圖 2.20 所示：對於那些借款方，他們對於購買的需求（包括食品和租金等必要開銷）促使他們借用更多的貸款並增加了債務。有時人們會被迫拿出非常高成本的貸款，來支付他們已經擁有的其他貸款，但這只會使他們陷入

債務之中。在額外的利息、費用，以及在某些情況下根本無法償還這些債務之間，這種循環成為了增強循環，同樣的人需要更多的貸款才能支付開銷。

這些增強循環都不是可持續性的；隨著借貸成本的增加和支付能力的下降，這兩種循環都有很大的增長限制。與 1929 年不同，在撰寫本文時，我們還不知道這個財務故事的結局。希望如果我們能夠識別和分析我們周圍類似的系統性影響，我們可以防止可能發生的最嚴重的崩潰。

除了這些對增長限制的嚴酷例子之外，當我們在第 7 章討論在遊戲設計中使用循環時，我們將看到同樣原理造成的影響，以及其他在遊戲中造成不公平競爭的例子。

圖 2.20　借款人期望擺脫債務的循環。想想看這種增長的限制是什麼？

公地悲劇

從系統的角度來看，另一個眾所周知的問題被稱為公地悲劇。這個古老的問題最先被 Lloyd（1833）所描述，到現在仍以多種形式出現。Lioyd 描述了這樣一種情況，即每一個體獨立行動、並且沒有任何惡意，但卻破壞了共享的資源──從而損壞了他們自己未來的收益。如圖 2.21 所示，每個參與者都有自己的增強循環：他們採取一些行動並獲得一些正向的結果。這可能是任何事情，但最初的描述是在一個村莊中有一塊共享的放牧區讓所有人都可以放牧──這被稱為「公地（commons）」。透過在那裡放牧牛或羊，一個人增加了他們牲口的價值。由於任何人都可以使用公地，任何在那裡放牧更多牛羊的農民都會受益更多，因此會有動力這麼做。然而，被牛羊吃掉的草是一種共享資源。因此，如果有太多人試圖在那裡放牧太多的牛羊，草很快就會枯竭，再沒有人能夠使用。

從系統的術語來說，共享資源的使用形成了一個外部平衡循環，這與修復失敗中的意外結果不同。當然，在公地悲劇中，沒有任何一個人打算讓資源對每個人都失敗，而且通常情況是沒有人使用過這麼多，不覺得自己負有責任。另一個例子是，在街道上丟棄一個垃圾似乎並沒有增加社區的髒亂，吐出一些二手煙看來並沒有增加整體的污染。但是，當與其他人的行為一起檢視時，環境清潔或空氣品質的損失可能是顯而易見的——即使沒有人感到需要負責。這是另一個例子，說明以簡化方式來尋找根本原因會讓你誤入歧途：太多的草被從公地上吃掉、或者地面上有太多的垃圾或空氣中的污染，並不意味著只有一個壞人需要負責。系統性的責任通常等同於分散的、去中心化的責任。認知到這個，以及個人行為如何產生意想不到的後果，是系統思維的一個重要層面。

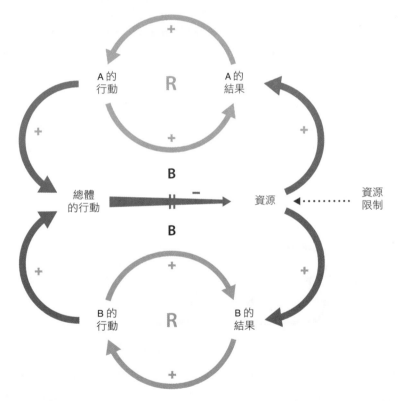

圖 2.21 公地悲劇。個人以自己最好的短期利益行動，但這樣做會耗盡共同資源，減少自己和他人的長期收益。

在遊戲中，像公地悲劇這種系統性的情況，會出現在有許多人想要使用一個有限的資源時，特別是如果他們想要最大限度的利用它。資源可以是遊戲中的物理資源，如金礦或可當作食物的動物，或者可以是可得性有限且使用價值逐漸減少的任何東西。例如，在一個具有勞動生態的遊戲中，如果玩家各自殺死幾隻兔子作為食物，但這樣做會導致兔子族群崩潰，這會使玩家陷入了公地悲劇的情況。（此外，如果野兔是山貓的食物，而且山貓也會阻止其他討厭的東西靠近，失去野兔就意味著失去了山貓，這可能會給玩家帶來其他後果。）

營養瀑布

舉一個更正向的例子，我們可以回顧一下透過將狼重新引入黃石國家公園而形成的營養瀑布的例子（見圖 2.22）。這是一系列複雜的增強和平衡循環：狼會減少（平衡了）麋鹿和鹿的數量，牠們減少的數量降低了牠們對樹木的平衡效果。因此，實際上，狼與樹木具有增強關係，以及（遞移性地）與熊、魚、鳥等同樣具有增強關係。

許多你將找到並創建的系統循環將比這個更複雜並也許令人困惑。只要你能記得尋找庫存和資源（狼的數量、麋鹿的數量等）並找出它們之間的行為關係（形成循環的箭頭），你就能夠解開甚至是高度系統化、高度複雜的情況。

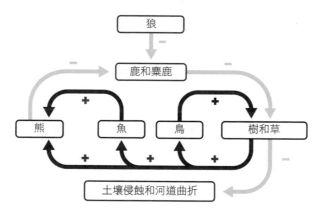

圖 2.22　營養瀑布的系統圖，透過將狼重新引入黃石公園而產生，包含了增強和平衡循環。

湧現（Emergence）

當複雜系統中的增強和平衡循環本身處於動態平衡狀態時，它們會產生準穩態的、有組織的系統行為。也就是說，系統中的每個構成元件都在改變，行為會造成影響、同時也被其他行為所影響，但整體結構保持穩定（至少在一段時間內）。這種準穩態會產生一系列在任何個別構成元件都找不到的有組織性的行為。例如，每隻鳥一起行進的動作產生準穩態的鳥群，正如結合在一起的每個原子的作用產生出準穩態的分子一樣。同樣的，前面討論過的螢火蟲群體在它們同時閃爍時會產生湧現效應。這種效應具有準穩態和持久性，創造了一種令人驚訝的、通常令人驚嘆的視覺效果，這種視覺效果在任何一隻螢火蟲中都沒有（也不由任何一隻來主導）。

這種整體準穩態是一種*湧現*（*emergent*）效應，是由多個構成元件的作用引起的。湧現效應創造了與任何單個構成元件都不同的新特性，且這種效應不是由構成元件的全部加總而得。這種準穩態還使得系統得以產生其他湧現效應，那是來自於系統中所有構成元件的行動而產生的作用。

舉另外一個例子，在魚群中，每個構成元件（每條單獨的魚）具有內部狀態，例如質量、速度和方向。這類魚群的總體重量不是湧現的特性，因為它只是群內每條魚重量的總和。然而，魚群的*形狀*很可能是湧現性的，因為牠們會形成一個稱為餌球（baitball）的密集魚群來逃避掠食者（見圖 2.23）（Waters，2010 年）。雖然每條魚都有自己的形狀，但這種形狀本身並不決定了魚群的形狀。相反的，每條魚的位置、速率和方向都影響了（但本身並不決定）魚群的形狀。

圖 2.23　魚群形成一個緊密的餌球，以逃避捕食者。這種形狀是一種自然的湧現效應（攝影：Steve Dunleavy）。

魚群的形狀與任何一條魚都不相同，也沒有任何魚負責決定魚群的形狀；沒有負責中央控制的魚指揮其他魚應形成的形狀，就像一個行進樂隊。認識到沒有「魚的指揮官」、沒有「中央控制系統」（正如 Wiener 在他 1948 年出版的**控制論**一書中所說的）是真正掌握湧現和系統功能的一個重要方面。它可能是我們集中文化（具有許多正面的影響）下的一種人工產物，但在某些情況下甚至科學家也難以了解它。作為一個例子，Wilensky 和 Resnick（1999）指出，至少直到 1980 年代，科學家們認為某些聚合在一起的黴菌必須有「創始者」或「調節者」細胞來啟動和指揮整個流程。這些黴菌從單細胞生物開始，最終形成大的群體，甚至分化為類似器官的結構。如果沒有某種中央控制，這可能會發生嗎？在許多年間，這甚至都不是科學家提出的問題。他們必須首先學會看到分散式系統以及由其中產生的有組織的行為，而其中沒有任何中央控制器存在。

當分散式系統中，構成元件的多重交互作用導致產生準穩態結構時：

- 準穩態結態不是由其中任何一個構成元件決定的

- 不是基於構成元件屬性的線性總和

- 更容易以聚合的方式來描述（如：「球形魚群」）而不是以個別構成元件和關係來描述（如：每條魚的位置、速率和方向的繁瑣敘述）

滿足以上三種情況，會湧現出一個有自己特性的新**事物**。正如第 1 章中討論的，水分子的極性更容易被描述為「塊狀的球體」作為一個統一的準穩態結構（即自己成為了一個事物）而不是用個別的原子來描述——例如，每個原子都有極性特徵，直接描述極性是一件比較容易的事情，而不必透過使用質子和電子來描述，或甚至到更細微的層次、使用夸克及原子核內的分數電荷的方式來描述。

湧現並沒有明確的界限，就像質子或原子周圍沒有包覆物一樣，但是其構成元件和關係的統合所形成的擁有新屬性的整體事物，就是湧現的明顯標誌，就像身分和整體性對於系統而言一樣。

向上和向下因果關係

在具有湧現性質的系統中，系統內各個構成元件的相互作用導致了湧現。這就是所謂的**向上因果關係**（*upward causality*）：一種新的行為或屬性湧現自低層級結構的分散式行為。這方面的一個例子是股票市場，每個人都在決定買與賣。這些人的總體行為可能會導致新的影響發生：例如，許多個人的購買決策可能會導致整體市場的上揚（透過其活動指數、交易量等來衡量），從而改變市場的性質和行為，正如所有試圖逃離捕食者的魚都改變了魚群的形狀。

同樣的，聚合的事物——例如將股票市場當作一種事物、或魚群——可以在其內的構成元件表現出**向下的因果關係**（*downward causality*）。當股票市場中的每個人都開始快速賣出時，市場本身就會陷入崩盤——這種崩潰會影響市場上更多人進行賣出的決定，從而造成向下的螺旋。這就是為什麼股市的泡沫和崩潰以及類似現象似乎如此極端和非常不理性：其中的個體正在引發市場內的行為（向上），並且市場相互地影響（向下）個體的未來行為。當許多人購買時，形成一種泡沫（出於「非理性繁榮」）；當一些人開始出售時，他們可以迅速形成一個增強循環，影響其他也開始出售的人的行為，市場迅速崩潰。

這種向下的因果關係有助於解釋系統行為所產生的令人困惑的現實。它還強調了為什麼簡化思想不足以解釋複雜系統的工作原理。透過拆分複雜的系統，你可以展現向上的因果關係——構成元件如何組合在一起以創建整體。但是這種簡化方法無法分析出情境依賴的向下因果關係，它僅在系統運作時發生、並影響其內較低層級的構成元件。

階層和組織層級

到目前為止，出現了幾次像「組織層級（levels of organization）」這樣的術語而沒有去定義它。我們已經討論了這些層級、以及向上和向下的因果關係，但沒有真正定義這些術語的含義。與湧現一樣，**組織層級**可能是一個難以表達的概念，儘管你可能已經對它是什麼有了一個直觀的想法。

基本的想法同樣是，一個運作中的準穩態系統創造了一個新的事物。這個事物的屬性（它的狀態、界限和行為）通常湧現自它內部各構成元件的相互作用的循環。一旦這種新事物從其下構成元件的集合體中湧現，我們將其描述為處於組織的「較高層級」。這很容易被理解，像是從夸克到質子到原子到分子，以及向上到行星、太陽系、星系…的這種次序。在準穩態的每個層級，都會湧現出新的可識別的、持久的事物。同樣的，當我們從日常世界潛入到分子、原子、質子和夸克的層級時，我們能夠識別「較低層級」的系統。每個都包含並從其內的系統中湧現，並且每個都在下一個更高層級中創建系統。

如同前面引用 Alexander 等人（1977）的話語，「每個模式（或系統）都可以存在於世界中，差別只在它被其他模式所支持的程度：較大模式中它是嵌入到其中的，相同大小的模式中他是圍繞它，較小模式中則是被嵌入的。」每個系統都是另一個更高層級系統的一部分、並與周圍的系統互動、並在其內包含較低層級的系統。（參見圖 2.24，了解其抽象版本。）如前所述，在現實世界中，這些層級至少可以下降到夸克的層級——而我們不知道組織的最高整合層級在哪裡。幸運的是，在遊戲中，我們可以選擇我們的組織層級和抽象程度，但是正如你將看到的那樣，選擇困難的道路來使它們更深入而不是淺薄，將會為你帶來獎勵。

與界限一樣，這些層級不是絕對的或外部定義的。它們是一種湧現屬性，其中一組構成元件的狀態、行為和循環的協同作用所創建出新的可識別的屬性。透過這種方式，一個層級的系統成為更高組織層級系統的一部分。

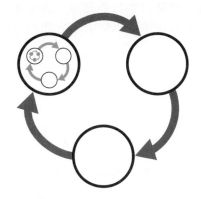

圖 2.24　高度簡化的分層複雜回饋循環的示意圖。每個層級的循環中的每個構成元件，本身都是由較低層級的構成元件間交互作用所組成的子系統。

在每個層級，系統還顯示了**持久性**（*persistence*）和**適應性**（*adaptability*）。持久性的特性可以被視為是一種界限，並經歷時間變化。也就是說，持續存在的系統隨著時間的變化在自己的界限內自我增強。這種持久性的一個關鍵部分是系統能夠至少在某種程度上適應來自不斷變化的環境的新信號或輸入。在生命系統中，這種持久性和適應性被稱為**體內平衡**（*homeostasis*）──即使外部發生重大變化，也能在狹窄的範圍內維持內部條件（在生物體的界限內）。

結構耦合

這種階層組織──構成元件之內的元件──是有組織系統的另一個標誌。它也導致了 Maturana（1975）所謂的**結構耦合**（*Structural Coupling*）。這就是「兩個（或更多）系統之間重複的交互作用導致的結構一致性」（Maturana 和 Varela，1987 年）。這些系統是更高層級系統中的構成元件並密切的交互作用。每種都可以透過將自己塑造成更適配另一個的方式，來獲得益處。透過這樣做，它們互相改變，並創建出一個新的、緊密聯合的更高層級系統。這方面的例子包括馬和騎士、汽車和司機、以及許多共同演化出的關係，就像昆蟲和花隨著時間的變化相互影響，也因而形成了彼此間的交互關係。

遊戲和玩家間也形成結構耦合的關係。如果遊戲是被系統性設計的，它將定義出一個足夠廣泛和多樣化的狀態空間（其「二階」設計的結果，如第 3 章所述），它可以適應玩家，如同玩家會適應它。正如你將在第 4 章「互動性和樂趣」中所讀到的，這種結構耦合對於在遊戲中建立參與度和樂趣非常重要：遊戲和玩家之間的密切交互作用可以使兩者之間的互連循環（interconnecting loops）難以打破。

系統的深度和優雅

在討論了組織的湧現、階層和層級之後，我們現在可以轉向定義和討論其他困難的領域：系統和遊戲中的**深度**（*depth*）和**優雅**（*elegance*）的概念。

當一個系統的構成元件存在於多個組織層級時，系統可以說具有**深度**——也就是說，當它們本身是由較低層級的構成元件交互作用而組成的子系統時。在考慮這樣的系統時，你可以將每個層級視為統一的事物，然後將你的視角改變為上升或下降一個層級，就像你在我們從夸克到水滴中的旅程時所做的一樣。這種視界的變化有時會變得令人眼花撩亂，但是這種體驗有時具有普遍的吸引力，我們經常將其視為和諧及美麗的。這就是為什麼在碎形（fractals）中看到的自我相似性是如此迷人，其中每個構成元件都相似於整體縮小後的形狀（見圖 2.25）：它是系統深度的視覺表現。

圖 2.25　Romanesco 花椰菜，自然界的許多例子之一，表現了碎形具有的自我相似性及系統深度（照片由 Jacopo Werther 提供）。

無論是在現實世界的系統中還是在遊戲中，都很難建立系統內的系統（systems-within-systems）的心智模型。一旦你能夠建構一個與這種階層結構相似的模型，就可以從不同層面的不同角度來理解系統，在你的腦海中向上和向下的查看組織階層結構。在各種形式的藝術、文學等方面也是如此，其中一種合理的讚美就是說某些東西「在很多層面（層級）上起作用」。這既是對我們內部模型建構過程的肯定和反映，也是顯示了我們從不同角度看待系統的迷戀。

擁有深度的遊戲

若讓遊戲系統中的每個子系統，都包含了能讓玩家進行探索的子空間，這種設計遊戲的方式可以帶來許多好處。深度本身就具有吸引力，即使沒有其他因素，它也可以讓玩家建立多層級系統的心智模型：玩家因為學習每個新的子系統而獲得獎勵，就像打開禮物又找到裡面的另一個禮物一樣。此外，具有深度的遊戲系統會創造廣大的多變性讓玩家進行探索，因為設計師利用系統設計為遊戲設置了廣闊的空間，而不是狹窄的定制內容且永不改變。

在某些情況下，具有深度的遊戲可能規則不會很多。簡樸但系統化的設計使玩家能夠更快地掌握結構，並從多個層級來看待它——儘管這對我們大多數人來說仍然是認知上的負擔！

一個典型的例子是古老的遊戲——圍棋，如圖 2.26 所示。這款遊戲以其簡潔、深度和微妙而吸引了人們幾千年。圍棋僅由一塊正方形版塊和一組黑白棋子組成，版塊通常以 19x19 的交錯線來標記，兩位玩家各使用一種顏色。玩家輪流將他們顏色的棋子放在棋盤上的空位。每個玩家都試圖包圍並捕捉其他玩家的棋子。當棋盤被填滿或者兩位玩家都跳過時，遊戲結束，並且棋盤上擁有最多領土的玩家獲勝。透過這個非常簡短的描述，你可以獲得系統的所有狀態、界限和行為：你知道的已經足夠了解遊戲並看到其湧現的多個層級。當然，關於遊戲還有很多可以談的內容——我們在裡面投入了時間、而書籍內則更全面地討論遊戲的決策空間——但這就是具有深度及湧現性質的遊戲運行例子。

這類遊戲通常被描述為「易學難精」（被稱為 Bushnell 定律，以 Atari 創始人 Nolan Bushnell [Bogost，2009 年] 命名）。這樣的遊戲讓玩家從只有幾個狀態和規則的情況下開始，當玩家在學習遊戲時，每個狀態和規則都會開啟階層內的子系統，並顯示更詳細的內部運作方式。要掌握內部系統的深度及其多重視角需要很高的理解能力。

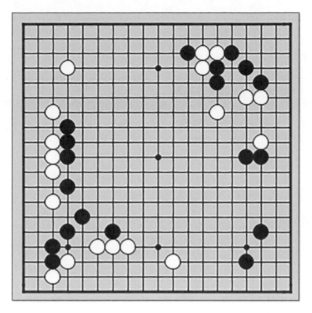

圖 2.26　一局的圍棋遊戲正在進行中（Noda，2008 年）。

最後，**優雅**（*elegance*）是我們在遊戲中看到的品質，經由遊戲的多個特徵和遊戲體驗匯集而成：

- 整個系統存在準穩態而非靜態均衡性，這在認知和情感上是令人滿意的。遊戲每次遊玩時都會發生變化，但保留了遊戲體驗的整體相似性。透過重複遊玩，玩家能夠在不斷變化的遊戲空間中探索並得到滿足，但不會感覺到主題或整體體驗本身產生了變化。

- 高層級的系統是簡單被定義的，但具有很好的階層深度。因此，玩家能夠逐漸發現這個深度，沿途建構出對遊戲的心智模型。這種多層級的組織允許了複雜的行為和遊戲玩法，能進一步告知玩家並揭示遊戲的系統和主題。

- 擁有深度的系統表現出一定程度的對稱性或自我相似性：每個低層級系統都反映了它所屬系統的整體結構（如圖 2.24 中的循環形式和圖 2.25 中的花椰菜所示）。子系統不需要與上層完全相同，只要它們足夠相似，更高層級的系統就能提供鷹架來幫助玩家學習更詳細的子系統。這為玩家創造了一種不顯眼的、高度情境化的助益，讓玩家輕鬆的進行理解並建立出對遊戲的心智模型。隨著玩家更深入地探索遊戲，他們會有正向的感覺，他們幾乎已經知道他們第一次看到的這個是什麼。

- 很少具有「零散的部分」，也就是例外規則或特殊情況。這種例外破壞了自我相似的階層系統的心智對稱性並增加了玩家的心理負荷 —— 要求玩家專注於記憶規則以及*如何玩遊戲*而不僅僅是玩遊戲。

- 最後，當玩家徹底了解遊戲的階層系統以至於玩家可以反思它們（後設認知的一個實例）時，他們能夠感知和欣賞遊戲動態結構中的深度和對稱性。在這一點上，遊戲不僅在玩遊戲時令人愉快和滿足，並且也存在於玩家思考其規則和系統的過程中。

這種程度的優雅很難達成。它需要設計師對遊戲系統的熟練理解，他們必須能夠整體性地理解它們，就像它們被攤開在眼前一樣，同時也要能以玩家體驗遊戲的線性方式來看待它們。

雖然這種專精等級的遊戲設計能力是一個難以達到的頂點，但我們將重新審視湧現、深度和優雅等主題，作為通往系統性設計的理想目標。

整體

系統透過構成元件的交互作用來形成更大的**整體**（*wholes*）。整體本身就是下一個最高層級系統組織的其中一個構成元件。

在設計遊戲時，湧現的最終整體不僅僅是遊戲本身。相反的，它是由遊戲和玩家所組成的系統。這個**遊戲＋玩家**的系統是遊戲設計師的真正目標；遊戲本身就是達到目標的手段。玩家所體驗的遊戲和玩家在遊戲中的行動創造了整個系統。當我們在第 3 章和第 6 章「設計整體的體驗」中內討論遊戲設計的系統架構時，我們將回到這個想法。然後，你將了解互動性、深度和優雅的重要性，它們使玩家能夠創造真正有意義的體驗。

摘要

為了說明系統自然具有的階層性，我們已經討論了系統內所有的構成元件和交互作用，現在可以再回到本章開頭提到的初始描述了。

系統是一個結合在一起的整體，由彼此獨立、相互作用的構成元件所組成。這些構成元件具有自己的內部狀態、界限和行為，它們彼此間會相互影響。這個整體會隨著時間持續存在、適應外部條件、並有自己的協調行為，這樣的能力湧現自其構成元件的相互作用中。系統同時具備以下兩種特性，包含了其內的較低層級系統，並且本身也是更高層級系統的一部分。

請注意，雖然本章開頭給出的定義與此類似，但第一個是由下而上——從構成元件開始到系統，而這個比較屬於由上而下——首先從系統開始。這兩個觀點是相等的。重要的是能夠以這種方式切換看待系統的視角——作為理解和「以系統的方式思考」的一部分，也作為遊戲設計過程的一部分。遊戲設計師特別需要能夠利用由下而上、由上而下、或界於之間的任何方式來看待自己的遊戲。這是一個特別的挑戰，我們應該要能先把遊戲理解為系統，而遊戲設計就如同系統設計。

後記：關於事物的討論

為了簡要回顧對事物、身份和「事物的本質」的哲學討論，你現在可以根據系統的擴展定義思考前面的內容，並看看它會為你帶來什麼。你現在應該能夠將原子和分子視為具有內部結構的系統和視為統一的事物。這也意味著你可以更全面地了解系統如同事物，這是我們平常無法看到的。

例如，我們的大腦就是系統，看起來我們的思想從它們的功能中成為擁有一致性的事物。我們對新事物如何從關係中產生的這種理解，對佛經「金剛經」裡的思考提供了答案：「心靈不來自於特定地方」（Seong，2000 年）。正如 D. H. Lawrence 對於水的詩意思考，事實證明沒有「第 3 部分」，沒有可識別的單一部分使水變得潮濕，或者讓心靈生成——但這些也並不是來自「空無」。就像鳥群、植物的碎形模式、颶風或無人指導的白蟻建造出巨大結構，這些複雜的系統像心靈一樣從組成部分之間的無數關係中湧現，並成為與這些基本組成部分完全不同的東西。

企業和文化也是由其組成部分產生的。100 年前我的大學裡沒有人在那裡，今天在那裡的人也不太可能在 100 年後出現在那裡：但是大學本身，作為一個事物，已經具有了持續性和適應性；它就在那裡並繼續以一個個體存在。它是一個具有自己真實身份的準穩態系統。家庭、談話或經濟也是如此。有些可能比其他的持續時間更長，但每一個都是經由湧現的過程所產生的結果，複雜的相互作用和較低層級構成元件之間的關係創造出了新的屬性。

這導致我們已經觸及的結論。這是最初聽起來最隱喻的一個，但現在已經被我們所檢視過這些系統所支持了：原子、船隻、放牧的動物群、文化、大學，甚至婚姻、友誼、對話、思想和龍捲風⋯這些都不僅是系統；從各方面來說，它們是**事物**，而且都很重要。再舉兩個例子，隨著時間的變化，我與配偶的關係中出現了準穩態結構，就如同我們和我們的大學之間也存在準穩態結構。並且都有著持久性、身分和整體性──**這些物體的屬性或狀態**（*thingness*）──我們已經觀察過了，從虛擬夸克的相互作用中形成質子、質子和電子形成原子、氫和氧形成水分子的這些例子中。回想一下，從根本上說，即使我們認為的固體物質在本質上也是難以捉摸的。婚姻可能沒有質量或形狀，但它仍然是一個真實的、非隱喻的**事物**，就像桌子、電腦或一滴水一樣。

其中真正令人好奇的一點是，當我們處於我們所在的系統組織階層中時，我們都是其中的構成元件，我們常常難以察覺系統（事物）的湧現性質，而我們就是其中一部分：我們的文化、經濟、公司或家庭──更不用說生物群落、地球生物圈或我們現在所知道的難以想像的巨大宇宙結構中的湧現。至少就目前而言，我們似乎很難認識並考慮到系統效應，即使這些對於我們來說就像水對魚來說一樣。希望這不是我們物種的侷限，而是我們可以學習的技能。遊戲和遊戲設計的系統觀點可以幫助我們創建更具吸引力、更有效的遊戲；希望透過這樣做，我們也可以更深入、更全面地了解我們周圍的系統。

遊戲和遊戲設計的基礎

本章根據哲學家和設計師的說法,對遊戲提供了定義。然後,這些定義接著被使用、並透過系統的語言來描述遊戲中的結構、功能、架構和主題元素。這種系統觀點在後面的章節中作為遊戲設計的基礎。

在研究了這種遊戲基礎之後,我們會簡要介紹遊戲設計的發展過程,從業餘愛好者的開端、到當前具有多樣化理論的方法。

什麼是遊戲？

在某種程度上，定義遊戲像是在解釋一個笑話：你可以做到這一點，但你冒著失去其本質的風險。然而，因為主題是遊戲設計，你需要知道遊戲這個詞是什麼意思。幸運的是，數十年來，許多人對遊戲提出了廣泛的定義。為了為後面的討論提供一些基礎，本節簡要介紹了這些定義。

胡伊青加（Huizinga）

在研究遊戲的文獻中，接下來介紹的這本書屬於經典之作。荷蘭歷史學家 Johan Huizinga 在他 1938 年的著作（1955 年翻譯成英文）*Homo Ludens*、亦稱遊戲人（*Playing Man*）（書名衍生自人類的拉丁學名 *Homo Sapiens*，意思為「智人」）研究了文化中的遊戲因素。（Huizinga，1955 年）。在他看來，玩（play）和遊戲是「極有趣的」但「非嚴肅」，發生在「日常生活之外」（第 13 頁）。此外，遊戲「沒有物質利益，也無法獲得利潤」（第 13 頁）。最後，遊戲發生在「其自身界限內的適當時間和空間，並根據固定的規則和有序的方式來進行」（第 13 頁）。

Huizinga 最知名的思想可能是，表明了遊戲發生在一個單獨的空間中：「競技場、牌桌、魔法圈、廟宇、舞台、螢幕⋯」（第 10 頁）。最近有人對魔法圈（*magic circle*）的想法進行了濃縮：不論遊戲是否與魔法有關，它是在一個單獨的空間和時間組成內發生的，「其中運行著特殊的規則」（第 10 頁）。這可能像是冷戰熱鬥（*Twilight Struggle*）這個桌上遊戲，玩家重新進入了冷戰（Cold War）時的情境；或是在 *FTL：Faster Than Light* 裡，在一個想像的宇宙中，我的小太空船需要逃離叛軍勢力；或類似這兩者的情況。如果活動是極有趣的、但不存在於日常生活內，且如果它有自己的規則和運作在單獨的空間中，那麼就 Huizinga 的觀點來說，它就是遊戲了，它的活動就是玩（play）。正如你將在第 4 章中看到的一樣，關於互動性以及遊戲的「有趣」意味著什麼，這種對日常生活無關緊要的遊戲品質，聽起來可能很矛盾，但卻是非常重要的。

凱窪（Caillois）

在 Huizinga 的作品的基礎上，法國哲學家和作家 Roger Caillois（發音為「kai-wah」）寫 了 *Man, Play, and Games*[1] 一 書（Caillois 和 Barash，1961 年 ）。Caillois 同意 Huizinga 關於遊戲的一些定義方面，包括以下內容：

■ 它們與常規現實分開，因此涉及一些想像的現實。

■ 它們不是盈利或強制性的，這意味著沒有人必須玩遊戲。

■ 它們受遊戲內部規則的約束。

■ 它們受到不確定性的影響，因此遊戲的過程取決於玩家的選擇。

Caillois 並指出了四種類型的遊戲，他也因此知名於遊戲設計圈內：

■ **Agon（競賽）**：競爭性的遊戲，通常只有一個贏家。古希臘語中的 Agon 單字指的是競賽（contests），在英語中則是被包含在敵手（*antagonist*）這個字內。

■ **Alea（機率）**：機率性的遊戲，其中骰子或其他隨機因素在遊戲進程中占主導地位，而不是由玩家的策略或選擇來決定的。Alea 是拉丁文，意思是「風險」或「不確定性」。最初，它來自「指關節骨」這個詞，因為這些骨頭被用作早期骰子。

■ **Mimicry（模仿）**：角色扮演，玩家扮演另一個角色的現實生活，例如「海盜、尼祿或哈姆雷特」（Caillois 和 Barash，1961 年）。

■ **Ilinx（暈眩）**：：在遊戲中造成身體感知的改變，例如不斷自我旋轉。

Ilinx 是希臘語中的「漩渦（whirlpool）」，因此透過這種遊戲喚起了眩暈和類似的感受。

此外，Caillois 還指出了玩遊戲中包含的兩個概念，及界於此兩者間的範圍：從擁有結構化規則的遊戲（*ludus*——用於體育類遊戲的拉丁文，其中涉及了訓練和規則，這個單詞也有學校的含義）到非結構化和自發性的玩（paidia——「兒童遊戲」或希臘文中的「娛樂」）。前面列出的不同類型遊戲可以界於 *ludus-paidia*（遊戲—玩）這個光譜中的任何地方。

1　書名的法文為 *Les Jeux et les Hommes*，大致上是「Games/Play and Men」的意思，這強調了在法文和由 Caillois 看來，遊戲（*game*）和玩（*play*）本質上是同義詞（*jeu*）。沒有一個，另一個就不會發生。

這些對遊戲（games）和玩（play）的深入思考，為遊戲設計師和對遊戲本質的討論提供了訊息。除此之外，幾位當代遊戲設計師提出的定義也值得留意，我們將在後續探索遊戲如同系統（games as systems）時當作參考。

Crawford、Meier、Costikyan 和其他人

Chris Crawford（克勞佛）是現代最早的遊戲設計師之一，他寫了一本關於將遊戲設計視為一門藝術的書（1984）。他寫道：「這些遊戲常見的基本要素是什麼？我認識到四個共同因素：表現、互動、衝突和安全。」（第 7 頁）他詳細解釋了這句話，首先回應 Huizinga 和 Caillois 討論的：遊戲「是一個封閉的正式系統，主觀上代表了一個現實的子集合。」（第 7 頁）它有「明確的規則」，它形成了一個系統，其中「構成元件通常以複雜的方式相互作用」（第 7 頁），這是書中的重點。遊戲具有「讓玩家透過做出選擇，以創造自己的故事」的互動性（第 9 頁），並為玩家提供目標以及障礙和衝突，以「防止他輕易實現目標」（第 12 頁）。最後，Crawford 指出，遊戲必須是「提供衝突和危險的心理體驗的技巧，同時排除其物理實現」（第 12 頁）。換句話說，遊戲發生在 Huizinga 的「魔法圈」內 —— 這是一個非常重要的空間，具有自身的規則，並與玩遊戲的目的隔離開來。按照這些思路，美國教育家 John Dewey 表示，所有遊戲都必需保持「自由的態度，而不是被外在的必然性所強加並從屬」（Dewey，1934 年，第 279 頁）。當遊戲與「外在必然性」聯繫過度時，它們體驗起來就不再像遊戲了。

資深遊戲設計師 Sid Meier（席德·梅爾）曾表示「遊戲是一系列有趣的選擇」（Rollings 和 Morris，2000 年，第 38 頁）。這是一個簡單的定義，似乎包含了許多假設：生活中的許多事情涉及「一系列有趣的選擇」，例如教育和人際關係，但這些通常不被視為遊戲（可能是由於它們的後果使然）。然而，Meier 的定義是有用的，因為它突顯出了有意義的、了解情況的玩家選擇（player choices），作為遊戲和其他媒體形式之間的關鍵區別及必要性（Alexander，2012 年）。

另一位深思熟慮和多產的遊戲設計師 Greg Costikyan（柯斯特恩）提供了這樣一個定義（1994）：「遊戲是一種藝術形式，參與者被稱為玩家，為了追求目標會透過遊戲標記（tokens）來管理資源並做出決策。」在同一篇文章中，Costikyan 注意到遊戲並**不是**一種達成目標的方法：遊戲不是一個謎題，因為謎題是靜態的，而遊戲卻是互動的。它不是玩具，因為玩具是沒有期望目標的互動，而遊戲是互動的並且具有目標。它不是一個故事，因為故事是線性的，

而遊戲本質上是非線性的。遊戲不同於其他藝術形式，因為其他形式是「向被動的觀眾表演。而遊戲需要主動的參與。」

更近期，遊戲設計師和作家 Jane McGonigal（麥戈尼格爾）提供了這樣的定義：「所有遊戲都有四個決定性特徵：目標、規則、回饋系統和自願參與。」（McGonigal，2011 年，第 21 頁）McGonigal 沒有具體提出像其他人所說的互動性，但她對「回饋系統」的說明包含了這個關鍵點。（第 4 章「互動性和樂趣」中有關於回饋和互動性的更多細節。）沿著類似的路線，遊戲設計師 Katie Salen 和 Eric Zimmerman 提供了這樣一個正式的定義：「玩家們在由規則定義的系統之中產生互動，並產生一個可以量化的結果。」（Salen 和 Zimmerman，2003 年，第 80 頁）。

遊戲框架（Game Frameworks）

除了剛剛介紹的定義之外，近年來出現了幾個眾所周知的用於理解遊戲和遊戲設計的框架。

MDA 框架

第一個，並可能是最著名的遊戲框架是機制 - 動態 - 美學框架（Mechanics-Dynamics-Aesthetics framework，簡稱 MDA 框架）（Hunicke 等人，2004 年）。這些術語在此框架中具有特定含義，如原始論文中所定義的：

- 遊戲機制（*Mechanics*）在資料呈現及演算法的層級上，描述了遊戲內的特定元件。

- 遊戲動態（*Dynamics*）描述了遊戲進行時、隨著時間變化的即時行為，基於玩家行為、機制的作用及其他人的輸出而產生的動態。

- 遊戲美學（*Aesthetics*）描述了當玩家與遊戲系統互相影響時，玩家被喚起的（且值得擁有的）情緒反應。

這個框架的一個關鍵點是，玩家通常首先從它的美學中理解遊戲，然後是遊戲的動態，最後是它的機制。MDA 框架假定與玩家相比，遊戲設計師看待他們遊戲的順序則是從機制、動態、到美學。這個模型的部分重點是試圖讓設計師首先考慮美學而不是機制。然而，在實務上，不同的遊戲設計師根據他們自己的風格和他們面臨的設計限制，從這些中的任何一個作為起點。

MDA 模型中呈現出的另一個重點是，只有遊戲的機制完全在設計師的直接控制之下。設計師使用機制為遊戲的動態設置舞台，但不直接創造出動態。這指向了一種系統性的理解，設計師的任務是指定出構成元件來創造循環，以實現期望的整體（在本章後面將詳細討論）。

先不談關於玩家和設計師如何接觸遊戲的線性觀點，並且儘管這是早期遊戲設計理論的一個強有力的例子，正如其他設計師所指出的那樣，使用**機制**、**動態**和**美學**這些術語本身就存在問題。**機制**是遊戲設計師經常使用的術語，用來指遊戲玩法中經常出現的「區塊（chunks）」（Lantz，2015 年）和 Polanksy（2015）稱之為「遊玩裝置（ludic devices）」的東西，例如 52 張卡片的牌組、回合順序、跳躍和雙重跳躍。這個定義本身就是模糊的，一些設計師只提到最具體的動作（例如：使用一張卡片、點擊左鍵來進行跳躍）作為機制，其他設計者則提到包括更複雜的動作聚合，例如：平衡循環（balancing loop）的效果，像是**瑪利歐賽車**裡的藍色外殼（Totilo，2011 年）。這裡具有的差異是「區塊的大小」，因此可能其中有些彈性存在。然而，在 MDA 框架中，機制只包括了這些的一部分而不是全部；機制包括了遊戲元件（game pieces）和規則，但不包括它們如何組合。這是一個有用的區別，但不幸的是，以這種方式使用術語「**機制（*mechanics*）**」與先前存在的用法相衝突。

同樣，MDA 使用**美學**作為藝術趨向的術語，旨在將玩家的整個遊戲體驗納入考量，但不幸的是，這個詞已經具有與**視覺**美學相關的強烈含義。這兩者之間的混淆是常見的，並且不幸的是，通常會導致遊戲開發者關注遊戲的視覺「外觀和感覺」，而不是遊戲玩家的整體體驗。

儘管存在這些困難（也請將這些困難放入腦海中），MDA 是遊戲設計理論中的一個有用的進步，它有助於為遊戲和遊戲設計提供更系統性的理解。

FBS 與 SBF 框架

一個與 MDA 框架類似的更早期模型被稱為功能 - 行為 - 結構本體論（Function-Behavior-Structure ontology，FBS）（Gero，1990 年）。FBS 通常不被大多數遊戲設計師使用（或甚至不知道），因此我們不會在這裡花費大量時間。然而，它確實提供了從 MDA 的三層結構進展到對遊戲設計的更系統化理解之間的橋樑，以及在遊戲領域之外如何將設計作為普遍性的活動來考慮。

這個框架具有與 MDA 類似的三部分結構，雖然在順序上來說是顛倒的，使用者主要接觸到的部分最優先、而最偏向技術層面的部分則位在最後：

■ **功能：**事物的目的或目的論——為什麼設計和創造它。該功能始終出於有意設計的結果。

■ **行為：**事物的屬性和具有領域專一性（domain-specific）的行動，從結構中衍生並允許它實現了功能。行為可能會隨著時間而改變，以實現物體被設計的功能。

■ **結構：**事物的物理性質，構成它的物理部分和關係。結構不會改變，但它可能允許事物的行為發生變化。這方面的例子，包括了可以用拓撲、幾何或物質來表達的任何東西。

FBS 最初來自人工智慧領域，作為一種表達設計導向（design-oriented）的知識和一般設計過程的方式。目的論的觀點在各種物理性的物體的設計上經常是重要的，但不是遊戲設計中的主要話題。到目前，這個框架在遊戲設計中幾乎是無人知曉的，儘管它和許多變體（Dinar 等人，2012 年）已被廣泛用在其他設計和設計研究領域。與 MDA 一樣，FBS 模型並非明顯地系統化，但它為系統性的理解遊戲設計（以及普遍性的設計）提供了有用的指南。

後來的一般性設計建模語言（modeling language）將 FBS 反轉為 SBF（結構 - 行為 - 功能）並添加了重要的設計／程式語言和系統性元件（Goel 等人，2009 年）。儘管 FBS 是自上而下的（top-down），但 SBF 是一個更偏向自下而上（bottom-up）的框架。SBF 是對設計對象和設計過程的分層描述，以建模語言的形式表示，從單個元件及其行動開始——即系統中的構成元件和行為——透過行為狀態和轉換進行運作，並依據這些行為定義出功能的構要。每個 SBF 表現出的層級都是一個包含了結構、行為和功能的元件（component），直到最低層級則以整數和其他基礎的方法來表達。

雖然 FBS 和 SBF 本身不是遊戲設計或遊戲描述框架——或並不特別適用於遊戲設計——但它們提供了從 MDA 和類似的流行框架進展到對遊戲和遊戲設計的更系統化視角的有用橋樑。

其他框架

各種設計師和書籍作者建立了許多其他框架，以幫助闡明遊戲設計師在創造遊戲時所做的事情以及他們如何去做。其中一些已被證明對遊戲設計師有用，儘管它是特定目的地和非系統性的。也就是說，它們更多地是透過經驗法則的累積（基於實務經驗）而非系統理論；它們是有用的描述性工具，而不是不變的指南。如果其他框架或工具可以幫助你創造出更好的遊戲，請使用它們！本書使用的系統途徑包含並補充了其他方法，但這並不意味著其他方法無用。

總結遊戲的定義

匯整到目前為止這些討論的想法、定義和框架，有些常見的元素值得強調：

■ 遊戲是一種在其自身情境中發生的體驗，與生命的其餘部分有所區隔（「魔法圈」）。

■ 遊戲有自己的規則 {無論是正式的，如遊戲（ludus）；或是默示和動態的，如玩（paidia）}。

■ 遊戲需要自願、非強制性的互動和參與（不僅僅是從旁觀察）。

■ 它們為玩家提供有趣、有意義的目標、選擇和衝突。

■ 遊戲以某種形式的可識別結果結束。正如 Juul（2003）所說的，遊戲其中的一個組成部分是「結果的價值化」——也就是說，某些結果被認為比其他結果更好，這通常被編入遊戲的正式規則中。

■ 遊戲作為一個經設計過程所產生的產品，具有特定部分是使用了某種形式的技術（不論是數位或物理的）；循環經由構成元件之行為的交互作用所形成；遊戲中的整體體驗（動態、戲劇性）發生在遊戲與玩家的互動中。

當然，關於這些要點中的每一個都存在著爭議和例外。如果你和朋友一起用真錢玩*撲克牌*遊戲，那真的是一個獨立於現實世界的情境嗎，正如 Huizinga 和 Caillois 所說，或者這只是指出魔法圈是多孔的，與現實世界有多個聯繫點？所有遊戲都*需要*衝突嗎？每場遊戲都必須有結束嗎？許多大型多人線上遊戲（MMO）的核心原則之一是，即使在任何玩家停止遊戲之後遊戲世界仍在繼續。因此這些特徵可能是典型的，但不一定是固定的規範。

對於這項討論，哲學家 Ludwig Wittgenstein（1958）寫過，他搜尋了定義所有遊戲共有特徵的討論。在他的評論中，他勸阻讀者試圖找到一個可以涵蓋所有遊戲的定義。他不鼓勵抱持以下這種想法，「其中必定有一些共同的東西，否則它們不會被稱為『遊戲』。」相反的，他指出，在尋找定義時，「你不會看到所有遊戲都具有的共同點，但你會看到相似之處、關係等⋯這次研究的結果是，我們看到了一個複雜的相似性網絡彼此重疊和縱橫交錯。」（第 66 段）。

Wittgenstein 所說的「相似性網絡」讓人聯想起亞里士多德的「原因」，它起到了組織的作用，使事物不再是「僅僅堆疊」，及 D.H. Lawrence 所說的「第三部分」讓水是濕的，還有 Alexander 的「無名質量」，這些在前二章中討論過的內容。這些關係的普遍重要性不在於快速且確定性的找到並定義特徵，或建立出適用特定情境的框架，而是「相似性網絡」，這對於理解遊戲和其他所有一切所具有的系統性是很重要的一個提示。

一個遊戲的系統性模型

考量到上述定義以及對系統的理解，可以創造出一個新的、更具資訊價值並如同系統的遊戲模型。這裡展示的模型是描述性的，而不是規定性的：這個模型代表了 Wittgenstin 所說所有遊戲中具有的「複雜的相似性網絡」，而不是遊戲設計師必需遵守的強制限制。這個框架在結構上是系統性的，透過幫助你在內心創造出一個經過明確定義的遊戲心智模型（包含普遍性的及你想要創造的特定遊戲）來闡明遊戲設計的實踐。

設計師通常很難找到從哪裡開始設計，或者不想迷失在想要表達的想法的迷霧中。這個系統模型提供了重要的結構和組織指南，使你作為設計師可以專注於你嘗試設計的遊戲。可以把它想像成建構遊戲的鷹架，而不是作為一種讓你無法設計你想要創造的東西的束縛。

遊戲的系統組織

從最高層級開始，遊戲被進行時是具有兩個主要子系統的系統：遊戲本身和玩家（或多個玩家），如圖 3.1 所示。（不用驚訝它與你在本書先前看到的圖片有著驚人的相似之處。）

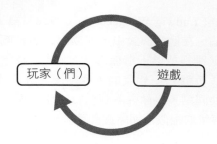

圖 3.1　玩家和遊戲是兩個子系統，存在於整體的遊戲＋玩家（或被進行的遊戲）的系統中。

本章詳細探討了遊戲子系統中三種元件的層級，以及它們如何映射到遊戲的系統性觀點中：

- **構成元件（Parts）**：基礎和結構性的元件。
- **循環（Loops）**：功能性的元素，由構成元件及其結構所建構。
- **整體（Whole）**：架構（architecture）和主題（theme）方面，由功能性元素（即循環）所引起。

玩家如同是遊戲的子系統，僅在本章中簡要介紹；你將在第 4 章中看到更多詳細訊息。

在系統的術語中，常見的結構性的元件是遊戲系統的各個構成元件，每個元件都有自己的內部狀態和行為，如第 2 章所述。遊戲的功能性元素即循環，是由這些構成元件行為的相互影響，以及它們如何組成來建構出的。最後，架構和主題元素是整體的另一個面向，從構成元件的系統性循環交互作用中產生。

遊戲的總體目的和行動是遊戲玩法（gameplay）。這是作為結構、功能、架構和主題元素的湧現效果傳達給玩家的。第 4 章中詳細介紹了此溝通所採用的形式。

玩家如同是更大系統內的一個構成元件

玩家是遊戲的夥伴：沒有玩家，遊戲本身仍然存在，但遊戲玩法、趣味體驗，只有在遊戲和玩家結合在一起時（因此這裡使用了「遊戲＋玩家」的術語）才存在。

遊戲當然可以設計給單個玩家、兩個或一小組玩家，或者甚至同時為數千個玩家設計。傳統上，大多數遊戲都是為多個玩家設計的；只有隨著電腦的出現，以電腦作為玩家對手的「單人遊戲」（意味著單人與電腦遊戲互動）才開始變得流行。

玩家通常在遊戲中具有某種代表性和身份。這可能是一個明確的角色，通常稱為**虛擬化身**（*avatar*），它定義了玩家可以在遊戲中使用的物理和功能屬性。或者玩家可以由聚合的虛擬化身來代表，例如海盜船，包括其船長、船員和槍支；或者根本是不可見的，例如指導一個小村莊或大帝國的「看不見的手」。

你將在第 4 章中更詳細地了解在遊戲＋玩家的系統中，屬於玩家部分的子系統。就目前而言，請注意以下關鍵：

■ 玩家和遊戲都是較大系統中的一部分（構成元件）。

■ 若沒有人類玩家，遊戲沒有任何實用性或目的；沒有遊戲體驗就不是一個真正的遊戲。

■ 玩家在遊戲中被表示為其現實模型的一部分，就如同玩家建構了遊戲的心智模型並成為遊戲進行時的一部分一樣。（回想一下第 2 章的討論，模型必然比「真實的東西」更抽象。這對於玩家和遊戲都是如此，因為他們互相塑造彼此。）這種共同代表關係使遊戲和玩家之間的互動關係成為可能，並創造有趣的體驗。

遊戲的結構部分

像任何其他系統一樣，每個遊戲都有自己的特定構成元件。這些是代表性的**標記**（*tokens*）和運作的**規則**（*rules*）。在後面的章節中，你將把這些視為個別遊戲中的特定元素。目前來說，請將它們視為遊戲常見的結構——遊戲中的構成元件（並同時也是系統）——這在每個遊戲中呈現的方式都不同。

標記（Tokens）

每個遊戲都有代表性的事物，用來表示遊戲內的不同狀態。這些標記本身通常沒有意義；它們具有的是象徵性和代表性，是遊戲結構的一部分，但不是，例如，遊戲內部模型完成的任何世界模擬的功能部分。

標記用於在遊戲的情境中、利用其接受到的含義，將遊戲的當前狀態和狀態變化傳遞給玩家，反之亦然。這些標記可以是以下任何一種：

- 高度概念化的表現形式，例如圍棋中的黑白棋子。

- 半代表性的，如西洋棋中描繪的中世紀皇室棋子。

- 詳細介紹了標記與可識別的現實世界物體的對應關係，就像許多角色扮演遊戲中武器和盔甲的完整規格。

標記在某種程度上必然具有象徵性，因為沒有遊戲能完全代表世界。具有 1：1 比例的完全保真度的地圖是沒有用的，而嘗試完全逼真的遊戲會遠離魔法圈，並且不再是遊戲了。

遊戲標記定義了遊戲中的「名詞」——也就是說，所有可以在遊戲進行中被操作的對象——包括以下內容：

- 玩家的代表物，如前所述。

- 獨立的單位（如圍棋、西洋棋和戰爭遊戲內的棋子），會獨立行動或玩家用於遊戲玩法的一部分。

- 遊戲所發生的世界，包括任何具有自己狀態的區域（從西洋棋中的黑白方塊到複雜的地形和數位戰略遊戲中的地理位置）。

- 遊戲中使用的任何資源，例如**大富翁**中的金錢，或**卡坦島**中的小麥、綿羊和木材。

- 遊戲中的非物質對象，包括玩家回合的概念（玩家在遊戲中可以採取行動的順序和頻率）、牌組的構成、玩家可攜帶的物品數量、玩家可以擲骰子的數量…等等。

簡而言之，遊戲中具有狀態和行為的任何東西都是標記之一，且任何在遊戲中維持狀態並具有行為的東西都必需經由標記或其他標記的聚合來表示。

雖然遊戲標記必然具有象徵意義，但它們的狀態和行為也非常精確。西洋棋的棋子總是有一個特定的位置——它存在於棋盤上的一個且只有一個方格內——並且具有完全指定的移動或攻擊方式。除了規則，遊戲標記是任何遊戲都需要的精確規格。它們每個都有明確的狀態和行為。在代表玩家和世界時是如此，而在代表遊戲中的任何其他對象時也一樣。玩家可以在遊戲中飛行嗎？跳過山脈？遊戲世界中有山脈嗎？設計者想要包含的每個這樣的概念，必須首先在遊戲的標記和規則中涵蓋並詳細說明，這個過程將在第 8 章「定義遊戲的構成元件」中詳細介紹。

規則

遊戲標記是遊戲中的象徵性物件，而規則是流程規範。它們被玩家從認知上理解並且在電腦遊戲中以程式碼表示。規則透過指定標記（tokens）的行為來確定遊戲的操作方式。

指定可接受的遊戲內行動

規則有助於創造玩家以不同方式行動的娛樂空間。撒謊、偷竊或殺人通常不是社會可接受的，但在遊戲中，這種行為可能是完全可以接受，甚至是必要的。例如，在流行的桌上遊戲抵抗組織（*The Resistance*）中，成為叛徒的玩家不得不對其他人說謊、並進行背叛。同樣，在像星戰前夜（*EVE Online*）這樣的遊戲中，雖然不需要從其他玩家那裡偷竊，但這作為遊戲玩法的一部分則是完全被允許的，並且在競爭對手的玩家派系之間創造了一些令人驚嘆的計畫。

在遊戲中「以不同方式行動」的另一部分是接受玩家並不總是以最有效的方式行動；例如，在西洋棋中，一個玩家並不是簡單地伸手抓住另一個玩家的國王並宣稱自己是贏家，因為這是「違反規則的」。同樣地，在紙牌遊戲中，玩家不會刻意的檢視整個牌組來找到他們想要的牌，即使這比使用隨機發牌更有效。遊戲體驗源於我們自願參與進入獨立的空間，在這個空間中可能採取一些其他情況中不可接受的行動，而且並非所有可能的行動都是可以接受的。

指定遊戲世界的運作方式

通常被稱為遊戲規則的是關於如何玩遊戲的規範；它們是遊戲世界運作的條件。如果玩家和標記是名詞，那規則就是動詞：表達了玩家和遊戲元件如何在遊戲過程中表現和彼此影響。標記和規則、名詞和動詞之間的這種關係是理解遊戲系統如何從其各構成元件中建構出來的基礎。

規則定義了遊戲中任何給定時刻所允許的狀態，這些狀態如何隨時間變化，以及玩家如何在遊戲中進展。它們描述了遊戲的不同部分如何相互關聯和相互影響。他們還詳述了玩家必須在遊戲中克服的障礙、如何解決衝突、以及玩家可能達到的潛在結局（特別是那些被遊戲定義為「獲勝」或「失敗」的情形）。

遊戲世界的物理結構由規則來制定：這包括玩家如何在世界中移動，甚至包括世界本身的形狀。遊戲世界可以是網格，如棋盤，或者它可以是球體，或是完全不同的其他東西。這些規則甚至可以指定一個在現實中不可能實現的世界的拓撲結構，例如在遊戲紀念碑谷（*Monument Valley*）和魔幻密室（*Antichamber*）中令人費解的錯覺世界｛類似錯覺藝術大師艾雪（Escher）的作品｝。

規則包括不僅涉及遊戲中的物理世界,還涉及遊戲元件的結構和行為。這包括玩家可以在手中保留多少張牌、或者每個玩家在遊戲開始時擁有多少工人的這種慣例。規則也可以處理普遍情況,例如「玩家可能不限距離的墜落並且在著陸時不受任何損傷。」或甚至是「重力將每 30 秒改變一次方向」。

保留玩家主導權

規則允許不同的玩家路徑得以出現,如:目標、策略和遊戲風格。規則不得過度限制玩家決定自己過程的能力,即**玩家主導權**(*player agency*,**直譯則為玩家代理**)。如果玩家的行為受到過度約束,他們的遊戲決策空間就會崩潰到只剩少數選擇、甚至是單一路徑。當發生這種情況時,玩家將從參與者下降成觀察者,並消除了使遊戲成為遊戲的基本品質之一。

遊戲設計師在制定規則時(且作為遊戲結構的一部分)面臨的一種挑戰是,利用盡可能少的規則來創造一個明確定義的遊戲空間;遊戲世界及其中的一切必須由遊戲規則制定。如果沒有足夠的規則,遊戲就會模稜兩可,玩家無法建構或導引對它的心智模型。如果規則太多,則玩家主導權受到過度約束,他們對遊戲的參與度會逐漸消失。

避免規則的例外情況

當規則被任意制定或依情境產生例外時,很快會降低玩家對遊戲保持準確心智模型的能力,並使遊戲更難以學習和享受。這正好與第 2 章中討論的優雅概念相反。

例如,許多桌上遊戲使用六面骰子來決定戰鬥結果。假設全部擲出六點時,通常是一個「好的結果」,除了在少數情況下,它實際卻是一個糟糕的結果;這就產生了一種情況,即相同的標記和規則(骰子及其產生的點數)組合,卻具有不同的定義。這增加了玩家必須學習和記憶的數量,而不會增加他們的參與度或他們可以採取的行動。在數位遊戲中也會發生同樣的事情,當執行各種動作的搖桿按鈕或鍵盤按鍵被任意分配時:例如,按一次滑鼠左鍵進行跳躍,但是按兩次時卻執行完全不同的動作,例如丟棄你攜帶的所有物品。因為兩個與滑鼠相關的動作在認知和物理上都是相似的,所以它們在遊戲中的結果也應該是相似的。當在遊戲中使用越多任意規則或擁有許多例外情形的規則時,學習變得更加困難,並影響到玩家的參與。(你將在第 4 章中看到有關玩家參與和心理負荷的更多資訊。)

結構元素和遊戲機制

遊戲設計師和設計框架已經以多種不同的方式使用了**遊戲機制**（*game mechanics*）這一術語（Sicart，2008 年）。當這個術語用在系統設計時，**遊戲機制**可以被認為是可行的（即有意義的）標記和規則的組合。它們可以被認為是標記和規則的組合，就像有意義的片語或短句可以透過名詞和動詞的組合來建構。機制通常很簡單，例如「當你通過（大富翁內的）起點時，獲得 200 元。」那些更複雜的機制通常是多個簡單機制的組合，就像複雜句子是幾個短句的組合一樣。

這裡的重點不是為**遊戲機制**創造一個精確的定義，而是要用系統的術語來表達這些詞彙。標記和規則可以用多種方式組合，機制也能採用多種形式。

遊戲與後設遊戲

魔法圈內的獨立空間由遊戲的結構元素 —— 它的標記和規則來定義。一般而言，標記沒有任何意義，規則不會在遊戲之外運作，除了少數例外。例如，你在一場大富翁遊戲中擁有多少地產，並不會影響你在下一場遊戲中擁有多少地產。玩家可能會偶爾同意一些例外情況，比如「我上次當起始玩家，所以這次換你當」，這是遊戲之間規則運行的橋樑。與此相似的另一種例外，已經開始被稱為「傳承（legacy）」遊戲，其中一場遊戲中的行動或事件，會影響下次遊戲時的條件或規則。這些都說明了遊戲內「結構部分」的重要性，以及如何創造性地取代它們，以創造更新鮮、更愉快的遊戲體驗。

跨遊戲的標記或規則的這種應用稱為**後設遊戲**（*metagaming*）。指的是，在超越單個遊戲規則的情況下，玩家跨越了魔法圈的障礙，將遊戲的不同層面帶入現實世界，反之亦然。一些後設遊戲規則被認為是「自定規則（house rules）」，例如當你在大富翁中的免費停車格上停留時可以獲得金錢。又如像，讓缺乏經驗的玩家獲得特別的好處。在某些情況下，後設遊戲更多的是指玩家的行為，而不是遊戲本身。例如，針對玩家之間的遊戲外的針鋒相對之情形（「你在我們的上一場遊戲中沒有幫助我，所以我現在不會幫助你」），這並非特別被遊戲所禁止，但可能被其他玩家視為不良行為，他們自己的後設遊戲反應可能是不再與這種不良行為的人一起玩。

順帶一提，「針鋒相對」的後設遊戲導致了賽局理論（game theory）中所謂的**重複遊戲**（*repeated games*）。（奇怪的是，賽局理論與遊戲設計關係不大；它與經濟學關係更密切，但也有共同點。）重複遊戲包括了那些，雖然是後設遊戲但實際上仍是遊戲的一部分；例如，如果你知道你將多次玩剪刀石頭布的遊

戲，這些知識可以幫助你，因為玩家在這類遊戲中的行為並不像看起來那麼隨機。在使用特定策略的情況下，你進行重複遊戲並可能獲勝的機率（收益）是能夠用數學模型來預測的。在這種情況下，後設遊戲會被包含在遊戲中；魔法圈依然存在於相同遊戲的重複進行中。

遊戲的功能層面

除了檢視遊戲常見的結構元素之外，了解這些部分如何組合在一起並創造出遊戲的功能組織也很重要。標記和規則是遊戲系統的構成元件和行為 —— 像是名詞和動詞 —— 功能元素（functional elements）則是由這些部分產生的循環組件。以類比的方式來幫助理解，若短句是由名詞和動詞所組成，那功能元素則是可以從中了解它們所代表的含意。這就是遊戲如何實現，並成為玩家可以與之互動的操作系統的原因。

遊戲的功能層面包括了：能夠使玩家圍繞它來形成目標、或心智模型的動態部分的任何構造。例如，經濟體的興起和資源流動，經由了遊戲中的標記來表現並與規則互動。類似地，當玩家在角色扮演遊戲中建立英雄角色或在戰略遊戲中建構龐大的帝國時，玩家正與遊戲的構成元件之聚合的功能互動。沒有辦法列出所有可能的功能元素的詳盡列表，但簡而言之，遊戲中完成或支持「在這個遊戲中，玩家是⋯」（海盜、飛行員、花店老闆、皇帝⋯等等）這個描述的，或者對玩家完成一個目標來說是重要的部分，那它就是遊戲的功能層面之一。

這些通常也是遊戲設計師花費大量時間思考的概念類型。雖然遊戲中的所有概念都需要簡化為標記和規則，但遊戲設計師會花費大量時間通過將這些部分組織成功能性的、可操作的子系統來創造遊戲，以支持期望的體驗。

創造玩（play）的可能性

很重要的是去理解，不管是特定的經濟體、角色、帝國和其他類似的功能結構，本質上都不是靜態的；作為遊戲的一部分，它們隨著時間而變化。它們也不是直接編碼到遊戲結構中 —— 被編進的是它們的**可能性**（*possibilities*）。也就是說，結構標記和規則為經濟體、角色或帝國建立了條件和可能性，而沒有鎖定了這些在遊戲中所呈現的確切特質。

因此，遊戲必須設計來為這些不斷變化的功能結構提供空間，使其得以湧現。它必須定義一個由其內部結構建構的世界模型，為這個世界提供鷹架，以便在整個遊戲過程中發展和變化。正如第 4 章會討論到的，這個模型必須符合並支持玩家在心智模型中對遊戲世界的理解；它必須讓對抗、有意義的決定和玩家目標得以發展，並成為遊戲的一部分。允許這些，以及因此讓玩家建構出有效的心智模型是創造參與度和有趣體驗的重要部分。

功能元素如同機器

雖然遊戲的功能元件是遊戲的一部分（並也是系統），但人們經常將這些複雜的循環組合部分稱為「遊戲系統」。如果說結構元素（structural elements）是「靜態的」，那麼這些，由於它們具有循環性質的交互作用，在一般意義上被視為「動態」（隨著時間而變化），並且在很大程度上，被用於 MDA 框架中。

在類似的方式上，遊戲設計師 Geoff Ellenor 將他對遊戲這部分的概念描述為「執行 X 的機器（machine）」（Ellenor，2014 年），這意味著，例如，「我想要一台在我的遊戲中產生天氣變化的機器」或「我希望玩家在任務完成時，收到任務提供者的電子郵件。」在 Ellenor 的想法中，這些「機器」是巢狀的——簡單的機器位於更複雜機器的內部——而不是被建構成單一的大型機器。這是對遊戲功能層面極好的描述，其中複雜、持久的系統性「機器」由較簡單的機器構成，直到最底層的結構標記（structural tokens）和規則。

遊戲的功能或動態部分——也就是 Ellenor 所說的「機器」——包括了遊戲內部對現實的模型，以及為玩家所創造出的行動空間。遊戲玩法的這個「空間」提供了，讓玩家得以規劃空間中的行進路線、做出有意義的決定，從而使玩家目標和玩家對遊戲的心智模型得以湧現。這完全基於二階設計（second-order design）的思想，以及在遊戲表現中包含不確定性。我們在這裡詳細探討其中的每一個。

遊戲對現實的內部模型

每個遊戲都有其對現實的內部模型（*internal model*）。這是由遊戲設計師所創造的遊戲標記和規則的相互作用產生的，並且由玩家進行探索和體驗。Koster（2004 年）表示，遊戲「是抽象的、標誌性的」，並且「排除凌亂現實中引人分心的細節」（第 36 頁）。也就是說，遊戲不同於現實，而是像所有其他被設計的系統一樣，它們本身就是某個更複雜事物的模型。

在許多方面，每個遊戲都是自身的口袋世界，擁有自己的管理法則。這個小宇宙可能是抽象的，例如由西洋棋或圍棋的標記和規則所定義的，或者非常詳細且具有高度擬真度的，如在戰略或角色扮演遊戲中創造對現實世界的模擬。在任何一種情況下，結構和功能元素也創造了 Costikyan（1994）所謂的遊戲的**內生意義**（*endogenous meaning*）。這是玩家對遊戲中的標記和規則所附加的含義。標記和規則之所以有意義，僅僅因為它們在遊戲中具有一些功能。Costikyan 使用大富翁遊戲內金錢的例子：這種貨幣的 1,000 元在遊戲之外沒有意義，但在其中具有重要意義，可能產生了輸贏的差別。

重要的是要注意，無論遊戲的現實模型多麼「逼真」，它都不會像現實一樣複雜或難以理解。即使可以創建具有這種程度的細節和複雜性的遊戲，這樣做也會違背遊戲的本質，也就是提供有趣的體驗。讓玩家享受遊戲的一部分是因為他們能夠建立一個有效的心智模型，並是其代表現實的簡化版本。如果遊戲的現實模型是如此複雜、可變或不可預測，玩家無法建立有效的心智模型，那麼建構它可能是一個有趣的模擬，但它不會是一個有趣的遊戲。有時，遊戲設計師會錯誤地創造一個「超逼真的世界」或一個超級複雜的系統來創建出引人注目的遊戲。但事實上，傾向於更多的現實主義或複雜性並不能帶來更好的遊戲。

創造遊戲世界作為遊戲空間

在談到遊戲對現實的內部模型時，Salen 和 Zimmerman（2003）指出遊戲設計是**二階設計**（*second-order design*）。這有幾個不同但相關的含義。首先，遊戲的設計以其標記和規則表示，創造出了狀態空間（state-space）的規範，而不是單個路徑。也就是說，遊戲的內部現實必須讓玩家可以沿著多條路徑探索和遍歷（如遊戲規則所允許的），而不僅僅是設計師想到的單一路徑。如果設計只允許一條路徑，那麼遊戲實際上就變成了像書或電影這樣的單一敘事。在這種情況下，玩家被置於被動角色，沒有決定或有意義的互動，並且遊戲的體驗消失了。（第 4 章中對**互動性**（*interactive*）有詳細的定義，但是現在這個詞常見的模糊感已足夠好。）定義標記和規則以允許玩家在遊戲中採取多種不同的路徑，這樣玩家就可以有不同的玩遊戲和重玩遊戲時的體驗，以及與其他玩家不同的體驗。每當玩家根據他們在遊戲中的行為採取了一條路徑時，他們會知道他們**也可以**選擇其他不同路徑，即使並非所有路徑都同樣偏好。

拿來與電影或書籍進行對比，其中觀眾或讀者必須採取的路徑已經確定。你作為觀眾或讀者不能影響故事事件的過程；你是一個觀眾，而不是一個參與者，你沒有選擇，你無法決定故事如何開展。這突出了傳統的故事和遊戲之間眾所

周知（並仍未解決）的緊張關係：故事遵循單一劇本的路徑，在重複接觸[2]時不會改變，而遊戲提供了一個空間，其中有許多可能的路徑來提供不同體驗。遊戲設計師的工作不是創造一條單一的路徑（體驗的一階設計，過程對於所有玩家來說都是相同的），因為那將很快變得枯燥、而不是成為一種參與體驗。相反地，遊戲設計師必須使用遊戲的標記和規則來創造一個多維度的空間，玩家透過該空間為自己定義出自己的特定體驗。

二階設計的第二個相關的含義是，設計標記和規則以形成動態系統（以及體驗空間），這是以遊戲獨有的方式實現湧現（emergence）的一個例子。正如在 MDA 框架的討論中所提到的，遊戲的機制（它的標記和規則）是直接被設計的；但它的動態（它的功能層面）來自於遊戲進行中的標記和規則。如上所述，遊戲的系統不是提供預先定義的單一路徑，而是創造出整個可探索的遊戲空間。

玩家的體驗湧現於他們與遊戲空間的互動──而不是可以映射到設計的任何單個部分，或其構成元件的簡單總和。通常，玩家的體驗會以設計師無法預測的方式展開。如果空間足夠大、並且玩家在遊戲中具有足夠的自主權，則該體驗可能是完全獨特且湧現的。（你將在本書的第 8 章和其他地方看到更多有關二階設計和湧現的內容。）

令人好奇的案例：矮人要塞中貓咪的系統性死亡

剛剛描述的那種湧現性質的遊戲玩法是製作系統性遊戲的核心。它可以採取無數形式，但以下這個是一個特殊的、可能是極端的，在遊戲中產生湧現情形的系統性交互影響的例子。**矮人要塞**（*Dwarf Fortress*）可能是迄今為止最系統化的遊戲。遊戲描繪了一群矮人（透過玩家的指導）在他們的地下帝國中所遭遇的增長和危險。**矮人要塞**完全是程序性的，意味著遊戲世界及其中發生的一切都被定義為二階設計，而不是手工製作來描繪特定地點或一系列事件。（遊戲也幾乎只包含 ASCII 圖形，通常被認為是最難學習的電動遊戲之一。這是一個與其系統性分開的問題；很可能是玩家因為其具有的系統性、而願意努力學習如何遊玩，因此儘管有這些障礙，它依然如此引人注目。）

2　有些人可能會提出「選擇你自己的冒險」的這類書籍是種例外。這種書籍提供了有限的選擇，讀者可以決定採用哪種方法，使故事以不同的方式展開。事實上，這些書籍起源於 1970 年代後期的「書籍形式的角色扮演遊戲」（*History of CYOA*），並且有許多存在於敘事──遊戲這個光譜內不同形式的例子。

在 2015 年底，一名玩家開始注意到在遊戲中貓的流行性死亡（Master，2015
年）。貓不是遊戲的主要方面，而是它呈現給玩家的鬱鬱蔥蔥的世界的一部
分。貓的死亡與任何戰鬥或類似情況無關。在調查之後，玩家發現貓在牠們
死亡之前經常頭暈（一種可以附著在遊戲中的生物上的「症狀」）並且令人不
安地「伴隨死亡，旁邊總是遺留了一堆嘔吐物」——另一種系統性的遊戲內效
果。起初，玩家認為遊戲中存在一個錯誤（bug），如果動物位於小酒館（如
牠們經常做的那樣），小酒館老闆會為貓提供酒精飲料。實際上，原因甚至更
奇怪：貓經常光顧小酒館來捕殺老鼠——這是程式內所設定，貓的行為的一部
分，但不預設可能對遊戲內的效果產生任何顯著影響。而在酒館裡喝酒的矮
人，經常會把酒灑在地板上，其中一些酒會沾到貓身上。由於貓具有「自我清
潔」的行為，牠們實際上會食用到沾在牠們身上的酒，然後不久就變得醉、頭
暈，並且由於它們的體重非常低，導致經常會死亡。

整個情況是多個系統交互作用的結果。沒有設計師在設計時曾說，「確保貓可
以被葡萄酒灑到，並死於酒精中毒。」遊戲中有許多系統，包括飲酒（對遊戲
中的矮人很重要）、葡萄酒會灑在東西上（遊戲中會詳細的顯示：遊戲日誌會
顯示出一條在小酒館中的貓的訊息，例如「矮人的葡萄酒灑在貓咪左後腳的第
四根腳趾上」）、酒精的效果取決於飲酒者的身材大小、以及動物有能力自我清
潔（在遊戲中只有貓和小熊貓具有這種能力），由於這些的交互作用，使貓咪
攝取了酒精。

所有這些系統在更高層級的系統中作為功能元件相互作用，並建立出一個大的
遊戲空間，其中包括可憐的貓死於酒精中毒的影響。這不是預先計劃好的，而
是作為一個好奇的玩家進行遊戲時湧現出來的元素。這只是一個極端的例子，
展示了系統性遊戲玩法（systemic gameplay）中的湧現情形，同時也是遊戲世
界的二階設計例子。

遊戲世界中的不確定性和隨機性

遊戲世界的一個常見功能元素是不確定性（uncertainty），通常透過某種形式
的隨機性（*randomness*）來實現。這有許多形式，從熟悉的擲骰子、從牌組發
出的牌、到數位遊戲中使用的複雜的隨機數字產生方式（詳見第 9 章中的「遊
戲平衡的方法」）。並非所有遊戲都使用隨機性作為功能元件，但所有遊戲都
會給玩家帶來某種程度的不確定性。一些古老的遊戲，如西洋棋和圍棋，在它
們的規則中沒有隨機變化；這些遊戲的不確定性來自於每個玩家事先都不知道
對方的行為。然而，今天的大多數遊戲都有一些隨機性作為其規則的一部分。

這通常被視為一種平衡方式，讓遊戲世界中累積了不同經驗和技能的玩家共同遊戲。

簡而言之，遊戲世界越確定，就越能提前知道。知道的越多，遊戲空間就越坍塌成單一路徑，也剝奪了玩家對如何穿越空間作出決定的能力。一個典型的例子可以從西洋棋的開局中觀察到，由於開局是完全確定性的，因此我們可以看到熟練的棋手透過記憶來精彩的進行開局。該遊戲會隨著玩家設法以新穎的方式來使用訊息的既有功能「模塊（chunks）」而變得有趣（此處說的訊息，如同圖板上棋子的組合，由棋子和它們的位置之間的相互關係所定義的子系統來產生作用）。

玩家的心智模型

遊戲定義了一個遊戲空間，一個供玩家探索的世界。與此相對應，玩家在玩遊戲時創建了自己的內部**心智模型**（*mental model*）。雖然玩家的心智模型不是遊戲本身的一部分，但遊戲的功能層面必須結合起來以支持其在玩家心智中的創造。正如你將在第 4 章中看到的，這種心智模型的形成是玩家參與遊戲並最終獲得樂趣的重要部分。現在，足以說玩家是透過與標記和規則互動來建構他們對遊戲世界的模型，並透過它們來呈現遊戲中的功能元素。

這個模型越容易在玩家心中建立，玩家對遊戲設計師定義的世界模型的理解越一致，遊戲就越有吸引力。相反，如果玩家難以識別遊戲模型的基本規則，或者如果這些規則看起來不完整或不一致，則遊戲通常難以吸引參與，或者至少需要玩家投入更多時間和認知資源（而這種情況，會將遊戲的受眾只限制在願意花時間、且願意付出學習所需資源的人身上）。

說玩家的心智模型必須容易建立，並不意味著遊戲或心智模型必須簡單。像圈圈叉叉（*Tic-Tac-Toe*）這樣的遊戲所需的心智模型很簡單，因為遊戲中只有很少的標記和規則——但它也是玩家厭倦的遊戲，因為他們可以很容易地看到遊戲的結果：遊戲中沒有隨機性、沒有系統深度，玩家也很少有機會為彼此創造重大的不確定性。而像圍棋這樣的複雜遊戲、或像**恆星戰役**（*Stellaris*）這樣的現代策略遊戲的心智模型可能需要花費大量的時間和精力來構建。然而，這種遊戲具備的系統性質意味著其中所含的不一致性很少。因此，隨著他們的心智模型在完整性方面的增長，玩家將獲得更多的能力作為獎勵，這有助於進一步探索遊戲的模型——這是一個高效的強化循環。

有意義的決定

當玩家建立了對遊戲世界的心智模型（基於他們對其標記和規則的了解），他們會與之互動並運用他們的理解來嘗試各種行動方案。要做到這一點，玩家必須能夠做出*有意義的決定*（*meaningful decisions*）。如上所述，要能夠做出有意義的決定，需要玩家的心智模型中具有不確定性，並且通常也需要擁有對遊戲世界的模型；沒有這些，玩家就無從決定。有些遊戲的不確定性完全由玩家之間產生，遊戲中沒有隱藏或隨機元素。然而，在大多數遊戲中，會具有一些隱藏訊息是玩家還不知道或還無法知道的，因為它是被隨機決定的且無法事先知曉[3]。

沒有選擇、無效的選擇和導致變化的選擇

如果一個遊戲讓玩家無法做出任何決定，則玩家被迫進入被動、而不是互動性的角色。他們無法探索，只能沿著一條路徑走，所以遊戲體驗崩潰了。（這仍然可以令人愉快，就像在觀看電影或閱讀書籍時，但在這些情況下，所有決定都已經被確定，而且沒有遊戲體驗。）同樣地，如果遊戲提供虛幻的選擇──所做的決定對玩家或世界沒有任何影響，例如在兩扇門之間進行選擇，然後看到它們通向同一個地方──這就如同根本沒有選擇。由於選擇一個或另一個選項不造成任何影響，因此決定變得隨意、也就像它從未存在一樣。

遊戲必須為玩家提供做出有意義決策的機會：這個選擇會以可辨別的方式影響玩家或世界的狀態，或者創造或阻擋沿特定路徑進一步探索和決策的機會。

最終，對每個玩家而言的「有意義」的決定可能各不相同。但是，如果玩家認為某個決定的結果要麼讓她更接近理想的目標，要麼將她推向更遠的地方，那麼這個決定就有意義。現在，這是在遊戲的背景下對意義的粗略描述，但是我們將在第 4 章內討論玩家目標和主題元素時對此進行更詳細的討論。

對抗與衝突

遊戲需要對抗（opposition），幾乎所有遊戲都包含某種形式的公開衝突（conflict）。如果遊戲中沒有對抗，玩家將能夠毫不費力地實現他們想要的結果。例如，能夠在西洋棋中拿起你對手的國王作為你的第一步並且說「我贏了」，或者能夠在戰略遊戲中擁有你想要的所有金錢和力量，這樣很快就會消

3　隨機決定包括了「完全隨機的結果」和「加權結果」。完全隨機的結果，例如，從 1 到 100 之間選取任何數字，每個數字具有相等的機率；加權結果則是，其中一些數字比其他數字更可能出現，例如統計上的常態或鐘形曲線分佈。詳細內容請參閱第 9 章。

滅了遊戲中的任何參與度和樂趣。因此，為了讓玩家能夠鍛鍊他們對遊戲的心智模型，並做出有意義的決定來達成他們的目標，除了不確定性之外，遊戲中必然會有阻礙他們進展的力量。

遊戲中發現的對抗類型分為以下幾類：

- **規則**：玩家在遊戲中面對的很大一部分對抗來自規則本身。例如，在西洋棋中，規則不允許簡單地直接抓住其他玩家的國王。大多數遊戲會依據規則、經由標記來限制玩家的行動。這些限制例如：移動限制、需要資源才能行動或受遊戲世界內的因子所限制（像是規則制定了玩家所無法通過的地形）。這些規則應該在遊戲過程中感覺像遊戲世界的自然部分，而不是受外物影響所創造出的限制。規則對玩家來說越是不自然，他們就越會去想如何正確的進行遊戲、而不僅僅是去玩它，他們的參與程度也會因此降低。

- **活躍的對手**：除了規則和世界，許多遊戲都提供了會積極對抗玩家行為的代理者。概括地，這些可以被稱為「怪物（monsters）」——任何對抗玩家並且在其行動中具有某種程度代理的事物——儘管這包括從匿名的地精試圖阻擋玩家角色的路徑、到精心製作的復仇者不斷使用精心設計的計劃來試圖讓玩家在遊戲中垮台。

- **其他玩家**：玩家可能擁有由遊戲的功能元素所定義的角色，這些角色使他們彼此對立。在任何玩家彼此競爭的遊戲中，無論是直接（分出「誰贏了」）還是間接（例如，誰具有更高分數），玩家可能對彼此產生阻礙。許多遊戲建立在兩個或更多玩家，試圖實現自己想要的結果、並同時阻礙其他玩家的基礎上，並且玩家要在當中試圖達成平衡。

- **玩家本身**：要在不同的期望結果間達成平衡，會使玩家可能成為自己的抵抗者。如果玩家資源有限，他們就會形成自己的經濟，他們無法將資源用於他們想要的所有事情。玩家可能必須做出決定，例如，關於是否將遊戲內資源用於立刻建造部隊、或者升級軍營以便以後建造更強大的部隊。這種權衡是常見的，並且基於他們不能同時做所有事情的事實，這向玩家提供了有意義的決定。

玩家的目標

玩家做出的決定，通常是在遊戲中玩家目標的前提下進行的。如果玩家沒有目標，在遊戲的狀態空間（state-space）中就沒有目的地，那麼任何選擇都不比其他更好，因此不存在意圖、意義或投入。因此，目標是指引玩家在遊戲中選擇路線的北極星。沒有目標的話，玩家只是漂移，這是一種與參與（engagement）和遊戲體驗剛好相反的情況，因為被動性已經在玩家無法做出任何有意義決定的情況下產生了。

因此，玩家渴望遊戲中的目標。通常，他們的最終遊戲目標與可衡量或英勇的目標（即「獲勝」）有關。這些目標通常由遊戲設計師提供，作為其功能元素的一部分，並也是量化的遊戲目標。這些被稱為**顯性的目標**（*explicit goals*）。當有人問「遊戲的目標是什麼？」或「我如何獲勝？」時，他們是在詢問遊戲的顯性目標。

大多數遊戲都有明確的目標，要麼涵蓋了整場遊戲（「勝利條件」），要麼至少幫助玩家學習遊戲的基礎知識、並開始建構心智模型。在遊戲中，這些並不是玩家可以擁有的唯一目標，它們可以被視為「訓練齒輪（training wheels）」。一旦玩家擁有了足夠詳細的心智模型（對遊戲世界的心智模型），在某些遊戲中他們會擁有自由、可以接著創造自己的**內隱目標**（*implicit goals*）並以它作為行動和決策的指南。即使在遊戲提供了顯性目標（如「完成這個關卡」）的情形下，玩家也可以僅為娛樂目的來創造出自己的目標（如「我將在不殺死任何怪物的情況下完成關卡」）。

隱性和顯性的目標可以被結合在一起，例如當遊戲提供了可選成就、或徽章本身就是一種結果時（例如完成關卡而不殺死任何怪物時可獲得「和平主義」標記）。這些成就可能會激勵玩家開始創造他們自己的內隱目標。這樣做會增加玩家的參與度以及他們繼續玩遊戲的可能性。

另一方面，只有顯性目標的遊戲往往具有較低的壽命和重玩價值，因為玩家的潛在目標組合是受到遊戲本身的限制。這與以下觀點是一致的：當遊戲的設計減少了玩家可以採取的行動時，狀態空間變窄，玩家能夠擁有的目標組合變小，他們做出有意義的決定的能力降低，他們的整體參與感可能稍縱即逝（直到他們看透了遊戲創造出的主導權幻覺），或是被降低了。遊戲可能仍然像書或電影一樣令人愉快，但沒有相同的主導感和意義，玩家無法在這樣的遊戲世界中創造自己的目標並繪製出自己獨特的路徑。

玩家目標的分類

第 4 章探討了不同類型的互動性，但我們在此值得先探索一下玩家目標的不同分類。這些目標的分類都源於內生意義（endogenous meaning），而那是由遊戲的功能元素、和玩家創造出的心智模型中所產生的。如果遊戲沒有內部意義，或者玩家無法創造一個可行的心智模型，那麼玩家就無法形成關於遊戲的目標。在這種情況下，他們會在遊戲中（遊戲世界和／或遊戲空間內）漫無目的地遊蕩，這很快就會變得無聊。

玩家目標可能被認為在幾個面向上有所差異，包括持續時間和頻率：目標需要多長時間才能完成、以及玩家以怎樣的頻率來嘗試完成目標？玩家目標也與不同類型的心理動機相對應，正如你將在第 4 章中看到的那樣。顯性和內隱目標都可以是以下任何一種：

■ **即時（Instant）**：行動具有時效性，因而使玩家想要立即完成的行動。例如：在恰當的時間跳躍或抓住繩子、或利用快速反應來阻擋對手的射擊。

■ **短期（Short term）**：近期目標，例如解決謎題、殺死怪物、使用特定策略、升級等等。這些目標本質上是認知性的，需要規劃和關注，但不需要很長的時間尺度來完成。它們通常包含了在完成總體目標的過程中，沿途需要完成的多個即時目標。

■ **長期（Long term）**：戰略性、認知性的目標，涵蓋了玩家想要在遊戲中實現的目標——例如：擊敗一個強大的對手、獲得一整套物品、建立一個特定的技能樹、創建一個帝國。這些目標需要大量的關注和規劃，並且是玩家長期參與遊戲的支柱。長期目標包含多個短期目標，而後者又包含即時目標。這些目標的系統層次結構應該是明顯的，並且通常針對的是玩家的滿意度。（請參見第 4 章，將對目標進行更深入的討論。）

■ **社交（Social）**：這種目標主要涉及玩家與遊戲中其他玩家的關係。這些目標也很容易蔓延到遊戲之外的關係中，這也展現了魔法圈的多孔性（porousness）。但是，這些目標主要是與包容、地位、合作、直接競爭等等有關。考慮到形成和調整社會關係所需的時間，這些目標通常包含多個即時、短期甚至長期目標。

■ **情感（Emotional）**：遊戲設計師通常不會明確考慮玩家的情感目標，儘管它應該是你在遊戲設計時首先考慮的事情之一。開展情感的影響力是許多遊戲的關鍵（例如：*Gone Home*、*Road Not Taken*、*Undertale* 等遊戲）。雖然玩家自己可能不會有意識地去滿足情感目標，這與他們按照認知來達成短期或長期計劃目標的方式不同，但對於享受遊戲來說卻更為重要。

這些動態和操作性的功能元件中的每一個（也就是遊戲對現實的模型，它創造了空間來進行遊戲、對抗和決策），使玩家能夠建立遊戲的心智模型且與之互動，並創造出目標，那對他們的參與度而言非常重要。玩家透過這些互動和目標獲得的體驗，也將我們帶入了遊戲系統描述的最高層級。

架構和主題元素

在高於其功能層面的系統層級、在整個體驗的層級上，每個遊戲都具有架構和主題兩個面向。這些湧現自結構部分的功能性交互作用。從系統的角度來看，架構（architecture）和主題（theme）是同一個整體的兩個面向：架構元素更偏向內（開發者），而主題更偏向外（玩家）。遊戲設計師必須時刻了解的是：架構和主題、以及它們如何相互聯繫，並如何從遊戲更基本的結構和功能層面湧現，以創造出有效的遊戲玩法（gameplay）。

遊戲的**架構**（*Architectural*）層面是建立於結構和功能元件的高級構造——支持了玩家所面對的遊戲主題。架構元素包括以下：

- 遊戲內容的平衡、系統的平衡
- 關於遊戲敘事結構的機械性、技術性元件
- 遊戲使用者介面的組織——通常稱為「使用者體驗」的開發，是玩家如何與遊戲互動的技術層面
- 使用的技術平台（無論是桌上遊戲還是數位遊戲）

遊戲的**主題**（*thematic*）元素是其結構和功能產生的所有元素，並創造了整體的玩家體驗。如果遊戲的主題是尋找愛情、獲得強大力量或征服世界，那麼必須在遊戲設計的架構下被支持、並由這些主題元素來傳達。主題元件包括以下：

- 一種方式，關於了遊戲的內容和系統如何支持玩家互動和目標形成——特別是以自身為目的的目標（如下所述）
- 遊戲敘事的內容（如果有的話）
- 遊戲使用者介面的外觀和感覺——通常被稱為「多汁（juiciness）」，這是簡單的享受，來自於觀看和操作它，與玩家執行它的原因不相關

架構和主題元素協同運作，使「遊戲與玩家的互動」及「玩家在遊戲中的目標」成為可能。這裡將討論這些，作為遊戲結構的系統模型的最後部分。

內容和系統

遊戲的內容和系統是其架構和主題的關鍵面向。在架構組織方面，構成元件群體之複雜的（complicated）與複雜（complex）之間存在著本質的差異（如第 2 章所述）。複雜的（complicated）是那些具有順序性的交互作用，其中第 1 部分影響第 2 部分，第 2 部分影響第 3 部分（參見圖 2.5）。這些連結不形成回饋循環；第 3 部分不會回過頭來再次影響第 1 部分。而在複雜（complex）系統中，構成元件**確實**會形成了對自身進行回饋的循環，這通常是系統的標誌（參見圖 2.6）。

遊戲可以分為主要基於「內容」的遊戲」與主要基於「系統」的遊戲。清楚的說，所有遊戲都有某種程度的內容和系統；我們要回答的問題是，對於遊戲玩法來說，哪一項是遊戲設計時主要取決的？

內容驅動的遊戲

許多遊戲都基於**內容**（content）而非系統。對遊戲開發而言，內容包括設計師必須開發和組裝的任何位置、對象和事件，以創造出他們想要看到的遊戲玩法。所有遊戲都有**一些**內容，但有些遊戲依賴特定的內容配置來創造遊戲。這包括主要是基於關卡或任務的遊戲，其中設計者已經準確地列出了玩家將遇到的對象和障礙的位置與時間。

在這樣的遊戲中，遊戲主要是線性的，因為玩家沿著遊戲設計者佈置的路徑前進，體驗——和消費——為玩家所創造的內容。玩家的主要目標是由遊戲明確定義的，他們所面對的對抗形式在路徑上是明確的，並且他們的決定是由設計師預先確定的（對機會和結果的可能性而言）。一旦玩家完成了一個關卡或整個遊戲，他們可能會再次重玩，但基本體驗不會有顯著差異：他們可能創造內隱目標（例如，「刷新我的最快時間紀錄」），但整體遊戲玩法和經驗不會改變。另一種說法是，內容驅動的遊戲展現很小的湧現性（emergence）；事實上，在這種情況下設計師經常努力防止湧現所導致的結果，因為它們本身就是不可預測的，因此無法測試、並且有可能造成糟糕的遊戲體驗。

設計師可以透過創造新關卡或其他對象，來為內容驅動的遊戲添加更多遊戲玩法，但遊戲基本上是內容有限的，因為它是直接由設計師所創作的。要創造新的內容會成為開發人員的瓶頸，因為玩家消費新內容的速度可以比開發人員創造的速度要快，而且添加新內容會變得越來越昂貴。這有時被稱為遊戲開發中的「內容跑步機（content treadmill）」。處在這個跑步機上，會導致更加可預測的開發過程（對遊戲開發公司來說是一個重要因素），如果需要龐大的開發團

隊來創造所有需要的內容，同時也冒著這些內容被玩家視為不具有足夠創新性的風險。

在極端情況下，當新內容沒有添加或更改了下層的標記和規則（遊戲中可能存在的構成元件、狀態和行為）時，玩家很快意識到新內容中沒有新穎內容，並且對遊戲感到厭倦。當玩家意識到遊戲完全符合現有的心智模型時，這首先可以讓人感到舒適熟悉；但是一旦他們意識到沒有什麼新東西可以學習、並且沒有新的事物值得專精，他們就會感到無聊並停止玩遊戲。對於已經從其他遊戲中「換皮發行（reskinned）」的遊戲就是這種情況，其中只有背景和藝術風格發生了變化（例如：從中世紀變成科幻小說或蒸汽龐克），但其內的遊戲玩法保持不變。已經嘗試過這種方式的遊戲開發公司已經了解到，玩家一開始會很熱情、但隨後很快就會退出遊戲，因為沒有什麼新東西需要學習或體驗。

系統性的遊戲

與內容驅動的遊戲相比，**系統性**（*systemic*）的遊戲使用構成元件之間的複雜交互作用（即回饋循環）來創造遊戲世界、對抗、決策和目標。在這樣的遊戲中，設計者不必撰寫玩家體驗的具體細節。設計師不會為玩家創造一條路徑（或一小組分支），但會設置條件來引導玩家創造自己的路徑——那是在龐大的遊戲空間中大量可能的路徑之一，如二階設計的討論中所述。每次玩遊戲時，此路徑通常會發生變化，即使經過多次重玩，遊戲也能保持新鮮感和吸引力。

遊戲設計師 Daniel Cook 在他的部落格 *Lostgarden* 發表了一篇精彩的描述，關於他的公司設計空戰遊戲 *Steambirds: Survival* 時，採用內容驅動和系統性方法兩者間的差異：

> 當遊戲沒有吸引力時，我們增加了新的系統，例如墜落的飛機會掉落能量升級物品（powerups）。更傳統的方法可能是手動創建更詳細的戰役，其中包含驚人的陰謀點，當你與預先決定的觸發器發生碰撞時，一整組的飛機群會從隱藏的雲中衝出。然而，透過專注於新的一般性系統，我們創造了一整套迷人的戰術可能性。你想要獲取治療、還是轉身面對 6 點鐘方向的飛彈？這是一個由系統驅動的有意義的決定，而不是廉價的創作刺激。（Cook，2010 年）

即使系統性的遊戲為玩家設定了一個整體的顯性目標（例如，**文明帝國**（*Civilization*）的「征服世界」或**超越光速**（*FTL*）的「摧毀反叛軍母艦」），玩家也會做出自己的決定，從而創造出無數的路線之一來實現這一目標。遊戲系統提供了充足的不確定性和不同的潛在組合，以確保遊戲空間不會崩潰成單一個通過它的最佳戰略路徑。當然，這不是**完全**隨機的，而是本質上是系統性的。例如，雖然系統性的遊戲可能會在每次遊戲時創造一個新的物理地貌，但

是使用有效子系統所建構的遊戲，可能會將仙人掌放置在炎熱沙漠中的隨機位置，但不會讓北極熊出現在那裡。

平衡內容和系統

即使在高度系統化的遊戲中，遊戲開發者仍然需要創造支持性的內容，而遊戲設計通常會定義出一組顯性目標。同樣，在內容驅動的遊戲中，有許多子系統在起作用（經濟、戰鬥等等），但它們存在於一個主要是線性／複雜的（complicated）環境中，而不是系統性／複雜（complex）環境。因此，內容和系統不是互斥的，而是代表遊戲設計的平衡點。

本書的重點是設計系統性的遊戲，同時在適當的時候利用遊戲的線性層面。根本的想法是，遊戲隨著時間變化而變得更加系統化——更複雜（complex）而不僅僅是更複雜的（complicated），並且創建系統性的遊戲會帶來更具吸引力、更有趣、可重玩的遊戲。

以自身為目的的體驗

以自身為目的的體驗（*autotelic experience*）本身就是一種目的，而不是依賴於某些外部目標或必要性。當玩家根據自己的動機，創造自己的內隱目標並且能夠在遊戲中採取行動，其結果對玩家具有內在價值時，那麼他們的目標和行為都是以自身為目的（autotelic）。

如前所述，玩遊戲的體驗必然是獨立的、非後果導向的、自願的，但它本身也必須令人滿意；還記得 Dewey 所說的——遊戲不能從屬於其他目的，否則它會失去遊戲的本質。這就是許多「遊戲化（gamification）」努力經常擱淺的地方：你可以讓某些東西看起來像遊戲，但如果玩家的體驗本身不被認為是有價值的，那麼它很快會變得「從屬於外在的必然性」（Dewey，1934 年）因此變成了遊戲之外的東西。

遊戲中的顯性目標有助於玩家學習遊戲並創造自己的心智模型。然而，有一種方式是以一個接著一個的顯性目標來引導玩家，這被許多人稱為「研磨（the grind）」——也就是一個接一個的任務，但沒有一個是玩家可以在其中發現價值的。每項任務都是為了明確的外部獎勵而完成的。對於許多玩家來說，這可能更像是一項工作而非遊戲。這種方法也傾向會依賴於創造昂貴的短暫內容，而不是遊戲的常青系統。

與這些外在的、顯性目標形成鮮明對比的是，許多遊戲——特別是玩家多年來一直投入的遊戲（西洋棋、圍棋、文明帝國等）——讓玩家能夠創造自己內

在的、隱含的目標。在一開始，玩家可以去完成預先定義的目標，但最終，當玩家建構了足夠高級的遊戲心智模型時，這些會讓位給玩家為自己的樂趣所創造的、內隱的、以自身為目的的目標。這種以自身為目的的遊戲方式，是根基於遊戲中的主題、系統性元素，並且自然地對玩家帶來更高的吸引力、愉悅和意義。

敘事

敘事（*narrative*）簡要的工作定義是，以一種對讀者或觀眾有意義的方式、透過一系列相關事件來敘述一個或多個人的生活。其中的事件和人物都很重要。一系列事件本身並不是一個故事，也不是為某人記錄流水帳。大多數遊戲都有敘事元素；只有在最抽象的遊戲中，才似乎看不出來與任何帶有意義的事件之連結。

敘事的重要性在於它將架構和主題連接起來：它具有向內的、以開發人員為中心的層面，就故事如何從下層的功能元素中產生而言；並且它具有面向玩家的主題層面，為玩家提供舞台並告知他們遊戲的內容。

在遊戲中，敘事或故事可能是玩家體驗的焦點，或者它可能只是遊戲的前提。無論遊戲中是否有其他故事，該前提都會告訴玩家為什麼世界就是他們遇到它時的方式，而敘述通常會讓玩家知道他們在遊戲中的目標是什麼（例如，指正錯誤、殺掉一條龍、發現秘密）。透過這種方式，遊戲背後或內部的故事可以幫助玩家定位自己並開始創造對遊戲世界的心智模型。以同樣的方式，敘事元素可以在遊戲內成為獎勵，進一步向玩家展露世界（例如，使用過場動畫或類似的說明性／揭示性的故事）。

將故事作為玩家持續體驗的支柱而建構的遊戲，稱為**故事驅動**（*story-driven*）的遊戲。在這些遊戲中，玩家扮演一個特定角色，做出選擇來通過故事中的各種危機點並最終結束。在架構方面，此類遊戲往往偏向內容驅動，而不是系統性。（雖然故事是出自下層系統的遊戲也是可能的，但很少有例子存在。）在基於故事的遊戲中，玩家的對抗、目標和決策點由設計師定義，玩家很少有機會改變他們。在主題上，這樣的遊戲必須在「推動故事朝特定方向前進」（並因此將遊戲空間縮小到單個不可改變的路徑）與「玩家能夠做出他們自己的決定」間達成平衡。遊戲的指向性越高、玩家做出的決策就越少、他們的角色就越被動。但如果遊戲不指引玩家路線，他們可能完全錯過故事（及其昂貴的內容），並且遊戲可能無法有效地傳達其主題。

基於故事的遊戲可以非常有趣，但往往沒有很多重玩價值。在某些情況下，玩家有足夠的選擇可以探索遊戲空間的其他部分，並獲得更多的重玩體驗。*Knights of the Old Republic* 遊戲就是一個例子；在這個遊戲中，玩家決定建立一個角色作為「光明的一面」或「黑暗的一面」的絕地武士，並根據這些選擇、體驗不同的預設故事。但即使在這裡，也只有幾個可能的結局。這種敘事結構通常會導致路徑變窄，如果不源於其他原因、而為多重結局來建構內容，那是過於昂貴了。

系統性遊戲可以有一個前提，即讓玩家沿特定方向前進、但將後續的事件留給他們自己決定。在這樣的遊戲中，可能的對抗形式由設計者設定，但玩家的選擇（以及設計中的潛在隨機性）決定了玩家如何、以及何時面對它們。在這些情況下，玩家在制定決策和設定自己的目標方面具有很大的自由度。例如，*Terraria* 為由程式生成的世界提供了基礎的前提，一旦遊戲開始，玩家幾乎可以完全控制他們在遊戲中的進程。同樣的，在像 *Sid Meier's Pirates* 這樣的經典系統性的遊戲中，玩家每次都居住在同一個世界，擁有基本的敘事、設定了他們如何成為一名海盜。一旦遊戲開始，他們可以自由選擇與故事相關的可選目標，繪製出他們自己的遊戲路線。在這些遊戲中，敘事不是被預先寫定的，而是被玩家經歷的。

主題、體驗和意義

遊戲的**主題**（*theme*）是由標記、規則和功能元素建立起來的，但卻取代了它們。主題就是遊戲關於什麼，並與遊戲設計者希望為玩家提供的體驗類型有關。遊戲可能是關於一個英雄般的冒險者、一個狡猾的小偷、一個熟練的寶石商人、或是偉大的帝國建設者；找到真愛；倖免於背叛；或任何其他可以想像的經驗。

主題是整個遊戲面向玩家的一面。它為玩家提供了整體的鷹架和方向，作為玩家心智模型、決策和目標的背景情境。玩家必需根據主題來詮釋遊戲的標記和規則，以便創造心智模型、做出有意義的決定、並設定有效的目標。如果玩家能夠這樣做（如果遊戲的結構、功能、架構和主題元素都作為一個系統有效地結合在一起），那麼遊戲和玩家共同創造出了意義。這個意義是來自於整個玩家＋遊戲的系統的最終結果，是這兩個子系統透過玩所創造出來的效果。

這並不意味著主題需要特別深入或深刻。它只需要與遊戲中的結構和功能元素保持一致，並幫助推動玩家向前發展。即使在最系統性的、非故事遊戲中，遊戲設計師也必須牢記他們想要創造的體驗、以及體現它所需的架構元素。幾乎所有成功的遊戲——即使是最「開放世界（open world）」的遊戲——都有被引導的體驗和主題，儘管有時它可能比較薄弱。例如，在*當個創世神*（*Minecraft*）中，總體主題之一是開放式探索和製作新物件。這不是很深入的主題，但對於許多玩家來說，已經足夠讓他們開始建構對遊戲的心智模型、並在這個世界中專精；任何更多的東西都反而造成妨礙。

然而，當遊戲設計師僅納入最簡單的故事前提、或者沒有將主題與遊戲的架構連結在一起時，遊戲體驗就會受到影響。例如，遊戲 *No Man's Sky* 允許玩家在幾乎無數的行星上進行探索，由於遊戲既沒有提供顯性目標、也沒有允許玩家創造許多自己的內隱目標，像這樣幾乎完全沒有主題的遊戲體驗最終失敗。世界的模型在技術上是深入的，但不是支持了深度心智模型或一致性主題的方式。遊戲中缺乏有意義的決策點和內在的玩家目標，原因來自缺乏主題（設計中的向下因果關係）並且防止了湧現出來的主題（向上因果關係）。

類似地，桌上遊戲*璀璨寶石*（*Splendor*）在視覺上很漂亮，並且具有認知上擁有吸引力的機制。然而，主題（作為寶石商人）只是微弱地與遊戲玩法連結，也就是以遊戲中高度抽象的標記和規則來呈現。因此，那些不喜歡遊戲機制的人經常發現遊戲並沒有吸引他們的注意。遊戲設計沒有在遊戲的架構和主題之間提供足夠的連結，因此玩家可能難以從體驗中創造內在的意義感。

隨著遊戲設計師更多地了解系統性設計、以及如何在系統遊戲中體現故事和主題，他們中的更多人將能製作出具有廣泛和深度遊戲空間的遊戲，玩家可以在其中探索遊戲主題的許多不同層面。這些遊戲通常可以與強烈的敘事相結合，避免過度指引玩家進入一些不同的選擇，或者將他們困在一個主題貧瘠和無趣的遊戲空間中。

遊戲設計的演變

在討論了眾多的遊戲定義後，接著將簡要介紹遊戲設計本身的發展，以了解它在過去幾十年中的變化。

幾千年來，遊戲一直是人類經歷的一部分。已知最古老的遊戲塞尼特棋（*Senet*）是在 5,000 多年前在古埃及發明的（Piccione，1980 年）。我們對這個遊戲最古老的記錄顯示、它已經有精心製作的標記和規則，表明它早已為人所知和發展了。從那時起，遊戲一直是世界各種文明的消遣。然而，直到 20 世紀後期的技術革命，遊戲設計才成為公認的活動，而不是遊戲創作的臨時性副產物。

很難說遊戲設計何時開始作為一個領域，而不是一小群設計師偶爾實踐的集體嗜好。然而，可以肯定地說，至少從 1980 年代初期開始，它已成為一個已知的實踐領域。Chris Crawford 的著作「電腦遊戲設計的藝術（*The Art of Computer Game Design*）」於 1984 年出版，並被認為是遊戲設計作為獨立領域的第一本專門著作（Wolf 和 Perron，2003 年）。Crawford 繼續出版了「電腦遊戲設計雜誌（*Journal of Computer Game Design*）」（1987-1996 年）並於 1988 年在他的客廳組織了第一次的電腦遊戲開發者大會（Crawford，2010 年）——這個會議現在已經非常專業，每年吸引了成千上萬的人。

當然，在 Crawford 的書之前就有遊戲設計師，但幾乎沒有公認的遊戲設計共享技術，一直到 1970 年代後期和 1980 年代初期，早期電腦／電玩遊戲、和以紙筆進行詳盡模擬的角色扮演遊戲開始出現後才改變。在 1980 和 1990 年代，一直到 2,000 年左右，大多數成為遊戲設計師的人或多或少地陷入其中：他們在戲劇、人類學、心理學或電腦科學等領域中徘徊——當他們來自其中一個領域時；許多人都是狂熱的玩家，他們嘗試了遊戲設計並發現他們有天賦。然後就像現在一樣，對於很多人來說，遊戲設計主要是一種嗜好，而現在又有一些人認為他們可能可以把它變成一種職業。

自 21 世紀初以來，遊戲設計作為一個教育領域已經取得了進展。然而，多年來，至少到 2010 年左右，大多數的遊戲設計學位在遊戲行業內、普遍被視為沒有創造出強大的專業設計師。提供這些學位的絕大多數大學不僅不知道他們應該教什麼（很少有教這些課程的人本身就是專業遊戲設計師的），甚至遊戲設計師也難以明確表達作為遊戲設計師的職業內容。

因此，遊戲設計仍然是一個難以教授的領域，因為它仍在形成。大多數的資深遊戲設計師甚至是透過古老的學徒方式、來學習他們大部分的技藝：你製作遊戲，看看哪些有效或無效。如果你很幸運，你會得到一份工作，你可能遇見更資深的遊戲設計師並向他們學習。而且，即使現在的遊戲設計課程已經改進了，人們學習遊戲設計的第一種方式就是**實際去做**。仍然沒有替代品可以省略掉：設計、開發、測試和發布遊戲這樣的過程。

走向遊戲設計理論

遊戲設計師現在已經進入了一個超越學徒制和簡單實踐的運動。數位（基於電腦）和模擬（桌上）遊戲的發行數量和類型都出現了爆炸式增長。它所帶來的好處之一是，自 2010 年左右以來，實際的遊戲設計理論已經開始以更清晰、更普遍適用的方式積累。（如前所述，遊戲設計理論與賽局理論並不相同。後者是數學和經濟學的領域，與抽象情境中受高度約束情況下的決策有關，而且很少與遊戲設計相關。）

我們還有很長的路要走，而且毫無疑問的，未來幾年內還會有更多的遊戲設計理論被加入這個領域內。然而，遊戲設計作為一個領域，任何希望學習遊戲設計的人都可以透過將原理、理論和框架，以及範例和實踐納入他們的設計工作中，來加速他們的學習。

現在比以往任何時候都更容易設計和打造你自己的遊戲。遊戲設計師可以獲得大量十年前難以想像的，免費或低成本的技術、工具和發布方法。這些工具和經過良好測試的原理及框架的組合，將使你更快成為更加成功的遊戲設計師。

摘要

在本章中，你已經詳細研究了遊戲，首先是從各種哲學家和遊戲設計師的角度、然後從系統的角度，應用了系統思維。你已經看到以下內容：

- 遊戲發生在由它們自己的標記和規則所表達的，獨立的、非後果導向的情境（「魔法圈」）中。

- 玩遊戲必然是自願的，需要參與，而不僅僅是觀察。

- 遊戲為玩家提供了明確的世界、有意義的決策、對立、互動以及不同類型的目標。

本章還以系統的方式詳細介紹了遊戲，重點放在以下內容上：

- **結構（Structures）**：遊戲的構成元件，也就是它的標記和規則，是任何遊戲的「名詞和動詞」。

- **功能元素（Functional elements）**：形成循環的操作元件（looping operational components），作為由名詞和動詞所形成的「短句（phrases）」，使遊戲的世界模型成為二階創造，也因此形成玩家的心智模型、以及有意義的決定和目標。

- **架構和主題結構（Architectural and thematic constructions）**：整個的遊戲體驗；它的內容和系統的平衡、敘事及整體遊玩體驗。

從結構、功能層面以及架構和主題的組合來理解遊戲，是第 2 章中討論的系統思維的第一個應用。

本章為下一個主題奠定了基礎，我們將詳細探討整個系統的另一個部分，即遊戲被進行時所發生的：玩家互動、參與和樂趣。有了這些基礎，你就可以開始應用這些概念，並了解有關遊戲設計過程細節的更多訊息。

互動性和樂趣

遊戲必須具有互動性和樂趣；如果遊戲沒有這些，就沒人想要玩它。但是互動性和樂趣究竟意味著什麼呢？對這些概念的更全面和更詳細的理解，對於有效的遊戲設計至關重要。

在本章中，我們建構了對互動性的系統性理解、並探究玩家心中發生的事情，作為理解玩家如何與遊戲互動並投入參與的一環。透過這種理解，我們能夠在系統、實用性的術語中，定義了互動性和參與度如何創造出樂趣，以及如何將它們建構到遊戲中。

玩家作為遊戲的構成元件，如同一個系統

在第 3 章「遊戲和遊戲設計的基礎」中，我們定義了遊戲和整體的「遊戲＋玩家」系統。如前所述，只有當遊戲和玩家聚集在一起時，才會存在有趣的體驗，遊戲和玩家都是較大系統的一部分（見圖 4.1）。遊戲藉由結構、功能和主題元素，創造了自己的內部系統——也就是遊戲的構成元件、循環和整體。

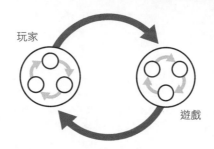

圖 4.1　玩家和遊戲都是子系統，共同創造了整體的遊戲＋玩家的系統。在這個對多階層的遊戲＋玩家系統的抽象示意圖中，每個都有自己的結構（構成元件）、功能（循環）和主題（整體）元素。

在本章中，我們將探討玩家和遊戲如何透過湧現的互動過程，創造出更大的遊戲＋玩家系統。理解互動性使我們能夠「向下一層級」進入玩家子系統的內部層面（也就是玩家的心智模型），並看看它是如何成為遊戲體驗的一部分。

玩家的心智模型對應了第 3 章中討論的遊戲內部模型。為了建立這個心智模型，玩家和遊戲會彼此互相影響，這在本章中會詳細討論。透過這些相互影響，玩家執行他的意圖、來測試並影響遊戲的內部狀態。遊戲接著改變其狀態，並逐步顯示了它內部的構成元件和循環。正如第 2 章「定義系統」中所討論的那樣，複雜系統是透過這種相互循環效應所創造的。正如你將在這裡看到的，這個相互循環是互動性、遊戲性、參與度和樂趣背後的核心概念。

實現互動性的系統性方法

互動性（*interactivity*）這個詞在整個遊戲行業和許多相關領域中被使用。我們經常將這個詞視為，與玩家點擊按鈕、或點擊遊戲中的圖標時發生的事情有關，但它比這更深入。互動性對於玩遊戲的體驗來說非常重要，並且比以往任何時候都更常見於人類體驗。雖然互動性被認為是將遊戲與其他媒體形式區分

開來的要素（Grodal，2000 年），但由於地理和技術上連結性的增加，現在我們的世界比過去都更具互動性。回想一下第 1 章「系統的基礎」，我們從 1984 年的大約 1,000 個連線的計算設備、轉變為今天接近 500 億的數字，每個設備都促進了技術和人與人之間的連結。這是人類歷史上前所未有的變化。然而，儘管這種變化的程度和我們生活中無處不在的互動性，儘管在通信、人機互動（HCI）和遊戲設計領域進行了很多討論，但我們仍然缺乏對這個核心概念明確且實用的定義。

根據韋伯字典，互動（*interactive*）意味著「相互活化」。這個簡潔的定義說明了某事物或某人是互動時的核心意義：有兩個或多個媒介（agents）相互作用、影響彼此的行動。Rafaeli（1988）擴展了這個簡單的定義：在一系列通信交換中的兩個或多個媒介，其中任何給定的消息在前後關係上與前一個相關。這種溝通可能是兩個人面對面交流；或是經由科技來達成的對話中（例如，透過電話）；或是經由人類或非人類的媒介，例如人與電腦遊戲互動。相比之下，一些作者過去認為互動性只存在於個體內（Newhagen，2004 年），或存在於通信的技術或媒介內（Sundar，2004 年），甚至僅僅是人與人之間的溝通，那時並假設只有「人類才有可能超越程式」、「機器只能根據其程式來做出判斷或決定」（Bretz，1983 年，第 139 頁），因此在某種程度上並不是真正的互動。

在遊戲設計中，Chris Crawford 對互動性的定義反映了 Rafaeli 所下的定義（如前所述）。Crawford 將互動性描述為「兩個或多個活躍的媒介之間的循環過程，其中每個媒介交替地傾聽、思考和說話——進行各式的對話」（1984 年，第 28 頁）。事實證明，這是一種看待互動性非常有用的方式，我們將在這裡概括一下。特別是，Crawford 的定義提出了任何互動的循環性質，其中不同的部分（參與者）透過他們的行為相互影響。它開始聽起來非常像是由任何交互作用形成的系統，因此可以從系統視角中受益，包括構成元件、循環和整體。

構成元件：互動結構

任何互動系統的結構部分都由兩個或更多的參與者或媒介所組成；在遊戲和任何其他互動性設置中都是如此。在設計遊戲時，我們假設在交互循環中至少有一個人參與其中。在遊戲中擁有多個由電腦驅動的玩家是可能的（並且通常是偏好的），但前提是至少還有一位人類玩家。在沒有人類參與的情況下「玩自己」的遊戲可以用於測試，但是它會錯過遊戲體驗基本、有意義的面向，那會需要人類參與者。

系統中的每個構成元件（目前討論的是玩家和遊戲）都有自己的狀態、界限和行為。互動系統中的每個構成元件都使用其行為來影響，但不完全決定其他部分的內部狀態。遊戲中的參與者具有內部狀態，如健康、財富、物品、速度等，以及談話、攻擊、逃避等行為。每個媒介根據其內部狀態、執行其行為來影響其他部分，並反過來受其行為的影響。

內部狀態

作為系統本身，玩家和遊戲的內部狀態必然是複雜的。人類玩家的內部狀態最終是他們當前心理和情感的總合。就他們與遊戲的互動而言，玩家的內部狀態是他們對遊戲的心智模型[1]。這包括他們對以下內容的理解：

- 當前遊戲中的變數，例如健康、財富、國家人口、物品，或其他跟遊戲情境相關的變量。

- 遊戲狀態，特別是他們的理解如何改變，這改變是受玩家近期行動所得到的回饋所影響。

- 遊戲中的即時、短期和長期目標，包括他們根據自身行動、預測遊戲中會發生什麼。

- 過去決定所形成的影響，以及他們因此從遊戲中學到的東西。

我們將把本章的大部分內容都集中在討論這些元素和玩家的整體心理狀態上；畢竟，我們製作的遊戲都是由人來玩的。

遊戲的內部狀態是遊戲設計工作的具體化，如第 3 章所述，並在本書其餘部分詳細探討。它不僅包括與遊戲相關的變數和規則，還包括了當它接受來自玩家的輸入時、決定遊戲如何運作的整個事件循環…等。在本章中，我們將遊戲的內部狀態以更抽象的方式來看待，以便專注在與玩家的互動上。

行為

遊戲中的行動是遊戲設計者所提供的；玩家和非玩家角色（或其他參與者）可以說話、飛行、攻擊或執行任何數量的其他動作。這些行為必然是由遊戲提供和中介的，因為它們只在遊戲的環境中發生。例如，如果遊戲禁用了某種能力（如使用後需要「冷卻時間」），則在這個行為再次可用前、參與者不能使用它。非凡的能力和局限性都是遊戲環境中（魔法圈中）存在的一部分。

1　更廣泛地說，我們每個人都帶有我們所有互動的心智模型，無論是遊戲、另一個人、甚至是我們自己。在這裡，我們專注於我們在玩遊戲時形成的心智模型。

玩家行為和認知負荷

玩家的遊戲內行為始於心理目標，是玩家心智模型的一部分。這些行為在某些時刻必須變為物理性的：玩家必須在棋盤上移動棋子、點擊圖標…等等。從心智到物理的轉變，標誌著從心智模型到行為的分界。

在遊戲中採取行動時，玩家通常透過設備進行輸入，例如透過敲擊鍵盤、移動或點擊滑鼠、或使用其他控制器，或利用手勢（例如，輕擊或滑動）控制觸控式裝置。在某些情況下，甚至將他們的目光移動到電腦螢幕的某個部分、也是遊戲能識別的有效行為。

在遊戲中規劃和採取行動需要玩家的意圖。他們有限的認知資源必須專注在他們想要做的事情上，還有一些用於在遊戲環境中實現目標所需的行動。執行行動所需的認知資源越少，所需的主動思考就越少，玩家感覺就越自然和直接。

佔用認知資源的一般術語是**認知負荷**（*cognitive load*）（Sweller，1988 年）。你在任何時刻思考和關注的事物越多，你的認知負荷就越大。減少玩家需要思考**如何**進行遊戲的負擔、會減少他們的認知負荷，並允許他們專注於他們想要做的事情。這最終會增加參與度和樂趣。（本章稍後將詳細介紹。）

在人機互動的文獻中，由必須考慮**如何**做某事時所引起的認知負荷，被稱為**分節距離**（*articulatory distance*）和**語意距離**（*semantic distance*）的組合（Norman 和 Draper，1986 年）。一個行動越直觀，分節距離越短，所需完成它的認知資源就越少。例如，用手指直接指向東西，比使用滑鼠游標更直覺，而這又比輸入（x，y）坐標更直接。

當遊戲向玩家提供充足、及時的回饋，並呈現出容易解釋的行動結果時，動作的語意距離減少。回饋越貼近玩家的理解和意圖，評估它所需的認知資源就越少。在遊戲中，看到劍的圖標、比看到字母 w（表示**武器**）或單個字彙劍的語意距離短。看到逐漸完成的建築物的動畫、比弄懂使用者介面中的進度條更容易，這又比看到諸如「放置了 563 ／ 989 磚」之類的文字顯示更容易明瞭。

這兩個「距離」的組合增加或減少了玩家的認知負荷（也就是他們為了理解遊戲必須投入的精神資源）。這些距離越短，玩家對遊戲的主動思考就越少，他們留下的認知資源就越多，可以拿來投入到遊戲世界中的遊玩環境中。

類似地，就遊戲規則而言，玩家必須記住如何進行遊戲的成分越少（也就是規則中的特殊情況越少），他們就越能專注於遊戲本身，他們的意圖和行動之間的語意距離也就越短。回想一下第 2 章中關於遊戲中的優雅的討論：像圍棋這

樣的遊戲，規則很少、語意距離幾乎為零，並且玩家能夠將他們的全部認知投入到遊戲空間中。

遊戲行為和回饋

遊戲的行為必須向玩家提供有關其狀態的回饋。這就是玩家學習遊戲如何運作、並建構對遊戲的心智模型的原理。在現代的數位遊戲中，這種回饋通常透過顯示器（圖片、文字、動畫）和聲音進行傳遞。這讓玩家及時知道遊戲的狀態已經改變，他們可以因此更新他們對遊戲的心智模型。

雖然所提供的回饋必須是玩家可感知的——他們看不到的顏色、或他們聽不到的聲音，等同於沒有任何回饋——遊戲的行為不必提供有關其狀態的完整資訊。這種不完整性允許隱藏狀態（例如，遊戲讓玩家無法看到的牌），這是許多遊戲設計的關鍵因素。Koster（2012）將此稱為遊戲中的「黑盒子（black box）」部分——玩家必須推斷出這一部分，他們由此建構了遊戲的心智模型，並因而獲得了大量的遊戲體驗。同樣地，Ellenor（2014）將內部的遊戲系統稱為「執行 X 的機器」，這意味著遊戲的核心（它的內部系統），是玩家只能透過它的行為來辨別的機器。

作為遊戲設計師，你必須記住玩家對遊戲的所有了解，都是透過遊戲對玩家行動所回應出來的行為和回饋來生成的。你可能想要假設玩家帶著一些知識進入遊戲——例如，如何操作滑鼠、觸控螢幕、如何擲骰子。但是，你必須非常小心這些假設，以避免讓玩家因為缺少遊戲沒有提供的知識而無法玩遊戲。

當玩家學習遊戲時，會有一些部分是玩家相信他們知道並理解的；他們對它的心智模型很紮實。他們越能利用這些訊息來將他們的理解擴展到新領域，他們就越容易學好遊戲。此外，他們在某些領域越確定，他們就越能夠預測他們不確定的區域、或者遊戲中未揭露的某些狀態資訊。這是許多遊戲玩法的核心，讓玩家嘗試不同的行動與預期結果，並根據這些預測的準確性來建立他們的心智模型。

做出有意識的選擇

重要的是，參與者，無論是人還是電腦，都能夠選擇其行為，而不是隨意執行它們。行為的選擇必須基於內部狀態和邏輯；或者在人類作為玩家的情況下，是基於他們有意識地選擇下一步行動的能力。玩家必須了解哪些操作可以實現以下目標：

■ 在當前情境中有效。

■ 擁有他們做出選擇所需的訊息。

■ 根據預期結果來幫助他們實現目標。

■ 可以在適當的時間內決定和選擇。

互動性的遊戲循環

以系統的術語來說，玩家和遊戲的行為是因他們內部狀態而產生的結果。根據他們的狀態，各自選擇要採取的行動，然後影響和擾亂了對方的狀態。這會帶來新的行為反應。玩家透過他們的行為對遊戲提供**輸入**（*input*），從而改變遊戲的狀態。遊戲處理此過程並提供對玩家輸入的**回饋**（*feedback*），改變其內部狀態（參見圖 4.2）。這創造了一個來回的循環，這就是互動性（interactivity）的本質。玩家和遊戲之間的這種給予和接收（give-and-take）通常被稱為遊戲的**核心循環**（*core loop*），我們將在本章後面更精確地定義這一術語，並在第 7 章「打造遊戲循環」中重新討論。

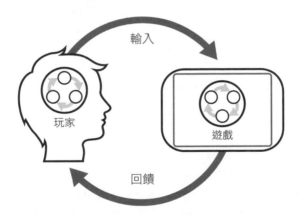

圖 4.2　玩家對遊戲提供輸入，遊戲向玩家提供回饋，形成一種普遍性的交互循環。請注意，玩家和遊戲也各自都有內部循環。

我們在第 2 章討論了不同類型的系統循環（例如，強化和平衡循環）。所有系統都有交互循環；構成元件互動並形成創造系統的循環。在這種情況下，我們更關注玩家和遊戲之間的互動作為整個系統的子系統。我們將在本章中檢查這些遊戲＋玩家的互動循環（為簡潔起見，我們稱之為「互動循環（interactive loops）」），然後在第 7 章中從遊戲方面再次更詳細地討論它們。先前對系統循環的討論（請參閱第 2 章）及此處對互動性的系統觀點，為之後更詳細的設計討論提供了基礎。

還有一種形式的循環值得一提：**設計師的循環**（*designer's loop*）（見圖 4.3）。
你首先在本書的前言中看到了這種類型的循環，它是一個單獨的圖像，顯示了
本書的真正內容——也就是你作為一位遊戲設計師、貢獻心力在玩家、遊戲及
你嘗試創造的體驗上。你將在接下來的章節中更詳細地再次看到對此的敘述。

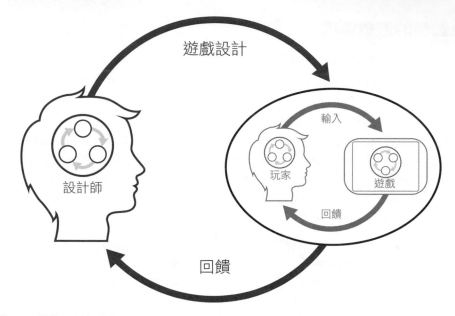

圖 4.3　遊戲設計師的循環，使設計師能夠迭代地設計和對設計進行測試。

到目前為止，你至少已經看到了對玩家內部的心智循環、遊戲的內部循環以及
玩家和遊戲之間的互動循環的簡短討論。而這個第四個循環與其他循環不同，
因為它與遊戲的遊玩沒有直接關係，但卻是其設計的核心。在創造遊戲時，設
計者必須從系統外部與這個「遊戲＋玩家的系統」進行互動。遊戲設計師以遊
戲設計理念和原型的形式提供輸入，並接收有關哪些有效、哪些無效的回饋。
這是整個遊戲設計過程的簡要體現，其本身是一個交互系統，基於其各構成元
件間的循環互動而形成。

整體的體驗

整個遊戲＋玩家的系統，產生自玩家和遊戲之間的互動循環的湧現效果。如前
所述，Crawford（1984）將遊戲中的互動性比喻為對話，Luhmann（1997）也
討論過這種觀點。互動性的「對話」性質是描述整個交互系統的更通俗的方

式：每個參與者都有自己複雜的內部狀態，每個參與者都根據當前狀態選擇行為來影響其他參與者。

這個整體是玩家所體驗到的遊戲，也是遊戲產生意義的根源。無論遊戲對玩家來說具有什麼 *意義*——它的主題、學習、道德以及遊戲完成後很長時間仍存在的東西——這些都來自玩家與遊戲的互動中。這個意義是交互系統所產生的湧現效果，不獨立存在於玩家或遊戲中。正如 Newhagen（2004）所說，「意義產生在：當『子系統』的輸出彼此互動時，更高階的符號在下一個層級上以整體性的方式湧現」（第 399 頁）。正是這些符號構成了玩家心智模型的基礎，也是遊戲中交互作用的結果。

將互動性理解為「玩家和遊戲之間相互作用的系統」，將能使我們更好地理解參與（engagement）和樂趣（fun）這兩種心理經驗。

心智模型、激發和參與

在以系統的術語定義了互動性之後，我們現在轉向更詳細地研究互動循環的玩家方。這包括仔細研究玩遊戲的人如何使用各種形式的互動來建立出——理解遊戲的 *心智模型*（*mental model*）。廣泛的神經、感知、認知、情感和文化的互動效果都匯集在一起，創造了一個分層的動態體驗，和對正在玩的遊戲的心智模型。透過這些討論，我們將發現這種有趣的參與體驗的總和，就是我們在許多不同形式中所謂的「樂趣」。

玩家對遊戲的心智模型，是他們對遊戲內部模型的反映，而遊戲內部模型是由遊戲設計者定義並體現在遊戲中（如第 3 章所述，詳見第 6 章「設計整體的體驗」、第 8 章「定義遊戲的構成元件」）。玩家必須透過與遊戲的互動來了解遊戲的世界。透過玩遊戲，玩家可以學習重要的遊戲概念。這些被玩家認為是有價值和可實現的，他們根據自己的行為測試他們的理解。如果遊戲提供的回饋是正向的（玩家「做對了」），他們會感到成就感，並且這些概念被添加到他們的心智模型中。玩家現在比以前更了解、並且在遊戲中具有更強的能力。否則，他們可能會感到退縮，不得不重新考慮並修正他們的模型。因此，玩家的心智模型源於他們的注意力、計劃、目標和情感的組合，這些都是遊戲＋玩家的系統所創造出來的一部分。如第 3 章所述，這個同樣的循環關乎了，玩家產生他們認為有意義的目標，從而使他們在遊戲中的行為充滿了對自己的意義。

在玩遊戲時，玩家會多次歷經他們的主要互動循環。如果在這樣做時，他們無法建構出與遊戲設計師所創的遊戲模型相匹配的一致模型，或如果這樣做時互動是乏味、無聊或太過複雜的，他們將停止玩遊戲。（從心理學角度來說，這被稱為「*行為消退（behavior extinction*）」；在遊戲中，它通常被稱為**倦怠**（*burnout*）。）因此，遊戲設計師的工作是建立出能吸引玩家注意力的遊戲，然後隨著時間的經過讓玩家保持對遊戲的興趣。

玩家的心智模型中包含他們對遊戲作為多層級系統的理解：遊戲系統和子系統中的構成元件、循環和整體。這包括任何明顯的系統，如經濟、生態或戰鬥系統，以及在遊戲空間中導航的能力，無論是地理或邏輯性的。例如，如果「**魔獸世界**」中的玩家知道從灰谷到暴風城的最佳方式，那麼他們就擁有了對這個遊戲世界的有效心智模型（可能與他們對自己家鄉的心智模型一樣好）。同樣地，如果玩「**巫師 3**」的人知道如何在遊戲內非常詳細、且常常令人困惑的技能樹中導航（例如，為什麼你會選擇肌肉記憶技能，而不是閃電反射），那麼他們就已經成功建立了對該系統的心智模型。心智模型是玩家對遊戲世界的了解的總和，以及他們使用其系統並預測他們在遊戲中行為的效果的能力。它允許玩家形成有效的意圖，預測他們在遊戲中行為的影響，避免或克服遊戲可能給予的障礙，並最終在遊戲環境中實現他們期望的目標。

Bushnell 定律是 Atari 創始人 Nolan Bushnell 的一句格言，他說遊戲應該「易學難精」（Bogost，2009 年）。就心智模型而言，這意味著玩家應該很容易建構和驗證模型，沒有可能使玩家絆倒的歧義和例外。遊戲必須以新玩家清楚且熟悉的方式來呈現其基本訊息和互動，並鼓勵他們進一步探索和學習更多內容，增加他們的知識和對遊戲的模型。

設計精良的遊戲給予了玩家足夠的心理空間、來探索遊戲中的湧現：玩家可以反覆玩遊戲，經常重新審視他們的心智模型，但卻不覺得他們已經快速掌握了全部的遊戲。一旦玩家看到了遊戲的所有內容，如果這些部分之間的行為和交互作用也被完全探索了，那麼就沒有什麼可以學習的了，也不再有新的體驗，所以遊戲失去了吸引參與的能力。再次舉圍棋為例，它提供了一個滿足 Bushnell 定律的遊戲的典型例子：遊戲只有一些規則並且易於學習。然而，專精它可能需要一輩子的時間，因為即使是專門的玩家也會重新評估並重新組合他們心智模型的一部分，因為他們不斷擴展對系統深度的理解。

互動循環：建構玩家的心智模型

圖 4.4 顯示了在圖 4.2 所示的互動循環的更詳細版本，玩家和遊戲的循環中發生的事情的高層級特徵。這個循環的開始，涉及玩家形成了想開始遊戲的意圖，然後採取行動。遊戲開始時提供一些初步形式的有吸引力的回饋和**行動呼召**（*call to action*），來吸引玩家的動機（從啟動畫面和介紹開始）。行動呼召（有時稱為「**鉤子**（*hook*）」）促使玩家開始或繼續玩遊戲。這類似於**預設用途**（*affordance*）但不完全相同，這是一個來自使用者介面設計的術語。**預設用途**是關於某些事物如何運作的視覺或其他可感知的線索。正如 Norman（1988）所寫，「門把提供推動的用途。旋鈕提供轉動的用途。凹槽則用來插入東西之用。球是拿來運球或投擲的。預設用途能幫助使用者只需透過觀察就知道該做什麼，而不需要多餘的標示或引導。」

行動呼召必須包括預設用途，使玩家清楚知道如何執行下一個必要的動作。此外，它還必須為玩家提供執行下一個行動的動機。以比喻來說，這個行動呼召不僅僅是一個手柄上寫著「可以被拿起來」的杯子，而是一個裝滿美味溫暖可可的迷人杯子，讓你想要在寒冷的日子裡拿起並握住它。遊戲必須從一開始就吸引玩家，然後保持他們的注意力和參與度，如本章所述。

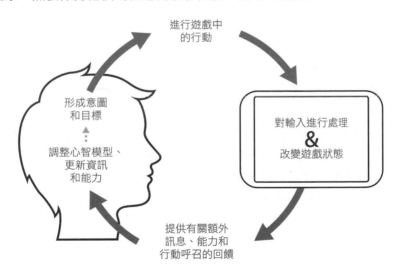

圖 4.4　玩家和遊戲的互動循環的進一步描述。

玩家對行動呼召的回應，啟動了互動循環，玩家從遊戲中接收視覺、聽覺和符號訊息，將其添加到（或稍後調整）他們的心智模型中，並使用獲得的新訊息來監控現有目標，並在遊戲的背景中創造出新的目標。這些目標引發了玩家在遊戲中的行為，並改變了遊戲的狀態（以及遊戲自己根據其設計和內部模型，獨立地改變其狀態）。

然後遊戲向玩家提供新的回饋，提供更多訊息或能力（他們可以在遊戲中做的更多事情）。透過這樣做，遊戲鼓勵玩家繼續建立他們的心智模型，繼續保持循環、並提供更多的機會和行動呼召。如果這個過程抓住了玩家的興趣，那麼隨著他們對遊戲的理解（以及他們在遊戲中的能力）的增加，他們會逐漸建立出他們對遊戲的心智模型。

這個獲得並保持玩家注意力的過程，是讓玩家對遊戲感興趣並維持參與的原理。為了更全面地理解這一點，我們首先要看一下激發（arousal，可以理解為產生動機）和注意力的機制、以及幾種不同的心理投入（psychological engagment）。然後，這將引導我們討論「心流（flow）」的體驗，以及所有這些因素如何促成有趣的遊戲體驗。

激發和注意力

遊戲要被遊玩，玩家必須感興趣並且（在心理學上）*被激發*（*aroused*）——即警覺和留意並準備參與。如果玩家不感興趣或覺得無聊，或是相對的覺得不堪重負或焦慮，他們會不願意（或無法投入）付出要投入到遊戲中所需的能量。

例如，如果某人開始玩遊戲但找不到任何可行的控制方法、或不了解所顯示的內容，他們很快就會感到無聊並停止遊玩。回想一下，沒有人**必須**玩遊戲，遊戲設計師有責任讓遊戲看起來足夠有趣，以吸引並抓住玩家的注意力。同樣地，如果遊戲中有太多事情同時發生（特別是在視覺上）玩家無法弄清楚他們應該做什麼、甚至從哪裡開始，那麼他們的注意力就會變得不堪重負，他們會停止遊戲。

激發和表現

Yerkes 和 Dodson（1908）在心理學的早期，最早探討了心理上的激發（arousal）和表現（performance）之間的關係。遊戲設計師必須了解現在所謂的「Yerkes-Dodson 法則」。Yerkes 和 Dodson 發現，隨著個體激發的增加，他們在任務中的表現也會增加到一定程度。如果個體的激發太低，他們會感到無

聊並且表現不佳。但是當激發超過某種程度時，隨著個體激發的增加（作為對額外刺激或壓力的反應），他們變得越來越焦慮且無法專注於手頭的任務，並且他們的表現會降低。

這有一些不同的變化。例如，對簡單的任務來說，即使在高程度的激發時，表現也不會因而下降；當任務變得越複雜，我們都會更快地達到我們的最佳程度。同樣地，你越熟練、或是練習的次數越多，你越可以保持更高程度的激發而不會使表現下降。這就是所謂的「專家效應」，例如，一個技術嫻熟的汽車司機、飛機駕駛員、外科醫生或軟體工程師可以在某些情況下保持冷靜，而那對不太有經驗的人來說則可能造成完全的恐慌且無法有所表現。

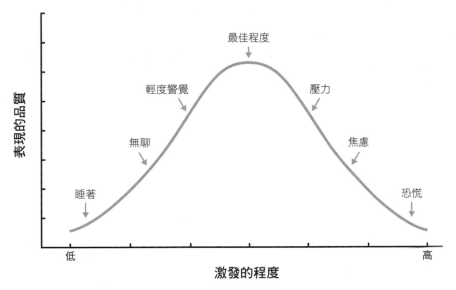

圖 4.5　Yerkes-Dodson 曲線的理想版本。在低程度的激發時，表現差。隨著激發的增加，表現會提升到某個程度，超過後則會再次下降。

Yerkes-Dodson 曲線的理想化版本如圖 4.5 所示。如你所見，如果一個人沒有足夠的警覺，他們就不會注意任務，也不會表現良好。在曲線的頂端，玩家表現良好並且可能感覺溫和而不是不愉快的壓力。那就是學習發生的地方，而隨著玩家翱翔於曲線頂端的最佳表現處，玩家的技能也隨之提高。然而，如果它們從曲線的右側滑落，則代表了太多的感知輸入或認知負荷。當這種情況發生時，個人的激發太高，他們會經歷壓力、焦慮和最終的恐慌，並伴隨表現的下降。

在這條曲線中間的某個地方，個體是警覺的、並注意手頭的任務、能夠忽略無關的事件和輸入，並且表現良好（並且通常可以意識到自己表現良好），那麼他們可以說是心理上的投入（engaged）了。

投入

心理上的投入（或參與）（engagement）是互動和遊戲玩法的重要成分；在很多方面，這是我們在設計遊戲時希望為玩家提供的東西。這個詞通常用於描述各種體驗（「玩家投入」通常是遊戲在商業上成功與否的衡量標準），但通常沒有任何明確的定義。與其他我們所討論的、與遊戲設計有關的概念一樣，將此概念與其心理上的源頭聯繫起來，將有助於使你更清楚地了解該術語的實際含義、以及如何有效地使用它。

投入是對個人內部狀態的描述，以及他們如何回應世界和周圍的其他人（Gambetti 和 Graffigna，2010 年）。Schaufeli 等人（2002）將心理投入（psychological engagement）描述為一種持續的認知和情緒狀態，以「活力、奉獻和專注」為特徵，其中：

> 活力（vigor）的特點是工作時擁有高度能量和精神韌性，願意為自己的工作投入精力，即使面對困難也能堅持不懈。奉獻（dedication）的特點是重要性、熱情、靈感、驕傲和挑戰。專注（absorption）的特點是完全集中和全神貫注於一個人的工作，時間過得很快，要讓他放下工作是有困難的。（第74-75 頁）

這些正是我們通常會在玩家描述他所擁有的令人滿意的遊戲體驗時，會聽到的品質。當玩家專注於遊戲並與遊戲互動時，他們的心智模型會逐漸增長、並繼續與遊戲的內部模型相匹配。因此，他們能夠與之成功互動：他們的目標（由遊戲提供或由他們自己創造）使他們能夠執行行動來嘗試他們的假設、並獲得滿意的回饋、並且循環繼續發生。

當某人積極參與這樣一項活動 —— 也就是令人愉快、自願參與、分離和非結果導向的活動（之前提到的「魔法圈」）—— 那麼我們常常說他們「玩的很開心」。我們通常稱這種活動為「玩」或「遊戲」。從遊戲設計師（和玩家！）的角度來看，一個能夠帶來如此正向體驗的遊戲是成功的。在本章的其餘部分，我們將更詳細地探討投入和樂趣。

投入並保持參與

鑑於投入／參與（engagement）對遊戲的重要性，我們如何以實務的術語來定義這種體驗、而互動性在哪裡融入、以及這些如何導致我們可以把某些東西定義為「有趣」，以幫助我們創造更好的遊戲？

我們可以從神經化學的角度、從心理動機的角度，然後從體驗的層面來看待參與度：我們將依次研究動作／回饋、認知、社交、情感和文化，來建立出對參與度、互動和樂趣的模型。

參與度的神經化學

最終，當我們創造遊戲體驗時，我們正在嘗試創造對人類大腦具有吸引力和相關性的體驗，這將吸引玩家的注意力、並提供愉悅感或正向感受。雖然我們不應該試圖將參與度或樂趣過度連結我們腦中存在的化學物質，但了解這些對激發的影響，有助於我們了解玩家如何、以及為何被吸引來繼續玩我們的遊戲。

我們的大腦告訴我們某個行動或情況值得重複的主要方式之一，是幫助我們**感覺良好**（主觀但共通的體驗）。特別是當我們的大腦釋放某些化學物質時，就會發生這種情況。雖然我們的皮質迴路（cortical circuitry）中也有很多事情發生，但這些化學物質在大腦中充當廣播信號，基本上在說，「現在正在進行的事情是好的——繼續進行！」然而，不只一種情況值得傳遞這種「繼續進行！」的信號，所以我們有多個主要的獎賞性質之神經化學物質。毫不奇怪，事實證明這些很好地映射到了有趣、引人入勝的體驗。以下是一些主要的神經化學物質，已被確定為與不同類型的投入經驗有關：

- **多巴胺（Dopamine）**：通常被稱為「獎勵化學物質（the reward chemical）」，多巴胺有助於警覺和激發，幫助你集中注意力和提升動機去行動。特別是，多巴胺在新奇的情況下（但不是太不尋常的），例如需要探索或代表已經達到目標的情況下，會給予我們正向的感受。如果你只是透過觀察遊戲中的積分而感到高興，那就是多巴胺在起作用。值得注意的是，如果一個獎勵被期待但未能達成，則釋放的多巴胺減少，導致行為或情況在未來被視為較低的正向和愉悅感受（Nieoullon，2002 年）。這凸顯了與多巴胺相關的參與度、習慣性的一個重要層面：我們重視新的回報，而不重視現有的、已被預期的回報。隨著我們逐漸適應現有的情況，它們變得不那麼新穎，回報也越來越少，我們對它們的投入變得不那麼活躍，最終在我們尋求新的回報時它變得無聊。為玩家提供新的獎勵和新的方法來維持投入，往往是遊戲設計的重要組成部分。

- **血清素（Serotonin）**：血清素是平衡多巴胺的好夥伴。多巴胺是關於警覺、尋求新奇、並期待獎勵，而血清素是感覺安全並擁有成就感。多巴胺導致衝動並尋找新的東西，而血清素促使你繼續與你已經知道的東西一起共度。當你從以下這些情況中獲得正向情緒：獲得安全感（心理學術語為「避免傷害（harm avoidance）」）、取得社會地位、完成成就或獲得技能等，都歸因於你的大腦內釋放的血清素（Raleigh 等，1991 年）。玩家在升級時感覺到的滿足感部分歸因於血清素。值得注意的是，許多遊戲都以特定的視覺和聲音效果慶祝這些成就（「叮！」一直被用於在大型多人線上遊戲中，提升等級時的聽覺線索）。不應低估將特定音效或視覺效果，與升級感連結在一起的制約效果。

- **催產素（Oxytocin）和血管加壓素（vasopressin）**：這兩種神經化學物質在社會連結和支持上非常重要。它們具有許多功能，從增強性衝動到促進學習等，但它們在形成社會連結上尤其重要，包括了從朋友／陌生人的反應、到墜入愛河（Olff 等，2013 年；Walum 等，2008 年）。催產素通常被稱為「擁抱荷爾蒙」，因為它在性或其他親密接觸中釋放，導致更強的社會連結[2]。血管加壓素具有類似的功能，特別是在男性中。這些都有助於我們在社交參與中感覺良好——成為夫妻、家庭、團隊或社區的一部分。

- **去甲基腎上腺素（Norephinephrine）和腦內啡（endorphins）**：這兩種神經化學物質與專心、注意力、能量和投入有關。它們通常被稱為「壓力荷爾蒙」。去甲基腎上腺素（在英國通常稱為 noradrenaline）有助於調節激發，特別是在短期的警覺中，使大腦迅速對可能需要戰鬥或逃跑反應的刺激做出回應。它還有助於在這種情況下快速學習。腦內啡的作用不同，可減輕疼痛、給我們帶來額外能量的感覺，特別是在劇烈運動後。與其他神經化學物質相比，這兩者與參與度的關係不那麼直接，特別是在一般久坐不動的遊戲中。然而，它們在特別是壓力的情況下，有助於警覺和專注。

2　催產素會在性交後釋放，但也會因人類的相互凝視而釋出。事實上，可以透過公開談話半小時、然後互相凝視對方眼睛幾分鐘來愛上某人（Kellerman 等人，1989 年）。催產素甚至會因人和狗的相互凝視而釋放，但不會在人和其他動物之間釋放（Nagasawa 等，2015 年）。那這除了讓你更加了解社交參與外，對你作為一位遊戲設計師而言有何幫助呢？沒法說。但對遊戲設計師而言，注意類似這樣的廣泛訊息是很重要的心態。請怪罪給多巴胺吧。

這種神經化學觀點，為參與度的不同面向提供了一個重要的窗口。如前所述，當我們對某事物活躍的花費時間和精力、奉獻其中、並專注於其內，我們正投入（engaged）到其中。它成為我們關注的焦點，其他事情往往不再引起我們的注意。這種內部、主觀的投入感受（基於我們的神經化學），使我們體驗到以下情況：

- 警覺、尋求新奇或期待獎勵

- 獲得獎勵、或在社會階層中取得地位

- 透過共享的社會鍵結與他人連結

- 在壓力面前保持警覺

- 在努力的情況下向前推進

並非所有這些都在同一時間或所有時間都能感受到。是否能有效地操縱這些感受，是對活動能否維持投入的一項重點。這就是為什麼，例如，遊戲中的困難關卡或書籍或電影中的高潮片段之後，會接著一段較安靜、容易的時刻，讓玩家或觀眾可以平緩呼吸——即降低他們的警覺性、在精神上和身體上暫時休息、鞏固成就感和社會連結。

當這種投入發生在結果導向的（例如，與工作相關的）背景中時，它通常被認為是一種充實的活動。當它發生在一個單獨的、自願的、非結果導向的空間（例如遊戲的「魔法圈」中）時，它通常被認為是有趣的。

大腦之外

當然，我們不僅僅是大腦的化學物質，而且我們的注意力和整體激發（動機）也是如此。當我們的觀點從純化學和神經的相互作用層級轉換時，我們可以將後續對投入的討論、鬆散地分類為越來越心理層面、而不是生理。個體的控制能力也隨著增加｛心理學術語上，從反射性注意力（reflexive）到執行注意力（executive）再到反思注意力（reflective attention）｝，並且還在越來越長的時間尺度上運作。

對於遊戲設計師而言，重要的是要了解玩家心理的各個層面，包括玩家的動機。第 6 章將更詳細地討論不同的動機，因為在選擇遊戲的目標受眾時，這是一個主要考慮因素。無論玩家的動機組合如何，此處描述的不同形式的互動都適用。

請注意，此處所提的投入和互動，與第 3 章中討論的玩家的目標類型是對應的。每種類型的互動循環都為玩家提供了形成意圖的機會，無論是對感官的即時瞬間的物理性回應、或是在未來某個時候才取得成果的長期目標。

互動循環

我們先前已經提過了互動循環（interactive loops）的概念 —— 在這裡我們再次具體的指代為玩家和遊戲之間的互動循環。這些循環從非常快速及使用很少的認知（更少反思）資源的類型，到作用在更長時間尺度上、且更具反思性質的類型。圖 4.6 中所示的每個互動循環都與圖 4.4 中所示的循環是相同類型的。每個都在不同的時間尺度上運作，並需要不同的內部資源。在每種循環中，玩家創造一個意圖然後執行動作，導致遊戲狀態改變、且遊戲提供回饋、準備好進入下一次循環。這些互動循環之間的唯一區別，是所需的心理（或計算）資源的數量、它們發生的時間尺度、以及玩家所獲得的體驗。還要注意，這些循環通常同時發生：許多快速動作／回饋循環發生在戰略性的長期認知循環中，而其中一些可能發生在社交或情感的互動循環中。你將在本章後面討論互動循環的時間尺度時，再次看到這一點。

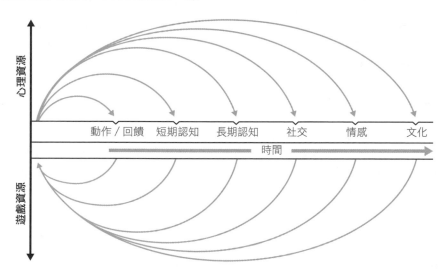

圖 4.6　不同類型互動循環的圖示。時間範圍從亞秒到數週或更長。較長的循環通常還需要更多的心理或遊戲（計算）資源。這些循環通常同時發生，以巢狀互相涵蓋，如文中所述。

這裡將詳細討論以下類型的互動循環，並在本書的其餘部分使用，從最快／最少認知到最慢／最反思性：

- 動作／回饋
- 短期認知
- 長期認知
- 社交
- 情感
- 文化

動作／回饋型的互動

在心理互動方面，最快速且在許多方面屬於最基本的形式，主要依賴於玩家對遊戲執行的物理動作，以及遊戲對玩家提供的基於感官的回饋，兩者之間幾乎沒有思考的機會。這個層級的互動性遊戲玩法——從動作到回饋的循環——發生的很快速，從小於一秒到最多兩三秒。

對於主要由動作和回饋所驅動的遊戲，需要讓玩家感受到是即時的，如果玩家的動作與遊戲給予的回饋之間的間隔小於 100 毫秒，則基本上會被玩家認為是即時的。為了保持真實與即時連結的感受，時滯可以不超過約 250 毫秒，或四分之一秒（Card 等人，1983 年）。超過這個時間範圍，玩家不會將回饋與之前的行動連結起來，除非回饋是具有象徵意義、且與長期、更偏向認知心智模型的某個層面連結在一起，但即使這樣，玩家也會感到遲鈍和延緩。

現在式的行動和反射注意力

玩家的快速動作和反應是動作／回饋型互動循環的前半部分。這可以被描述為玩家的「現在式」。現在玩家在做什麼？如果玩家對這個問題的回答是現在式，使用的詞彙像是步行、跑步、射擊、跳躍等等，那麼他們的心智模型主要用於當下發生的事情，而動作／回饋循環就是讓他們投入遊戲的一大部分。然而，如果玩家傾向於描述他們對未來的目標或意圖方面（「我正在完成這個任務」或「我正在建立這支軍隊，所以我可以幫助我的朋友攻擊那個城堡」），那麼雖然動作／回饋型互動仍然很重要，但它們是作為其他較長循環的一部分而存在的，如認知、情感或社交層面的循環（本章稍後將介紹）。

在回饋方面，這是*反射注意力*（*reflexive attention*）的領域，也被稱為外源性注意力（exogenous attention），或由外部事件控制的注意力，而不是玩家有意識下的意圖（Mayer 等人，2004 年）。我們的大腦的構造是為了對可能很重要的新刺激保持警覺。當然，這包括突然出現的威脅，但似乎也是為什麼我們的眼睛會被明亮、多彩、快速出現的物體所吸引，特別是那些在我們邊緣視覺（peripheral vision）中的物體（Yantis 和 Jonides，1990 年）。從打地鼠到高級的第一人稱射擊遊戲，許多遊戲都將這種機制作為主要的遊戲玩法形式，許多玩家在玩這類遊戲時都會感到興奮和正向的緊張感（Yee，2016 年）。充分利用快速、豐富多彩、動畫、嘈雜的回饋的遊戲通常被稱為「多汁（juicy）」，作為一種指代這種令人愉快的多種感官刺激的方式（Gabler 等人，2005 年、Juul 和 Begy，2016 年）。在這個層級上，遊戲主要的互動性來自於反射注意力，遊戲玩法並不需要深思熟慮：只要保持這個「多汁」的循環，玩家保持警覺、集中注意力、為隨時發生的任何事情做好準備，並學會快速反應。這種快速循環產生了 Steve Swink（2009）所謂的「遊戲感受…操縱虛擬物體的觸覺、動覺感受。這是遊戲中的控制感。」以這種方式與遊戲中的對象互動，其本身就是一件令人愉悅的事。

快速動作的壓力與報酬

許多快節奏的遊戲要求玩家快速準確地回應（通常是視覺上的）刺激。這樣做會強調人類的感知和運動系統，如 Fitts 定律（Fitts 和 Peterson，1964 年）所述，它指出，移動到指定目標所需的時間與目標的大小成反比：我們能夠快速輕鬆地指出（例如使用手指或滑鼠）大的目標內的區域。隨著目標變小，特別是如果事先不知道它的位置，我們移動到目標處則需要更長的時間。成功完成這種反射注意力的任務會感覺良好；它在我們的大腦中釋放出多巴胺和去甲基腎上腺素，鼓勵我們再玩一次。這種快速運動還帶有一些 Caillois 所說的暈眩（ilinx）性質，即使玩家只是用手指點擊滑鼠：快速移動、精確、成功的感受是讓我們感覺愉快的一部分。

許多簡單的數位遊戲只不過是這樣的動作／回饋循環。許多早期的街機遊戲都是確定性的，這意味著遊戲中的對手每次玩遊戲時都會以相同的方式移動和行動；*小精靈*（*Pac-Man*）就是一個很好的例子，因為每次玩遊戲時「幽靈」都會以相同的方式移動。這種決定論意味著玩家必須學習一種特殊的、不變的反應模式才能成功通關。在充分練習之後，這需要在非常緊湊的動作／回饋循環中進行死記硬背，但其中並沒有明顯的認知。通過程序記憶（有時又稱為「肌

肉記憶」，是透過重複來進行學習），玩家能足夠準確地執行這些模式，並繼續玩、直到遊戲的速度超出他們的反應能力。

最近，有一類被稱為**跑酷**（*endless runners*）的遊戲，如經典的 *Temple Run*，玩家在遊戲中需要不斷地向前衝，並且需要反射性地參與、且快速感知要朝哪個方向前進，以及哪些障礙要擊中或避開，遊戲的速度會越來越快。隨著遊戲的進行，動作／回饋循環的持續時間變得越來越短、遊戲加速進行。這種遊戲令人興奮和愉快，直到它變得太快並且基本上玩不下去了。

這種玩不下去的情況，擁有一種潛在的行動呼召（call to action）──我們經常體驗為「想再試一次」的現象。如果玩家處於一個短暫的、有針對性的循環中，他的大腦已經為下次成就做好了準備，那麼他可能擁有很強大的動力，想再試一次，看看他是否可以做得更好、進行的更遠。（對主要的遊戲而言，這是一種形式的外圍循環或「後設遊戲（metagame）」。）玩家的心智模型隨著他們學習遊戲而得到改善，但在這種情況下，主要是透過更多知覺和行動導向，而非重複性的動作學習。當遊戲進行的太快，超出了玩家基於動作的能力等級，遊戲必然會結束⋯除非玩家想要再試一次。

即使是在動作／回饋循環之上其他形式的認知層級，這些遊戲也經常大量使用我們的神經和低階知覺，如要求玩家在恰當的時間移動、觸碰或點擊，來移動遊戲中的物體，或使他們在遊戲中的虛擬化身在嚴格的容忍範圍內進行跑、跳、射擊、閃避⋯等動作。或者，即使遊戲玩法不需要快速反應，許多遊戲提供的回饋是多汁的：多彩、動畫，並使用令人愉悅、興奮的聲音和音樂作為對玩家的回饋，將他們的感知系統作為激發和獎勵機制。

近年來最顯眼的一個例子是遊戲 *Peggle*。遊戲玩法依賴於細微的物理性輸入和一些短期認知的結合（如本章後面所述），但它真正引人注目的地方在於它如何提供極其有效的感知回饋，特別是作為遊戲成功的獎勵。遊戲的整體視覺色彩鮮豔且吸引人（吸引玩家的注意力），但在關鍵時刻，它展示了當今遊戲中視覺和聽覺回饋的一些最頂級的例子。遊戲玩法是玩家射出一個小球、來移除遊戲畫面上的各種魔法球椿。在高潮時刻，隨著球飛向特定的指定球椿，鏡頭放大，球的飛行進入慢動作，伴隨一個戲劇性的鼓聲──然後，當球擊中球椿時，會出現五彩繽紛的煙火、讚頌的詞語、貝多芬第 9 號交響曲的合唱、萬花筒般的軌跡、更多的煙火與墜落的彩色星星、一道巨大的彩虹在螢幕上展開，最後分數快速的大量上升。

這是一個將感知和神經化學系統作為正增強的傑出例子，可以修正玩家的輸入、使玩家被激發和投入。

時時刻刻的遊戲玩法

對於大多數遊戲而言，動作／回饋型互動是設計中的重要考慮因素，即使那些主要依賴於其他形式互動循環的遊戲也是如此。這通常被描述為*時時刻刻的遊戲玩法*（*moment-to-momen gameplay*）。遊戲設計師必須回答的關鍵問題之一是「玩家在玩的**每一刻**都在做什麼？」這與上面討論的動作／回饋型互動的「現在式」性質有關。遊戲提供了什麼回饋，它如何幫助玩法建立心智模型，以及玩家可以根據心智模型採取哪些行動？

沒有提供規律和即時回饋、並提供玩家行動機會的遊戲，可能讓玩家變得無聊和脫離，除非遊戲有其他形式的互動遊戲玩法來維持玩家的興趣。雖然並非所有遊戲都使用快節奏的動作／回饋型互動循環，但是在某種程度上，都會為提供輸出給玩家來接收、以及提供玩家可以改變遊戲狀態的輸入方法。正是這種時時刻刻的互動循環充當了後續其他形式交互作用的載體。

認知層面的互動

我們從玩家的神經學進入到心理學層面，作為離開通常快節奏的動作／回饋循環的第一步，我們可以先從**短期**（*short-term*）和**長期**（*long-term*）的認知層面互動循環開始。這些循環可以被認為是謎題（短期）和目標（長期），或者用遊戲中的軍事術語來說，是戰術和戰略。兩者都涉及高層級的內源或**執行注意力**（*executive attention*）──非正式地稱為：將思考集中在規畫即將採取的行動上。

這裡的短期和長期是相對且彈性的：需要少量計劃的快速謎題可能只持續幾秒鐘（例如，在簡單的數獨遊戲中找到一個數字的正確位置），而戰略規劃可能需要幾分鐘到數小時的奉獻、專注的認知。這裡的關鍵組成部分包括理性思考和認知。玩家不僅僅是在動作／回饋型互動中對環境作出反應；他們正在計劃他們的下一步行動、創造他們的目標、然後最終對遊戲進行輸入以實現這些目標。

認知層面的互動的一個重要方面是明顯的、有意識的學習。每種形式的互動都涉及一定程度的學習：動作／回饋型互動透過物理和重複性的子認知（不是真正有意識的）來學習，並且玩家也學會在社交互動中調整他們的行為。但是，在認知層面的互動中，技能和知識的增長——有時被廣泛稱為**專精**（*mastery*）——是一個主要組成部分和好處。做填字遊戲或數獨遊戲的玩家可以提高他們的技能，從而增強他們玩相同遊戲更難版本的能力。類似地，許多桌上和數位遊戲具有足夠的認知層面互動，透過增加接觸和建立出更好的心智模型，玩家能夠在遊戲中表現更好。學習和專精是許多玩家的主要動機（學習新技能會在大腦中釋放多巴胺…等），特別是那些有意將努力和成就作為個人動機的人。（玩家的動機將在第 6 章進一步討論。）

創造認知層面的互動

為了創造認知層面的互動循環，遊戲必須向玩家呈現他們可以計劃和完成的目標。這些目標一開始應該很簡單（殺死這個怪物、建構這個建築物、移動到這個點），但隨著時間的變化——當玩家建立了他們的心智模型時——目標變得更複雜的（complicated，更多步驟）和更複雜（complex，更多循環、更多基於過去行動的結果）。這些更複雜、更長期的計劃需要更多的執行注意力。他們還要求玩家能夠根據他們對遊戲世界運作方式的了解，預測短期和長期行動的結果。

遊戲必須在其內部模型中具有足夠的深度，以支持（並幫助玩家建構）玩家的心智模型中也具有類似深度。如果遊戲的系統沒有自己的層次深度，那麼玩家幾乎沒有能力形成自己的深層目標，也沒有理由這樣做。因此，在內容驅動的遊戲中，玩家從一個關卡進入到另一個關卡，玩家除了短期思考之外，需要做的事情不多；沒有重要的長期目標規劃或其他認知互動。一些遊戲透過包括定制角色（例如，技能樹）等長期活動來彌補這一點，玩家會將這些活動同時納入思考、並與較線性、關卡驅動的遊戲玩法並行。這為玩家提供了不同的路徑和思路，但是一旦這些路徑耗盡，玩家不再有額外的選擇。

相比之下，在系統性遊戲中，玩家有能力提前計劃並根據短期和長期效用選擇不同的路徑——例如，在哪裡建造城堡以獲得最大的防禦價值和未來市場擺放的適當位置——解決方案與遊戲系統所允許的一樣多樣化。遊戲空間仍然廣泛且可由玩家探索，從而實現更好、更長的參與度。

混合類型的互動

認知層面的互動很少是獨立存在的。最需要深思熟慮且不依賴於動作／回饋層面互動性的遊戲是一些最古老的遊戲，例如西洋棋和圍棋。然而，即使這些遊戲也沒有完全脫離最低層級的互動類型。圍棋除了黑色和白色的棋子擺放於棋盤上之外什麼都沒有——可能是遊戲所能擁有的、最嚴肅的物理輸入和感官回饋——但即使在這裡，玩家在玩遊戲時會操縱棋子、並且可能視為一場精彩的遊戲，儘管有明顯的視覺貧乏。

當玩家操控圍棋的棋子時，他們使用的是在他們的心智模型中根深蒂固的多層互動：即使在玩遊戲之前，他們也知道如何拿起、抓住和放下棋子，並且在進行遊戲時，他們是從短期的戰術和長期的戰略兩方面來考慮。隨著玩家技能的進步，一些較低層級的戰術認知會被組織到系統的階層結構中。在這一點上，玩家對遊戲的大部分知識基本上都是默認的，許多動作都只需要少量的思考，例如從棋盒中拿取棋子。這使得玩家可以將更多的認知資源投入到他們的長期戰略中。隨著他們將遊戲中越來越多的戰術方面結合在一起，他們的心智模型變得越來越深，越來越層次化，與他們對遊戲的深入欣賞並行。

比圍棋這種幾乎純粹的認知層面互動更常見的，是將豐富的感官體驗與短期解謎導向的認知｛例如，**糖果傳奇（*Candy Crush*）**｝和長期認知相結合的遊戲。許多戰略遊戲都帶有豐富多汁的視覺效果，這些視覺效果在遊戲玩法方面無法發揮作用，但儘管缺乏實用價值，卻增加了玩遊戲的愉快體驗。

短期的認知類型互動循環也可以成為玩家在遊戲中時時刻刻所體驗的重要部分，特別是當玩家在追求長期目標時完成一系列快速的、短期目標時。例如，奇幻角色扮演遊戲中的玩家可能會回報他們正在點擊滑鼠（動作／回饋型互動），因此他們的角色將攻擊怪物（短期認知），以便他們可以升級（長期認知）並最終加入偏好的公會（社交互動——接下來討論）。

社交層面的互動

與認知和情感在許多層面上密切相關的是社交互動（social interactivity）。這也涉及到玩家的計劃和執行注意力，儘管它也開始引入了反思、情感的成分，因為它涉及玩家經常經歷的情緒反應——包容、排斥、地位、尊重等等——出於他們在遊戲外的動機。不同之處在於，這些是我們在社會情境下才有經驗，這對我們作為人類很重要。雖然存在神經化學基礎（如大腦中的血清素和催產素作用），但社交互動和參與通常需要比認知參與更長的時間才能實現。雖然與

另一個人的對話可能很短暫，但通常需要在數小時、數天甚至數週的時間內進行許多此類互動，才能完成一個社交互動的輸入和回應循環。

有可能相對快速地獲得一個正向的社交經驗，但是形成真正的包容和社群的感覺可能需要很長的時間。

與長期的認知類型戰略互動一樣，社交互動對大多數人是強大的動力。一些單人遊戲設法使社交互動成為遊戲的重要組成部分，即使遊戲中沒有其他真實的人。最近的一個例子是**救火者**（*Firewatch*），其中玩家扮演守護森林避免火災的一員。大量的遊戲花在與另一個角色 Delilah 的對話中，通過對講機交談。雖然玩家和 Delilah 從未相遇，社交互動會發展他們的關係——那可能需要幾回合的時間，根據玩家在對話中的社交選擇有所不同——這演變成遊戲的一大部分。

遊戲中介的社交互動

許多線上遊戲，尤其是玩家共同生活在虛擬世界中的大型多人線上遊戲（MMOs），都將成功歸於他們如何讓玩家在社交層面進行互動，無論是互相幫助還是互相打鬥。在多人遊戲中，遊戲（及其內部模型）在玩家之間進行中介：每個玩家透過與世界互動來與其他玩家互動。如果我的角色向你的角色揮動劍，或者如果我的交易者提議向你的店主出售一些毛皮，那麼我們作為玩家透過遊戲世界來進行互動。在這種情況下，每個玩家都有自己與遊戲的互動循環，並且一個玩家的行為的效果不僅改變了遊戲世界，而且通過擴展，也影響了其他玩家、他們的心智模型以及之後發生的互動。遊戲不在玩家之間進行中介的唯一情況是，他們實際上透過文字或語音聊天進行社交對話。這種層級的社交互動有自己的循環，現在所談的是在個體之間，並且由遊戲中介的遊戲循環所輔助。

雖然這些遊戲中的內容——探索世界、參與戰鬥等等——具有吸引力，但這些遊戲讓玩家不斷回歸的關鍵在於社交層面。人們希望擁有感覺像身為團隊一份子的經歷，並且經常希望看到他們可以識別為「其他人」的群體（儘管這似乎比不上接納和團體認同的激勵效果）。包含數千人的線上遊戲提供了社交互動循環，來滿足這種渴望。根據我自己運行大型多人線上遊戲的經驗，玩家通常會說，即使他們覺得他們已經看到並完成了遊戲中的所有操作（內容驅動而非系統性方法），他們仍然留下來、並尋求社群和社交互動的感受。

鼓勵社交互動的技巧

遊戲環境中的社交互動主要發生在玩家發現他們需要彼此，或者他們從遊戲中彼此的互動中受益時。有許多常見的遊戲內機制可以鼓勵玩家在社交方面進行互動，而不僅僅是聊天。這裡探討的一些重要機制是提供社會參照物（*social referents*）、競爭（*competition*）、分組（*grouping*）、互補角色（*complementary roles*）和社會互惠（*social reciprocity*）。

社會參照物（*Social referents*）

鼓勵社交互動的最簡單方法之一，是簡單地包括多個玩家可以一起互動的一個或多個對象（物件）。這是從 1990 年代的線上圖像化聊天室中汲取的教訓，只擁有在 3D 空間中一起聊天的能力很快就失去了任何參與感。遊戲世界中的「俏皮（playful）」物體充當了玩家互動的催化劑，玩家透過它找到覺得有意義的社交互動。這些對象被正式地稱為外部社交參照物（external social referents）：某個可以被兩個或更多玩家透過社交方式來指稱和互動的東西。最簡單的例子可能就是一個球。在現實生活中或在數位遊戲中（使用遊戲中的物理學），如果你給一些人一個球，他們就有了建立社交互動的基礎；防止某種即興遊戲幾乎是不可能的。因此，在遊戲世界中提供一個物體，是邀請多個玩家互動的極好方式。

競爭（*Competition*）

競爭是許多非常受歡迎的遊戲的一個常見面向，在這些遊戲中，玩家可以單獨或成群地相互對抗，看誰能成為最好的一個，並經常能獲得一些獎勵。有贏家和輸家，特別是如果他們按分數和／或排行榜來排名，對許多人來說是一個很有吸引力的遊戲。某些類型的遊戲，如第一人稱射擊遊戲和多人線上戰鬥競技場（MOBAs），完全以競爭為主，並擁有了一整個職業玩家聯盟。（請注意，這些遊戲中團隊的存在會產生強大的群體內／群體外效應，增強社交互動。）競爭對許多玩家來說是一種強烈的遊戲外動力。與此同時，對於一些玩家來說，這也是非常令人失望的，並且是隨著年齡的增長而逐漸消失的動機類型（Yee，2016 年 a）。

分組（*Grouping*）

為玩家提供形成團體的方式有助於建立社交互動、歸屬感和共享認同。這是玩家在遊戲中幾乎所有社群意識的基礎。大多數遊戲都會使團體形成正式的遊戲結構，其名稱包括聯盟、公會、幫派和公司等。一個玩家創立團隊並通常是管理者，包括允許誰成為成員、不同成員擁有的權利（例如：存取共享資源）、

以及在某些情況下，可以將領導權交給其他成員。其他遊戲則交由玩家自行組成臨時性或長期團體。例如，在大型多人線上遊戲狂神國度（*Realm of the Mad God*）中，任何時候當玩家彼此靠近，他們都可以從其他任何人那裡獲得經驗值。這鼓勵玩家以低摩擦的方式一起玩，因為他們不必正式「組合」；遊戲只是假設如果他們彼此靠近，他們就會互相幫助。同時，由於該遊戲沒有形成長期團體結構的遊戲機制，因此社交互動仍然是短期的，不支持更長時間的社交參與。在其他具有正式公會或聯盟的遊戲中，社交參與往往持續時間更長，從而使玩家和遊戲共同受益。

互補角色（*Complementary Roles*）

當遊戲中單一玩家無法做所有事情時，互補角色可以出現在遊戲中。這可能最常見於角色扮演遊戲中，其中玩家各自擔任不同角色如：坦克（吸收傷害）、輸出（「DPS（每秒傷害）」，通常從遠處造成傷害）和輔助（治療和強化）。這種能力組合使玩家能夠在遊戲中進行社交互動、互相幫助。透過這樣做，玩家們實現了一些他們獨自無法實現的目標。在遊戲中使用互補角色也包含大量涉及多巴胺、血清素和催產素的神經化學，以及動作／回饋和短期認知。因此，它是一種非常強大的機制，來維持玩家的參與度。

社交互惠（*Social Reciprocity*）

社交互惠是一種遊戲玩法的形式，建立在人類互惠的天性上，回報他人的幫助，並展示我們與團隊的關係。許多最暢銷的手機遊戲，如戰爭遊戲：火力時代（*Game of War: Fire Age*），藉著這種社交互動，很大程度上取得了巨大的成功。例如，遊戲讓玩家可以輕鬆地幫助其聯盟中的其他玩家（遊戲中的玩家團隊和社交團體）更快地建造或修復建築物。當你看到其他玩家幫助你實現目標時，通常會想要透過幫助他們來給予回報。這有助於聯盟中的所有參與者，不論對個人或團體而言，它是一種有力的方式來表達出社會歸屬感。

戰爭遊戲還支持玩家互贈禮物，特別是當一個成員進行重大購買時，他們可向聯盟中的其他人提供禮物。這建立了社交互惠的另一種互動形式：如果玩家收到了其他人在遊戲中因購買而得的禮物，該玩家更有可能想要做同樣的事情——這有助於提升所在聯盟的實力、增加社會連結，而且非偶然地，遊戲也獲得了更多收益。為了說明這種參與的價值，戰爭遊戲的實際遊戲玩法——建構據點和軍隊、以及派遣他們進行戰鬥——與許多其他遊戲的遊戲玩法並沒有太大的不同，甚至被批評為平凡的或更糟。儘管如此，雖然遊戲是免費遊玩，但它也賺了數百萬美元，幾個月累計了近 200 萬美元的小額消費（戰爭遊戲—火力時代，2017 年）。

不那麼社交的互動

許多所謂的「社交遊戲」都不是社交：像農場鄉村（*Farmville*）這樣非常成功的社交遊戲幾乎不涉及任何社交互動。玩家可以訪問其他玩家的農場並幫助他們（清除雜草等），但這都是非同步的：玩家永遠不會看到對方或彼此互動；它們也可以是居住在平行空間上的幽靈。雖然這似乎是社交的，但它並不能滿足玩家的任何遊戲內外與社交相關的動機。玩家可能會因為讓別人在他們自己的農場（或其他遊戲中的城堡、城市等）中看到他們的作品而感到驕傲，但這與他們能夠從遊戲中實際社交互動獲得的感受相比顯得太過薄弱。

情感層面的互動

經過了執行注意力和**反思注意力**（*reflective attention*）（嚴格來說，對個體而言是內源性的，如果沒有利用到他們的認知），我們來到了情感層面的互動和參與。這是其他非互動形式媒體的根本，例如書籍和電影，但除了少數例外，在遊戲中仍然很大程度上未被探索。更確切地說，許多遊戲探索了圍繞著憤怒、恐懼、緊張、驚奇、成就和喜悅的情感領域——與 Damasio（2003）和 Ekman（1992）所謂的**基本**（*basic*）或**主要情緒**（*primary emotions*）相關的那些。這些情緒是比認知更偏向生物性的，迅速出現並且沒有來自玩家媒介的控制，並且更接近反射性和外源性，而不是反思性和內源性。

只有在最近幾年，遊戲設計師才開始有意識地探索超越這些主要情感的遊戲，以提供其他更細微的體驗（以及基於這些來進行互動的能力），例如恐懼、內疚、失落、渴望、滿足、愛、共謀、感恩或榮譽。這些是在互動式環境中創造的微妙體驗，並且通常需要更長時間才能產生（相比動作／回饋或嚴格的認知層面互動來說，那通常大約是幾分鐘或幾小時的時間尺度而已）。在某些情況下，當玩家反映他們在遊戲中做出的決定和感受時，情感互動的影響可以保持更長時間。

在一本書中，作者可以完全控制角色的言行。作為讀者，我們可以讚揚他們的行為、起反感、看到他們感到被背叛、被救贖…等等，但是我們是一直被作者帶到預定的旅程內——我們無法與之互動和改變。相比之下，在遊戲中，我們有互動循環。如果我們在遊戲中感到羞恥，我們可能會採取行動改變我們的環境、以避免或解除這些感受。如果我們在遊戲中感受到愛情或溫柔，當遊戲（或其中的非人類角色）內的行動不再支持這種體驗時，我們可能會感到驚訝。

像請出示文件（*Papers, Please*）這樣的遊戲，探討了道德和令人心痛的情緒情境，在遊戲中玩家必須決定（有時選擇採取行動）其他角色的命運。玩家扮演的角色是反烏托邦國家的移民官，他必須決定是否允許對方進入，這通常會帶來個人和情感上的影響。在同樣不開心的情況下，像屬於我的戰爭（*This War of Mine*）和步兵的恐懼（*Grizzled*）這樣的遊戲，探討了戰爭對現代環境中對老百姓的影響（屬於我的戰爭）及對第一次世界大戰中軍人的影響（步兵的恐懼）。玩家必須在沒有明確正確答案的情況下做出絕望的決定和權衡，並且看似正確的事情可能會帶來具有情感破壞性的長期後果。

其他遊戲，如風之旅人（*Journey*），在互動環境中為玩家提供了敬畏和驚奇的感覺。許多角色扮演遊戲都探索了浪漫主題——愛情的獲得、失去和令人滿意的重聚——例如在舊共和國武士（*Knights of the Old Republic*）遊戲中的經典互動浪漫弧線。甚至像最近（2016 年）扒手集團（*Burgle Bros*）和神探緝兇（*Fugitive*）這樣的桌上遊戲也在探索情感作為遊戲玩法的一部分：扒手集團巧妙地創造了一種犯罪行為的合作感覺，它不斷在災難邊緣徘徊，而神探緝兇則建構了一個緊張但引人入勝的「你屬害就抓到我啊」與「快被他逃掉了」的感受，那是一位探長正在追捕一名罪犯。在這些遊戲中，情感是遊戲的關鍵部分，玩家與之互動，從而驅動他們的決定和他們對遊戲的整體體驗。這種情緒不僅僅是一種後果，也不是一種虛偽的附帶一提。

建立情感層面的互動

雖然有越來越多會引起玩家情感的遊戲例子，但如何在遊戲玩法中涵蓋情感仍是個未解決的問題。事實上，對情緒的理解一般是一個活躍的研究領域，有許多競逐的模型和理論。在遊戲設計中也是，存在多個富有洞察力的情感模型，包括 Lazzaro（2004 年），Bura（2008 年）和 Cook（2011 年 a）等。

像遊戲設計理論中的其他許多內容一樣，雖然這些通常基於長期的經驗、大量的思考、在某些情況下甚至是一些玩家數據，但卻沒有基礎紮實的、全面性的情感理論或模型，以及關於在遊戲中如何創造它們、也缺乏了被廣泛接受的方法——這是因為有關情感的基礎科學仍在不斷演進。更複雜的是，許多寫過關於在遊戲中創造情感的人，幾乎完全是從遊戲敘事的角度來看——把遊戲看作是小說或電影一樣。這樣做會將遊戲空間縮小到單一路徑，設計師要求玩家在沒有重要主導權的情況下進行導航，並在預先定義的時間點上顯示情感情境。

雖然有一些技巧可以幫助你在遊戲中創造情感層面的互動，但你必須為你的遊戲和你試圖對玩家引發的情感來做些實驗。在你可以在遊戲中創造情感層面的互動之前，你需要考慮你想要將哪種情感作為遊戲體驗的一部分。

情感的模型

為了避免過度深入情感的神經學和心理學定義，一種有用且常見的情感模型｛以及少數經過跨文化測試的模型之一（Russell 等人，1989 年）｝就是將情感分為兩個軸向：沿水平軸呈現負向到正向｛不愉快到愉快，通常稱為**效價**（*valence*）｝，沿垂直軸呈現低能量至高能量｛（通常稱為**激發**（*arousal*）｝。這創造了四個象限：高能量且愉快；低能量且愉快；低能量且不愉快；高能量且不愉快。雖然不是該模型的意圖，但有趣的是，這些象限分別對應於樂觀、冷靜、憂鬱和暴躁的中世紀體液學說（見圖 4.7）。在這些象限中，有可能產生各種各樣的情緒，從憤怒、喜悅、恐懼和滿足等明顯的情緒，到貪婪、嫉妒、同情、喜悅和隱忍等更細微的情感（Sellers，2013 年）。

圖 4.7　情感的雙軸模型。這衍生了包括 Russell 的環狀情感模型（Russell ，1980 年）和 Sellers 的多層環狀模型（Sellers，2013 年）

這至少為你提供了一個粗略的指引，可以開始思考你可能想要在遊戲中包含哪些不同情緒。為了將它們建構成情感層面的互動，你可以將情緒視為玩家動機的伴侶：我們的情緒實際上是關於我們想要什麼（或者，在負面情緒的情況下，我們不想要什麼）。

思考這些動機的一種方法是根據心理學家馬斯洛（Abraham Maslow）的需求層次（Maslow，1968 年）。它的範圍從「最低」和最直接的動機、到「最高」和最長期動機，如表 4.1 所示。（這些時間尺度與此處描述的互動循環的時間尺度相對應。）

表 4.1　馬斯洛理論相關的動機和情緒

馬斯洛的需求層次	動機舉例	情感舉例
貢獻 （自我實現需求）	思考自身以外、為團體付出	慈悲、團結、憤怒、敬畏、喜樂、絕望、隱忍、謙卑
技能和成就 （尊重需求）	技能、專業價值、成就	勝利、榮譽、內疚、勇氣、滿足、驕傲、悔恨、憐憫
社交 （歸屬感）	朋友、家庭、包容、團體成員、認同	同情、羞恥、嫉妒、友誼、仇恨、蔑視、接納
安全感和財物 （安全需求）	獲得、籌備、住所、保護	喜悅、希望、嫉妒、失望、好玩、安定、不穩定
生理 （生理需求）	食物、水、性、新奇、避免傷痛	吸引力、歡樂、厭惡、憤怒、恐懼、驚訝、疲勞

此表僅供參考，而非完整列表。這裡的想法是，當你確定了想要作為遊戲體驗之一的情感時，你可以思考它們相關的動機，然後找出如何在遊戲中創造支持這些動機的情境和系統。或者，如果你看一下你的遊戲，看看哪種遊戲動機最常見，你就能預測玩家可能會遇到什麼樣的情緒。（請注意，這些遊戲內動機通常與玩家自己的遊戲外動機不同。有關詳情，請參閱第 6 章。）

例如，如果你的遊戲是關於一個不斷面對整群殭屍的角色，那麼你的玩家所擁有的情感層面的參與，會出於對即時身體需求和安全的動機，從而產生例如恐懼、厭惡、驚訝和也許是希望或失望的感覺。基於此，你的遊戲不太可能產生友誼、同情或復仇的體驗——雖然你也可以在遊戲中納入社交成分來得到這些（例如，其他人被拯救），或是透過讓玩家經歷與技能相關的動機，來獲得勝利或勇氣的感受。要超越主要情緒（憤怒、恐懼、歡樂等）到更微妙的情緒，你需要為玩家提供可以創造對應動機的情境。

情境

創造情感層面的互動的第一種技巧是創造情境（context）——即，營造出你希望玩家在遊玩時感受到的氛圍。因為如果你已經設好舞台，他們會更容易感受到恐懼、勝利、希望、神秘等等這些情感。你可以透過仔細創造遊戲所呈現的內容來完成它：顏色、光線、視角、音樂和環境。遊戲場景若設定在遊樂園

中，在陽光燦爛的日子裡、景點上有明亮的閃亮色彩、視角從上方往下看；把這對比看看，在半夜雷雨時，視線模糊不清、光線暗、色彩少、視角從地面向上看的感覺。光是透過這種方式來創造情緒，你已告訴了玩家他們可以期待獲得哪種體驗，並引導他們在遊戲中獲得你希望他們感受到的情感。

情況和目標

除了情境之外，為了創造潛在的情感體驗，你作為設計師必須為玩家提供與動機有關的目標，且目標應該對玩家來說具有意義，如前所述。這通常是他們想要獲得、維持或預防的一些目標或情況。創造一個機會，讓玩家可以透過選擇、來努力獲得與不同的馬斯洛動機層次相對應的東西（即物理性質的屬性、渴望事物、社會地位、技能或團體獎勵），這可以開啟與每個層次對應的情感。同樣地，透過將玩家的生命、財產、朋友、自尊或群體置於危險之中，你可以迅速產生與此類威脅相對應的情緒——並且在每種情況下，獲得或避免潛在結果也會產生情感（勝利、失望、寂寞、包容…等）。

玩家必須真正關心你設定的目標，至少在遊戲的背景下。他們對此感受到的情緒，將與他們所面臨的情況相對應，而情緒的強度將與他們對情況重要性的理解相匹配。在這裡，請記住魔法圈的概念：遊戲中出現的動機和情緒，可能與玩家自己實際玩遊戲的動機沒有對應關係。例如，玩家可能不希望他們的城市在你的遊戲中被摧毀，但如果發生這種情況，他們的情緒將在後續的遊戲中留存在魔法圈內。然而，遊戲對他們來說越真實，這些情緒就會越多地滲透到他們的生活中。就像書中或電影中心愛的角色去世時一樣，儘管他們的生命完全是虛構的，但它仍可能在玩家投入於虛擬世界魔法圈中的時間之外，仍會產生強烈的情感效果。

挑戰

對遊戲設計來說，在情感層面的互動設計上，挑戰來自於要打造出能創造情境的系統，來讓玩家具有相關動機和獲得你想提供的情感體驗。而且還不能將遊戲縮小成玩家必須採用的單一路徑，在這情況下，你作為一位設計師還需要準備好線性故事的各項內容。與往常一樣，你愈可以專注於創造系統，經由玩家與遊戲的互動來產生玩家的動機和情感，而不是創造出玩家別無選擇、只能照著體驗的特定內容，那麼遊戲玩法的體驗將會更有效和強大。

不過，我們也看到許多使用非互動式的過場動畫來向玩家展現預設的「情感時刻」，而不是讓他們通過系統性的遊戲玩法來發現這種情感，原因來自於過場動畫或單一路徑內容仍然是更可靠的。如果你認為自己的角色是一位作者，在

你的故事中的特定地方傳遞特定情感，那麼這樣做是有道理的。另一方面，如果你認為自己的角色是為玩家設定好條件，透過與遊戲中的元素進行互動、並找到遊戲內的動機、且體驗到情感，那麼你可能會得到較低的情感準確度，但是你將為玩家創造出更具互動性、也更個人化的真實體驗。

注意事項

創造情感互動並不容易、不快速、甚至無法預測。有時候玩家會錯過機會，或者不會在目標上附加意義，因此他們會錯過動機，從而錯過預期的情感。在其他情況下，他們的反應也可能比你預期的更強烈（請參閱本章後面的「文化層面的互動」一節中的更多相關內容）。在某些情況下，玩家可能會體驗到與你預期不同的動機和不同的情緒，這會改變他們整體遊戲的體驗。

此外，建構情感投入的系統和情境需要時間，玩家需要時間來感知、投入動機並回復他們認為由於遊戲體驗而產生的情緒。在某些情況下，玩家可能需要數小時或更長時間（幾天或幾週）才能完成整個情緒週期。一般來說，處在越高馬斯洛動機層次的動機和情緒，要產生和回復的時間就越長，但它影響玩家的時間也越長。

作為遊戲設計師，我們顯然仍有許多需要學習的、關於使用情感作為互動循環，但這顯然也是值得探索的肥沃領域、幫助我們創造更具吸引力的遊戲。

文化層面的互動

在反思注意力的遠端，是屬於非常長期性的對話，關於我們對文化的價值觀和我們個人在文化中的位置。這包括回顧歷史，看看我們作為人的過去、以及我們作為個體來自何處、及了解我們當前的文化背景。使用遊戲，我們可以反思我們過去和現在的價值，也可以將它拿來跟我們所希望的來比較。這些對話可能需要數年時間才能完成，因為文化正在與身份、成員、權利、繁榮等問題進行鬥爭。遊戲不會持續那麼長時間，但是它們仍然能夠以互動方式捕捉這些潮流和對話中的某些內容，這些內容可以讓玩家對與終身相關的議題進行反思。

有關這種文化參與議題的遊戲並不多，但也有一些。一個值得注意的例子是 Brenda Romero 的火車（*Train*）。在這個看似簡單的遊戲中，玩家將小黃色人偶裝上火車車廂並試圖將它們移動到目的地。每個玩家的目的地在遊戲開始時都不知道，但稍後會被揭曉。透過這個和其他遊戲機制，遊戲揭示了它的真實本質：小黃人是人 —— 猶太人 —— 並且玩家正試圖讓他們的火車將這些人帶到納粹德國的集中營。

很難過度述說這個啟發性遊戲對玩遊戲的人的情感、社交和文化影響——甚至是那些觀看別人玩遊戲的人。許多人厭惡地退縮，因為他們發現了遊戲的真實本質｛應該注意的是，它是以微妙的方式進行暗示，例如擺放在遊戲板下方的碎玻璃門窗，讓人想起 1938 年的夜晚德國迫害猶太人的情景，那被稱為碎玻璃之夜（Kristallnacht）｝。有些人淚流滿面，因為他們已經意識到只是透過遊玩，他們已經模擬參與了這樣一個巨大的恐怖。一些人拒絕離開遊戲，直到他們設法從每輛火車車廂中取出每個小黃人。一旦他們意識到他們正在玩什麼，有些人會試圖顛覆遊戲的目標；有些人看起來感到很噁心，或者好像他們碰到了有毒的東西。

作為一個互動性和有吸引力的體驗、即使最終可能令人排斥，**火車**展示了遊戲如何成為文化層面互動的載體。玩家可以透過以文化為模型所創建的遊戲系統、來身處在他們的歷史和文化中、並與之互動。在這種情況下，玩家不僅重演大屠殺的恐怖，他們在任何時候都面臨著一個相關的問題：由於規則有目的地性的包含了程序性的落差、而玩家必須決定如何進行，他們會在遊戲中成為共犯，並不是只是遊玩。規則也沒有揭示遊戲的結束。因此，玩家必須根據自己的行動來面對的問題是，我們中的多少人會在不問「到底是邁向什麼結果？」的情況下盲目地「遵守規則」。這是一個創造對話的遊戲的一個主要例子，並將對話加入了文化層面互動的循環中。

這種互動在遊戲中是可能的，但在任何其他媒介中卻不可能。透過能夠與重要的文化進行互動、體驗和對話，玩家可以反思遊戲中呈現的文化方向：你是否始終遵從權威、遵守規則？雖然用於提出這些問題的機制是建立在（且相似於）認知、社交和情感層面互動的機制之上，但是依據這種探討文化對話的本質，就可將這種類型的互動性區分出來。

透過這種互動形式，玩家還可以模糊了遊戲周圍魔法圈的界線。隨著玩家繼續在遊戲之外進行關於遊戲的對話（例如，一旦你知道了**火車**遊戲是什麼，那麼繼續玩這個遊戲在道德上是否正確？），他們還會繼續就接觸到的議題進行文化對話。

玩家還可以透過其他遊戲外的方式幫助創造文化互動，例如粉絲活動、角色扮演、遊戲論壇和深度的批判。例如，一些玩家透過遊戲**生化奇兵**（*Bioshock*）接觸到了有問題的客觀主義（Objectivism）哲學，這反過來又產生了與其他玩

家間的許多文化互動。這些活動和對話不是意外或偶然的：它們是遊戲中設計的更大的互動循環，並且即使在實際的遊戲體驗完成後也可以從中分離出來。這是一個新興的遊戲設計領域，值得更多關注。

互動循環中的心流

任何關於互動和投入的討論，如果不涉及 Mihaly Csikszentmihalyi（1990）首先闡述的心流（*flow*）理論，則都是不完整的。這通俗地被描述為「極佳狀態（in the zone）」或「全神貫注（in the flow）」的感覺。

回想一下，投入（engagement）的特徵是保持警覺並注意手頭的任務，能夠忽略無關的輸入，並且通常表現良好（以及對表現良好的非侵入性意識）。心流具有許多相同的特徵：當一個人處於心流狀態時，他們從事具有某種程度上不確定性的挑戰性活動（不是死記硬背的記憶性任務），他們有可理解的目標，並且得到明確的回饋。他們的注意力集中但不是因為壓力。他們可能會忘記時間，但與投入的描述一樣，他們通常會能意識到自己表現良好。在這種狀態下，個人沉浸於工作中而不自知；他們可能會形容他們與工作「是一體」的感覺。（在描述心流時，這種用語通常很難避免。）最終，正在執行的任務本身就變得具有意義。它可以從明確的功利目標開始，但在某些時候，全神貫注在表現良好的狀態上，這本身就成為了一個有意義的目標。

心流通常被描述為具有「通道／區間（channel）」。這是一種將玩家的參與和心流狀態視覺化的有用方式。如圖 4.8 所示，心流狀態從產生興趣（interest）開始，它會出現在有小型的挑戰與初學者的技能相稱時；如果既沒有挑戰也沒有技能存在，則個體會呈現漠不關心（apathy）且無參與度。隨著任務的挑戰和個人技能的提升，也會伴隨著心流的發生。如果挑戰略高於個人的舒適圈，他們就會被激發（aroused）；然後，如果挑戰繼續加遽，個體會變得緊張和焦慮，因為他們從 Yerkes-Dodson 曲線的右側掉下來了（參見圖 4.5）。然而，如果他們的技能高於當前的挑戰，他們會先放鬆，然後很快就會感到無聊。由於個體在激發和放鬆之間循環（如圖中抽象的正弦曲線所示），它們保留在心流通道裡的金髮姑娘（Goldilocks）區：它們投入、學習、建立他們手頭任務的心智模型，並且表現良好。他們在心理上沉浸其中——仍然被激發並關注他們的任務，但通常忽略了無關的外來刺激——並且可能會忘記時間。

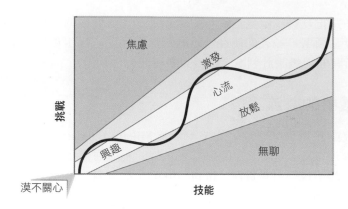

圖 4.8　心流狀態的示意圖，隨著挑戰和技能的增加，心流發生在焦慮和無聊當中的區域（但不包括這二者）。

心流通道的另一個特點是，它承襲並呈現了個體想要有所進步的願望——學習更多並接受新的挑戰。在任何吸引人的任務中（以及在任何成功的遊戲中），個體經歷前面提過的神經化學物質作為各種互動結果的獎勵：因為多巴胺、血清素和潛在的催產素及腦內啡的釋放，互動和達到的成就令我們感到愉悅。然而，這種感受很快就會被習慣，這個過程被稱為習慣化（habituation），因此先前令我們感到愉快的、已不足以再創造出相同感受。在任何涉及注意力、互動和目標的任務中，這種自然發生的習慣化過程會促使個人前進，學習更多並面對更大的挑戰。這種被激發式的學習，即個體在 Yerkes-Dodson 曲線的右上角和心流通道的頂端進行「衝浪（surfing）」。作為在不同時間尺度下堆疊而成的互動循環的一部分（見下文），個體可以在不離開心流的情況下回退到放鬆狀態。

除了呈現一個清晰且有用的人類參與度模型之外，心流的概念價值在於它如何突顯了「體驗」本身如何可以成為目標。這是 Csikszentmihalyi 和本書第 3 章討論的以「自身為目的的體驗（autotelic experience）」。玩家首先使用的是遊戲所提供的互動類型，包括利用以短期和長期性認知互動來呈現的目標。然而，如果有趣的心流體驗持續，那麼在某些時候，玩家在技能和挑戰方面取得了足夠的進步，並開始設定自己的目標。此時，它們存在於圖 4.8 所示的心流通道的右上部分；他們不會被外部力量推向更大的挑戰或技能，而是根據他們自己所創造的目標和互動來驅動自己、並繼續參與。並非每個遊戲都提供（或需要提供）以自身為目的的目標。許多玩家能夠在相對簡單的動作／回饋和短期認知層面互動循環的遊戲中進入心流狀態——例如：俄羅斯方塊、類似糖

果傳奇的三消遊戲（match-three games）等等那些。那些能夠提供足夠深入內部模型來支持玩家創造出自己心智模型、並進而創造出以自身為目的的目標（autotelic goals）的遊戲，通常也是被玩的最久、最被人們所喜愛的遊戲。

互動循環的時間尺度觀點

我們討論過了各種形式的互動和參與——神經化學、動作／回饋、認知、社交、情感和文化——涵蓋了從反射性、執行性、到反思性等不同的注意力層面。它們的範圍從非常快到非常慢：從不到一秒鐘的完整循環、到數小時、數天、或更長時間的完整反思性互動。（參見圖 4.6）

這些循環還堆疊在彼此之上，每個循環在不同的時間尺度上運作，以提供更完全引人入勝的互動式體驗。在典型的遊戲中，多個互動循環同時運行，共同創造出一個更具吸引力的整體體驗。那些較快的循環通常也被認為沒有那麼深刻的意義；一個快節奏的射擊遊戲可以非常有吸引力，但它不是一個引發深層思考的媒介。要在遊戲中真正開始創造深度意義，需要的是長期及反思性的社交、情感和文化層面的互動。

例如，在輕度和休閒的三消遊戲中，玩家主要使用動作／回饋和短期認知層面的循環、以及長期的重複性短期認知層面的循環來解決謎題。遊戲的設計不適合長期的戰略思考，更不用說有任何情感、社交或文化互動或嚴肅的意義。在線上戰爭遊戲中，玩家仍然參與動作／回饋的互動循環，但他們也關注（在更長的時間內的）戰術、戰略和社交互動。

結果是，主要使用更快互動形式的遊戲體驗為「更輕」——更容易拿起和放下，並且對玩家來說持續的價值更低。那些主要使用更長、「更重」互動形式（長期認知、社交、情感或文化）的遊戲是那些能吸引長時間投入、並且玩家可以多年保持忠誠的遊戲。這在今天的手機遊戲市場中很明顯，其中具有快速、淺薄遊戲玩法的遊戲佔據了市場主導地位，並且只有 38％ 的玩家在開始玩的一個月後仍在玩相同的遊戲——其餘的玩家則已經換遊戲玩了（Dmytryshyn，2014 年）。

過去，其他遊戲設計者已經注意到這種將不同時間範圍的遊戲玩法堆疊起來的概念。最後一戰系列（*Halo 2* 和 *Halo 3*）的首席遊戲設計師 Jaime Griesemer 因在最後一戰中被稱為「30 秒樂趣」的想法而聞名（Kietzmann，2011 年）。

這來自於一個較長訪談的一部分，其中 Griesemer 說「最後一戰的戰鬥的秘密」是「你總是在一個 3 分鐘的循環內、又有一個 30 秒的循環、其內又有另一個 3 秒的循環，而這循環總是不同的，所以你每次都可以獲得一個獨特的體驗。」即使在快節奏的動作遊戲中，各種不同種類的互動也都在各個尺度上發生。較短的循環更專注在時時刻刻遭遇的事物上，例如「在哪站立、何時射擊、何時避開手榴彈」，而較長的循環則更具戰術性（也更認知性）。透過堆疊這些互動循環，在每個尺度上建立參與度，並讓每個尺度的體驗有所不同，遊戲設計師能夠提供真正引人入勝且令人難忘的遊戲體驗。

核心循環

遊戲設計師經常談到遊戲的**核心循環**（*core loops*），這可以鬆散地定義為「玩家大部分時間都在做的事」或「玩家在任何特定時間做的事情」。我們可以根據對不同互動循環的理解，使這個定義更加精確。與任何這些參與度循環一樣，並如圖 4.4 所示，遊戲的核心循環表示於圖 4.9 中。如前述，玩家形成意圖並執行行動，為遊戲提供輸入。這導致遊戲內部狀態的改變，並且遊戲向玩家提供關於他們行動的回饋，像是成功與否或其他效果。通常，這種回饋還向玩家提供關於他們在遊戲中進展的訊息、或另一種獎勵、或另一種形式的行動呼召，來保持玩家對遊戲的投入。玩家的進步或獎勵會提供了新的能力，鼓勵玩家形成新目標或意圖，並且循環再次開始。

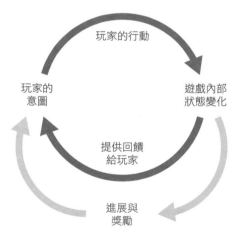

圖 4.9　核心循環的抽象示意圖。這對應了玩家在遊戲中主要的行動。詳見第 7 章。

正如我們在討論互動式循環時所看到的，這個循環可以在許多不同的注意力層級和不同的時間長度上發生。遊戲的核心循環由遊戲的設計決定，而對玩家參與度最重要的地方是它採用了什麼形式的互動。這幾乎總是包含了低層級的動作／回饋循環，因為這是玩家和遊戲真正交會的地方：玩家執行像按鍵、移動滑鼠或點擊螢幕等行動，而遊戲給予回饋作為回應。

然而，這個動作／回饋循環可能不是遊戲＋玩家系統中最重要的循環。遊戲設計會確定哪種類型的互動需要玩家主要的注意力，然後這些再形成核心循環。在遊戲中移動可能是重點（通常伴隨著跳躍、射擊等），或者它可能只是達到目的的手段。如果玩家主要專注於建造建築物、發展科技、管理帝國或建立關係，那麼這些形式的互動將為遊戲創造核心循環。（你將在第 7 章中看到有關此主題的更多訊息。）

參與的循環

不同互動循環在不同時間尺度上堆疊，使激發程度隨著時間產生了自然的高低循環變化。這對於參與和學習很重要，因為它使玩家能夠體驗挑戰和緊張時期，然後放鬆和鞏固。它還可以防止注意力疲勞，玩家疲勞時根本無法跟上向他拋出的所有東西，並且他們的參與度和表現都會受到影響。

這可以想像成把許多不同頻率的波（waves）堆疊起來。動作／回饋型互動循環具有最短的持續時間，因此具有最短的「波長」和最高的頻率。只要遊戲繼續，這些互動循環就會繼續。每種其他類型的互動都具有逐漸變長的波長，因此會產生更長的循環（見圖 4.10）。結果，動作／回饋循環在整個遊戲中繼續進行，就像大海浪頂部的小波浪一樣，而緊張和放鬆的交替，是透過有效地堆疊起遊戲中的短期認知、長期認知、和潛在的社交、情感和文化循環來達成的。

如遊戲設計師 Chelsea Howe（2017）所描述的，這些循環的堆疊也創造了「節奏和儀式」的時刻，向玩家提供遊戲中時間流逝的訊號。這些循環可以幫助指出有新的可用內容（例如，每日任務或獎勵）、一段遊戲中自然的開始和停止位置、戰鬥或修理的時間點、遊戲中劇情的高低起伏、或是遊戲中的社交和慶祝的節奏（無論是季節性的、或在升級時就發生）等。

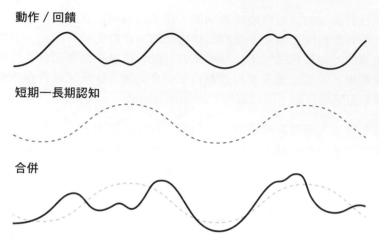

動作／回饋

短期—長期認知

合併

圖 4.10　不同「波長」的互動循環堆疊在一起，在遊戲中創造出高、低壓力的時刻。

正如第 3 章所討論的，敘事是許多遊戲中的重要構成部分。它充當玩家在遊戲中互動的載體，設置情境背景並且經常為玩家提供了追尋的目標。然而，它不是互動性的。

Cook（2012）指出遊戲敘事（game narrative）是形成弧線（arcs）而不是循環。遊戲對玩家提供回饋，無論是以文字、NPC（非玩家角色）所說的對話、過場動畫或是其他可向玩家提供「經過預先處理之訊息的訊息內容（payloads）」的形式。這些「訊息內容（payloads）」可以非常有效地向玩家提供指定訊息，但是它們不允許互動。結果，玩家的參與是受限的。在觀看電影（或遊戲中的過場動畫）時，個人可能會全神貫注於情境和角色，但他們無法選擇或決定採取什麼行動；他們沒有機會採取積極的行動或彈性。在敘事期間，玩家被簡化為被動觀察者。

許多遊戲使用非互動式敘事穿插在遊戲中的互動段落間：遊戲可以透過敘事向玩家介紹任務、允許玩家完成任務、然後在完成後敘述其最終狀態。這可以成為建立看似互動性的敘事的有效方式，即使玩家做出實際決策的機會是受限的、或只能以具有長期後果的方式來進行互動。這種形式的風險在於玩家會明白開始和結束是預設好的，而他們在其間做出的決定（例如，在任務中的決定）都不重要。這可能了消除玩家做出任何決定時的意義，並且產生一種會降低參與度的徒勞感。在前一家公司時，我們依據同名的電視節目把這稱為「蓋

里甘的島（*Gilligan's Island*）問題」，劇情中無論角色們做了什麼，每集結束時仍然離不開島嶼。這是編劇為了確保角色回到原點的便利方式，但它極大地限制了角色和整體敘事的任何增長或變化。

將互動性的循環元素和非互動性的敘事弧線結合在一起，可以創造出一個引人入勝的整體體驗，但這也缺乏可重玩性：一旦玩家看遍了敘事，他沒有理由重新經歷它。然而，在使用敘事作為互動性及系統性遊戲之情境背景及鷹架時，這個非互動性的弧線可以幫助玩家更快地創造對遊戲的心智模型，從而作為跳板讓玩家進入遊戲的互動循環部分。

心理負荷和互動預算

當玩家使用不同類型的循環與遊戲互動時，他們提供輸入並在不同時間尺度上獲得回饋，其中涉及不同數量的反射、執行和反思注意力的處理。但是，任何人在任何特定時間可以做的事情都是有限的。我們的注意力和整體心理資源有限。玩家可以同時留意的敵人數量是有限的，或是可以留意的爆炸、或對話、或謎題的一部分都是有限的，超過了就會在表現和參與度上受影響。這些限制稱為認知負荷（*cognitive load*），如本章前面所述。一般來說，這是個人在沒有壓力或表現不佳的情況下可以進行的注意力和心智工作量（Sweller，1988年）。因為我們在這裡將玩家與遊戲互動中的注意力、感知、認知、情感、社交和文化等層面都涵蓋在內，所以我們將這些都統稱為更廣泛的**心理負荷**（*mental load*）。

在心理資源有限的情況下、在玩遊戲時讓玩家處於心理負荷時的一個後果是，玩家可能無法處理遊戲丟向他們的所有事情。而玩家處理它們的優先次序是如何呢？

看來，依賴於反射、非自願、外源性注意力的互動是最優先的，其次是需要執行注意力的任務，再其次是需要反思性資源者。另一種看待這種情況的方法是速度快的壓過速度慢的：如果玩家必須躲避快速移動的障礙物、或者意識到周邊視覺中出現的物體，他們戰略性地甚至戰術性地思考的能力將被抑制，更不用說他們能夠反思自己的情緒狀況了。這具有演進的意義並且與我們的經驗一致：當存在更緊急的互動時，它需要我們的注意。無論是射擊來襲的飛彈還是在不熟悉的街道上尋找地址，都是如此；在任何一種情況下，其他較慢、必要性較低和／或需要更多反思性的內部資源的互動都被推到一邊。但有些例

外，例如：當有人集中精力解決問題時——使用執行注意力和控制力——他們
會錯過清楚的環境訊息。然而，似乎在設計遊戲以幫助建立玩家參與度和他們
的心智模型時，我們需要考慮他們的心理負荷以及他們對不同互動形式的參與
程度。

圖 4.11　Quantic Foundry 公司的「興奮感」與「策略性」遊戲關係圖，顯示了一個明確
的認知門檻，超出門檻時玩家無法有效融入。

Quantic Foundry 公司的研究可以為這個想法帶來一些額外證據，Quantic
Foundry 調查了近 30 萬名遊戲玩家，以建立他們的動機和行為模型。Quantic
Foundry 對結果作的其中一個視覺化呈現（見圖 4.11）顯示了玩家如何對遊戲
的「興奮感（excitement）」（具有大量動作、驚喜和驚險刺激的快節奏遊戲）
和「策略性（strategy）」（較慢的遊戲涉及提前思考和做出複雜的決定）作出
程度高低的分類。在左上角（高興奮感／低策略性）是像**反恐精英**（*Counter
Strike*）和**英雄聯盟**（*League of Legends*）這樣的遊戲，而在右下角（低興奮感

／高策略性）是像歐陸風雲（*Europa Universalis*）這樣的遊戲。前者主要依靠快速動作和短期計劃（即動作／回饋和短期的認知層面互動），而後者需要更長期的認知、伴隨著少量的動作／回饋型互動來維持住玩家的注意力，因此玩家正在創造跨世代的帝國建設計劃。最值得注意的是右上角的空虛：沒有遊戲是同時被玩家評價為高興奮感和高策略性的。那樣的遊戲對玩家的要求太多了，會造成太多的心理負擔，從而壓倒了任何玩家投入的可能性。

此外，遠離任一軸的遊戲通常被認為更「硬核（hardcore）」——需要更多的心理資源來學習遊戲、並建構更詳細的心智模型——而左下角的遊戲被視為更「休閒（casual）」，或者 Quantic Foundry 稱之為「輕鬆有趣（easy fun）」（見圖 4.12）。每一區帶內的遊戲類型可能不同，但學習遊戲並在遊戲內成功的相對難度，大致相同於進行遊戲所需的心理資源的數量。

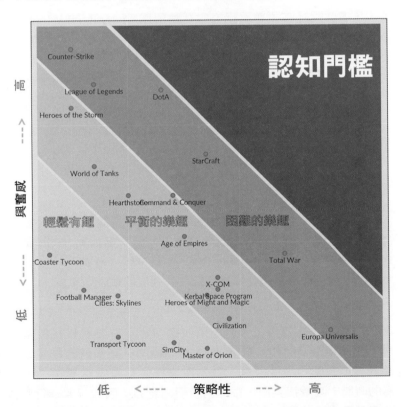

圖 4.12　Quantic Foundry 的認知門檻圖，顯示了不同的「輕鬆有趣」、「平衡的樂趣」和「困難的樂趣」三種區帶。

互動預算

了解不同類型的遊戲玩法和互動性都會增加玩家的心理負荷，這會突顯**互動預算**（*interactivity budget*）的概念。如果一個玩家願意將自己和他的心理資源投入到遊戲中，他可能會對圖 4.11 和 4.12 中所示的，遠離任何一個軸上的遊戲感興趣，或者可能是一個提供大量情感層面互動的遊戲（例如，*Gone Home* 或 *Papers, Please*）。如果玩家想要一個輕量一些的體驗，那麼他可能會選擇整體對互動性要求較低的遊戲；例如，**糖果傳奇**（*Candy Crush*）和其他配對遊戲是只需要少量的短期認知互動的，以及一些令人滿意的（通常不是高壓的）動作／回饋型互動和多汁性。雖然遊戲必須具有足夠的互動性以保持吸引力，但是那些對注意力要求較低的遊戲被視為更「休閒」，允許玩家在不需要建構出複雜心智模型的情況下就能沉浸在遊戲中，這讓玩家可以隨著喜好進出遊戲。

更普遍地說，遊戲設計必須尊重玩家的互動預算（interactivity budget），以獲得遊戲設計者想要創造的體驗。這包括理解較短持續時間的互動循環（那些也依賴於反射注意力來建構參與度的）似乎首先取用了玩家的心理資源。動作／回饋可以壓倒短期認知，而短期又可以佔用長期認知的資源，等等。

這意味著如果你有興趣開發具有大量動作／回饋和短期認知互動的高強度動作遊戲，則玩家將無法獲得大量能夠用於長期認知、情感或社交層面互動的心理資源。要同時包含這些內容是可能的，就是不要在遊戲中快節奏的部分同時運用它們。許多角色扮演遊戲將涉及了角色定制的長期認知層面的互動，穿插在更戰術性、短期的任務和戰鬥中。

同樣地，像**英雄聯盟**（*League of Legends*）這樣的遊戲透過包括社交層面互動，配合他們的動作／回饋和短期認知層面的循環來創造更大的整體參與度。他們透過將其與主要遊戲玩法分開來實現這個目標：遊戲基本上是分段遊玩的，在大廳中更社交性的互動時間是穿插在高強度的每場遊戲間。

同樣地，要設計更長期、更需思考的遊戲，則必須避免過多和過高的動作／回饋或短期認知層面的互動需求，否則這些會剝奪玩家參與較長持續時間互動循環所需的心理資源。例如，**恆星戰役**（*Stellaris*）是一個跨越星系的戰略遊戲，專注於長期的認知層面互動，並為玩家提供了考慮建構龐大帝國的眾多選擇所需的時間。遊戲很美觀、很能夠吸引注意力，因此玩家進行動作／回饋的互動時不需要給予時間壓力。宇宙飛船之間的戰鬥確實發生了，但它們不是由玩家指揮的：玩家可以根據需要拉近來觀看戰鬥（並且他們看起來很引人注目）但他們不必花費任何注意力或互動的努力來直接執行戰鬥。

沿著類似的路線，如果遊戲被設計為具有高度的情感影響，例如**請出示文件**（*Papers, Please*）或**火車**（*Train*），不要求玩家投入大量精力在動作／回饋、短期認知或長期認知層面的互動上，會幫助玩家保持心理能量和將投入的焦點放在情感層面的循環上。這並不是說那些循環根本不存在，而是說它們沒有像遊戲主要是為了創造情感參與而設計時那麼去強調。這兩款遊戲都具有看似簡單、簡潔的呈現，使玩家能夠專注於他們的情感影響。**火車**（*Train*）的整個設置如圖 4.13 所示。

圖 4.13　火車（*Train*）遊戲簡單而令人難忘的呈現。（照片由 Brenda Romero 提供）

互動預算（interactivity budget）的確切性質仍然是研究的主題。我們還不知道如何測量興奮程度（動作／回饋和短期認知）與戰略性（長期認知）或其他形式的參與，而不是像 Quantic Foundry 那樣通過使用者問卷來衡量。對於特定的玩家，我們也不知道需要多少感官回饋來保持他的注意力和參與度，或者這些又如何受到較長週期互動循環的影響。經驗表明了這些類型的互動循環及其整體關係的現象，但它們的應用仍然需要在未來的實踐中探索。

認識、定義和創造樂趣

如本章前面所述，**互動性**（*interactivity*）缺乏普遍具有共識的定義。而**樂趣**（*fun*）的定義則更加不明確。它似乎取決於各式各樣的因素，包括情境背景和個人偏好。一個人覺得有趣的、對另一個人可能是乏味或太過困難的，同樣的活動對於某些情境中的某人來說可能是有趣的，而對另一個人來說則可能是無聊或令人痛苦的。Caillois 和 Barash（1961）試圖捕捉不同類型的玩（play）、

和不同類型的樂趣，並提出 *Agon*（競賽）、*Alea*（機率）和 *Ilinx*（暈眩）這些樂趣的形式及 Mimicry（模仿）這種玩的形式。Koster（2004）說「樂趣只是學習的另一個詞彙。」其他人提出了 8 種（Hunicke 等人，2004 年），14 種（Garneau，2001 年），或多達 21 種（Winter，2010 年）的各種樂趣！不要被這麼多可能的定義嚇倒，我們將在此參考如何使用我們對互動性和參與度的理解，來建構出全面且實用的樂趣理論。

樂趣的特徵

在開始定義什麼是樂趣／有趣（fun）以及它與遊戲和玩的關係之前，有必要回顧一下通常與樂趣相關的體驗類型，以及它們擁有的共同特徵。其中大部分都是我們在審視遊戲內容，以及人們如何與其互動時遇到的性質。

從最普遍的術語來說，有趣的體驗與快樂或正向情緒的體驗同義，這些體驗的持續時間不會太短暫、並且個體通常會想要再次體驗。Schaufeli 及其同事（2002）指出，在一定程度上，有趣的體驗是一種「普遍存在的情感──認知狀態」，其持續的時間不僅僅是一種快感，而是涉及情緒和認知。

有趣的活動和情境背景完全是自願的、且通常是非現實結果導向的。這些屬性符合魔法圈的概念：圈內發生的事情沒有任何真實的重要性，沒有人被迫參與。當退出活動的選擇權力被剝奪時，樂趣也隨之消失。

有趣的體驗是具有吸引力的──它們是不可避免的，它們也不僅僅是提供訊息、沒有情感內容。它們具有正向而不是負面或中性的情感效價（emotional valence）。儘管如此，即使在這個普遍的層級上，也會出現不一致的情況：有時表面看起來悲傷或可怕的體驗（如戲劇性的電影或鬼屋）仍然可以從中體驗到樂趣──如果它也是自願的、且非現實結果導向的。知道你並沒有真正處於危險中或者悲劇沒有真正發生，你可以自由地享受情緒的衝擊（從腎上腺素的釋放開始）作為一種有趣的體驗。

在這個大範圍內，有許多不同類型的有趣體驗。有些人對感官感到興奮，無論是關於反射性注意力，如煙火、或是暈眩（ilinx）感、或是它們刺激了神經傳導物質如多巴胺、血清素、催產素和腦內啡的釋放，如前所述。其他則提供物質獎勵、社會融入、成就甚至完整性的感覺（與成套蒐集的滿意感相同）。

有趣的體驗可能包括學習，但這不是必要的組成部分；有時候表現出良好的技能或只是參加一個身體或團體活動，就是愉快和有趣的。樂趣也不需要合理性。需要大量心智作業的謎題可能會產生一種有趣的巧妙勝利感，而其他完全基於感官或由情緒驅動、而非認知性的體驗也可能會被視為是有趣的。

樂趣的特點還在於滿足感和某種平衡感：如果情境或活動過於無聊或過於緊張（主觀上對個人而言）、過於混亂或過於隨意，那麼它就不再有趣。如前所述，樂趣和心流似乎是密切相關的。

定義樂趣

從前述對互動性和參與度的討論中，我們可以看出，沒有一個簡單的**樂趣**定義適合所有情況。然而，顯而易見的是，雖然樂趣有多種形式，但其中有一些規律性存在。樂趣的定義層面與本章前面討論的參與度類型、以及第 3 章討論遊戲的結構、功能和主題元素非常相近。

首先，樂趣必須是自願的、有趣的活動通常是非現實結果導向。如果強迫參與（無論是通過脅迫、成癮還是其他一些失去代理的情形），活動中的任何樂趣都會消失。同樣地，在大多數情況下，如果附加了潛在的後果，特別是可能導致某種形式的真實損失的後果，那樂趣就消失了。當然，很多人賭錢並認為這很有趣——這是自願的冒險行為；這是風險和潛在的獎勵（以及伴隨著預期所釋放出的多巴胺），使其充滿樂趣。

樂趣會引導正向的感受；它不是情緒中立的。它可能出現在感官或身體情境下，包括視覺、聽覺、味覺、觸覺和運動等刺激。這些感受的例子包括純粹及自願的**暈眩**（*ilinx*）感、或雲霄飛車、或燈光秀及音樂表演所帶來的感官愉悅。

樂趣可以在對認知的追求中獲得，從簡單的謎題到大範圍的策略都可以，只要它們維持自願參與和（至少大部分是）非現實結果導向的。這也是為何在學習中能體驗到樂趣：建構一個心智模型以更好地理解情境，即使情境是「嚴肅的」，也可能經常被視為有趣。並非所有的學習都必然是有趣的（尤其是死記硬背的學習、或在壓力過大的情況下進行學習），並不是所有的樂趣都需要有學習的成分，但就樂趣的認知層面而言，學習是其中的一個重要部分。

當然，許多社交和情感活動都是有趣的。這些可以被構造化並與樂趣的其他層面組合，例如舞蹈（社交和身體）或派對遊戲（社交和認知）、或是它們可以更不結構化（觀看或參與活潑的對話）。這至少使文化活動是有潛力變得有趣的——這些活動有助於我們理解我們在社區和文化中的位置，如果它們仍是屬於自願和非現實結果導向的。這有助於解釋博物館如何被視為是有趣的，至少對某些人來說。

與這些全部相關的另一個樂趣的重要元素是，它必須保持在前面所討論的互動預算（interactivity budget）的主觀設定範圍內。在不同的時間，個人可能會想要迎接一個挑戰，而在其他時間，則可能想要一個更簡單、投入門檻更低者。預算的數量大小沒有一定，不同人之間、不同時間點上都會有所差異。但預算的概念——一個人願意花費多少精神（或身體）付出——仍然是一致的。再一次，這又轉回到關於心流的討論：如果某個活動在特定時間對某個人來說過於無聊或壓力太大，那麼它就沒那麼有趣；個人至少在那個時刻是處在心流的狀態之外。

將這些全部結合在一起，我們可以說樂趣是一種複雜的人類體驗，它包含具有以下屬性的活動和情境：

- 自願和（通常）非現實結果導向的。

- 具有正面的情感效價（有時隱藏在表層的負面體驗下）和一段持續時間，而不僅僅是短暫的愉悅。

- 擁有感官、認知、社交、情感和文化層面的參與中的一個或多個元素。

- 符合個人當前對互動程度的渴望，也就是符合他們的互動預算，這可能因人而異並隨著時間有所變化。

可以說，雖然不是所有吸引人的體驗都是有趣的，但所有有趣的體驗都很吸引人它們在多種不同形式和時間尺度上保持了正向、有吸引力、引人入勝的特質——無論個人在當下享受的互動程度高低。

在操作上（也就是在設計遊戲時），這意味著要讓遊戲成功需要：

- 是一個自願參與的活動，玩家自己選擇了投入其中。

- 在感知上具有吸引力，有明顯的行動呼召來啟動互動循環。

- 互動地參與本章所述的一種或多種方式——在廣闊的遊戲空間中提供機會讓玩家進行決策，並邀請玩家「活力、奉獻和專注」（Schaufeli 等人，2002年）。

- 不要過度要求玩家需投入的心理能力或互動預算。

你不能簡單地「設計出」任何這些品質，然後檢查它們。它們必然是你設計的整體體驗所創造出的湧現效果。作為一名設計師，無論你做什麼，你都需要考慮幾個問題：你是否正在增加這些品質或者減少它們？遊戲設計是否提供了充分的參與機會，包括某種形式的有意義的決策？它是否以不會壓倒玩家心理預算的方式來進行？在設計、建構和測試遊戲時，你需要多次問自己這些問題。

遊戲必須有趣嗎？

遊戲是被設計成具有互動性和吸引力的系統。因為許多有吸引力的活動也是有趣的（同時也是自願的、非現實結果導向、有吸引力的、正面效價的和互動性的），我們經常認為遊戲自然屬於這種分類。大多數人都這麼認為。

但這並非絕對必要。作為像**火車**（*Train*）這樣的遊戲例子，完全有可能以一種有點顛覆性的方式使用遊戲的吸引力、互動性和引人入勝的特質來引導玩家獲得有價值但他們卻從來沒有尋求過的體驗。

在一個關於遊戲造成正面和負面影響的研討會上，Birk 及其同事（2015）寫道：

> 大多數時候遊戲讓我們開心，但有時它們令人沮喪或讓我們感到難過。它們允許我們體驗到愉悅、成功和高興，但是它們也會因為較黑暗的主題而引發沮喪、失敗或悲傷的感覺。在遊戲中，我們可以體驗到各種各樣的情緒——無論是正面的還是負面的。

他們繼續指出，很多遊戲都建立在非常令人沮喪的體驗上｛例如，**超級肉肉哥**（*Super Meat Boy*）、**黑暗靈魂**（*Dark Souls*）、**矮人要塞**（*Dwarf Fortress*）｝或那些艱苦且往往是負面情感的環境｛例如，**最後生還者**（*The Last of Us*）、**癌症似龍**（*That Dragon, Cancer*）｝。儘管如此，這些遊戲仍然完全符合本章討論的內容，因為它們具有吸引力、自願體驗（如這裡列出的範例）並投入足夠的注意力到情感層面的互動中，即使它們不一定有趣，它們仍然具有極大的迷人吸引力。

再次討論遊戲中的深度和優雅

在互動性、參與度和樂趣的背景下，我們可以重新審視第 2 章中介紹的遊戲中的深度和優雅概念。你可能還記得，系統深度（depth）來自系統內部的系統層級結構，其中一個層級的構成元件是它下一個層級的整個系統，而這個系統又只是更高層級組織中的一部分（構成元件）。

當遊戲設計具有足夠的層次時，玩家可以在這些層級中上下移動作為心智模型的一部分，找到在每個層級與系統進行互動的方法，這會大大增加整體參與度、甚至是迷人的認知奇蹟感受——這是一種理性和情感投入的結合體，也會發現在（非互動性的）碎形（fractals）和動態的自體相似系統性結構中。

同樣地，優雅（elegance）是遊戲所擁有的品質，當它的系統不僅有深度，而且通常沒有例外、特殊情況，或系統結構中的其他不規則性來破壞其對稱性和準穩態規律性。具有這種品質的遊戲直接符合了 Bushnell 定律，因為它們易於學習且難以專精，因為玩家能夠相對容易地建構出僅具有少量互動的心智模型，在接近另一個區域時重用在前一個區域中學習的結構，因此簡化了學習過程——但不會將遊戲空間折疊成單一的狹窄路徑。

當遊戲要求玩家記住具有例外的規則、或兩個以相互矛盾的方式運作的不同系統時，這種心理資源的分配會降低玩家的互動預算，進而降低他們的參與度。玩家必須更加努力、才能在腦海中理解遊戲的內部模型；玩家也更難單純的享受遊戲，而不需要擔心如何正確的進行遊戲。如果遊戲具有越少規則、特別是越少的例外情形、並同時維持廣大的遊戲空間（透過讓玩家可以與之互動的多層級組織），則遊戲將會更優雅、迷人、愉快。

摘要

本章提供了解遊戲設計所需的最後基礎部分。你已經看到了之前介紹的系統思維方法如何澄清了對設計遊戲至關重要的互動性的混亂問題。這種對互動性的系統性理解提供了一個舞台，來討論玩家如何建構出一個心智模型，來對應遊戲內部的模型，並為玩家和他們正在玩的遊戲之間發生的各種類型的互動循環提供了幫助。這反過來又以多種形式闡明了與參與度有關的體驗。

在此基礎上，你已經看到了如何定義看似簡單但難以理解的樂趣概念。本章中有些矛盾的結論是，雖然大多數遊戲都是有趣的體驗，但只要它們保持高度的互動性和吸引力，樂趣就不是必要的。

從下一章開始，我們透過在設計遊戲的過程中運用對系統思維、遊戲結構、互動性和玩家心智模型的理解，從這個基礎開始向上發展。

PART II

原理

5　作為一位系統性的遊戲設計師

6　設計整體的體驗

7　打造遊戲循環

8　定義遊戲的構成元件

CHAPTER 5

作為一位系統性的遊戲設計師

在本章中，我們從基礎理論轉向遊戲設計的實踐。在這裡，我們將介紹遊戲設計流程的不同面向，以及如何在每個面向內開始成為一位系統性的遊戲設計師。

這是一個概述，將由第 6、7、8 章進行補充，在那裡我們將更深入地探討關於設計遊戲為一個統一的整體、然後是它的循環、最後是它的構成元件。

你甚至該如何開始？

很多人都想設計遊戲。他們夢想著並談論它，但不知何故從未實際開始。這很常見，大多數人表示他們對設計遊戲有著強烈的願望，但實際上並沒有這樣做。很少有人能夠鼓起勇氣，開始涉足遊戲設計的未知旅程。很少有人能夠跨過一段路程，並從他們初步的設計想法中瘋狂的把遊戲做出來。（這似乎是一個過於緊張的比喻，但是當你完成第一個遊戲時，你可能不再這麼認為。）

人們在考慮將遊戲設計作為不僅是一種業餘愛好時常常提出的第一個問題，是「我甚至該如何開始？」，這被提出的次數要高於「如果這樣不是很酷嗎」。設計遊戲似乎是一個不可能的問題，沒有簡單的操控把手、沒有明顯的方法。問題的純粹複雜性和費解程度，可以使你看起來能做的最好的方法就是雙腳跳進去、然後希望一切順利。事實上，這就是迄今為止幾代遊戲設計師所做的事情。在某些情況下，我們這些幾十年來一直設計遊戲的人只能算是做了第一次跳躍。對於許多人來說，前幾次嘗試都是完全失敗的。Rovio 經歷了 51 次嘗試，直到「憤怒鳥（*Angry Birds*）」有了大成功——甚至這次嘗試在開始時看起來也不太順利（Cheshire，2011 年）。

失敗本身並不是一件壞事；任何時候你嘗試新的東西（遊戲設計中大部分的時間都是如此），你都會經歷多次失敗。但是，你可以透過系統性地了解遊戲設計來減少失敗的數量和持續時間。將遊戲視為一個系統（且包含其他系統）是一個很好的方法，來解決在壓倒性的流程中該從哪裡開始的問題。

從整體到部分或從部分到整體

搞懂該從哪裡開始的關鍵是，釐清該從部分（構成元件）、循環或整體開始著手設計。關於這個問題有許多不同的想法。許多設計師堅定地支持其中一個，或支持對他們實際上有效的那種方式。一些設計師會宣稱任何遊戲設計都必須從「名詞和動詞」開始——也就是說，從組成系統的構成元件開始——而其他設計師則從更直觀的、他們想要創造的體驗來著手。偶爾有些人甚至可以從 Ellenor（2014）的「執行 X 的機器」的想法開始，然後確定哪些部分可以實現，以及何種遊戲體驗會從中湧現。對遊戲設計的「正確」方式的意見分歧，可能會導致溝通不良[1]。

---

1   在與模擬城市（*SimCity*）的 Will Wright 合作時，我有過這種經歷。他是一個堅定的「名詞和動詞」類型的人，而我經常從更全面性的體驗角度來看待設計。在我們能夠理解彼此的觀點之前花了一段時間。

儘管一些設計師有強烈的意見，但沒有一種「正確」的方式來進行遊戲設計。我們的系統性觀點應該可以將這點說明清楚：在設計遊戲時，你需要達到完全定義出構成元件、循環和整體設計的程度。作為遊戲設計師，你需要能夠輕鬆地在組織層級間上下移動，根據需要在構成元件、循環和整體之間轉移焦點。因此，你可以根據需要，選擇其中最合理的來啟動設計流程，並在它們之間來回。

了解你的優勢，補強你的弱點

當你開始思考製作遊戲時，你的想法會帶你到哪裡？你是否思考過玩家在遊戲中擔任了鯊魚或超級英雄的遊戲，或者每個人都是天空中的風箏？或者你更有可能將遊戲視為是模擬或建模（modeling）的問題？如果這是個關於一個小的單細胞生物的遊戲，你會先列出細胞的所有部分嗎？或者你是否想過，玩家在遊戲中是遠端交易所的經理，而你邊想邊寫下關於買入和賣出如何運作的內容？

每個遊戲設計師都有自己的優勢，每個人都有自己的「主場」，然後在設計變得困難時撤退回去。你需要找出你的遊戲設計的主場區域，然後找出不受誘惑並可以離開那裡的方法；你還需要弄清楚如何與不同於你的遊戲設計手法的人合作。

實際去執行遊戲設計是確定流程中的哪些部分對你來說最自然的最佳方式。不過，值得思考一下，你認為應該從哪裡開始進行。

說書人

傾向於從整個體驗開始的遊戲設計師，經常描繪出玩家在遊戲旅程中令人回味的畫面：玩家的感受、他們遇到的是什麼、以及他們經歷的一些變化。像這樣的遊戲設計師有時候看起來像是專業的說書人。他們可以給你帶來一個豐富的世界⋯但他們可能遇到麻煩。遊戲不是故事。將遊戲「講述」的像故事一樣，在建構玩家所居住的世界方面可能是令人滿意的第一步，但最終遊戲必須遠不止於此。

說書人需要堅持自己的才能，畫出一幅關於遊戲世界體驗的內心圖像，但不要只困在那裡。如果你是一位說書人，你需要建立自己的才能，創造具有自己的標記、規則和動態元素的可運作系統。你可能掌握了主題，但你需要使用下層的結構來支持它——並與可以幫助你這樣做的人一起合作。

發明家

許多遊戲設計師都迷戀於發明複雜的機制——就像是帶有大量齒輪的鐘錶、大理石雕塑等等。這些可以是令人著迷的系統。同樣地，有時遊戲設計師會想出新的生態或經濟機制的想法，並花時間玩玩看這些想法。例如，孢子（*Spore*）遊戲的早期原型包含了許多不同的模擬機制，包括一個（受到來自玩家的一些幫助）模擬星際系統，那是由氣體和塵埃組成的星際雲所形成的模擬機制。

但是這些令人著迷的發明並不是遊戲。正如講述一個關於遊戲的故事一樣，設計師有時會建立一種機制來止止「想看它們運行」的癢，並意識到他們忽略了人類玩家的需要。設計師可能會拋一些事情給玩家做，但很明顯機制或模擬仍然是人們關注的焦點。如果你是一個發明家，你可以做很多事情來建立迷人的動態系統——但不要忘記，遊戲必須有人類的參與，並且人也是系統的其中一個部分；玩家也需要有長期目標和理由來玩遊戲（整個遊戲）、不然他們會感到無趣。

玩具製造者

最後，一些遊戲設計師主要是玩具製造者（toymakers）。他們喜歡製作一些小東西或機制，這些小東西或機制並沒有真正做任何事情，但仍然具有吸引力、至少能吸引人一分鐘之類的時間。或者他們可能屬於對特定領域具有高度知識的人——例如特定型號飛機 Sopwith Camel 的爬升率和彈藥容量，或中世紀（或至少是幻想）戰鬥中不同類型劍的相對優點，或者是一個典型的珊瑚礁區會擁有的珊瑚種類——或者他們只是喜歡研究並找出這種資料。

許多從「名詞和動詞」開始設計遊戲的設計師，都屬於玩具製造者。也許你想製作一個關於免疫系統中的細胞攻擊入侵病毒的遊戲，所以你要從你所知道的（或任何你能找到的）T 細胞如何運作開始著手。玩家在遊戲中做的事情、或為什麼這可以吸引玩家／讓他們覺得有趣，這些可能是玩具製造者不會優先去思考的，或者他們可能難以找到這些問題的答案。擁有能夠產出設計中所需的構成元件和行為（也就是標記、規則，或我們所指的名詞和動詞）的能力，可以幫助這些設計師快速製作原型。但是，要將其變成遊戲，仍需要找到能打造出互動性系統的方法，並找到值得玩家追求和體驗的目標。

一同努力尋找樂趣

關於這些不同遊戲設計觀點的好消息是，一旦你找到了作為設計師的起點，你就可以將你的能力擴展到其他領域。只要你不止步在那裡，這些中的任何一個

都是很好的起點。更好的消息是，你還可以找到具有不同遊戲設計才能的人並和他們合作。對於具有不同設計風格的遊戲設計師來說，一起工作可能會很困難、甚至令人沮喪，但結果幾乎總是更好、並讓遊戲對玩家更有吸引力。

無論你喜歡遊戲設計過程的哪個部分，你都需要將自己擴展到其他領域，並學會傾聽、且與那些對遊戲設計的看法不同於你的人一起工作。許多遊戲設計歸結為能夠傳達你的想法、聽取其他人的想法，並且習慣與那些和你擁有不同優勢的人一起工作。將遊戲設計理解為系統設計，有助於闡明遊戲就是系統、以及遊戲設計師就是系統設計師的不同觀點。這種理解應該可以幫助你提高你的技能，並尋找其他互補的人。

做遊戲設計的很大一部分是關於一個經常被使用的用語「尋找樂趣（finding the fun）」。你可以從一個很酷的玩具、一個有趣的機制、或一個引人注目的體驗開始——這分別對應了構成元件、循環和整個遊戲——但你將需要把所有三個元素加起來、並形成引人入勝的互動，來打造出一個有趣的遊戲。要做到這一點，你需要將你的系統知識應用於創造遊戲系統、和創造如同系統的遊戲。

設計系統性遊戲

作為一種了解如何將遊戲設計為系統的途徑，我們可以看看遊戲中有效運作的系統有哪些特質，以及它們如何影響了遊戲設計的過程。

遊戲系統的品質

Achterman（2011）為建立遊戲系統提供了有用的指引。在他看來，有五項品質屬於有效遊戲系統的標誌：

- **容易理解（Comprehensible）**：作為設計師，你必須將遊戲視為系統及其內又具有的系統。當然，你的玩家也必須能夠理解它。這就是為什麼設計文件（給你自己的）和遊戲的呈現也都該容易理解，來幫助玩家建立出對遊戲的心智模型，這是件重要的事。

- **一致（Consistent）**：Achterman 指出了「讓規則和內容在遊戲的所有方面都起到相同作用的重要性。」為了解決問題而添加例外或特殊規則可能是很誘人的，但這樣做往往會減少系統的彈性（並可能引發後續問題）、使其更難學習。（這與第 3 章「遊戲和遊戲設計的基礎」中關於優雅的討論類似。）

■ **可預測（Predictable）**：遊戲系統對於給定的輸入應該有可預測的輸出。可預測的遊戲會幫助玩家建立對遊戲的心智模型，但在設計具有湧現性的系統時卻可能出現不一致的情形。可預測不應該被理解成遊戲系統應該是明顯的或無聊的機械式。但是，你的系統不應該對類似的輸入產生截然不同的結果，也不應該讓意料之外的狀況對玩家造成脆弱和崩潰。你應該至少能夠知道你已經解決了任何可能傷害玩家經驗的邊緣情況，或者為他們提供系統中的缺口來幫助玩家。

■ **可擴展（Extensible）**：系統性地建構遊戲通常使它們具有高度可擴展性。有別於依賴制訂「預設片段」的內容（例如，昂貴的手工創造的關卡），你應該盡可能地打造遊戲系統，使這些內容可被以新的方式重新利用或步驟化的被創造出來。你希望創造可被以多種方式利用的構成元件和循環，而不是一次性使用的弧線，那會使系統是複雜的（complicated）而不是複雜（complex）交互關係。雖然在一個循環中，構成元件會週期性地相互影響，正如資深遊戲設計師 Daniel Cook 所說，「弧線（arc）是一個破碎的循環，你會立即退出」（Cook，2012 年）。以循環而不是弧形進行設計，也使得把一個系統添加到一個新遊戲中、或將其放到一個新的背景中時更容易進行，它在那裡成為一個新的更大系統的一部分。例如，你可能決定要為玩家添加一種全新的建築類型；如果你在遊戲中有一個普遍的「建築結構」系統，這會比你必須手工製作出另一個系統要容易得多。透過仔細設計遊戲系統，只需要在其中擁有所需的構成元件和足夠的循環，你就可以更輕易地從內部擴展系統或是擴展它們的外部使用，這比依賴較多的固定內容、或斷裂分離的系統時相比要容易許多。

■ **優雅（Elegant）**：正如前面章節所討論的，優雅通常是系統的標誌。這個品質總結了上面的那些。它與前述的一致（consistency）品質有關但超越其中。以下是一些優雅的例子：

　■ 為玩家創造一個廣泛的空間，只需根據少數規則就能進行探索（再次提到，圍棋是這方面的典型例子）。

　■ 擁有系統性的規則、幾乎沒有例外，因此容易學習，其中可預測和湧現的行為都是可能的。

　■ 允許系統在多個環境中被使用、或添加新的構成元件到其內。

桌上遊戲和數位遊戲

本書同時使用了二種來源的遊戲範例，一種是桌上遊戲、也稱為不插電遊戲、棋盤遊戲、實體遊戲等；另一種是數位遊戲，在電腦、遊戲主機、平板或手機上玩的那些。從遊戲設計的角度來看，這些類型的遊戲之間存在很多共同性，無論其類型或其他屬性的差異如何。

即使你從未打算設計桌上遊戲，也可以從學習桌上遊戲中學到很多東西。在桌上遊戲中所有的「計算能力」都來自於玩家的頭腦中，其中所有的互動都必須使用像標記這種玩家可以直接操作的實體物件來達成，這是一項重大的挑戰。它限制了你作為設計師在將遊戲概念變成現實時可以做的事情，並突出了遊戲標記與規則、循環和整體體驗之間的關係。數位遊戲可以隱藏許多遊戲設計師在華麗的圖形和敘事剪輯場景背後的懶惰；桌上遊戲沒有那麼奢侈。

演員 Terrence Mann 在與大學戲劇系學生交談時說：「電影讓你出名、電視會讓你變得富有；但劇院會讓你變得更好」（Gilbert，2017 年）。這可以類比到遊戲設計（並不是說任何特定類型的遊戲設計都必然會讓你變得富有或知名）：設計桌上遊戲就好像在劇院中表演、而設計數位遊戲就好比演電影。像劇院一樣，桌上遊戲更接近觀眾；作為遊戲設計師，你可以隱藏的東西更少，並且必須在為這種環境進行設計而先磨練技藝。

這並不是說所有遊戲設計師都必須設計桌上遊戲，儘管這是一種很好的做法。但是，如果有時你想知道為什麼當「現代」的遊戲通常在電腦上運行時，為什麼還會拿這麼多的桌上遊戲作為舉例，這就是原因。桌上遊戲在 21 世紀初就像數位遊戲一樣經歷了復興。作為系統性的遊戲設計師，你可以從這兩者中學習，你可能會發現設計桌上遊戲會挑戰了你的技能、而在設計電腦遊戲時卻沒有。

設計如同系統的遊戲的過程

從我們希望在遊戲系統中找到的抽象品質中往下走一步，我們可以看到系統性的遊戲設計（無論是桌上還是數位）常見的整體設計過程。

這必然是一個迭代的過程，在構成元件、循環和整體之間發生。一開始，這個過程可能會迭代在你的腦海中、在白板上、在碎紙上、然後在文件和電子表格中。一旦遊戲開始成型，下面所簡要討論的原型製作和遊戲測試的迭代循環（並在第 12 章「讓你的遊戲成真」中更詳細）變得很重要：早期快速的原型製

作和遊戲測試，要遠好於希望你腦海中的想法實現的時候，就直接能夠很完美的奢望。這個過程是遊戲設計師的循環，如圖 5.1 所示（與圖 4.3 相同）。

如前所述，有可能從系統結構中的任何一點開始著手設計：從構成元件、循環或整個體驗開始都行，只要你從其中一個開始、然後移動到其他部分，以使它們相互支持。以這個提醒為前提，為方便起見，我們將從整體（whole）、架構（architectural）和主題（thematic）元素開始討論，然後轉到功能性的循環層面，最後再到各個構成元件。

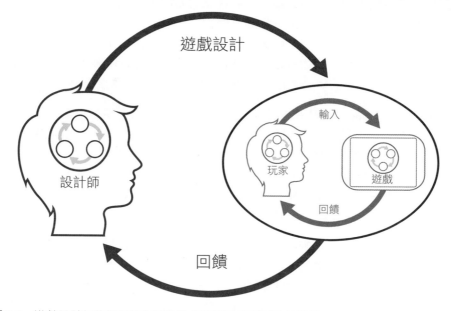

圖 5.1　遊戲設計師的循環使你能夠迭代地設計和測試你的設計。

整體體驗：主題架構

正如第 3 章所討論的，遊戲的高層級設計與玩家的整體體驗有關。我們可以將其分為架構（architectural）和主題（thematic）元素 —— 也就是 *使用者體驗*（*user experience*）的技術層面（遊戲的外觀和感覺）、以及定義了 *關於遊戲是什麼* 的隱性品質。在了解了遊戲的整體之後，就可以回答這個遊戲的重點是什麼（或是遊戲中某個系統的重點是什麼）這個問題了。

舉個例子，在近期的一段談話中，遊戲 *榮耀戰魂*（*For Honor*）的創意總監 Jason VandenBerghe 說：「我相信戰鬥是一種藝術形式。這個遊戲源於這種信

念」（個人談話，2016 年 12 月）。他的願望是讓玩家體驗格鬥作為一種致命的舞蹈般的藝術形式。雖然這種願望本身並不足以支持遊戲設計，但它是一個引人注目的願景，是指引遊戲開發者的星光，並且最終會產生遊戲所有的互動和細節。

很多時候，遊戲設計師或整個開發團隊都會自動進入遊戲開發過程，而不會完全闡明他們在遊戲中想達成的「整體體驗」。主題和願景的問題似乎挺無聊的；團隊想要製作遊戲！但是，正如你將在第 11 章「與團隊一同工作」中看到的那樣，對團隊正在製作的遊戲有一個共同的、連貫的願景，這是成功的最重要指標。

任何整體願景都有多個面向，如以下各節所述。這些面向代表並指出了更詳細的元素，這些元素必須被闡明以了解遊戲將是什麼。

遊戲的世界和歷史

首先，遊戲裡的世界是什麼，玩家在其中持有什麼樣的觀點？你可能會想到一個冷酷無情的世界、包含了間諜和雙面交易──但是玩家是在這個世界中努力達成任務的間諜嗎？或是扮演一位間諜大師掌管了一整隊間諜的行動嗎？或者可能是一位退休的老間諜進行最後一次的復仇任務嗎？這每一種可能都描繪出了不同的畫面，並將你的遊戲設計帶入不同的方向。

為了在某種程度上填充這個世界，它的歷史上有發生過哪些重大事件──那些會影響玩家的事件？如果你是一位說書人，你可能不得不抵制寫出 100 頁世界傳聞的衝動。如果你有時間和金錢，特別是有經驗知道什麼是有用的、什麼不是，那麼你可以放縱自己；你可能會在遊戲世界中添加重要的細節，讓它更加生動。但是如果你有任何時間或預算限制、或者你才剛剛開始，你應該避免迷失在背景故事的設定中。你需要知道世界是什麼以及它關於什麼，但首先，你可以在一兩頁的文字中完成它。你不應該寫任何超出支持你的設計所需的內容。之後，隨著遊戲的完成度越來越高，你可以充實一座城市的深刻、悲慘歷史，其內的巷弄內擁有上百萬個秘密。

敘事、進展和關鍵時刻

遊戲世界的歷史就是它的過去。它的現在和未來都包含在遊戲敘事中。你的遊戲是否具有玩家必須投入在其中的預先定義故事？是否有更大的事件發生在玩家身上，這些事件是從大規模的歷史中發展出來的，但是留下了玩家可以自己做出決定的空間？或者遊戲的歷史是玩家的起點，那裡的過去是序幕，並且幾乎沒有下一步的敘事來引導玩家的行為？

了解你的遊戲世界和（某些）歷史也將幫助你開始定義遊戲中發生的重大事件、玩家的目標和其中的進展、以及「關鍵時刻（key moments）」──那是你可以告訴玩家的短暫時刻或故事，為玩家提供有意義的高潮點。

藝術、創造收益和其他整體體驗問題

在整個遊戲體驗的層面上有很多問題需要解決：遊戲的藝術風格是 2D 還是3D？繪畫、卡通渲染還是超現實？你的選擇如何反映了遊戲的核心和對玩家而言的主題？與此緊密結合的是玩家與遊戲互動的方式──使用者介面（user interface）和使用者體驗（user experience），通常稱為 UI / UX。即使是創造收益（monetization）的設計──你的遊戲如何賺錢──也是你在此階段必須考慮的事情。

在第 6 章中，我們將詳細介紹設計和製作整個遊戲體驗文件的過程。現在，請記住，無論你是從一個高層級、可自由揮灑的創意願景開始、然後使用下層的循環和構成元件來支持它；或者你是首先從特定部分和動態開始進行，再到達整體的視野，這都沒關係。無論使用哪種方式，在你優化你的想法時，你將在它們之間來回迭代。重要的是，在你開始開發遊戲之前──也就是在你確定自己知道這個遊戲是**什麼**之前──你已經有了主題和願景、對整個玩家體驗的規畫、而且你的團隊間已經清楚地了解和分享了這些內容。

系統循環和創造遊戲空間

第 3 章和第 4 章「互動性和樂趣」討論了遊戲的循環：遊戲世界的動態模型、玩家對遊戲的心智模型、以及玩家和遊戲之間發生的互動。設計和建構這些循環以及支持它們的結構，是通常被稱為「系統設計師」所做事情的核心。除了這裡的概述之外，本主題將在第 7 章中詳細探討。

在為玩家創造一個可供探索和棲息的空間時（而不是讓他們依照單一路徑來進行遊戲），你需要定義遊戲的系統。這些系統需要支持主題和期望提供的玩家體驗，並且他們必須在遊戲和玩家之間以互動的方式運作。你需要指定並創造（透過迭代的原型製作和遊戲測試）玩家的核心循環、顯性的目標以及他們在遊戲中的進展方式。

創造這樣的系統可能是遊戲設計中最困難的部分：它需要你設想系統，這個系統利用了遊戲的標記和規則來創造出體驗，而這很難被預先明瞭。當然，你不必一次完成所有這一切──這就是為什麼原型製作和遊戲測試如此重要──但是能夠足夠好的想像多個循環系統、記錄且實現它們仍然是一項艱鉅的任務。

例如，在許多遊戲中，控制資源生產、製作、財富生產和戰鬥的系統都有自己的內部運作方式，並且彼此之間會互相影響、也會與玩家互動，創造出玩家的體驗。讓所有這些自己發揮作用並為系統性的整體做出貢獻，需要技巧、耐心和適應能力，來應對某些東西運作不良時的反覆嘗試。

平衡遊戲系統

製作遊戲系統的一部分是確保遊戲內所定義的所有構成元件都被使用、且互相平衡，並且遊戲中的每個系統都有明確的目的。如果你在你的遊戲中添加一個任務系統並且玩家忽略它，你需要理解為什麼它對玩家的體驗沒有貢獻，並決定是刪除它還是修復它。第 9 章「遊戲平衡的方法」和第 10 章「遊戲平衡的實踐」詳細介紹了這個過程。

結構性的構成元件：標記、數值和規則

你可能是因為有了一個有趣的循環機制或互動的點子，而開始了遊戲設計的過程。也或許你在一開始擁有的是一種想要提供給玩家的體驗，你因此開始定義遊戲和互動循環。或是在某些情況下，你可能對遊戲的基礎構成元件擁有一些想法，並從那裡開始。不論哪種情況，在遊戲真正成為一個遊戲之前，你需要將遊戲的功能循環擺放到整個情境之中（也就是整個遊戲體驗之中），並且還要創造出遊戲系統的結構部分。

你在第 3 章中首先讀到了關於遊戲中的標記、數值和規則的內容。你將在第 8 章中再次詳細了解它們。目前，以作為一位系統性的設計師而言，非常重要的是確切地了解遊戲中事情發生的過程，跨過比手畫腳的描述階段、並能夠實作到遊戲中。不然遊戲就無法產生。

遊戲設計的這個面向有時被稱為「詳細設計（detailed design）」，它是遊戲設計變得完全具體的地方。那把劍的重量是 3 還是 4 ？費用是 10 或 12 ？遊戲中有多少種類型的部隊、馬匹或花瓣，這些數字對整體遊戲玩法有何影響？追蹤和指定遊戲的這些結構部分被稱為遊戲設計中的「詳列於電子表格（spreadsheet-specific）」部分。這是系統設計的關鍵部分；這在很多方面是讓遊戲變得真實的原因。這樣的具體設計是需要的，來使不同被標記化的構成元件間可以平衡、形成一致性的整體，而不是讓它成為一個可以分開的獨立系統。

你在這裡需要考慮的問題是，如何指定能夠代表遊戲中各種物件的標記——像是玩家、其他人、國家、生物、太空船、或者任何遊戲中的可操作單位——並為其中每一個提供足夠的屬性、數值和行為來定義它們。思考這一點的一種方法是回答這個問題，你可以如何用最簡化的屬性、狀態和行為來支持遊戲系統，並提供出你想要的整體遊戲體驗？

與此相關的問題是如何明確的向玩家表示，遊戲中的標記是什麼、它們的用途、以及玩家如何影響它們。這反過來又會影響遊戲的 UI／UX——如何佈置棋盤或螢幕以向玩家呈現有關遊戲的必要訊息。在你知道什麼是必要的訊息之前，這是無法決定的。同時，透過思考你覺得玩家要遊玩遊戲需要知道哪些訊息，可以有助於這個設計標記的過程。

第 8 章更詳細地討論了這個過程，包括如何在較大的遊戲系統中，透過少數會彼此互動的通用屬性，來創造出複雜的物件、遊戲元件或標記，並形成其自身的子系統。第 8 章還討論了物件間行為（inter-object behaviors）的重要性，以及如何在遊戲中避免「輕鬆獲勝」或其他抹殺遊戲玩法的標記出現。

重新審視系統設計過程

作為一位系統性的遊戲設計師，你的循環（也就是設計師的循環）涉及了將遊戲視為整體、系統或個別構成元件的觀點轉換（見圖 5.2）。你需要能夠同時看到它們、以及了解它們如何互相影響。你還需要能夠依據遊戲設計的需要，深入了解其中任何一個的細節。重要的是，你不要把注意力集中在任何一個層級上、卻排除了其他層級；那樣做是無效地。當你發現自己在其中一個層級工作，但卻沒有任何實際效果時，試著轉換到其他觀點的層級中來努力，這通常可以幫助你發現需要修正的地方。如果你無法達成想要提供的體驗，請研究看看標記以及它們的運作方式；看看它們對體驗產生了什麼影響。或者，如果你已想清楚了想傳達的體驗，但無法適當的設計出標記，請先由系統的觀點中想想它們運作的方式。同時，不要因為其中有些範圍超出了你作為一位遊戲設計師的舒適圈，而去避免對系統進行標記化（tokenizing）的努力，請確保其中擁有有趣的互動、或確保一個有連貫性的主題。所有這些努力對於任何遊戲都是必需的，並且所有這些都是系統性的遊戲設計師的必要工作。

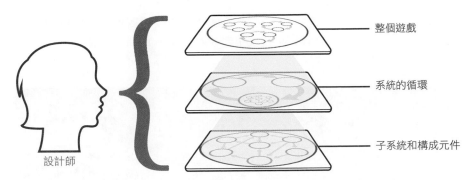

整個遊戲

系統的循環

子系統和構成元件

設計師

圖 5.2　作為遊戲設計師，你需要能夠同時查看構成元件、循環和遊戲的整體體驗，並根據需要細看其中的任何一個。

從系統觀點分析遊戲

作為一位遊戲設計師，並不僅僅意味著設計自己的遊戲；它還意味著玩和分析很多其他人的遊戲。重要的是能夠理解其他遊戲的運作原理──或者特定情況下它們行不通的原因。

你可以使用與設計時相同的系統結構來進行分析。它涉及到觀察整個體驗，包括你如何建立出你對遊戲的心智模型；遊戲的內部和互動循環；以及其中的規則和標記。透過仔細識別和分辨，你可以深入了解其他遊戲設計師做出的決策，從而改善你自己的設計。

當你第一次開始玩某個遊戲時，請檢視你如何建立自己的心智模型：你了解設定和主題嗎？你有得到驚喜嗎？當你學習遊戲時，你發現有什麼關於遊戲的概念是重要的、不完整的還是難以理解的？遊戲如何在早期增加你的參與度？

在遊戲當中及遊戲後，想想你擁有的全部體驗。你認為遊戲設計師試圖在玩家身上引發什麼樣的體驗和感受？是否有遊戲中的特定層面支持或減損了你的體驗？

遊戲的哪些視覺和互動元素支持了它的主題和期望提供的玩家體驗？根據美術風格和互動，你可以推斷出遊戲設計師對遊戲的意圖是什麼？

你可以在遊戲中識別哪些特定的遊戲系統？是否有系統是不需玩家操作而獨立運行的，或者它們是否都依賴於玩家先做某事？桌上遊戲**電力公司**（*Power Grid*）是（非數位情況下）一個很好的例子，其擁有了主要在玩家控制之外便

運行的系統。例如，在這個遊戲中，有一個簡單但高效的對供需經濟的描述：
當玩家購買更多的任何一種燃料時，它的價格會上漲，直到下一輪它的供應量
補足為止（見圖 5.3）。

圖 5.3　桌上遊戲**電力公司**（*Power Grid*），圖中的軌道顯示了煤炭、石油、垃圾和核能等
資源的價格。隨著玩家的每次購買、供應會減少、價格則上漲。供應每回合會補給一次，
如果燃料未被使用則價格會降低。

繼續關於分析的概述，作為遊戲中的一位玩家，你如何進展、以及你可以識別
出哪些強化循環？有什麼平衡循環可以阻止玩家的進展，或者不會讓早期領先
的玩家輕易的贏得遊戲？

遊戲中主要的互動形式是什麼？遊戲如何分配其互動預算？這是一個戰略和社
交遊戲，還是快速思考和反應的遊戲？你作為一位玩家與遊戲互動的方式，有
助於穩固遊戲的主題，還是弄糟它？

最後看看，哪些是特定的標記和規則（也就是組成遊戲的原子、以及它們的數
值及行為）？它們是否支持了期望達成的遊戲體驗或妨礙了其發展？在遊戲中
學習了一個系統之後，你可以將它的運作類推到遊戲的另一部分嗎，或是遊戲
有很多要學習的規則，每個都有自己的例外情況──所以你必須花很多時間思
考如何進行遊戲呢？

通常，遊戲的美術風格是以個別的標記來呈現，有時以令人驚訝的方式。例
如，桌上遊戲**璀璨寶石**（*Splendor*）是關於成為一位寶石商人並開展你的業
務，從個別礦山開始、最後尋求各種貴族的青睞。遊戲中的物理元件就像玩撲

克時的籌碼。它們代表了不同的寶石，每個都有一定的重量。它們的重量巧妙地增加了遊戲期望達成的體驗，儘管與其他美術部分（以及各種遊戲中的大多數美術）一樣，它是非功能性的。

當你透過檢視遊戲的構成元件、循環和整體來進行遊戲分析時，你將開始看到它們之間的共通點，以及每個遊戲的獨特之處。了解相似點和不同點將有助於你改進自己的設計——避免他人的錯誤、學習他們的好點子，並保持你遊戲設計的新奇和魅力。

原型製作和遊戲測試

作為一位系統性的遊戲設計師，最後一個重要部分是迭代的（iteratively）獲得回饋。遊戲設計必然是一個反覆測試和增進遊戲設計想法的過程，並為了遊戲的整體願景而努力。如果沒有經過多次更改，遊戲創意將無法從你的頭腦內、進展到最終可以到達玩家面前。在遊戲開發過程中各種改變都是很常見的，但單一的整體願景經歷多次變動的情況卻較少見。

舉一個來自於創意相關領域的例子，這個例子來自於電影製作。皮克斯的總裁 Ed Catmull，已經公開談論過他的工作室製作電影的許多經歷。「我們所有的電影最初都很糟糕」，他在與一群有抱負的電影動畫師交談時這樣說。他補充說：「當我這樣說時，很多人都不相信我。他們認為我是謙虛或客氣，但我不是那個意思。我的意思是電影爛透了。」他繼續討論電影**天外奇蹟**（*Up*）在其發展過程中經歷的許多故事變化：它開始於一個關於天空中的王國的故事，兩個王子不喜歡彼此，他們落到地上並遇到一隻名叫凱文的巨鳥。那個版本經歷了大量的變化。當他們完成這部電影時，他說「唯一剩下的就是鳥兒和 'up' 這個詞了」（Lane，2015 年）。

遊戲中也會發生同樣的事情。雖然你的遊戲可能不會像**天外奇蹟**這樣的電影一樣變化的這麼劇烈，但你必須為許多迭代做好準備——創作過程中經歷多次循環。這意味著你必須願意一遍又一遍地測試你的想法、隨時學習和改變它們。這意味著你必須足夠謙虛地改變一個想法，或者如果它行不通時就扔掉它。迭代和「尋找樂趣」不可避免地意味著丟掉大量的工作——繪圖、動畫、程式、設計文件等等。你不能僅僅因為你花了很多時間在上面，就堅持你曾經做過的事情。如果你這樣做的話，那麼你可能選擇了一個還過得去（或平庸）的想法，但如果你願意做更多的努力並優化它時，卻可能得到一個很棒的結果。

要有效地對遊戲設計進行迭代，你需要讓它們變得真實。唯一的方法是製作早期版本——也就是原型——並測試它們。你可以從畫在白板上開始，或者在桌子上使用紙和代幣——任何可以讓你開始玩你的想法的東西都可以。大多數原型都會有不同程度的醜陋或未完成，但最後會聚焦成整體、完全且經過修飾的產品。關鍵是要將你的遊戲設計從想法進入到實際的實現中，並可以被遊戲和測試——並儘可能頻繁且快速的這樣來進行。

遊戲測試是你驗證原型的方式——或者更常見的是，你如何找到遊戲設計不良的地方。對遊戲設計師而言，培養出判斷一個設計可不可行的直覺是很重要的，但即使對經驗最豐富的設計師來說，對從所未見的遊戲玩法進行測試仍是不可取代的。正如 Daniel Cook 所說，沒有實行和遊戲測試，遊戲設計仍然是「無效的紙上幻想」（Cook，2011 年 b）。你需要儘早且頻繁的與其他人一起測試你的設計理念，以讓你的遊戲保持在軌道上。

我們將在後續的章節中回到原型製作和遊戲測試的主題，特別是在第 12 章。現在，應了解作為一位遊戲設計師的工作核心，是具有謙虛和創意的彈性，來測試及優化你的遊戲設計想法（根據別人對遊戲的想法來進行優化）。你將需要製作快速、通常是醜陋的原型，並且你需要在設計和開發過程中反覆對潛在的玩家進行測試。你頭腦中閃亮的想法永遠不會在沒有變化的情況下就成為現實——很有可能要經歷很多改變。

摘要

這個簡短的章節概述了作為系統性的遊戲設計師的工作方式。雖然開始進行一個新的遊戲設計可能真的令人生畏，但透過將遊戲分解成它的構成元件、循環和整體——不一定要按這個順序——你可以從這裡開始在每個層級定義你的遊戲。

接下來的章節將為這裡討論的主題添加更多細節。第 6 章詳細介紹了整個的遊戲體驗——如何發現它、記錄它、以及如何創造出其內的系統。第 7 章重新審視了遊戲的功能循環，這次使用了系統思維和遊戲循環的知識，來制定出你遊戲中的特定循環。然後，第 8 章再次介紹遊戲的各個部分以及如何創建這些「詳列於電子表格」的標記、數值和規則。

設計整體的體驗

本章將介紹你如何找到遊戲的整體構想，以及如何在概念
文件中記錄這個高層級的願景。這個文件彙整了整體玩家
體驗中的元素、你的遊戲為何特別，以及更實際的問題，
例如你將如何銷售遊戲、遊戲中包含了哪些系統。

概念文件是整個設計的簡要概述，但它代表了遊戲的統一
整體，並將成為你開發遊戲時的試金石（檢驗標準）。

整體構想是什麼？

每個遊戲都有一個重要的驅動想法。這通常被稱為遊戲的**概念**或**願景**。重要的是，你要在設計過程的早期、弄清楚並闡明你的遊戲願景；你需要能夠簡潔地向他人解釋。如果你把它擺在一旁太久，你會徘徊在一個接一個的可能性，而找不到你遊戲的核心──沒有人會明白你想做什麼或為什麼它值得做。正如你將在第 11 章「與團隊一同工作」中看到的那樣，為你的遊戲提供清晰、引人注目的共同願景，是最重要的實踐方法、能夠幫助你打造出成功的遊戲。

儘管用**願景**（*vision*）這樣的詞語來提及，但遊戲的想法並不一定是宏大的；事實上，大多數時候，這個想法越小越集中越好。**憤怒鳥**（*Angry Birds*）背後的想法絲毫不是史詩般的，但遊戲本身對於數百萬人來說是非常愉快的。正如第 5 章「作為一位系統性的遊戲設計師」中所提到的，Ubisoft 公司所製作的更為英雄式的**榮耀戰魂**（*For Honor*）遊戲，有一個清晰且看似簡單的「似舞蹈的戰鬥」這樣的願景。雖然還有很多關於遊戲的內容，但像這樣的單一、令人回味的短語非常強大：它可以幫助你快速、清晰地傳達遊戲背後的重要驅動理念，激發人們的興趣並鼓勵他們了解更多訊息。

藍天設計

你如何找出你的遊戲的重要概念──它的願景是什麼？在許多情況下，特別是如果你開始設計一個全新的遊戲，你可能有機會參與所謂的**構思**（**或點子發想**，*ideation*），這是一種表示「發想並討論新想法」的新奇用語。其中一種特別開放性的形式被稱為**藍天設計**（*blue-sky design*）──設計不受限制、規則、商業現實、或任何可能侷限創意的討厭東西的約束，在那裡，你在藍天中飛行，能夠去你想要的任何方向。這可能是一個令人興奮的經驗，也是許多遊戲設計師渴望的、特別是在他們職業生涯的早期。

方法

藍天設計的操作方式可能多到能和遊戲設計師的數量相比。你可以在自己的腦海中自己做這種發想，但與其他人一起做會更有效。能夠獲取他人想法、並從他們的創造力中獲益，可以增強整個過程和最終的遊戲概念。

大多數時候，當你進行藍天設計時，你會和其他設計師組成一個小團隊——這意味著你可能會坐在一個房間裡、面對空洞的紙和白板，而每個人面面相對⋯你必須想出一些重要的新想法。這就好像在說，「好吧，那那那 ... 就有點創意吧——開始！」

類似腦力激盪

許多設計團隊像操作腦力激盪一樣來進行藍天設計。這是一個很好的起點，只要經過一些細心的調整。與許多其他腦力激盪技術一樣，你希望首先瞄準數量而不擔心品質：只是讓想法生成。你可以從提示、笑話或其他任何內容開始，以幫助提出想法。引用遊戲設計師 Ron Gilbert 的話說，「每次良好的腦力激盪會議都從對 星艦迷航記（*Star Trek*）的 15 分鐘討論開始」（Todd，2007 年，第 34 頁）。這種文化參照物（cultural references）隨著時間的推移而改變，但重要的是要讓每個人在精神上放鬆，並以一種良好、有趣、投入、創造性的心態來參與。

一旦你開始進行，你需要讓想法保持流動，但盡可能的輕鬆進行：強硬的審核通常會關上創意的流動。你可以用輪流的方式、確保每個人都有所貢獻。你甚至可以把它當作一個遊戲來玩，你說的這個想法的第一個字母必須是前面一個提案人所說想法的最後一個字母。這其實並不重要，只要你讓想法保持流動，直到你建立出很多可能的方向。

超越簡單的想法

要快速取得想法並持續這樣做的最重要原因是，你最初的想法很有可能很糟糕。它們可能是膚淺的刻板印象和陳腔濫調、你最近遇到的遊戲和電視節目的淺薄翻版。大多數設計師都會這樣。這些想法存在你心靈的表層，所以當你開始提出想法時，它們最容易被從你的創意袋中被抓出來。

你不能真正避免遇到刻板印象和陳腔濫調，但你應該可以避免停止在上面。那些前幾個想法會很誘人，因為你很快就想到了它們（證明你有多聰明）。你可能想要停在那裡，但你需要將自我安撫的想法放在一邊並繼續前進。你需要探索並推動自己的創意界限。如果你正在與其他遊戲設計師合作，你需要根據他們所說的內容來看看你可以提出什麼。如果這個過程運作良好，你將跳出彼此的想法，並到達你從未想過的地方。

扭轉想法

第二個重要的步驟是將現有的想法進行混合並顛覆它。例如，假設已經陳述出來的想法是，你是一個必須殺死龍來拯救村莊的戰士。令人打哈欠，不太具有原創性。但是，不要關閉這個想法和提出它的人，試著扭轉它：如果你想拯救的是龍會怎樣？那怎麼發生的？如果你試圖說服村民與龍結盟呢？又如果你這個玩家就是龍呢？只需幾個快速的步驟，你就可以從令人厭倦的陳腔濫調轉換成有識別性的點子，且可能有更多優點和更多可以探索的空間。

處理這種情況的另一種方式通常被稱為「是的，而且⋯（yes, and⋯）」。這是即興劇和其他領域的常用技巧，在這些領域中，你正試圖以他人的想法為基礎進行合作。當一個人對談話提出了一個想法。不要用「這不好」來停止點子的流動，而是另一個人會說「是的，而且⋯」，接在後面說出的是他們自己對第一個想法的扭轉版本。然後其他人對第二個人的想法做同樣的事情。隨著過程繼續下去，想法也透過添加的方式逐漸蛻變。其中最好的部分之一是，沒有人試圖堅持自己的想法；重要的是想法本身，而不是誰說出來的。這是在過程中移除自我的好方法，並專注於獲得最可行、最具創新性的想法。

策展

即使在藍天設計的思維中，想法的產生也是有限的。在許多腦力激盪過程中，人們普遍認為「沒有任何想法是壞想法」，或者你可以使用「是的，而且⋯」來讓任何想法變得可行。確實，你真的希望先讓想法開始流動，超越所有那些很容易出現的刻板印象和陳腔濫調，而且你也很想擺脫以自我為中心的時刻「我想要我的想法贏得勝利！」但是在某些時候，你需要開始將注意力集中在一些想法上。

當團隊產生了一堆想法──請將它們寫在紙上、白板上或類似的地方──並退後一步來看看它們。通常很明顯地可以分出其中哪些最有熱情和創造力──也就是讓人們感到興奮、並且團隊可以花費整天進行探索的那些──以及相比之下就知道哪些是創造力的乾涸之井。注意那些人們會自動開始談論的想法。與此同時，並非所有這些受歡迎的想法都可以被打造成整個遊戲；有些將超出你的能力、或者需要不存在的技術、或者只是朝著不符合你想要的方向前進。

要從這些想法中仔細選擇、加強和添加來自其他想法的元素是一個困難的過程，需要大量的經驗和合理的判斷。這種選擇就像博物館館長要決定展出哪些

有價值的物品；在策展時，館長並不認為某些作品沒有價值，但並非一切都可以成為關注的焦點。同樣地，雖然任何人都可以有很好的想法，但是需要經驗才能認識到哪些是最值得關注的，特別是當有一大堆好主意想要引起注意時。

這個工作通常落到一個資深的創意人員身上——在一個大型組織中，這可能是一個創意總監、一個首席設計師、或者有時候是執行製作人——將團隊經由藍天設計的努力集中到他們可以深入挖掘的一些想法上。這可以像在白板上圈出想法一樣簡單、並指導團隊對它付出努力，或者正式地在許多被提交的書面想法中寫下短暫的後續工作指示。

無論如何，這個階段對想法的處理、意味著拋下所有其他想法，這並不容易。請記住，在所有產生的內容中找到最適合當前情況的少數想法，是讓團隊的創造性工作聚焦的一個關鍵；你不可能專注在所有的想法上。借用 Steve Jobs 曾說的一段言論中的概念 [1]：重要的是要記住，專注意味著對 1,000 個好點子說「不」。

藍天設計的侷限

藍天設計可以從完全無方向和發散開始，它可以是一種方法來產生許多你不會在其他方式中發掘的想法。然而，事實證明，這種無限制的設計通常不導向任何地方——甚至朝相反的方向前進，其中沒有一個是明顯勝出的。當獲得一個機會可以設計任何他們想要的東西時，許多遊戲設計師感到癱瘓了，無法提出任何有連貫性的設計方向。

由於創意不受限制，許多設計師發現他們回歸到概念安全的遊戲上，也就是他們已經知道的那些，而不是開展出全新的方向。腦力激盪和「是的，而且…」可以幫助這個過程，但前提是那些參與者能夠在精神上進入未知領域。類似的情形，在沒有時間限制的情況下，許多設計師發現他們對設計進行無止盡的修補，並且從未打定主意並簡單地完成遊戲。

這並不是說藍天設計毫無價值。有了合適的參與者，它可以成為一種極好的體驗，並帶來高度創新的新遊戲。但重要的是要明白，這種無限的設計空間很少像它看起來那樣令人滿意，而且通常不會產生如你想像中那樣驚人的新遊戲。

1　1997 年，Steve Jobs 說：「人們認為專注意味著對你必須關注的事情說『是』。但這根本不是它的意義。它意味著對其他一百個好點子說不。你必須仔細挑選。實際上，我為自己沒有做過的事情感到自豪（如同對做過的事情感到自豪一樣）。創新意味著對 1,000 件事說『不』」（Jobs，1997 年）。

限制是你的朋友

幸運的是，真正無限制地進行設計的機會很少。你幾乎可以肯定你的設計概念是受限的：你只有有限的時間或金錢、你可以放置遊戲的平台可能是受限的、你可能會受到對遊戲進行程式設計和美術方面的限制。

設計遊戲的重要一課是限制可以幫助你。這些限制可能是你自己設定的限制，也可能來自外部。通常在專業遊戲開發中，你擁有時間、金錢和技術的現實限制。根據你要製作的遊戲類型、必須遵守的財產授權等，這些都可能對你的構思有很大的限制。這些都限制了你可以做的藍天設計思維的數量，但這絕不會限制你可以在限制中應用的創造力。

你可能還希望根據你想要的遊戲類型（如果它未被限定時）以及你希望玩家獲得的整體體驗來設定你的設計限制。即使在藍天設計會議的初期，團隊成員也可以創造自己的限制，作為一種為點子發想設定基本規則的方式：像是「沒有虛擬實境的遊戲」或「沒有涉及殺戮的遊戲」。這樣的限制必然會消去大量的想法，但根據前面提到 Steve Jobs 的言論，這完全是重點。

注意事項

請記住關於腦力激盪和點子發想過程的一些注意事項。雖然有些人喜愛腦力激盪的自由自在，但這個過程有一些潛在的缺點，你需要努力避免。

其中最常見的一種是，最先發言或最常發言的人最經常被聆聽。最響亮的聲音有時會排擠掉較小聲的重要評論或更創新的想法。不幸的是，這同時具有個性和性別方面的特徵：習慣控制會議的男性和外向者經常掌握了點子發想的過程──即使他們不是故意的。女性和那些性格較為安靜、或者覺得不需要站起來控制會議的人往往會覺得不被聽見。因此，團體失去了潛在的重要觀點。

一個類似且相關的問題是團體迷思（groupthink）：一種常見的想法是，如果會議室中的每個人都同意某個特定的想法或行動方案，那它一定是好的。但是，如果房間裡的人代表的只是狹隘範圍內的聲音──全都是男性、全都是特定遊戲類型的粉絲…等等──那麼所考慮的想法範圍實際上可能非常小（並且該群體最無法適當的評估它，因為我們看不到自己的盲點）。想想看那些你可能可以帶進構思會議中的人，以提供更廣泛的觀點：不同性別、種族、生活經歷、興趣甚至不同經驗層級的觀點。並非每個腦力激盪會議都必須充分地代表廣泛

的人性，但透過在這個領域做出努力，你們將更具創造力。透過將多樣化的聲音帶入你的點子發想階段，**並聆聽它們**，你可以更快地超越淺薄、衍生性的想法，並且更有可能獲得更好的想法。

腦力激盪的另一個潛在問題是，期望在單一次的會議中，就能發想、並確定出某個遊戲的願景或功能——如果有必要，即使持續整天也可以。這是一種鼓勵創造力的糟糕方式。許多人不適應在大型團體中說話，但卻有很棒的想法。即使每個人都感到舒服，如果你們全都坐在一起，創造力也會迅速被消耗掉。當你看到想法的流動變慢時，不要讓人們試圖強迫產出想法，休息一下會更好。每個人帶著一些想法（分配、選擇，或只是留在他們腦中的想法），去自由活動一個小時或更長時間。然後每個人在當天稍晚時回到一起，看看每個人的想法到哪裡了。你不需要重新開始，也不必從中斷的地方繼續進行。只要讓人們有機會討論腦海中的想法，你就會對帶回來的新觀點感到驚訝。

期望的體驗

最初的點子發想過程旨在幫助你找到並闡明你的遊戲概念和願景。在此範圍內，你需要回答的最重要的一個問題是，你希望玩家擁有的體驗是什麼？也就是說，你想讓玩家做什麼、你希望他們如何進展，最重要的是，你想讓他們感受到什麼？

這可能非常難以確定，特別是如果你是以身為一位發明家或玩具製造者來進行設計時。它甚至可能被覺得是一個次要的問題：你可能會覺得先弄清楚遊戲標記和規則比較好。你當然可以從這個方向來進行遊戲設計——但是在某些時候，理想情況是最好早一點，你需要解決你希望玩家在遊戲中擁有什麼樣的體驗的問題。如果沒有你作為遊戲設計師的關注，這不會很好地被解決。在沒有特意設計玩家體驗的情況下來設計遊戲，會形成一個混亂的心智模型，並難以被學習和吸引參與。

如果你更像是一個說書人式的設計師，你可能可以迅速到達玩家體驗的情感本質——但你可能需要其他人來幫助你把它歸結為現實。如果你有一個敘事結構，你可能已經很好地了解了你希望玩家擁有的那種體驗。但是，在這種情況下，你需要確保你是在設計遊戲而不是編寫電影。你想要的體驗是否支持二階設計，以使玩家可以探索遊戲空間，而不僅僅是呈現出一個故事讓他們作為觀眾來經歷？

從這些關於期望玩家所獲得體驗的一般性想法和方向，我們進展到你必需下決定的更具體方面，包括以下內容：

- 誰是你的玩家？他們的動機是什麼？

- 遊戲中最常用的遊戲玩法，也就是遊戲類型是什麼？

- 將這兩者結合起來，想想看玩家的幻想是什麼？他們在遊戲中的角色是什麼，這為他們提供了探索的理由和空間嗎？他們是英雄、海盜、皇帝、糞金龜、小孩還是其他完全不同的東西呢？

- 玩家有哪些選擇？他們如何在遊戲中取得進步？

- 你在遊戲中最依賴什麼樣的互動？你是如何花費玩家的互動預算？這主要是一個快速的反應遊戲、一個依賴於精心策劃的遊戲、還是一個主要設計來引起情緒反應的遊戲？視覺和聲音的美學又是如何？

本章後面將更詳細地討論這些和相關的項目。

概念文件

僅僅想出要提供給遊戲玩家的整體概念和所需體驗是不夠的；你必須可以很好地闡明你的願景，以便將其清楚地傳達給其他人。你可能很想跳過這一步，特別是如果你在一個小團隊內工作。這個過程可以清楚表達出你的想法，確保你的團隊都朝著相同的願景努力，並幫助你將設計銷售給其他人——新的團隊成員、潛在投資者、遊戲公司高層等等。

通常，遊戲的概念會被形式化在一份簡短的文件中。這是一份同時為了傳遞訊息和說服他人所製作的文件：你在其中盡可能快速、清晰地傳達你的想法，同時也展示了你的遊戲理念值得發行的原因。在為設計爭取資助或類似的批准時，就是被稱為「募投簡報（pitching）」的過程，你將經常要呈現出類似於概念文件中的結構（儘管概念和簡報文件也會基於其聽眾而顯著不同）。（有關募投簡報的更多詳細訊息，請參閱第 12 章「讓你的遊戲成真」。）呈現風格都各有不同，你很可能會發展出自己的概念文件形式。本章討論的概念文件模板包含在本書的線上資源中，網址為 www.informit.com/title/9780134667607。

概念文件可以記錄在紙上，或者更常見地——使用線上文件或網頁。在線上對概念文件進行維護有很大的好處：首先，它一直是最新的，而不是變得陳舊和被遺忘（這是產品文件的常見命運）。此外，你也能隨著時間變化、有條不紊地在其中添加更多設計的詳細資訊。

概念文件應始終保持對遊戲的高層級觀點。隨著計畫的進展，這個概念可以而且應該成為所有遊戲設計文件的匯流點，就像冰山的頂端一樣。整體設計和概念文件本身可能在開發過程中發生變化，因此保持文件是最新的非常重要。概念文件應保持清楚簡潔，並突出遊戲的願景。你可以使用的圖片和圖表越多越好。但除了對遊戲的美術風格、世界歷史、玩家進展等等（後續將討論）提供簡要、高層級的概念描述之外，概念文件還可以作為指向其他更具體內容文件的指針。這種結構讓多個設計師能夠在遊戲的不同部分上工作，並允許在遊戲開發過程中加入不同的文件，同時保留概念文件作為設計的總體表達。在開發的陣痛中，將概念文件作為對遊戲願景的試金石、以及作為將設計組織起來的原則是非常寶貴的。

概念文件有三個主要部分：

- 高層級概念（High-level concept）
- 產品描述（Product description）
- 詳細設計（Detailed design）

以下各節詳細介紹了這些部分的資訊。

傳達概念

概念文件的第一部分有助於快速、簡明地傳達有關遊戲的高層級訊息。通常其中有幾個小節：

- 暫定名稱
- 概念陳述
- 遊戲類型
- 目標受眾
- 獨特賣點

暫定名稱

暫定名稱（working title）就是你如何稱呼你的遊戲。這應該要可以引出對遊戲其餘部分的想法，並且讓談起它時更方便。有些團隊在此階段花了相當大的精力來找到合適的名稱，甚至在線上搜索可用的網域名、查看競爭遊戲的名稱等等。其他團隊則採用相反的方式，選擇了與遊戲玩法無關的名稱（通常是希望透過使用代號來保持機密性）。

經驗顯示，無論哪種方式都有效，而且可能不太重要：你一開始為它取的稱呼，極有可能不是最終成為商業產品時所用的名稱。目前，你最好先找到一個能對應的名稱，它只是一個方便的臨時稱呼而已。之後會有時間對定名做廣泛搜尋的。

概念陳述

為了顯示你真正理解自己的遊戲概念並幫助其他人快速理解，你需要創造和精鍊出你的概念陳述（concept statement）。這是一兩個簡短的句子，可以呈現遊戲的所有重要層面，特別是玩家體驗。當有人問：「你的遊戲是關於什麼的？」這就是你應回答的——你應該已經先準備好了。這是你讓其他人對遊戲產生的第一印象。撰寫概念陳述似乎很容易，但實際上很難做好。因為這是你對遊戲願景的提煉，所以值得花時間打磨這個陳述。概念陳述需要簡短、精鍊、易懂，並且應該讓第一次聽到或閱讀的人對遊戲設計的重點有一個準確的（假使不是詳細的）概念，為什麼它跟市場上成千上萬的其他遊戲不一定、以及為什麼它很有趣。

思考遊戲概念陳述的一個好方法，是在推特的推文限制內表達它：也就是在字數不超過 140 個的情況下，描述出關於遊戲的一切重要內容，以便讓對遊戲或你一無所知的人會想要再知道更多。不必擔心如果你稍微超過一些字數限制，但要記住這些指導原則是幫助你產生陳述、並仔細選擇你的用詞，這樣你就可以在概念陳述中包含更多內容。

一個問題

有另一個與概念陳述密切相關的有用概念，它被一些遊戲設計師稱為「一個問題（The One Question）」（Booth，2011 年）。嚴格來說，這不是概念文件的一部分，但它可能來自或出現在遊戲的概念陳述中。這裡的想法是，你可以使用哪一個問題來解決設計問題？例如，如果你正在進行詳細的歷史模擬，你可能會詢問各種設計特徵「它是真實的嗎？」如果你正在製作關於忍者的遊戲，你

可能會問「他可以隱身嗎？」這可以適用於遊戲中的一切，從微小功能到使用者介面都適用，不論從字面上或象徵性地來說都是。

吉他英雄（*Guitar Hero*）及其後繼者**搖滾樂隊**（*Rock Band*）的遊戲設計師 Jason Booth 表示，關於**吉他英雄**所擁有功能的一個問題是「它搖滾嗎？」如果一個功能沒有直接對遊戲的這項基本品質作出貢獻，那麼團隊就把它放到一邊。如果他們不得不在兩個功能之間做出決定，那麼他們就選擇更搖滾的那項。例如，當選擇是否讓玩家自定義角色或使用預製角色時，「它搖滾嗎？」這個問題就被應用成「這是否讓玩家覺得他們就是搖滾明星？」答案當然很明顯，讓玩家自定義外觀是幻想成為搖滾明星的一個重要部分。

Booth 表示，當團隊轉向製作**搖滾樂隊**（*Rock Band*）時，他們很難確定願景，因為他們非常喜歡對**吉他英雄**的工作，但他們「必須以非常不同的方式重新構想產品」。結果，他們得出了一個問題「這是一個身處在搖滾樂隊中的真正體驗嗎？」他說，「一旦我們確定了這一個問題，很多關於功能方向的潛在爭論就消失了，因為每個人都基本上可以看出兩個計畫之間的分界線」（Booth，2011 年）。

這種可以幫助釐清的問題（或陳述）可以幫助你達到簡潔的願景，並評估後來的那些想法和功能是否適合這個遊戲。

遊戲類型

遊戲的**類型**（*genre*）是基於它所使用的遊戲玩法慣例、提供給玩家的挑戰和選擇型態、以及設計的美學、風格或技術層面，來描述遊戲的簡略方式。遊戲類型沒有官方版本，並會隨著時間的演進而變形或形成子類型。因此，遊戲的類型是一種啟發式標籤，通常表示遊戲中普遍存在的那種互動：它是一種快節奏的動作遊戲、一種更加深思熟慮的戰略遊戲、一種情感和敘事驅動的遊戲、一種主要與他人進行社交接觸的遊戲，或這些中的組合？

例如，**射擊**（*shooters*）是動作遊戲中長期存在的子類型，玩家通常會花很多時間射擊東西。這些遊戲通常依賴於在暴力、互相殺戮的環境中使用動作／回饋和短期認知互動的快速動作——通常盡可能快地主動射擊事物。但是有幾乎無窮無盡的射擊遊戲子類型存在：一個遊戲可能是「2D 由上而下視角的太空射擊遊戲」{如**無厘頭太空戰爭**（*Gratuitous Space Battles*）} 或「大型多人彈幕合作射擊遊戲」{如**狂神國度**（*Realm of the Mad God*）}，以及許多其他可能性。隨著一種類型的成熟，甚至有些遊戲會重新考慮其默認假設。**傳送門**

（*portal*）就是一個很好的例子：它是一個射擊遊戲，你花了時間在遊戲中射擊東西──但不像其他射擊遊戲，在**傳送門**中你不會殺死任何東西，你用你的射擊來解決謎題而不是僅僅是儘速地摧毀東西。

傳送門的例子突顯了在討論你遊戲的類型時一個重要面向：雖然遊戲是一個射擊遊戲，但當它跟其他任何的射擊遊戲都不同時，很多人會因為提及了這個廣泛類型而被迷惑。設計師有時會拋棄像**射擊**或**戰略**這樣的遊戲類型名稱而不考慮其後果，甚至是他們在遊戲中包含了某種遊戲類型的特定面向時。使用遊戲類型名稱是有幫助的，但如果你不夠仔細也可能導致懶惰的設計：如果你說你的遊戲是一個策略遊戲，你想指的其實是說它有一個由上而下的視界或等距視角、或者你可以命令很多單位、或者其他東西？這些都是策略遊戲的常見功能，但你的遊戲可能會與這個類型中的其他成分都沒有什麼關連性。

為了更具體地說明你的設計，當你談論你的遊戲類型時，不要只是不假思索地說出一個或幾個標籤。說一下你所指的是特定類型的哪些方面。例如，你可能會說，「這款遊戲具有策略遊戲的複數單位控制、和動作遊戲的快節奏，並且它將這些與休閒遊戲的多汁互動和易於學習相結合。」以這種方式談論遊戲不僅可以告訴其他人你正在做什麼，而且可以幫助你確認是否試圖同時跨越太多類型。

一個對遊戲可能類型的完整列表將過於廣泛，而且無法因應快速的變動，在此進一步說明的是部分常見的主要類型列表：

- **動作（Action）**：動作遊戲依賴著快速的動作／回饋循環。它們可以有故事作為背景，但在遊戲玩法中敘事或故事的成分很低。

- **冒險（Adventure）**：這些遊戲有許多快速的動作／回饋循環元素，但那是存在於整體冒險故事的背景下、並也為玩家提供了長期目標。

- **休閒（Casual）**：這是一個有爭議的類型，因為這些遊戲的許多玩家不僅僅是「隨意」的投入。這種類型遊戲的特點是容易學習，更多地依賴於一些短期循環和目標，並且往往會有短暫的每局遊戲時間。這些遊戲依賴於動作／回饋型互動循環，但這些遊戲不需要快節奏的腎上腺素激發行動，而是專注於使用明亮的圖形、清晰簡單的行動（例如大型多彩的按鈕）、豐富的視覺和音效回饋來進行「多汁（juicy）」的互動（如第 4 章「互動性和樂趣」中所述）。「休閒」這個名字也經常被用來表示遊戲是針對那些不認為自己是「玩家（gamers）」的人。雖然這些玩家可能花費數小時玩這些遊戲，但他們通常將遊戲拿來打發時間，而不是一種嗜好。

- **放置（Idle）**：這是一個相對較新的、經常被嘲笑的類型，但毫無疑問，它取得了商業上的成功並且被許多人所喜愛。在放置遊戲中，玩家只需要做出一些決定，其餘的時間遊戲就會有效地「自己玩」。雖然互動性在這些遊戲中並不像在其他大多數遊戲中那麼重要，但這些遊戲往往側重於動作／回饋上——特別是在「點擊（clicker）」這種變體中，玩家在其中只需盡可能地快速點擊、那是遊戲中的主要行動——並伴隨著在解決謎題時所需的少量認知層面互動和規劃策略時的長期認知層面互動。這種類型的主要特徵是互動性淺薄，因為減少了認知負荷而使玩家不必專注於遊戲。即使缺乏或只有最少量的玩家輸入，遊戲也會進行（通常在玩家不在的情況下）、並且向玩家提供正向的回饋，當玩家返回時可以看到他們又進展了多少（例如，又累積了更多的錢或點數）。Michael Townsend 是小黑屋（*A Dark Room*）的創造者（小黑屋是一款早期的放置遊戲），他說他的目標人群「是喜歡看著數字上升和喜歡探索未知的人的交集」（Alexander，2014 年）。看著「數字上升」是放置遊戲中的主要吸引力，預期的獎勵可能促進了多巴胺的持續生成、至少在此預期消逝之前，而在那之後玩家則意識到，除了看到數字上升之外遊戲沒有真正的重點。

- **大型多人線上遊戲（MMO）**：MMO 是 *massively multiplayer online* [遊戲] 的縮寫，在這種類型內，玩家和其他許多（成千上百）的玩家共處於同一個世界中，而這個世界和玩家的虛擬化身（avatar，通常是一個個體，但不絕對是）即使在玩家下線時也會持續存在。這些遊戲具有廣泛形式的互動性，動作／回饋型的互動是很常見的（例如在戰鬥時，這是這些遊戲的普遍特徵），以及在規劃角色進展時的短期和長期認知層面互動。社交互動對於大型多人線上遊戲來說非常重要，因為這些遊戲的興衰取決於它們組織和創造出遊戲內非正式社群的能力。

- **平台（Platformer）**：在這些遊戲中玩家的虛擬化身透過從一個空中平台跳到另一個平台而在遊戲中前進。玩家的主要互動類型是快速的動作／回饋及其中各種變化，特別是知道何時、以及如何跳躍、來防止墜落所引發不可避免的死亡。這些也屬於動作遊戲類型，但是因為已非常普遍，它們通常被描述為自成一個類別。平台遊戲可以至少追溯到 1980 年代的電子街機遊戲。它們直截了當的動作／回饋型遊戲玩法到現在仍然很受歡迎，部分原因是這些遊戲既容易上手、享受，然後也能繼續學習和專精。

- **節奏（Rhythm）**：這些是以音樂為主題的遊戲，遊戲玩法依賴於玩家的節奏感、音樂感、舞蹈等等。這些遊戲可能涉及複製複雜的舞蹈或音符序列，主要是在歌曲或其他節奏序列的情境中使用快速的動作／回饋型互動。

- **類 Rogue（Roguelike）**：這種奇怪名稱的類型大致可以適用於程序性地創建遊戲地圖的遊戲。這些遊戲通常（但並非總是）也具有「永久性死亡」的特徵，這意味著當你在遊戲中死亡時，你就輸了並且必須重新開始。玩家已預期了在這些遊戲中的經常性死亡；刺激和「致命的不穩定性（deadly precariousness）」（Pearson，2013 年）是吸引力的一部分。這個類型的名稱源自文字遊戲 *Rogue*，它是最早自動生成地下城關卡的冒險 / 角色扮演遊戲之一，在遊戲中，當你死亡時，你必須重新開始。因為每次都會遇到不同的關卡，所以遊戲可以多次重玩而不會感覺重複。現在，這個名稱適用於太空探索、模擬和其他遊戲。這些遊戲通常混合了動作 / 回饋型互動（特別是在即時戰鬥中）和長期認知，長期認知層面互動是透過技能和裝備來戰略性地強化虛擬化身（角色、船隻等），以便面對更多更困難的挑戰。

- **角色扮演（Role-playing）**：在這些遊戲中，玩家扮演特定角色，通常是追求英雄冒險的個體。玩家可以扮演不同角色來體驗世界，如戰士、巫師、海盜、交易者或遊戲中提供的任何其他可能角色。戰鬥、技能提升以及有時像是製造等活動是這一類型的主要支柱，這個類型主要依靠於動作 / 回饋、短期認知和長期認知等層面的互動。

- **運動和模擬（Sports and simulation）**：這兩種不同的類型有著共同的基礎。兩者都以一種或另一種逼真的方式模擬外部或現實世界的活動。模擬主要運動（足球、籃球、高爾夫等）的遊戲通常使用動作 / 回饋、短期認知和長期認知等層面的互動來盡可能地複製運動的各個面向。其他則主要依靠短期和長期的認知層面互動來重新創造出各種體驗，像是經營農場、駕駛飛機或建造城市。

- **策略（Strategy）**：與模擬遊戲非常相似，策略遊戲幾乎專注於短期和（尤其是）長期互動，來為玩家提供指揮大型軍隊、經營公司或以其他方式實施戰略和戰術規劃來達成一組目標的許多不同體驗。雖然還有動作 / 回饋型互動，但這不是策略遊戲的主要焦點：遊戲的視覺效果可能看起來不怎麼刺激，但這是為了讓玩家儘可能的把認知和互動預算投入在長期的認知層面互動上。

- **塔防（Tower defense）**：這些與動作和策略遊戲有關，但已經發展出了一種特殊的形式，喜歡這些遊戲的人對這種形式很熟悉。在塔防遊戲中，玩家要保護基地或特定物體（例如「生命水晶」）不受一波波對手的影響。在遊戲中，每波來襲會變得越來越多、越來越強大，而玩家的防禦——也就是所稱的「塔」，雖然它可能有多種不同形式——也變得愈來愈縝密。在許

多遊戲中，玩家能夠在遊戲區域的任何地方建構防禦，從而將敵人引導到玩家計劃的特定路徑中。其中通常存在一個回饋循環，其中玩家會因著殺死的對手，而獲得更多的點數／貨幣可以用來創建新塔或對原有的進行升級。這些遊戲有效地使用短期和長期認知層面互動的混合，並包含了一些動作／回饋型互動。

當然，還有其他類型，以及各種類型間的無數組合。例如，有許多動作＋策略的大型多人線上遊戲｛例如**戰車世界**（*World of Tanks*）｝以及也許是休閒＋節奏＋模擬＋角色扮演的遊戲等等…。

你應該能夠找到與你遊戲類似的既有遊戲，以幫助你定義遊戲的類型。在這樣做時，要注意避免去設計會與一個已被完整探索的遊戲類型過於一致的遊戲：製作一個與其他數千個 2D 的動作＋平台遊戲相同的遊戲，可以讓你的遊戲從一開始就不那麼有趣。這也可能導致懶惰的設計，因為你不太可能發掘並找到使你的遊戲真正獨特的東西，而類型的選擇就已經限制了思考的範疇。同時，要留心別創造出太難理解或太花俏的混合類型。你也許能夠真的創造出一個彈幕＋敘事導向＋策略的射擊遊戲，但要讓其他人了解它是什麼意思卻很困難。

目標受眾

作為定義你的遊戲的一部分，你需要知道你目標的玩家是誰。遊戲是為了什麼樣的玩家而製作的？對你的目標受眾的描述會包含他們的心理圖像、人口統計和技術／環境背景。

心理圖像和動機

思考目標受眾的一個重要方法是考慮他們的動機、態度和願望。一個簡單的入門方法是，利用其他類似玩法的遊戲來描述出可能會喜歡你遊戲的人：如果有人喜歡「某個特定遊戲」，那他們也會喜歡你的遊戲。

更複雜的方法是根據與遊戲玩法相關的主要動機來描述你的目標受眾。已經存在很多玩家的動機模型；其中一個頂尖的、且最根基於實際數據的──是由 Quantic Foundry 公司所創造（Matsalla，2016 年）。依據對全球近 30 萬玩家的調查，Quantic Foundry 發現了六項主要動機：

- **動作（Action）：**破壞性且快節奏、令人興奮的遊戲玩法。
- **社交（Social）：**社群和競爭（兩者不互相排斥）。
- **專精（Mastery）：**艱難的挑戰和長期策略。

- **成就（Achievement）**：完成所有任務並變得強大。

- **沉浸（Immersion）**：成為某個其他人，並體驗精心製作的故事。

- **創造力（Creativity）**：透過打造、定制、修補和探索來表達自己。

這些動機又分為三個主要領域：

- **動作—社交**：這包括興奮、競爭和破壞，最終的渴望是成為社群的一部分。

- **專精—成就**：這包括完成、戰略和挑戰，最終的渴望是獲得權力（power）的動機。

- **沉浸—創造力**：這包括故事、定制、設計和幻想，最終的渴望是進行探索。

這些集群如圖 6.1 所示，包括屬於（或像橋樑般處在）兩個集群之間的力量和探索動機。根據 Quantic Foundry 的說法，這些集群可以被進一步分離為不同面向，更思考或行動導向（「理智（cerebral）」或「活動（kinetic）」）、更側重於將行動執行「在世界上」或「在其他玩家身上」。這讓人聯想起 1996 年 Bartle 提出的玩家分類模型，他根據「行動（acting on）」與「與…互動（interacting with）」和「玩家」與「世界」的雙軸線來分類玩家，從而產生代表成就者的象限（對世界執行行動）、探索者（與世界互動）、社交者（與玩家互動）和殺手（對玩家執行行動）（Bartle，1996 年）。雖然 Bartle 的模型還沒有達到量化的程度，但對於許多玩家和遊戲設計師來說，但它保留了一定的直觀效用 [2]。

2　回想一下統計學家 George Box 的格言「所有模型都是錯誤的，但有些模型是有用的。」（Box and Draper，1987 年）。

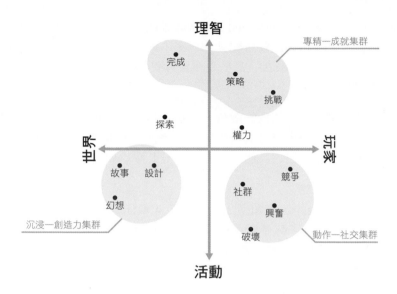

圖 6.1　三個動機集群，改編自 Quantic Foundry。

圖 6.1 中所示的集群是跨越了不同文化和遊戲的，並與現有的人格特徵研究相關聯，如廣泛使用的五因子模型（Five Factor Model，也稱為「大五人格理論（Big 5）」）（McCrae 和 John， 1992 年）所表達的。這個模型描述了每個人在某種程度上都具有的五項特徵：

- **神經質（Neuroticism）或情緒穩定性：** 這反應了一個人是否選擇經歷（或不經歷）負面情緒的傾向。

- **外向性（Extraversion）：** 個體對其他人尋求主動陪伴、以及「引人注目（live out loud）」的程度，與此相反的是更保守和內省。

- **隨和性（Agreeableness）：** 一個人的友善及容易合作的程度，相反的是對抗、不信任和侵略性。

- **盡責性（Conscientiousness）：** 一個人具有條理、可靠和自律的傾向，相反的是自發、彈性或任性。

- **對體驗的開放性（Openness to experience）：** 一個人具有的好奇心和創造力，以及他們對新奇體驗的容忍度，相反的是實用主義或對世界的教條主義觀點。

那些受動作──社交（action-social）動機驅動的人，往往擁有較高的外向性或渴望社交聯繫。受專精和成就所驅動的玩家，則往往擁有較高的盡責性（包括野心和渴望完成任務）。最後，那些受沉浸和創造力所驅動的人，則往往擁有較高的對體驗的開放性。

玩家傾向於選擇符合自己個性的遊戲。在 Quantic Foundry 的分析中提到：「我們玩的遊戲是對我們自己身分的反映，而不是逃避。從這個意義上說，人們玩遊戲不是假裝成不是自己的其他人，而是變得更像他們自己的人」（Yee，2016年 b）。

通過了解你正在創造的遊戲類型（以及如第 4 章所述，了解你的遊戲所提供的互動類型），你可以了解並列出你的玩家可能擁有的各種動機。請注意，與互動預算一樣，你可以使用這個資訊來確保你沒有設定出不太實際的動機組合：例如，想要沉浸在優雅的情感故事中的玩家，可能也不想花時間到處轟爛東西。

人口統計

除了玩家的心理、動機剖面外，了解他們的人口統計（demographics）數據有時也很重要：他們的年齡、性別和生活環境。一些遊戲設計師創造了完整的人物誌故事（persona-stories）來描述他們的玩家：「麗莎是一位四十多歲的離婚女人，有兩個孩子和她喜歡的職業。」描述人口統計數據，可以有助於把焦點從自己和團隊上移開，轉換到其他人身上（並且他們擁有的態度和動機可能與你不同），但它也可能是把焦點從玩家的實際動機上移開。除非玩家擁有的孩子數量或他們的職業生涯對你的遊戲很重要，否則最好不要花太多時間在這樣的細節上。

然而，除了心理特徵外，還有一些人口趨勢可能很重要。例如，前面提到的興奮動機隨著年齡呈線性下降，甚至成為 50 歲及以上年齡層的「反動機」。這可能有助於解釋為什麼像**英雄聯盟**（*League of Legends*）這樣的遊戲，比較受年輕的玩家歡迎。

類似的情況，競爭的動機下降得更快，在青少年時很高、到 40 歲左右觸底。在此期間，男性往往比女性更受競爭所驅動，但到了 45 歲左右，這種差異已經消失了──也就是說，在這時候，它都不是男性或女性的主要動機。

完成，也就是完成所有任務或蒐集到所有事物的渴望，則在不同年齡層保持穩定，事實上它始終是任何年齡的男性和女性的三大動機之一（Yee，2017 年）。

環境背景

與心理特徵和人口統計數據有些相關，利用環境因素來定義你的目標受眾可能很有用，例如：

- 他們可能用來遊戲的技術平台：專門的遊戲主機、筆記型電腦或桌上型電腦、手機等…。

- 他們可用的時間和潛在的環境因素，例如「在乘坐公車時擁有 10 分鐘可以使用的通勤者」或「尋求全天沉浸式體驗的專職玩家」。

- 他們的技術或遊戲經驗。

- 與你的這個特定遊戲相關的其他因素。

總結

在定義你的目標受眾時，你應該根據需要來使用心理、人口統計、環境和其他因素。這是值得認真思考的，因此你對目標受眾的概念是清晰的，並且不會隨著時間的變化而漂移。在努力清楚地了解你的受眾之後，你應該能夠創造一個簡潔的描述性陳述，例如「此遊戲的目標玩家是那些尋求具有高強度的動作遊戲體驗、並藉由預先定義的任務來支持其中的顯著競爭性質的玩家（任務並滿足他們對完成的渴望）。這些玩家通常會受到生活中其他因素的打斷，並會喜歡短暫的每局 10 分鐘遊戲和簡單的學習曲線，也能讓他們炫耀技能和完成任務。」當然，依據遊戲設計的情況，還有許多其他描述的可能性。這個的目的是創造一個明確但不受限制的願景，可以幫助指引你的設計，並讓設計不會依賴於太過於廣泛或狹礙的目標受眾。

請注意，如果你對「誰是你的目標玩家？」這個問題的回答是「每個人」，那麼你對遊戲概念或其吸引力的思考不夠深入。沒有任何遊戲具有普遍的吸引力，撒下一個大網只是讓你的工作變得更加困難而已。

你的概念可能具有普遍吸引力，但在此範圍內仍然有其核心的目標受眾。弄清楚你的受眾是誰將幫助你在前進的過程中，對你的遊戲進行適當的決策。

獨特賣點

高層級概念的最後一個組成部分是一個**獨特賣點**（*USPs*，*Unique selling points*）的簡短列表。在一個越來越擁擠的市場中，你的遊戲是否能在其他遊戲中脫穎而出至關重要。你不需要大量的獨特賣點；擁有一些（三到五個）有意義的簡短陳述，來說明你的遊戲具有的獨特吸引力，將有助你創造出一個更

高品質和更具吸引力的遊戲。當然，如果你在提出有意義的獨特賣點時遇到困難，那麼很可能表示你需要重新設計整體概念。

思考你遊戲獨特賣點的一種方法是：無論你認為你的遊戲有多棒，為什麼有人會停止玩他們已經知道他們喜歡的遊戲、而拿起你的遊戲呢？不幸的是，當開始這麼做時，許多遊戲設計師陷入了一個陷阱，相信因為他們自己認為遊戲是出奇的好，所以其他人也會自然地這麼認為。或者更糟糕的是，他們認為，因為設計和建構遊戲真的很難，所以它必然是好的，人們會自然地認識到團隊投入的熱情。這實際上從未發生過。吸引玩家的第一步是在視覺和遊戲玩法上吸引他們的注意力。玩家並不關心你對遊戲的喜愛程度，也不關心你投入了多少工作；遊戲本身必須對玩家有吸引力、並讓他們覺得有趣。

為了確保你的遊戲能夠吸引玩家的注意力，你需要仔細思考是什麼讓你的遊戲變得與眾不同、並且最好是獨一無二的。你可以經常滿足於「新鮮（fresh）」——也就是說，你的設計可能並不是全新的，但至少沒有一遍又一遍地被看到，而你正在為它們呈現一種新的轉變。例如，你可能仍然可以製作一個有趣的、引人入勝的殭屍遊戲——但如果你打算這樣做，鑑於已經存在了大量與殭屍相關的遊戲，最好有一些真正使它獨特的東西在內。也許是製作出一個關於拯救殭屍並將它們全部復原的遊戲。但是像「這些殭屍快速移動」或「這些殭屍是紫色的」這些微不足道的表面變化並不會讓你的遊戲脫穎而出。

它也有可能以一種全新的方式顛覆既有的類型，正如傳送門（*Portal*）為射擊遊戲所做的那樣、而傳說之下（*Undertale*）則顛覆了角色扮演遊戲。在像這些例子的情況下，你從一個特定的類型中截取主要的遊戲玩法——例如「在射擊遊戲中，目的就是為了摧毀事物」並將其改為其他東西，像是「但在這個遊戲中你可以用來導航和解決謎題」。

這比使用既有類型的某些面向並將遊戲帶入新方向還更困難——例如將敘事遊戲加入一些動作元素，如果你可以做到的話；或是將放置遊戲轉變成生命密碼的點擊或碰觸練習。

但是，一般而言，你希望找到使你的遊戲真正與眾不同的設計元素。你的遊戲越新、越獨特，你就越容易將其與其他遊戲區分開來。與此同時，正如混合類型一樣，遊戲仍然必須可以被玩家識別；否則，他們會因為太難了解而放棄，與遊戲太過傳統而被拋棄一樣。

要花這麼多時間進行遊戲概念設計的另一個非常重要的原因，就源自於為遊戲找到獨特賣點的必要性。如果你停在想到的第一個想法上，它不太可能以任何有意義的方式具有獨特性。根據獨特賣點來思考你的遊戲概念可以是一種有效的方式，可以看出你是否能夠明確表示出值得花費時間和精力來開發遊戲的原因。沒有遊戲很容易創造，並且為了證明遊戲值得製作，你需要的不只是「聽起來很酷」而已。

x—陳述

一些設計師喜歡思考獨特賣點的另一種方式是使用 *x*—陳述（*x-statements*）。這有兩個常用的定義，它們都有相同的用途。第一個是定義遊戲的「x 因子」是什麼——什麼使它變得特別、不同並具有獨特的吸引力？這個問題的答案通常就是獨特賣點的簡短列表。

或者，一些設計師喜歡使用帶有「A × B」結構的陳述（意思是「A 與 B 的交會」——有時稱為「A 遇到 B」）來創造出一個新的、獨特的遊戲創意。所以，例如，你可以說「這個遊戲就像 *The Division × Overwatch*」或「*GTA* 遇到 *Undertale*」。這樣的將兩個遊戲配對起來，可以從看似熟悉的領域中創造出全新且新鮮的創意。

注意事項

雖然獨特賣點對你的設計至關重要，但無論是以列表還是 x—陳述的形式，都需要謹慎的來處理。獨特賣點有時會促成了懶惰的遊戲設計。你可能會覺得將其他既有遊戲的獨特賣點結合起來（從不同遊戲中各拿取一些），可以創造出奇妙的混合體。這幾乎沒有成功過。獨特賣點必需支持一致的遊戲願景，而不是形成一個互不相關的怪異集合。

此外，儘管在獨特賣點中有**銷售**（*selling*）一詞，但這主要是讓你能夠更全面、更清晰地理解和傳達你的遊戲設計理念。重點需要留在能讓遊戲設計的各個方面更具有吸引力、並能吸引參與的新方式——而不是什麼能讓遊戲銷售的更好。這些都是相關連的，但如果你過快開始考慮銷售，設計將受到影響。設計一款能夠賣座的優秀遊戲非常重要，而不是試圖設計一款能夠賣座但你無法掌握它是不是好的遊戲。

產品描述

先前章節所介紹的高層級遊戲概念，需要進一步在概念文件中以產品導向的描述方式來說明。這個描述說明了玩家在遊戲中的整體體驗、以及遊戲系統所支持的整體願景。這些通常分為以下幾個部分：

- 玩家體驗
- 視覺和音效風格
- 遊戲世界小說
- 創造收益
- 技術、工具和平台
- 範疇

在概念文件中，一種很有用的方法是使用連結（網路連結或至少是指向參考文件），並可以經由它連結到專注特定領域的更具體設計文件。如本章前面所述，概念文件就像冰山的頂端一樣，透過連結可以在詳細的設計文件中為需要的人提供進一步訊息。這些文件及其內容將在第 7 章「打造遊戲循環」和第 8 章「定義遊戲的構成元件」中介紹。

玩家體驗

弄清楚什麼樣的體驗是你希望玩家能擁有的，是整體遊戲概念的關鍵部分。這應該是藍天 / 腦力激盪過程的主要輸出之一。在概念文件中，有一個獨立的部分來記載玩家體驗，但通常僅限於幾個短段落。這裡的訊息包括對玩家幻想的描述、作為遊戲玩法範例的關鍵時刻、以及遊戲對玩家意味著什麼的簡短討論。

什麼是幻想？

概念文件明確記載了玩家在遊戲中的觀點以及遊戲提供了什麼樣的幻想（*fantasy*）。也就是說，在遊戲中，玩家是英雄騎士、潛行小偷、星艦上尉、試圖讓家人團聚在一起的單身母親，還是完全不同的東西──一個小型的單細胞生物或銀河帝國的無形領導者？這些都提供了不同類型的玩家體驗和不同幻想的實現。

通常情況下，遊戲幻想是夢寐以求的：那是玩家可能喜歡的角色或情境、但不太可能體驗過，如隊長、市長、勇敢的戰士或明智的巫師。偶爾，幻想是關於處於困境之中，並試圖在其中做到最好——例如，**最後生還者**（*The Last of Us*）這個遊戲。而有時候幻想只是站在某人的立場裡：像是在**到家**（*Gone Home*）裡一個女孩正在調查她房子裡發生的事情，或像是在**模擬市民**（*The Sims*）中設計一個家庭。每個遊戲都有自己的魔法圈，使玩家能夠在安全的範圍內獲得新奇、獨立、非現實結果導向的體驗。

另一個關於遊戲幻想的有用觀點被 Spry Fox 的遊戲設計師 Daniel Cook 稱為遊戲的**入口**（*entrance*）。玩家應該在開始遊戲時立即了解他們正在做什麼以及為什麼這很有趣。Cook 的建議是將其作為一種工具，來塑造你自己對於玩家應該從哪裡開始遊戲的想法、以及他們在那時會做什麼，並透過與潛在的玩家交談來驗證遊戲的這些概念和幻想。在這種情況下，你給玩家一個遊戲的概念陳述，然後讓他們告訴你：他們期望能做什麼、他們想從哪裡開始、他們想如何結束——他們會覺得有價值嗎？如果潛在的玩家無法開始建立與遊戲相關的心智模型，或者他們所說的內容不符合你的遊戲概念，那麼你還有一些重要的工作要做。另一方面，如果玩家立即理解遊戲的幻想並且在很大程度上與你的設計方向相同，那麼你就有了一個良好的開端。請記住，雖然這是一種有用的技術，但你應該將它視為非正式的，而不是陷入試圖讓玩家為你設計遊戲的陷阱。這是對你概念的一種考驗，而不是一種擺脫設計遊戲的艱苦工作的方法。

就你自己作為設計師的優勢而言，可能是你從說書人的角度來了解玩家的觀點和幻想（經由優先考慮整體的遊戲體驗），或是從玩具製造者的角度出發，透過弄清楚如何運用一套遊戲機制並整合到整體的體驗當中。無論你如何達到這一點，作為設計遊戲概念和產品願景的一部分，你必須創造出一個關於玩家體驗的連貫描述。這也應該能夠反映（並反映在）遊戲的整體概念陳述及其獨特賣點上。

關鍵時刻

傳達玩家體驗的一個重要而有用的方法是，講述一些關於遊戲中**關鍵時刻**（*key moments*）的簡短軼事——何時發生、如何讓玩家保持參與、以及如何引起玩家的感受。（你可以從玩家關於遊戲幻想的內容中學到其中一些。）這些關鍵時刻說明了玩家在不同遊玩階段的體驗——當他們第一次學習時、當他們已經習慣時，以及當他們專精遊戲後——並從具有不同動機的玩家的角度來理解體驗。

要體驗這些關鍵時刻，可以創造一些不同的玩家人物誌（personas），來代表具有不同動機和情況的玩家原型：經驗豐富的玩家、匆忙的玩家、不確定的玩家等等。哪些人物誌是有意義的，則取決於遊戲概念和設計。對每個人物誌，確定遊戲中代表重要事件的情境：他們的第一次真正的勝利和他們的第一次失敗；當達到 50 級或建造第二座城堡或獲得第一輛摩托車時，遊戲如何向他們開啟新的內容；當他們第一次與其他玩家在線上玩時會發生什麼事情…等等。與 Cook 的入口（entrance）測試方法一樣，不要忽視遊戲的一開始；許多遊戲設計師認為，前 300 秒——也就是遊戲的前 5 分鐘——決定了是否能吸引住玩家。你可能不需要描繪出所有 5 分鐘的遊戲玩法體驗，但是利用它來找到你認為（並且在之後進行測試）可以吸引住玩家並鼓勵他們繼續前進的關鍵時刻。

你的設計文件應該利用文字和粗略的圖像來說明關鍵時刻的故事。這會幫助你從不同玩家的角度更全面地了解你的遊戲概念，並且隨著遊戲的開發，它們會幫助你記住你為什麼做出了一些設計決策——或者你可以針對這些人物誌和關鍵時刻來測試其他可能性。

你可能希望創造更多的關鍵時刻、不只限於包含在概念文件中的這些，你可以利用連結來指向這些保存在獨立文件中的內容。在概念文件中放入一些經過篩選的關鍵時刻、可以幫助讀者更好地理解遊戲，並為想要進一步探索的人提供連結。

情感和意義

你的遊戲所提供的玩家體驗的總和，就是玩家的感受。如果你的遊戲沒有引起任何情緒反應，它就不會吸引玩家。這並不意味著你的遊戲必須拉扯玩家的心弦、或讓他們以全新的方式看待世界，但你必須能夠識別整個遊戲所提供的某種形式的情感元素：玩家在逃離十萬火急的災難後感覺到有成就感，或甚至雖然它們失敗了（如許多動作益智遊戲，如俄羅斯方塊），但他們比上次做得更好（或更糟，但他們確信可以在下一次做得更好！）。

當然，有些遊戲會有意識地讓玩家感受到各種更微妙的情感：失落、希望、感激、包容、反感，這列表幾乎沒有終止——正如第 4 章所討論的那樣，我們遊戲設計師幾乎沒有開始探索它。如果你的遊戲特別依賴於情感互動，你需要仔細設計玩家的體驗、關鍵時刻以及支持這些的系統，以實現你希望玩家體驗的情感。這不會自動地發生；與遊戲中的任何其他內容一樣，你必須創造一個空間，讓玩家可以選擇接近它、並感受你準備的體驗。

與「玩家在玩的時候感覺到什麼？」這個問題密切相關的是棘手的意義問題。你的遊戲是否為玩家創造了持久的意義？考慮到即使像**大富翁**（*Monopoly*）這樣的遊戲也充滿了意義：它教導了一個特定的模式，關於如何致富以及怎樣算是成功。一個像是「**這是我的戰爭**（*This War Of Mine*）」這樣的射擊遊戲，教導了什麼樣關於戰爭的內容？而像救火者（*Firewatch*）、**到家**（*Gone Home*）或者**模擬市民**（*The Sims*）這些遊戲又傳達了哪些關於關係（relationships）的意義呢[3]？

你可以選擇創造一個不太富有意義、只是一個有些趣味性的遊戲。{糖果傳奇（*Candy Crush*）似乎沒有超出其短暫的感官和解謎樂趣的意義；它肯定也沒有提供任何關於糖果消費的評述。}但是你有機會決定，你是否希望玩家從你的遊戲中獲得某些意義。這是值得仔細思考的，如同你的整體概念、獨特賣點和其餘的玩家體驗部分一樣。

視覺和聲音風格

對於要理解和解釋遊戲概念、其中的一個重要部分是能夠傳達它將體現的外觀和感覺。在概念文件中，描述預期中的美術風格、以及它如何支持整體概念和遊戲體驗是有幫助的。這可以透過文字定性地完成──例如，「遊戲具有輕快的感覺，使用不會太過飽和的明亮顏色」或「遊戲的視覺色調普遍是黑暗和嚴峻的，並使用灰色和鮮明的陰影占主導地位的低多邊形場景（low-poly scenes）」──除了這些描述外，再加上關於概念或美術風格的參考圖片。

如果存在原始的概念圖片，則應直接包含它們或使用外部文件提供參考。也可以使用參考美術（reference art）。這是使用來自其他來源的美術時的禮貌用語──它可能來自遊戲、電影、雜誌、書籍封面等等──你不會在遊戲中使用，但這在定義遊戲外觀的過程中很有用。這種用法通常屬於他人擁有的受版權保護內容的「合理使用（fair use）」：未經明確許可，你**不得**在遊戲中包含其他人擁有的任何內容，但從其他來源收集參考美術是完全可以接受的。除了

3　模擬城市（*SimCity*）和模擬市民（*The Sims*）等突破性遊戲的設計師 Will Wright 在 2001 年對我說，模擬市民的原始「意義」的一部分是，時間是我們擁有的唯一不可再生資源。我們總能獲得更多的錢，但我們永遠無法獲得更多的時間。在那個遊戲中，當你購買更多的東西時，你的模擬市民更有可能花時間修理某些東西、而不是做任何其他事情──這是非常實際的效果，他們會被他們的東西所擁有而不是相反。這無疑是許多人沒有得到的微妙訊息，儘管它也以不同形式傳達給了許多玩家。

概念文件中使用或引用的美術之外，許多計畫還使用所謂的「情緒板（mood boards）」——這是一種大型的公開展示（放在公布欄或類似的東西上），將參考美術和概念圖片都放在一起，以使團隊中的每個人都可以了解遊戲的基調和情緒。

遊戲的聲音（包含了音樂和音效），至少與視覺方面一樣重要。有效利用聲音和音樂可以極大地增強玩家的體驗，並補充或與所使用的視覺美術具有一致性。雖然很難在概念文件中包含聲音樣本（雖然聲音的連結可以、並且應該在線上文件中使用），但與美術視覺一樣，定性語言可以用來描述聲音風格：「遊戲的主題音樂很簡單、但是令人回味，使用一把小提琴或類似的感覺來演奏」或「遊戲中播放的音效都有電子失真的主題，搭配黑暗的聲調並營造出不祥的氛圍。」與美術視覺一樣，可以使用參考聲音（audio reference art）、而且應該這樣做，以便讓團隊（以及團隊之外的其他利害關係人）更好地了解聲音風格和整體遊戲體驗。

這些視覺和聲音元素中的每一個都應該在遊戲的**風格指南**（*style guide*）中詳細介紹。這個指南不應成為概念文件的一部分，但應該提供引用（最好是提供連結）。風格指南本身可能要等到遊戲進入生產時才能完整（有關生產階段的說明，請參閱第 12 章），但仍應在此處引用。

遊戲世界小說

在概念文件的層級上簡要描述遊戲的背景故事、以及玩家發現自己所處的世界會很有幫忙。這並不意味著你應該包含許多頁複雜的世界細節，但是你應該讓讀者了解遊戲設計所構思的世界。例如，遊戲世界小說（game world fiction）可能就像「玩家是試圖找到回家路線的變形蟲」一樣簡單，或者「玩家是一個明星飛行員，卻墜毀在一個沒有科技、但有魔法存在的世界。」利用一些句子勾勒出遊戲的背景故事——曾經發生什麼事情、並導致遊戲從這裡開始——並可能包含遊戲領土的地圖、和主要非玩家角色的簡要描述，這會有助於強化遊戲作為一個產品的描述。這些也為開發過程中更詳細的設計提供了一個起點。

創造收益

所有商業遊戲都必須賺錢。過去，遊戲設計師不必關心這種混亂的資本主義現實，但在這個具有許多遊戲銷售的商業模式的時代，情況已經不再如此：你的遊戲作為一種產品的描述，必需包括它如何回收開發所需的成本、並取得利潤。

將遊戲定義為產品時，你需要包含一個簡短的定義，並說明如何銷售遊戲。遊戲的商業模式不斷發展，但至少你會想要考慮看看這些創造收益（monetization，又稱貨幣化）方法中的一種（或多種）：

- **溢價定價模式（Premium pricing）**：遊戲以單一價格定價，玩家在獲得遊戲時一次性支付。這是過往的典型模式，但沒有什麼保證：在今天的市場中，玩家甚至不願意為遊戲支付 1 美元（在美國市場中），更不用說遊戲常規花費的 20 美元或 60 美元。在開發和行銷預算達到數千萬美元的遊戲之外，很少有依賴於溢價定價的遊戲可以熱銷並賺回開發成本。

- **免費遊玩模式（F2P，Free to play）**：目前遊戲所採用的主要模式，特別是手機上大多採用這種模式。這些遊戲可以完全永久免費玩。玩家無需支付任何費用。然而，這些遊戲通常旨在鼓勵玩家購買──而且有些遊戲非常咄咄逼人。有一些遊戲會允許玩家觀看廣告影片、而不是直接購買。如果你的遊戲是免費遊玩，你需要考慮如何從一開始就將它與設計相結合；它不是你可以在最後一分鐘添加的東西。

- **有限遊玩定價模式（Limited-play pricing）**：這是溢價定價模式的一種變化，允許玩家在到達某個點前都可以免費玩遊戲。在某些情況下，玩家可以玩前幾個關卡（或類似情形），然後必須購買完整遊戲才能繼續。這曾經是一種方法讓人們「先試玩再買」，但自從免費遊玩的到來後，它已不常見。

- **可下載內容模式（DLC，Downloadable content）**：與有限遊玩定價模式類似，某些遊戲具有額外的可下載內容，可以與遊戲分開購買並增進遊戲體驗。對於許多開發者而言，問題在於他們提供的可下載內容是否可以合理地添加進原始遊戲中，或者玩家是否會認為這是為了增加額外收益的設計。

- **廣告支持（Ad supported）**：有些遊戲是免費的，但會向玩家展示廣告。這種模式通常對遊戲開發者很有吸引力，因為這可以讓他們免費提供遊戲，而無需設計出免費遊玩模式的功能。不幸的是，遊戲廣告的收入通常微不足道；這意味著，除非你有數百萬人定期玩遊戲，否則你不太可能從這種類型的創造收益方式中獲得可觀的收入。

當然，還有其他創造收益的模式，包括尚未發明的模型！你也可能正在為客戶創造遊戲、或者受贈款資助、或者你可能處於某種其他情況，其中創造收益不是你的產品設計或遊戲體驗的一個考量。在概念文件中記下你的創造收益模式，將預防未來遇到任何問題、並幫助完成遊戲的願景。

技術、工具和平台

作為將遊戲視為產品來規畫的一部分，你需要明確標示出開發它並使其運行所需的技術。假設你正在製作數位而非類比／桌上遊戲，則需要各種技術、工具和平台規格來進行遊戲開發。以下列表並非詳盡無遺，但它將為你提供一個良好的起點，定義出將遊戲作為產品時所需的技術：

- **硬體和操作系統：**你的遊戲可能必須在電腦運行（一般來說，是在一台運行 Windows 或 MacOS 的電腦上；當然，Linux 也是可能的，但在商業上不太可行）。或者你可以鎖定智慧型手機或平板電腦（iOS 或 Android 操作系統）或需要虛擬實境或擴增／混合實境的硬體。無論你怎麼決定，都將對遊戲的開發產生重大影響，所以你需要從一開始就明確這一點。

- **開發工具：**你將使用 Unity 或 Unreal Engine 等遊戲開發環境嗎？工具可以為你節省大量的時間和精力，但你必須知道如何使用它們。它們也有自己的成本和缺點，你在選擇它們時應該考慮在內。

- **伺服器和網路：**許多遊戲都是嚴格的單機遊戲，因此不需要任何伺服器和網路。不過，這是你應該從一開始就定義，並在開發過程中考慮的事項。

- **獲利和廣告：**如果你要在遊戲中投放廣告或採用遊戲內的創造收益模式，則需要與廣告和付款伺服器整合。你可能不需要具體了解在概念階段如何執行此操作，但你應該知道是否計畫將此作為產品的一部分。

- **在地化（Localization）：**就像創造收益一樣，你應該從開發的一開始就考慮你的遊戲是僅使用一種語言、還是計劃在全球市場中提供。如果你有任何計劃將遊戲在地化為不同的語言市場，你應該從一開始就決定並定義它；一旦開發開始，更改為能夠在地化是極其困難的。

在產品規劃的概念階段，你可能不知道所有這些問題的答案，但你應該能夠對大部分問題給出答案——並將其餘的加入待回答的問題列表中，以便快速找出。

範疇

透過概念文件中的概念和產品設計部分，你應該開始了解遊戲的**範疇**（*scope*）：需要多少人、需要多少種不同的技能、以及開發需要多長時間。遊戲所需的美術和內容越多，必須創造和平衡的系統就越多，並且為了創造收益和在地化而必須開發的項目越多，計畫的範疇就越大。

通常，你希望限制計畫的範疇，**特別是**如果這是你的第一個遊戲計畫。即使是龐大的百人以上團隊的執行製作人也在努力並試圖限制遊戲範疇——如果你在時間或預算方面受到限制，你需要在你的優先次序中無情地調整、並抉擇將包含在遊戲中的內容。

詳細設計

雖然概念和產品部分描述了遊戲的高層級計畫，但詳細設計（detailed design）部分則預測了遊戲設計的一些更具體的層面。這些必然還沒有實現，所以你在這裡所說的是預測未來——因此在某種程度上是錯誤的。然而，這是關於了解你的遊戲是什麼、以及如何打造出它的重要內容。

核心循環

我們已經討論過幾次**核心循環**（core loops）的概念，我們將在第 7 章中詳細介紹它們。對於你的概念文件而言，你應該對玩家將在你的遊戲中進行的各種活動有些想法，特別是那些他們將會一次又一次、時時刻刻進行的事情：它主要是戰鬥、建造建築物、收集花瓣、還是完全不同的事情？你還應該能夠討論為什麼這組核心循環具有吸引力，並支持玩家自身的目標和在遊戲中的目標。

目標和進展

與遊戲核心循環密切相關的是玩家在遊戲中的目標，以及他們如何在遊戲中取得進展。這包括玩家從遊戲教學到專精，以及任何空間範圍（例如，走遍地圖）的旅程（如果有的話）。描繪玩家的主要進展向量也很有用：他們是否增加了金錢、技能、聲譽、魔法力量、所擁有的省份、船員人數或其他維度？

為了支持這些進展維度，你需要為玩家建構即時、短期和長期目標。這些必須得到其他詳細設計的支持，特別是核心循環、敘事和主要遊戲系統。

這些目標反過來需要支持玩家幻想，和你在概念部分所概述的那種體驗：如果遊戲是關於刺客，那麼飼養刺蝟可能不適合作為遊戲目標。或者如果遊戲是關於建立一個龐大的帝國，你需要簡要描述能使遊戲保持吸引力、玩家時時刻刻（moment-by-moment）在做的事情。

最後，如果遊戲是設定為可以支持玩家自己的內隱目標（而不僅僅是遊戲本身創造的顯性目標），請寫下它會如何被完成。如果玩家可以成為一位主要有關戰鬥的遊戲中的工匠大師，請將此作為整體潛在目標和進展的一部分。

敘事和主要系統

如果有一個主要驅動遊戲的敘事（narrative），請在概念文件中簡要描述它。你可能想參考看看前面概述的世界小說（world fiction）。儘管歷史或背景故事是向過往看的，但遊戲敘事是關於隨著遊戲發生的事情，特別是玩家參與到的事件（或發生在他們身上的事件）。這不是開發整個敘事的地方，但你應該參考或簡要概述並提供連結到可以找到詳細訊息的文件之處。

以同樣的方式，並且經常與遊戲的核心循環相關，你應該簡要描述主要的遊戲系統：物理或魔法戰鬥、經濟、生態、政治系統等等。說明哪些會直接與玩家互動，哪些只是單獨存在遊戲的世界模型中；例如，在遊戲的背景中可能會發生政治陰謀，但如果玩家不能直接影響它們，那麼也應該註明清楚。

互動性

作為遊戲的視覺和音效風格的更精確部分，如前所述，概念文件應簡要討論遊戲將使用的主要互動形式。

特別是，玩家是否透過滑鼠、鍵盤＋滑鼠、遊戲搖桿、觸控介面、眼球偵測或其他方式來進行互動？

關於遊戲如何花費其互動預算的簡短解說也很適合：遊戲主要是關於快節奏（或更休閒和多汁）的動作／回饋、短期或長期認知（解謎、戰術和戰略）、情感、社交或文化互動？無論期望的是這些互動的哪種混合，遊戲如何透過視覺和聲音來實現它？雖然這不是描述詳細的使用者介面的地方，但你應該提供遊戲主要互動方法的一些描述。還包括這些方法如何支持期望的遊戲體驗、以及這些互動如何為玩家的行為提供足夠的動詞（verbs）和回饋來影響遊戲的系統（參見第 7 章和第 8 章）。

在此階段，整個使用者介面很有可能不完整。儘管如此，在本節中至少提供一個螢幕模型圖（mockup）和一個在螢幕上看不到的互動列表（打字、手勢或基於滑鼠），以完善對遊戲概念和互動性的理解。

設計遊戲＋玩家的系統

提出、闡明和改進你的遊戲設計概念的過程，是開發出你想要看到的遊戲、並讓他人體驗的重要一步。最終，這是一個設計系統的應用，其中遊戲和玩家都是其中的一部分。透過他們的互動，他們形成了更大的遊戲＋玩家的系統。只有當玩家繼續玩遊戲時才會發生這種情況，這意味著遊戲是可理解和愉快的，並且玩家的體驗具有吸引力和樂趣。

在這個設計的構思階段，必須確保你的整體遊戲理念清晰一致。如果其他人無法理解這個願景，那麼如果你甚至成功地將其發展成遊戲，它也會被玩家混淆。

與主題保持一致

為你的遊戲創造一個可行的、可理解的願景和概念既是遊戲設計的重要框架和約束，也是它的一種鷹架或結締組織。遊戲的主題元素——即是遊戲體驗的「整體（whole）」——應該觸及遊戲中的所有內容。如果有一個系統或標記沒有從主題中獲得意義或者不支持它，那麼它需要被移除或改變來配合遊戲。相反地，透過確保你的主題在整個遊戲中保持一致並一致性的呈現，構成元件、循環和整體都將對齊和統一，所有這些都協同運作將為玩家提供吸引人的體驗，並進一步形成更高層級的遊戲＋玩家的系統。

優雅、深度和廣度

現在你已經了解了遊戲概念和願景的必要性，讓我們重新審視遊戲中優雅、深度和廣度的概念。一個具有清晰一致願景的遊戲，包含在其系統、標記和規則內——從整體到循環和構成元件——並且設法在規則中避免特殊情況和例外，將讓玩家感到優雅。它將實現 Bushnell 定律的易學難精，因為玩家將能夠在早期形成一個可行的心智模型，在沒有重大調整的情況下、幫助他們繼續學習和掌握遊戲。學習這樣的遊戲在主觀上幾乎是毫不費力的，並且對每個層面的學習都增加了玩家的進步和掌握感，並且玩家不必在心智上退出玩遊戲的狀態、來思考如何記住異常或看似矛盾的規則。

真正掌握遊戲需要多長時間取決於其系統的深度和廣度。如果遊戲具有一定程度的優雅，它的設計內通常會有不同層級的系統（系統內還有系統）。這些將被有效組織，以利初期的學習到後來的專精。即使有一些相對簡單的系統，遊戲設計所建立的可導航空間（navigable space）——以及玩家所產生的心智模型的複雜性——也是巨大的。在遊戲中，這個空間被認為是偉大的，通常是深不可測的深度。只要玩家能夠在他們的認知、情感和互動的心理預算內繼續擴展他們的心智模型，那麼會被探索規則和最終掌握遊戲而激勵的玩家將很樂意繼續參與其中。

許多遊戲透過為遊戲添加更多功能提供了大量廣度（breadth）——也就是更多方式來與相同的內容或下層的系統互動。這有時可以替代系統深度，這出現在當遊戲添加大量內容以試圖保持玩家參與、而不是創造出不需要如此多內容的系統和深度時。在其他情況下，遊戲的範疇需要廣泛的功能並從中受益。這些可以是玩家可以嘗試的多個角色職業、值得專精的車輛或戰鬥系統，或者所有相互作用的各種資源、經濟、政治和戰鬥系統。許多「大戰略（grand strategy）」遊戲都遵循這種方法。

含有廣度的遊戲也可能具有系統深度。最好的甚至保留一些優雅，雖然在遊戲中增加廣度和深度幾乎不可避免地會增加例外和特殊情況規則，也增加了學習遊戲的難度。單從玩家必須了解的功能數量的增加，就提升了建構心智模型的難度。這些因素都限制了大型、具廣度、有深度之遊戲的優雅。然而，想要那種體驗的玩家並不一定會尋找輕鬆的優雅，所以這不一定是遊戲設計中的失敗；這一切都取決於目標受眾的偏好體驗。

關於你的設計願景應思考的問題

在回顧你的遊戲概念時，你可以思考一些問題，以確保你有足夠清晰和完整的理解來為遊戲的循環和構成元件創建環境。任何遊戲對這些問題的答案都會有所不同，但思考這些問題將幫助你闡明你的設計概念。在開發遊戲時經常回到這些遊戲是有幫助的，以確保設計保持在你想要的位置、而不是隨著時間的變化而漂移。

- 你的概念陳述（concept statement）是什麼，它只是一、二句話的長度嗎？這個陳述是否呈現了遊戲的所有重要元素？你是否有「一個問題（One Question）」的測試，來處理與遊戲概念相關的功能？

■ 你的遊戲是為誰製作的？有哪些動機可以激勵他們？他們還喜歡哪些其他遊戲？是否存在影響某人如何玩遊戲的重要外部或環境因素（例如，他們在上下班途中遊玩，或需要留下一整天來玩）？

■ 遊戲玩法的哪些關鍵特性或面向會使你的遊戲與眾不同？為什麼你的一個目標玩家——也就是一個已經喜歡這類遊戲的人——會停止玩原有的遊戲、改玩你的遊戲呢？最初會吸引玩家興趣的是什麼，隨著時間的變化，遊戲設計會如何吸引他們呢？

■ 玩家可以從遊戲中獲得的體驗特點是什麼？你如何從動機和情緒的角度來描述這一點？

■ 遊戲體驗對玩家來說是否有目的性？遊戲是一個有連貫的整體，還是不同概念和系統的隨便拼湊？

■ 玩家是否有專精的感受，或者至少在玩遊戲中提高了能力？他們怎麼知道他們的遊戲技巧在進展？

■ 美術部分——視覺和聲音——如何支持遊戲的概念和遊戲玩法？美術部分是否將遊戲與其他類似遊戲區分開來？

■ 遊戲中的哪些系統直接支持了遊戲概念和玩家的體驗？

■ 遊戲使用什麼形式的互動來支持玩家的體驗？是否存在與玩家的認知資源無關或模糊的互動？

■ 遊戲對玩家有任何**意義**嗎？遊戲是否有靈魂（是否會使玩家產生任何情緒）？並非所有遊戲都具有深刻的意義，但考慮到這一點很有幫助——你並可以在遊戲測試時詢問玩家，看看他們感受到的意義是否符合你的預期願景。

摘要

本章開始說明系統性遊戲設計的實踐層面：創造遊戲概念、構思出有目的性、一致且清晰的整體。這包括透過藍天設計來提出遊戲概念的過程，然後將你的想法提煉成為一個有連貫性的遊戲體驗願景。

本章也對概念文件進行了詳細說明，包含其高層級概念、產品和詳細設計部分等內容。這個簡短的文件可以作為指向更詳盡設計內容的指針，有助於將整個設計融合在一起，並在整個開發過程中成為具有統一性的參考。

沒有必要從概念階段和整體願景開始，但在擁有它之前、你無法真正開始設計或開發遊戲。在了解你正在建構的框架之前，你將在你的設計和開發工作中徘徊。因此，許多遊戲設計師會先從概念開始下手。但如果你認為自己更像是一個發明家或玩具製造者，而不是一個說書人，這對你來說似乎不是一個自然的起點。那沒有關係——你只要確保在開始開發遊戲之前，已經完成了本章中提及的步驟，以創造和闡明你的願景。

CHAPTER 7

打造遊戲循環

系統由構成元件之間的交互循環所組成，並且是產生互動性遊戲玩法體驗的主要方法。在本章中，我們將重新討論循環（最先在第 2 章「定義系統」中介紹過），並包含對遊戲設計中四個主要循環（在第 4 章「互動性和樂趣」中有初步介紹）的新觀點。

本章還定義了遊戲系統中的主要循環類型、並討論了一些範例。再接著討論與系統性遊戲循環相關的目標、工具和問題，以及如何創造和記錄你的遊戲系統。

不僅僅是個別的總和

在第 1 章「系統的基礎」中,我們討論了不同類型的思維,以及統合性的整體概念不僅是個別部分的總和。這是系統思維和系統設計背後的核心概念之一:透過將構成元件連接在一起形成循環,我們可以創造湧現的整體,這些整體不僅僅是構成元件加總的複合物,而是具有全新的、最終具有吸引力的特性,這是在其自身任何個別部分都不存在的。

在本章中,我們將詳細探討如何透過不同的方式將各個構成元件連結在一起,通過它們的行為創造出循環,並在非常真實的意義上創建出第 6 章「設計整體的體驗」中討論到的整體。在第 8 章中「定義遊戲的構成元件」中,我們將介紹如何建立構成元件來打造這些循環。本章處於系統設計過程的中間,就像循環位於各個構成元件和整體之間一樣。因此,儘管本書是線性的,但本章與第 6 章和第 8 章(分別涵蓋整體和部分)皆有關連,就像系統必須藉由循環來共同運作一樣。

從交互運作的構成元件來打造有效的循環,並創建出期望的整體體驗,在遊戲開發圈中通常被稱為「系統設計(systems design)」。雖然有意地去創造系統不僅包括製作戰鬥系統或製作系統而已,但正是這些系統驅動了遊戲設計和玩家的體驗。透過從刻意的、系統性的角度來學習遊戲設計,你可以創造出更好的系統和更具吸引力的遊戲。

關於循環的簡要回顧

回憶第 2 章,構成元件的集合可以是簡單(simple)、複雜的(complicated)或複雜(complex):那些沒有真正相互影響的構成元件就像碗裡的水果,彼此放著而沒有顯著的影響。那些連接成線性的過程可能是複雜的(complicated,參見圖 2.5),但是你需要構成元件之間進行交互作用,並循環回到其自身上以形成複雜系統(complex,參見圖 2.6)。構成元件形成循環的這種特性使得湧現效果得以形成,並且就我們的目的而言,創造出了有趣的遊戲玩法。

增強和平衡循環

循環結構分為兩大類:第一類是交互作用*增強*(*reinforce*)了循環內構成元件的狀態,例如賺取銀行賬戶餘額的利息(參見圖 2.7)──但它也可能是看似負面的東西,如人口數量促進了疾病的擴散。也就是說,增強循環有時被稱為

「正回饋（positive feedback）」循環，但重要的是要記住這些循環所做的是增強構成元件狀態所代表的質量；這種影響可能是正面的也可能是負面的。

第二種循環是平衡（balancing）循環。在這種循環中，一個構成元件對另一個元件產生的影響、最終導致了所有元件接近平衡點。恆溫器或烤箱是一個常見的例子：烤箱由於其當前溫度和所需溫度之間的溫度差而變熱，隨著差值變小、所需施加的熱量也減少。最終溫差接近於零，變得只需要很少或不需要額外的熱量（參見圖 2.8）。其他例子則包括捕食者和獵物如何在生態中相互平衡，以及在許多角色扮演遊戲中、升級後所需的升級點數增加跟升級所需的時間之間的平衡。

大多數平衡循環，特別是在遊戲中，是導致動態平衡而非靜態。第 1 章（參見圖 1.7）和第 2 章（參見圖 2.4）中所示的機械旋轉調速器是動態平衡循環的良好物理範例：當閥門打開時，引擎旋轉速度更快、導致重物向外飛行，這又導致閥門關閉──這又使引擎旋轉得更慢，從而導致重物下降，從而再次打開閥門。當引擎運轉時，閥門繼續打開和關閉，並且重物上升又下降，使引擎保持在可接受範圍內的動態平衡（既不太快也不太慢）。

在遊戲設計中使用循環

增強和平衡循環具有可用在遊戲設計上的不同種類的整體效果。增強循環透過創造失控或「富者越富」的情況來獎勵獲勝者。在大富翁（Monopoly）遊戲中，擁有更多資金可以讓你購買更多房地產，從而獲得更多收益。這會在玩家之間產生分歧，這可能會有用，但也可能會同時破壞贏家和失敗玩家的參與度：對於那些獲勝者來說，隨著差距的擴大，他們越來越不需要細心地參與遊戲來保持勝利。對於失敗者來說，他們擁有可以獲勝的選項越來越少。對於兩者而言，遊戲玩法空間坍塌到玩家只能做出少量有限的決策（較少選擇會顯著影響遊戲狀態），遊戲不再具有心理吸引力，因此它不再有趣。

平衡循環減少了玩家之間的差異：他們可以原諒輸家或者懲罰贏家，或者某種組合，以便保持競爭。許多遊戲都有一種輪流技巧，當一個人或一隊得分時，另一個可以獲得一些優勢──例如擁有球的控制權，就像美式足球和籃球一樣。在電力公司（Power Grid）中，處於最優勢位置的玩家最後一個行動，創造了一個持續的動態平衡循環，抵消了其他增強循環，像是獲得金錢和購買遊戲中更好的發電廠和城市。

構成元件作為循環元件

正如第 2 章所討論的，循環中的構成元件具有不同的角色，並經由構成元件的行為在循環中傳遞物件（objects）。了解這些以及它們如何創造出功能循環至關重要；這就是建構遊戲系統的基礎。

一般來說，資源（resources）是循環中各構成元件之間傳遞的對象。它們是遊戲中的標記，如第 3 章「遊戲和遊戲設計的基礎」中所討論的——這是遊戲中使用的代表性對象，作為其「名詞」。資源可能是給予小販的金幣、為買賣支付的金錢、用來施放咒語的魔力值、或浴缸裡的水。一般來說，遊戲中可數的任何東西都是資源，特別是如果它可以在遊戲中被創造、破壞、儲存或交換。我們將在第 8 章中更詳細地討論資源。

資源可以是簡單（simple）或複雜（complex）。簡單資源，如黃金、木頭和法力，在本質上是元素和商品化的：黃金不會分解成不同類型的較小部分，且一單位的黃金和另一單位的黃金完全一樣。複雜資源由簡單資源組合而成，可能具有不同的屬性（通常由遊戲指定而不是從自身湧現）。劍可以由簡單的木頭和金屬資源組裝而成，然後劍可以使用、出售、保存等等，並且它可以具有與另一種構造的劍不同的特性。

也可以建立資源生產鏈（production chains），使木頭和金屬成為劍和盔甲，當將這些給予入伍者時，就會為你提供一支軍隊（這個軍隊就是複雜資源）。許多以製作為特色的遊戲（例如 Terraria 或 Banished）透過擁有不同資源組合的長鏈來創造大量系統深度，從而可以創造出功能及能力越來越強大的物件。

貨幣（Currencies）是一種經常在循環內的構成元件之間傳遞的資源。大多數資源和貨幣之間的主要區別在於，任何轉換或交易都會消耗非貨幣資源：你可以使用木頭和金屬作為資源在製作系統中打造武器，但木頭和金屬會被消耗掉（或被轉換）。貨幣資源則會被交換、但不會被消耗：當玩家為武器支付黃金時，黃金不會成為武器；取得黃金的人（玩家購買武器的交易對象），可能使用黃金作為貨幣再去購買其他需要的東西。在許多遊戲的經濟體中，黃金只是在水槽（sink）中消失，如圖 2.3 所示，本章後面將對此進行討論，但就模擬而言，它應該被認為是花在其他東西上面了。

來源（Sources）是資源產生的地方。這可能是某個特定的地方或部分，如金礦是黃金的來源，或概念性的，如殺死怪物是得到經驗點的來源。在許多遊戲中，來源創造了**無中生有**（*ex nihilo*）的資源。雖然你可以模擬地面上含有多少黃金以及移除它需要多長時間，但除非這是你遊戲的重點，否則它只會增加你遊戲的認知負荷、而不會讓它變得更加愉快。

庫存（Stocks）是資源的容器[1]。資源從它們的來源（或從另一個庫存）以特定的速率**流向**（*flow*）庫存，直到抵達某種限制（參見圖 2.2）。庫存的狀態是它在任何特定時刻包含的資源量，其行為是從它到系統中另一部分的流動速率。庫存中的資源可能是銀行賬戶中的錢、角色的生命值、城鎮的人口等等。有些庫存有最高限額（比如浴缸裡的水），而有些則沒有（比如你可以在銀行賬戶中存入的金額）。

轉換器（*converters*）是遊戲中的物件或過程，它將一種資源轉換為另一種資源、或轉換為不同類型的物件。請注意，原始資源在轉換過程中消失，同時創造出新資源。轉換器是遊戲結構中常見的基本動詞：一個事物如何變成另一個。

轉換器可以像魔術盒一樣抽象和簡單，在一側放入鐵塊、並在另一側取出鋼鐵（另一種簡單資源）或劍（一種複雜資源）。或者，過程可能更複雜，具有多個輸入和輸出；製造劍可能需要金屬、木頭、工具、技能和時間——所有這些都是遊戲內的資源——並產生出劍和廢棄物（爐渣、熱量等等）。更詳細的轉換過程可能會提供更多的遊戲玩法（玩家如何處理煉鐵廠周圍的廢物堆積？），或者它可能是一個不必要的細節，只會增加玩家的心理負荷並且不會提供任何真正的遊戲玩法價值。在設計系統和遊戲時，你需要決定這一點。

決策器（*Deciders*）或決策點是系統中邏輯分支的表示，其中流動（flow）可能朝這個方向或另一個方向前進，這取決於內部邏輯、給定資源的量或其他外部條件。你希望將決策器的條件盡可能保持在構成元件的本地（local，意指相近層級）——也就是說，盡可能接近它的組織層級。有時，決策點將取決於系統階層結構中較高或較低層級的條件，但應避免比此更大的層級距離，以避免使整個系統更加脆弱（brittle），如本章後面所述。

1　有些人可能不習慣在這種情況下，使用「庫存（stock）」這個字詞作為資源的容器。這起始自系統思維的早期階段，並且一直存在這個領域內。為了我們的目的，想想看一個包含魚的「培育池（stock pond）」或動物的「畜牧場（stock yard）」，甚至是商店貨架上有多少庫存（stock）。另也有一些遊戲開發者使用術語「池（pool）」來表達這個概念。

水槽（*Sinks*）與資源相反：資源流向它們。在某些情況下，**來源**（*sources*）被稱為**水龍頭**（*faucets*），**水槽**（*sinks*）被稱為**排水管**（*drains*）——但我們並不關心資源（例如水）來自哪裡，只要它來自水龍頭。只要它流向排水管，我們就不在乎它去了哪裡[2]。

使用的圖標（Iconography）

如圖 7.1 所示，循環系統中的元件——來源、庫存、轉換器、決策器和水槽通常以特定的、幾乎如煉金術般的圖像來顯示：來源是向上的三角形、庫存是圓圈、轉換器是有直線經過的三角形、決策器是菱形、水槽是向下的三角形。庫存中的數量可以顯示為單獨的資源標記，透過陰影描繪出庫存的充足程度、或是透過其他方式來呈現。這個特殊的圖標系統源自於 Joris Dormans（Adams 和 Dormans，2012 年），他是線上系統繪圖工具 *Machinations* 的作者。該軟體中的圖標和功能比此處所示的更詳細，但沒有必要學習完所有這些才能在創造系統和系統圖時使用這些概念。這些圖形絕不是通用的或規定性的（請注意，圖 2.4 中使用的「轉換器」圖標與此處使用的圖標不同），但它們在許多情況下都很有用。

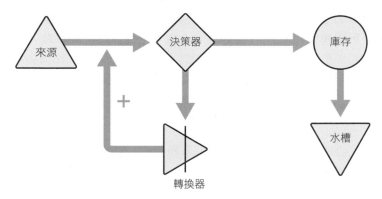

圖 7.1　來源、庫存、轉換器和水槽的常見圖像以及它們之間的流動。本章將探討這類圖的功能性意義。

2　這在現實世界中並不是一種特別具有生態責任的觀點，但在創造遊戲系統時，將來源或水槽之外的任何事物視為在系統之外是非常有用的，並不用擔心對任何更大的系統環境造成影響。

四個主要循環

在增強和平衡循環的概念基礎上，記住遊戲設計師必須關注的四種主要的概念循環是有用的：

- 遊戲模型的循環
- 玩家的心智循環
- 互動循環
- 設計師的循環

這些已經在前面的章節中討論過，我們將在這裡再次引用它們，作為一種引導進入遊戲設計的循環部分更具體討論的方法。

遊戲模型的循環

正如第 3 章和本章所述 —— 遊戲有自己的內部世界模型。這個模型必然是動態與循環的，以使玩家可以與之互動；如果模型是靜態的或線性連結的，那麼就沒有互動性，也沒有遊戲玩法。遊戲的動態模型是玩家體驗的遊戲世界，它創造了遊戲玩法的空間。如果遊戲世界中只有少數可行的路徑，則遊戲的可能性空間很窄；玩家幾乎沒有任何有意義的決定。當這種情況發生時，最終將沒有遊戲玩法、沒有參與度、也沒有樂趣。透過二階設計（second-order design）來開發遊戲模型，則可為玩家創造探索空間，並建立參與度和樂趣。

遊戲的世界模型是設計師定義的所有遊戲系統的組合。我們將研究創造此模型的不同類型的系統。從廣義上講，它們以引擎、經濟和生態為代表。透過這些，我們可以獲得許多不同類型的常見遊戲系統，例如進展、戰鬥、物品、技能、任務和其他系統。

玩家的心智循環

在第 4 章中，我們探討了玩家的心智模型。這湧現自玩家在建構對遊戲內部模型的理解時、所創造的心智循環結構。與遊戲的模型一樣，玩家的心智模型也是動態與循環的，而非靜態或線性。

這個模型必須由玩家在體驗遊戲時建立（同時仍然讓他們保持參與），並且需要與遊戲的內部模型緊密匹配。如果玩家在遊戲中的行為具有意料之外、或更糟（隨機）的影響，則玩家將無法建立或驗證他們的心智模型。在這種情況下，他們的體驗變得荒謬而且沒有吸引力。

除了遊戲的內部系統，玩家的心智模型也包含遊戲在他們面前設定的顯性目標（explicit goals），也包括玩家為自己創造的內隱目標（implicit goals）。玩家在實現這些目標時產生的進步感，通常由遊戲中的一個或多個進展系統來實現。這是玩家心智模型的重要組成部分，也是參與度和成就感的來源。

互動循環

在第 4 章中，我們還介紹了遊戲和玩家之間存在的互動循環。這種給予＋接受是玩家在遊戲中的行為方式，再根據遊戲的回饋來了解它。這個循環涉及並包括了遊戲的內部模型和玩家的心智模型：這兩者都是互動循環系統（的一部分）的子系統。

玩家的行動是遊戲循環的輸入（inputs），且遊戲模型內接續的狀態變化會被傳遞回玩家，成為玩家（自己）的模型和狀態的輸入源。

重要的是要注意，直到這個循環開始存在，遊戲才真正存在於任何功能意義上。遊戲系統本身並不能創造遊戲體驗；玩家必須能夠首先成功地與遊戲互動，遊戲體驗才開始產生。在開發遊戲時，「完成循環」以使玩家可以完全與你的遊戲世界互動，這對設計師來說是一種非常令人滿意的、甚至是神奇的體驗。當這個循環存在時，玩家能夠做出決定、採取行動，並根據其內部模型體驗遊戲的回饋，因此玩家可以改善他們的心智模型。當發生這種情況時，這是你第一次有跡象表明你正在嘗試建立的遊戲體驗，可能實際上存在於遊戲和玩家所創造的整個系統中（請參閱本章後面的「設計師的循環」部分）。

雖然這個互動循環被描述為僅在玩家和遊戲之間（例如，參見圖 4.2 和 4.4），但它可以很容易地擴展到包括所有與遊戲互動並且（直接或間接）彼此互動的玩家身上。玩家使用遊戲作為魔法圈的仲裁者，並且他們使用它（以及他們自己的個人討論）來傳達他們在遊戲中的當前狀態和未來目標。

在遊戲中，玩家使用其標記和規則來與其他人進行互動。從任何一個玩家的角度來看，完整的遊戲包含了遊戲的內部模型和所有其他參與者心智模型的綜合，如同遊戲本身所呈現的。遊戲不包括每個玩家的計劃和意圖，但確實透過了遊戲結構來表達出這些內容。每個玩家都可以自行建立一個預測模型，不僅僅是遊戲本身會做什麼，還包括了其他玩家在追求自己的目標時可能做的事情。

核心循環

正如第 4 章所介紹的，遊戲的 **核心循環**（*core loops*）是遊戲與玩家之間的互動，這些互動形成玩家的主要焦點——也就是被玩家所關注的活動（參見圖 4.4 和 4.11）。在任何互動循環、核心循環中，玩家形成意圖並在遊戲中執行，導致遊戲內部模型發生一些變化。這種變化會成為回饋發送給玩家，通常增加了能力或資訊。這個資訊允許了玩家修改他們的心智模型，包括任何形式的學習（增加遊戲中的理解或技能）。這創造了玩家形成下一個意圖的舞台，並再次重新開始循環。

遊戲必須至少有一個核心循環才能為玩家建立引人入勝的互動。遊戲也可能具有在不同時間或不同時間尺度上發生的多個核心循環，如第 4 章中探討的不同類型的互動性（參見圖 7.2，如前面的圖 4.6 所示）。例如，角色扮演遊戲可能將快節奏戰鬥作為主要核心循環，將更多的戰略和長期技能獲取作為外圍循環。在戰鬥中，玩家使用動作／回饋和短期的認知層面互動循環來選擇最佳攻擊方式。遊戲根據對手的狀態來提供回饋，如同玩家必須根據對手的行動來進行反應一樣。如果玩家成功，這個核心戰鬥循環的結果可能導致遊戲內資源的增加，例如金錢、戰利品或技能，同時也學習到如何玩得更好，為玩家提供成就和專精的感受。這使得玩家能夠面對更大的挑戰，例如與更強硬的敵人進行更多戰鬥。當玩家的注意力從快速變為慢速（例如從戰鬥到技能選擇）時，遊戲的核心循環也會發生變化。

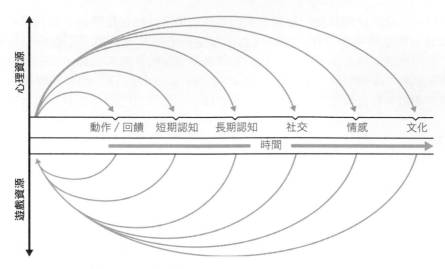

圖 7.2　回顧不同類型的互動循環（參見第 4 章），每個循環都有自己的時間尺度。

類似地，在許多策略遊戲中，玩家交替進行建造建築物、製造單位、以單位進行作戰以及研究新建築物和單位的這些行動。這個整體的核心循環本身是由較小、較短期的核心循環所建構的。這些通常被稱為「內部」（較短、快速）和「外部」（長期）循環。「核心（core）」層面不一定是最快或最內層的，但視哪個循環對於玩家當時的體驗最重要而定 [3]。

核心循環的例子

以一個真實世界的例子，我們可以看看部落衝突（*Clash of Clans*），它是一個非常成功的動作／策略遊戲。圖 7.3 顯示了這個遊戲的核心循環。遊戲玩法包括收集資源、建設（以及後續的升級）基地／堡壘中的建築物並訓練單位，然後利用這些單位與其他基地（通常由其他玩家擁有）進行戰鬥。

這些玩家行動結合在一起，成為遊戲的核心循環。還有一些重要的外圍循環，例如那些涉及幫助你部落中的其他人及提升等級的循環。雖然這些對於遊戲的整體成功和壽命非常重要，但玩家「收集資源」、「戰鬥」和「建造及訓練」的這些行動才是遊戲的核心。（請注意，這些名稱在這裡是為了使用方便，但在遊戲中沒有顯示或引用。）

3　或者，在某些情況下，核心層面（core aspect）可能是玩家花費大部分時間的地方，或是設計師認為能提供最大價值的遊戲部分。以核心循環（core loop）作為術語的使用仍然不是完全一致的。

由這些行動形成的兩個循環中的任何一個都可以被視為最內層或「最核心」，因為玩家花費大量時間專注於一個或另一個。圖 7.3 顯示了「收集資源」和「戰鬥」循環作為最內層的循環，因為它們具有最短期的互動循環。

玩家點擊資源來「收集」它們，然後將它們放入儲存用的建築物（庫存）中，供現在使用或儲存（有上限）供以後使用。在遊戲的戰鬥部分，沒有太多的實際互動性（跟手機平台中的許多這類遊戲相同），但玩家必須決定何時何地部署部隊進行攻擊，這使用了快速的動作／回饋和短期的認知層面互動的結合。（當進行防守時，玩家可以做的事只有觀看、並希望他們可以防守的住；當他們的基地被攻擊時，玩家甚至不必在場。）

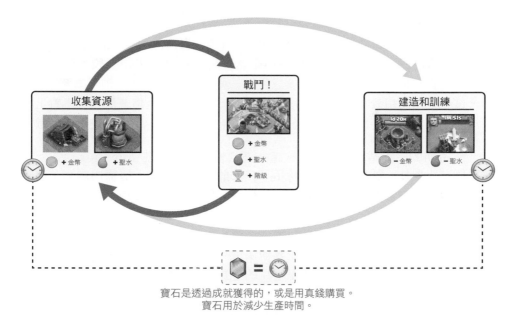

寶石是透過成就獲得的，或是用真錢購買。
寶石用於減少生產時間。

圖 7.3　部落衝突（*Clash of Clans*）的核心循環。玩家在收集資源、戰鬥和建造這三個遊戲中的主要活動之間循環。他們可以花更多的時間來收集和建造或透過現金購買來加快速度。這個相同的核心循環圖可以更抽象地繪製為僅涉及戰鬥和建造，或採用更具體的細節、顯示出每個活動內所擁有的循環行動。細節層級並非完全隨意，但應反映出對觀眾最有用的訊息——無論他是開發者、業務的利害關係人或是玩家。

戰鬥循環是遊戲中較活躍、緊張的部分。在這個循環中，玩家用他們的部隊攻擊另一個基地並帶回金幣和聖水，這是主要的遊戲內資源。玩家也可能提升他們的階級（外圍循環的一部分）。當然，玩家可能會在戰鬥中失去部隊、然後需要再重新生成。

這將我們帶到遊戲中較寧靜、低張力、通常持續更長時間的部分：「建造和訓練」。為了訓練新的部隊並保衛他們的基地，玩家必須收集資源、然後花金幣和聖水來建造建築物。其中一些建築物本身就是金幣和聖水的來源（如前所述）——如金礦和聖水收集器。作為資源來源，這些建築物會隨著時間的變化自動產生這些資源。其他建築物使用這些資源來創造（訓練）進攻和防守單位。還有一些是收集資源和訓練部隊的容器（庫存）。

當然，每個建築物的功能都有限制：一個來源以一定的速度生成資源；一個儲存建築只能保存固定的金幣或聖水；一次能訓練的部隊數量是有限的。為了提高資源生成的速度、可以儲存的資源量、或是可以訓練的部隊數量，玩家必須升級建築物，這在遊戲中會受到基地的市政廳等級限制。

此外，玩家會受到建造建築物需要時間這個事實的限制，訓練部隊也是如此。這是**部落衝突**這個免費遊玩的遊戲用來誘導玩家花錢的主要手段：玩家可以使用真實世界的貨幣來購買寶石，它作為一種遊戲中的中介貨幣。如圖 7.3 所示，這些寶石可用於加快建造或培訓時間或購買額外的金幣或聖水。事實上，玩家可以用錢購買時間來加快遊戲進行，如果他們願意。這是免費遊玩遊戲中常見的交易。

在這個層級對核心循環的描述，暗示了在更低（或更具體）層級內還有其他的互動循環。在主要的「建造和訓練」的核心循環中，玩家必須使用收集的資源來升級建築物或部隊。在「戰鬥」循環中，玩家必須選擇在戰鬥中訓練、升級和使用哪些單位。每個決策都作為增強循環（創造更多或更好的單位）和平衡循環（一旦資源被使用，就會阻止其他決策）的一部分。增強和平衡循環的這種組合在許多遊戲的核心循環中是常見的，為玩家提供多個有意義的決定作為遊戲玩法的關鍵部分。

加總起來，這些循環使玩家能夠創造一個強大的、分層的心智模型，包括基礎結構和玩家自己的目標。一個玩家可能有巢狀的目標，例如「我需要升級我的金幣儲存，這樣我就可以升級我的市政廳，我就可以再進一步升級我的軍營…」這些連鎖的結構（構成元件）和功能（行為）創造了一個動態的心智模型，支持了動作／回饋、短期認知層面和長期認知層面的互動類型。加入和成為部落的一部分（玩家可以互相幫助）是遊戲的外圍循環，為遊戲增加了一層社交互動。集合起來，這創造了一個高度吸引人的互動環境，有助於解釋這款遊戲的持久吸引力。

許多其他遊戲使用類似的核心循環組合，通常將高壓、動作導向的戰鬥、謎題或類似的互動循環，與低壓的建造、製作、交易或類似循環相結合。前者傾向於使用較快速的動作／回饋和短期認知層面互動，而後者傾向於較緩慢的長期認知、情感和社交互動 [4]。

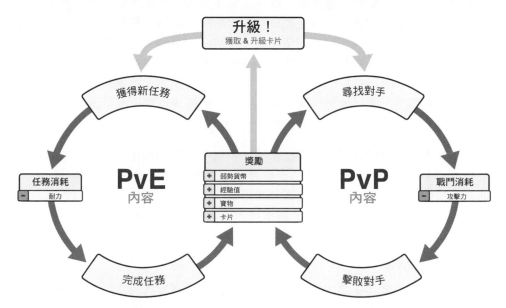

圖 7.4　漫威英雄戰爭（*Marvel War of Heroes*）的核心循環。玩家在兩個增強循環間選擇：PvE（玩家對抗環境，或對抗遊戲）和 PvP（玩家對抗玩家，或與其他人類玩家對戰）。循環是類似的，但有不同的內部構成元件（任務和對手）以及不同的內部平衡元素（耐力和攻擊力）。後者這些元素限制了玩家在沒有休息（或花錢儲值）的情況下經歷循環的次數。通常玩家會在早期選擇 PvE，隨著時間的進展逐漸轉向 PvP。遊戲中還有重要的外圍循環，這裡未顯示。

另一個例子，我們可以看一下像漫威英雄戰爭（*Marvel War of Heroes*）這個遊戲的核心循環，這是一款基於手機的卡片戰鬥遊戲，玩家可以在其中創造包含漫威英雄的虛擬卡牌牌組來與其他人戰鬥。如圖 7.4 所示，玩家可以選擇接受新任務，來對抗遊戲中的組織，例如「邪惡大師」，或者他們可以與其他玩家直接戰鬥（這通常更具挑戰性）。在這兩種情況下，玩家都會獲得獎勵以增強

4　這種對循環的劃分非常普遍，可能因為它與我們自己的生物傳承很吻合：在人類和其他哺乳動物中，神經系統的快速反應導向的交感神經部分包括「戰或逃（fight or flight）」反應，而較慢、較長期導向的副交感神經部分則控制所謂的「休息和消化（rest and digest）」功能。第一個帶我們完成戰鬥；第二個幫助我們維持和恢復我們身體系統的平衡。

他們的能力（經驗值、新卡片、寶物等），但也有會消耗掉耐力或攻擊力的煞車功能，這限制了他們無限制地遊玩的能力（至少在沒有透過現金購買來更快的補充這些資源的情況下）。

這個遊戲有一個重要的外圍循環，就像這種類型的大多數遊戲一樣，玩家可以結合並增強他們的英雄。這些互動通常使用動作／回饋和長期認知層面互動的有趣組合：玩家在增強或組合兩個英雄（成為一個更強大的英雄）時，經歷了令人滿意的動畫、特效和音效的獎勵，這作為對他們行為的一種有效的即時回饋。他們還必須進行長期的戰略性權衡取捨，關於要強化哪些英雄、哪些要在戰鬥中使用等等，這為他們的遊戲玩法提供了更長的時間尺度；遊戲同時關於在當下進行的戰鬥，並計畫如何在長期內最有效地進行戰鬥。

這個外圍循環驅動玩家繼續在自己的增強循環中戰鬥的願望：增強的英雄意味著更好的戰鬥表現，更好的戰鬥表現會帶來更多的獎勵，其中一些可以用來進一步增強他們的英雄。雖然這個外圍循環並不是玩家時時刻刻體驗的核心，但對於玩家繼續參與遊戲來說至關重要，同時也是遊戲獲得商業成功的主要機會。

核心循環的摘要

遊戲的核心循環是其主要的互動系統。如果核心循環支持不同的互動時間尺度（如此處和第 4 章所述），它們有助於創造一個可以立即吸引玩家、並長時間保持這種狀態的遊戲。透過核心循環，玩家可以創建出對遊戲的心智模型，包括他們當前的行為和長期目標，以及隨著時間的推展提高他們對遊戲的理解和技能。簡單的遊戲可能只有單一的核心互動循環，這些整體而言往往是較短的體驗。例如，在遊戲**連鎖反應**（*Boomshine*）中，玩家的核心循環是在每個關卡點擊一次（並且僅只一次），然後見證他們的動作結果。這個遊戲最多持續幾分鐘，儘管每次迭代，玩家都會更多地磨練他們的心智模型，通常會增進他們的遊戲技巧。結果，玩家一遍又一遍地回到遊戲中來測試並提高他們的技能，實際上創造出了他們自己重玩遊戲的外圍循環。

遊戲機制

對遊戲互動循環的理解為定義**遊戲機制**（*game mechanics*）提供了基礎。這個詞彙在遊戲設計中經常使用，被用來模糊地指稱反覆出現的模式和遊戲玩法組塊：例如，平台跳躍（platform-jumping）是一種常見的遊戲機制，資源管理、賭運氣（push your luck）和擲骰（dice rolling）也是。這些遊戲機制涵蓋了從簡單（抽牌）到漫長而複雜（建構帝國）的範圍。因此，很難確定遊

戲機制的基本特徵；通常它們最終會成為「模糊的遊戲玩法組塊（chunks of gameplay）」而沒有進一步定義。

這些的共通之處在於它們的系統性：每個遊戲機制在玩家和遊戲之間形成一個互動循環。這個循環是可識別的、並且作為其自身的系統，通常可以脫離任何特定的遊戲情境；例如，許多遊戲使用抽牌或區域控制作為機制。一個遊戲機制可能簡單快速、其中沒有子系統，或者它可能包含許多子系統並需要很長時間才能完成。

玩家在整個遊戲中反覆遇到的遊戲機制有時被稱為 **核心遊戲玩法**（*core gameplay*）或 **核心機制**（*core mechanic*），這包含了在遊戲內發現的有意義組塊、特定機制，以及核心循環的概念。

當在許多遊戲中以略微不同的形式看到這些機制時，這會導致 **遊戲類型**（*game genres*）的形成。例如，在平台遊戲類型中，跳躍是一種核心機制，通常伴隨著例如雙重跳躍、在移動的平台之間跳躍、跳牆等等的變化。在角色扮演遊戲中，戰鬥是典型的核心機制，收集戰利品和獲得力量也是。在每個類型中，遊戲共享可識別的機制，預先告知玩家他們將在遊戲中進行的互動類型。每個遊戲都與同類型的其他遊戲有所不同，但是由他們的機制創造的系統互動循環中的相似性形成了一種熟悉感，幫助玩家更輕鬆地創造出對遊戲的心智模型。

本章不列出常見的遊戲機制列表，而是採用更系統的方法來處理三種主要的遊戲玩法循環（引擎、經濟和生態）以及如何將它們組合成各種機制。

設計師的循環

正如本書所述，在很多方面，最外層的循環是設計師的循環（參見圖 7.5，也如圖 I.3 和 4.3 所示）。設計師必須從外部將遊戲＋玩家的系統視為一個統一的整體，遊戲和玩家都是其中必要的子系統。設計師與這個總體系統進行互動的方式，是透過觀察玩家體驗遊戲、並調整遊戲模型來為玩家提供更好的參與度。你可以將遊戲設計過程視為一個平衡循環，其中由設計師創造的設計由玩家體驗，玩家再向設計師提供回饋。此回饋表明了設計師的意圖與玩家體驗之間的差異。然後設計師更改設計（期望）減少這種差異，然後循環再次開始。

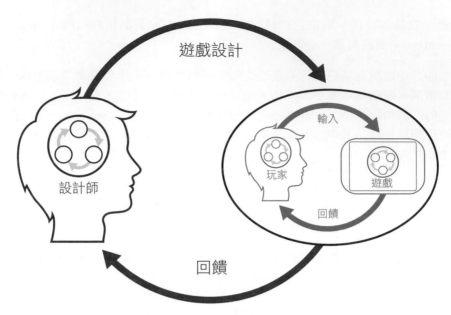

圖 7.5　設計師的循環。作為遊戲設計師，你必須透過製作遊戲＋玩家的系統來打造玩家的體驗。

創造、測試和調整遊戲的內部模型和系統是遊戲設計的本質。在你能夠看到與遊戲互動的玩家並與之互動之前，遊戲在很多方面尚不存在。一堆規則不會製作遊戲。即使是模擬（一種獨立運行的遊戲模型）也還不是遊戲。讓遊戲「成為真實」需要具有互動式的遊戲＋玩家的系統。在這時刻，設計師的循環也才可以存在，並且你可以在遊戲設計中取得一些最佳進展。我們將在第 12 章「讓你的遊戲成真」中，在討論原型製作和遊戲測試的細節時，看到更多這個循環。

層級和階層結構

如同此處對遊戲中的不同主要循環所述，系統必然涉及組織的不同層級。互動循環的構成元件是遊戲和玩家循環；互動循環則是設計師循環中的一個構成元件（其他還包括設計師自己的計劃和目標）。

當我們討論遊戲循環和系統時，這個原則是一個需要記下的重要內容：系統通常包含其他系統，每個系統都是構成更高層級系統循環的一部分。能夠在建構系統中的系統時（循環中的循環時），並同時能夠追蹤你正在處理的層級位於階層系統中的哪裡、且同時保持對整體體驗的視野，這對遊戲設計師來說是一

個關鍵的技能組合（參見圖 5.2）。這就是為什麼能夠以系統角度來進行思考，對任何遊戲設計師來說都至關重要。

例如，回想第 2 章中首次介紹的狼和鹿的生態。如圖 7.6 所示，鹿構成了自己的小系統，主要是增強循環。除了外部事件，只要現有的鹿有足夠的食物，鹿的數量就會增加。然而，鹿越多，可用的食物就越少。如果食物的消費量超過來源生成的食物量，那麼將會新生的鹿會減少。為清楚起見，這裡沒有明確顯示成年鹿飢餓（食物耗盡）的影響；相反地，鹿有另一種行為（死亡），這有時會把牠們從系統中帶走。該系統的邊界如圖 7.6 中的虛線圓圈所示。食物從外部作為一個簡單的來源（source）進入鹿系統、死亡則是水槽（sink），將鹿從系統中帶出。

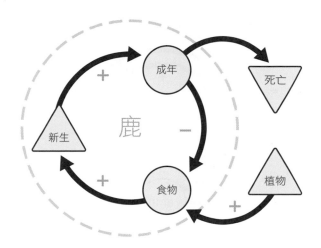

圖 7.6　以系統圖表示鹿族群的主要增強循環（並具有平衡因素）。

也可以用類似的方式為狼和植物繪製圖表（如圖 7.7），而狼的食物來源是鹿（在某種意義上來說，狼也會成為植物的食物）。

這個圖比前一個系統圖顯示的要高了一個組織層級（朝向更抽象的一個層級）。

圖 7.7 中標有「鹿」的圓圈（庫存）包含圖 7.6 中灰色虛線圓圈內的整個系統。該系統現在顯示為更大系統的一部分。

在圖 7.7 中，我們看到有更多的鹿時、狼群將變得越大 —— 以犧牲鹿的數量為代價（雙箭頭）。這是它自己的小平衡循環，以及從以鹿為中心的較小系統的觀點來說是外部效應（除了鹿所具有的「死亡」，這可能會被狼所強迫）。鹿與植物（其食物）間具有類似的平衡關係，它們現在是系統的一部分，而不是外部的簡單來源。鹿和狼在死亡時都會為植物生長的土壤做出貢獻。

請注意，植物、鹿和狼的不同增長速率平衡了這個系統。除了上面提到的平衡循環之外，這裡還有一個鹿、土壤和植物之間的增強循環，其中鹿和植物的數量都是失控的，除了它是由鹿吃掉植物（被吃掉的不會再生成新植栽）及狼吃鹿來達成平衡之外。另請注意，這個小的生態循環是被框在虛線圓圈內的，表明它也可能是更高層級系統中的一部分。

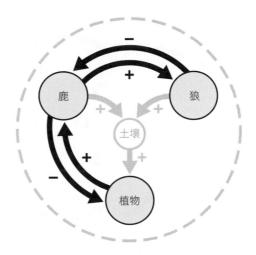

圖 7.7　更高層級的鹿 / 狼生態。圖 7.6 中的系統是此處的子系統，其中的外部來源和水槽被替換成了庫存（構成元件），這些庫存本身可能同時也是系統。

三種遊戲玩法循環

如前一節中的鹿 / 狼系統所示，遊戲系統是複雜循環結構。（遊戲系統還包括了玩家互動，鹿 / 狼系統則沒有。）這些循環結構使得遊戲可以運作：它們構成了遊戲內部世界模型的結構基礎，並且在運作時，它們創造了遊戲的功能層面 —— 也就是複雜的動態模型，玩家與之互動並創造遊戲玩法。

正如第 3 章所討論的那樣，你可以把這些功能性系統元素中的每一個都想像成「執行 X 的機器」——例如，「我想要一台製造鹿的機器」或「我想要的是鹿和狼之間的生態循環」。遊戲系統透過將其構成元件（通常其本身也是系統，如前所示）視為系統性的（複雜、通常是分階層的）循環結構的一部分來進行交互作用並「執行某件事情」。

這些系統是增強和平衡循環的混合，取決於系統的總體目的。在大多數遊戲中，整體而言增強循環較佔優勢。這使得玩家有收獲並取得進展，並使玩家在遊戲中的虛擬化身或代表物可以在遊戲過程中變得更強大。

每個系統的運作都使用前面所述的資源（resources）：構成元件的行為通常涉及了構成元件之間資源的增加、減少、流動和／或轉換或交換；這就是系統循環的成因。循環可能在內部使用相同的資源，也可能作為循環的一部分、將一個資源轉換或交換成另一個。在增強系統中，這些資源隨著時間的推移而增加，並且在一個平衡的系統中，它們降低到預先定義的程度或成為一個動態平衡。出於這個原因，增強循環有時被認為是「獲得（gaining）」，而平衡循環則被認為是「維持（maintaining）」特定資源或資源集。

這兩組條件 —— 增強或平衡（如同，「使用相同的資源」或「交換不同資源」）——為我們提供了值得檢視的三種廣泛的遊戲玩法循環。其中的每一個都以不同的方式對遊戲設計產生重要性，所有這些都將在以下部分中進行更詳細的討論：

- **引擎**：使用相同的資源來增強或平衡。
- **經濟**：透過交換資源來增強。
- **生態**：透過交換資源來平衡。

引擎

我們要考慮的第一種系統性「機器」被廣泛的稱為**引擎**（*engines*）。當然，即使在遊戲領域中，這個詞彙也有很多含義——例如，開發出的引擎可處理一些繁瑣的底層工作，使建構遊戲的過程變得更容易。

以遊戲設計的術語而言，引擎可以是**促進**（*boosting*，指增強）或**煞車**（*braking*，指平衡）。第一種類型為遊戲添加資源，第二種類型則將它們排出。

促進功能的引擎

促進功能的引擎（*boosting engine*）是一種系統，它以一種方式為遊戲添加資源，使玩家選擇是在當下使用它們、或將它們用於投資以在未來獲得更多的資源流入。{ 這就是 Adams 和 Dormans [2012] 所說的**動態引擎**（*dynamic engine*），其與簡單來源的**靜態引擎**（*static engine*）成為對比。} 促進功能的引擎有一個主要的增強循環，從一個來源（source）創造一個從它流出的資源開始：這個資源可能是鐵、行動點、軍隊單位、魔法力量或其他一些物件的數量（見圖 7.8）。玩家必須決定是否立即在遊戲中使用這些資源來行動，或者為了獲得未來更大的能力而投資（更大的資源流入）。

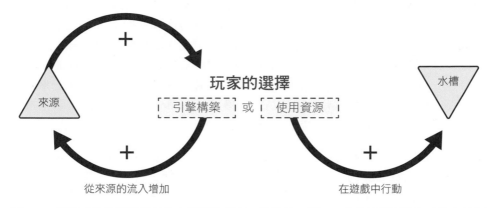

圖 7.8　促進功能的引擎系統的主要增強循環。請注意，圖 7.1 中的範例圖標在功能上等同於此處顯示的循環，但在此圖中，玩家的選擇被明確地以決策點的方式描述。

被稱為**引擎構築**（*engine-building*）的遊戲使用這個系統（或其更複雜的變體）作為玩家獲得力量和能力的主要方式：當他們建構引擎時，玩家會增加他們在遊戲中的能力，或者他們可以選擇使用資源來在遊戲中行動。在遊戲中行動通常會帶來短期獎勵，代價是花費的資源，但建構引擎則是投資未來（並完成增強循環）。在兩種選擇間達成平衡——何時投資與何時採取行動，是這些遊戲的主要決定。因此，當引擎構築成為遊戲的核心循環時，這類遊戲傾向於使用長期的認知（戰略）層面互動。如果一個玩家沒有運用戰略性，他們就會輸——但如果他們運用過度（投資多過行動時），他們也一樣可能會輸。

案例

許多桌上遊戲使用促進功能的引擎（boosting engine）作為遊戲玩法的主要驅動。早期的例子來自遊戲**大富翁**（*Monopoly*）。玩家從擁有 1,500 美元開始遊

戲，每次繞地圖一圈可以從銀行獲得 200 美元（這就是「來源」）。他們可以利用這筆錢投資在房地產上，當其他人停留時就可以獲得金錢。還有一個二級的引擎構築循環，擁有同一顏色所有房地產的玩家可以投資房屋和旅館，來讓房地產可以更賺錢。玩家不想在這場遊戲中投資房地產的唯一原因是，他們想要先等待、之後再購買其他更偏好的房地產，因此他們可以擁有足夠的錢來支付過路費、或支付其他遊戲中的開銷來避免破產。

更近期的例子則包括*皇輿爭霸*（*Dominion*）、*電力公司*（*Power Grid*）和*璀璨寶石*（*Splendor*）等遊戲。有些遊戲，像*璀璨寶石*將資源流入的增益與行動結合起來：作為一位玩家，你使用寶石來購買一張卡片、而卡片又會增加每一輪你能夠使用的「免費」寶石數量（這增加了來自來源的資源流入）。此外，這個遊戲還以勝利點的形式建立了一個單獨的資源。在這種情況下，玩家的決定會稍微改變：他們將透過行動來獲得能力（寶石形式的額外資源），但他們也必須決定是否花費他們的資源、來增加他們未來的能力，或花更多的錢來同時獲得更多的勝利點。這產生了與前述同類型的平衡效果，玩家以勝利點的形式來選擇立即的能力增加和未來的潛在增益。

許多基於電腦的策略遊戲也使用引擎構築的系統：你可以選擇花費資源來建造戰鬥單位，或者你可以將這些資源投入到能夠建造更好的戰鬥單位的設施中。作為在主要引擎系統之上的一種外部增強循環的形式，在許多這樣的遊戲中，你也可以將這些戰鬥單位送出去戰鬥並帶回一些需要的資源，儘管在這個過程中有可能損失一些單位。

引擎的問題

引擎構築可以是遊戲中的一個很好的核心循環，但是促進功能的引擎也容易出現某些問題。首先，因為它們基於增強循環，所以它們有可能在富者越富的情況下失控，除非存在平衡循環來防止這種情況發生。一個古老的例子是 1990 年的街機遊戲*領土之戰*（*Rampart*）。在這個遊戲中，玩家建造城堡，然後互相發射大砲。每輪結束後，玩家將重建他們的城堡，根據他們在上一輪的表現增加更多的牆壁和槍支。這創造了一個強大的增強性質的引擎構築循環，但問題是一旦一個玩家開始獲勝，其他玩家很難或不可能趕上。沒有任何可以追趕的遊戲機制，主要的平衡循環是，為了繼續玩、你必須繼續將更多的硬幣投入到街機中。（當遊戲移植到家用遊戲主機，不需要硬幣時，這個缺陷變得更加明顯。）

另一方面，基於促進功能引擎的遊戲，當玩家沒有足夠的資源繼續玩時，遊戲可能會停滯。想像一下，如果在**大富翁**中你開始只有 500 元而不是 1,500 元。那玩家只能購買少數房地產，並且可能會因破產而迅速被淘汰出局。或者，在幻想遊戲中，如果購買魔法武器的唯一黃金來源，來自於只能用魔法武器殺死的怪物，那麼玩家將無法在遊戲中獲得進展。後一種情況有時被稱為**鎖死**（*deadlock*），即循環根本沒辦法開始、因為透過循環所獲得的資源同時也是啟動循環所必需的。

總體而言，促進功能的引擎需要仔細的達成增強和平衡循環之間的平衡：產生多少資源、增加多少流量以及其他平衡因素，例如玩家必須花多少錢來採取行動而不是投資在遊戲裡。例如，如果在某個策略遊戲中，建造單位很便宜並且單位永遠不會死亡，那麼玩家可以快速建立足夠的單位，而且不必再擔心需要建造更多了。然後，他們可以將所有資源投入到投資和創造更好的單位，這可能導致失控的情況，例如單一玩家占據了主導地位，或者至少會變成，所有玩家都會透過越來越多的投資、迅速累積他們透過購買而獲得的單位種類和數量。如果玩家間可以平衡彼此的進展，那後者可以形成一種令人興奮的、不斷升級的遊戲玩法；這也是許多策略型的手機遊戲採用的主要手法。然而，當玩家已經玩爛了現有的單位並且無法再進一步發展時，它可能導致玩家最終飢渴的需要新的內容。透過將花費以指數方式調升的平衡循環可以修正這一點，但只是延遲了內容耗盡的問題，問題最終仍會發生。（將在第 10 章「遊戲平衡的實踐」中詳細討論，如何使用指數曲線來進行玩家進展的平衡。）

最後一個促進功能的引擎（boosting engines）的問題，可能來自平衡遊戲這個行為本身。玩家努力尋找一種有效的策略，盡可能快地製造出最強大的引擎，以便贏得遊戲。當然，這與他們在遊戲中執行行動的需要是對立的，那至少會部分地平衡掉（和延遲）他們在遊戲中投資和獲得額外力量的能力。然而，如果過於謹慎地平衡這組循環，那麼遊戲設計師可能會在無意中縮減了遊戲空間的潛在路徑，只留下一個有意義的策略。在賽局理論中，這被稱為**占優策略**（*dominant strategy*）：一個總是更偏好的策略，並且最有可能為選擇它的玩家產生獲勝條件。

例如，如果在幻想遊戲中有一種武器和裝甲的組合可以擊敗所有其他組合，或者如果在戰略遊戲中有一種可以購買、並擊敗所有其他對象的單位，則玩家將急於開發它們並迅速獲得力量。然而，在創造這種情況之後，設計師已經幾乎不為玩家留下了任何決定的機會：如果玩家知道它存在，他們會急於使用這個偏好的占優策略；或是如果玩家不知道它存在，那麼在他們知道之後，會很沮

喪其他人在自己之前就知道了這個秘密的最佳途徑。在任一種情況下，缺乏有意義的決定都會導致玩家的參與感和遊戲中的樂趣迅速消失。

煞車功能的引擎

與促進功能的引擎相比，**煞車功能的引擎**（*braking engines*）擁有一個主要的平衡循環。因此，煞車功能的引擎在許多方面與促進功能的引擎相反：循環中的來源產生一個資源，但循環的行動會**減少**該資源的數量，並且在某些情況下會減少未來獲得該資源的數量（或頻率）。這種結構的一個真實例子是汽車上的煞車：當使用煞車時，它們會將車輪的速度降低到某個程度或完全停止。另一個物理實例是我們在圖 1.7 中看到的離心式調速器，其中旋轉重物的運動調節了它所連接的引擎的速度。這些循環有時也被稱為**摩擦**（*friction*）結構（Adams 和 Dormans，2012 年），因為它們減緩了遊戲中的行動或資源取得。

這看起來可能是遊戲中的一個奇怪的結構，與其他循環結構不同，這些結構往往被視為其他循環內的構成元件、而不是自成一個循環。然而，參考先前的例子（參見圖 7.3 和 7.4），我們可以看到將調節器或煞車放到玩家的進展上，可以如何成為遊戲中的一個重要組成部分。在像**漫威英雄戰爭**（*Marvel War of Heroes*）這樣的卡片戰鬥遊戲中，如果沒有一些規則及減少玩家能力的方式，玩家可以繼續無限制地玩。在那個遊戲中，耐力和攻擊力的設計都是為了達到這個目的。在其他遊戲中，類似的調節或煞車機制包括各種形式的摩擦、或是玩家必須符合的條件以及將資源從其整體進展中轉移出來的條件。**大富翁**中的「修理」機會卡，就是一個例子，它讓玩家必須支付與他們擁有的房屋和旅館數量成比例的金額：這是一個會抽取玩家資源的隨機事件，作為對資源的一種管理方式。這張牌還展示了前面提到的「橡皮筋」效果，因為它對於一個落後的玩家影響遠小於居於優勝地位並且擁有許多房地產的玩家。

慢到停下來

毫不奇怪，煞車功能的引擎必須在遊戲情境中小心使用。如果對玩家資源的監管過於嚴厲，以至於它超越了促進功能的引擎中的主要增強循環或經濟系統，則玩家將很快變得沒有足夠的資源在遊戲內執行行動。與停滯不前的經濟一樣，遊戲將陷入停滯。例如，如果**大富翁**中，需要玩家為其所擁有房地產支付維修費用的機會卡更頻繁地出現在遊戲中，或者如果其花費更高時，則會產生過度約束玩家行為的影響，使他們無法以其他方式在遊戲中行動。就像一輛剎車過猛的汽車一樣、提供了過多的摩擦力，這會從遊戲系統中移除太多能量，並且遊戲會慢到停下來。

經濟

第二種系統機器是經濟（*economy*）。與引擎系統一樣，這是一個具有不同含義的常用詞彙。以遊戲設計上的意義來說明，經濟是由增強循環（或一組多個循環）主導的任何系統，其中資源或價值的增加不是來自資源的內部投資（如促進功能的引擎），而是來自交換一個資源成為另一個、或將一個資源轉換為另一個，其數值的取得是非線性的。正如遊戲設計師 Brian Giaime（2015）所說：「遊戲的經濟是多個系統和實體之間資源、時間和力量的動態交換。」這些交換之所以會發生，「因為玩家認為交換會使價值有所增加」。

讓我們分解來討論。在促進功能的引擎中（如前所述），玩家可以選擇是使用資源、還是投資它以在將來增加該資源的流入。在經濟中，玩家可以使用資源在遊戲中執行所需的動作──例如，使用木頭作為建造建築物的資源。或者玩家可以用木頭換麵包來餵養他們的工人──然後他們就可以砍伐更多的木頭。在這種情況下，玩家透過將一種資源換成另一種資源來獲得能力，使他們能夠獲得更多的資源，這通常會有一些延遲，避免玩家進入失控的增強循環當中。

在以木頭換麵包的例子中，玩家可以選擇將木頭轉換成木材並將其換成更多的麵包。假設由玩家控制的工人，需要一塊麵包來砍伐一棵樹、並生產一塊木頭。如果玩家可以將一塊木頭交換成兩塊麵包，那麼他們就能夠再砍下兩塊木頭，因此增加了他們的能力（雖然會經過延遲，如下一回合或類似情形）。這是經濟中的增強循環的核心。參見圖 7.9。

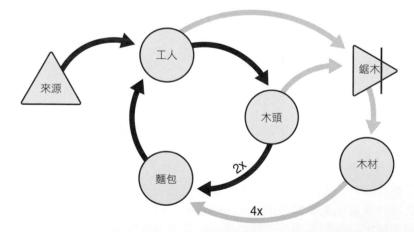

圖 7.9　一個經濟系統，內部循環是可以用木頭交換麵包、並進而砍伐更多木頭，外部投資循環則是可以建造鋸木廠，將木頭轉換為木材，並實現更有價值的交易。

進一步假設如果玩家有鋸木廠，工人可以將一塊木頭轉換成一塊木材——而一塊木材可以換成**四塊麵包**。這會在能力方面產生強烈的非線性增加，從而產生經濟價值。在這種情況下，玩家要從以木頭和麵包交易，進展到成為用木材和麵包交易，需要完成以下事項：

- 積累足夠的木頭來建造鋸木廠（對促進功能引擎的投資）。

- 將一名工人（一種可能稀缺的資源）派去鋸木頭，將木頭轉化為木材，因此砍伐的木頭會減少。

- 花額外的時間將木頭轉換成木材。

- 付出建造鋸木廠所需的時間和木材投資，以及他們原本可以直接將這些用於麵包的交易。

這些情境、成本和收益為玩家提供了一系列有趣的決策時機和投資，這些是經濟性質遊戲玩法的核心。玩家透過交換和／或將一種資源轉換為另一種資源，來試圖在遊戲的情境中獲得能力和力量。

逐步展開複雜性

像這樣的經濟遊戲玩法的另一個面向是，隨著遊戲的進行，引入新的物件和能力以及新的資源和貨幣（稍後描述）的能力。在上面的例子中，玩家可能在遊戲早期只知道麵包和木頭。一旦他們掌握了有限的經濟，遊戲就將鋸木廠作為一種新的物件、將木材作為新的資源。這允許了一個新的循環，擴展玩家的心智模型以及他們在遊戲中可以做出的決定的數量（何時建造鋸木廠、用多少工人投入而不是砍伐樹木…等等），因為每個物件和資源都開闢了新的可能性。

許多具有經濟循環的遊戲利用這個概念的方法是，隨著時間的進展來引入生產鏈。將木頭轉化為木材是一個短鏈。在同一個遊戲中，玩家可能必須擁有其他工人來開採礦石、將其轉化為鐵、再轉化為鋼鐵、後將其轉換為工具或武器。每個步驟都需要一個新的建築、工人以及潛在的知識或技能——所以你可能需要建立一個學院來訓練鐵匠（由原先無差別的工人轉變而成），然後再用你的鋼鐵製造武器（圖 7.10）。

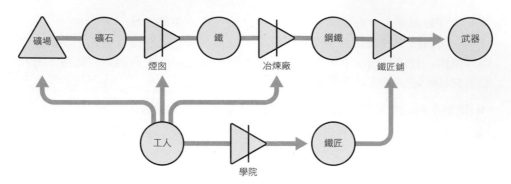

圖 7.10　涉及資源和工人多次轉換的生產鏈。

對於那些喜歡認知方面的挑戰、建立和管理這些鏈的玩家來說，這會產生吸引人的遊戲玩法。雖然這一切都可以由一個玩家來完成，但經濟遊戲玩法的一個很有趣的層面就是玩家也可以扮演專門的角色，創造一些資源並和他人進行交易：也許玩家會因為沒有足夠的礦石、所以不製造自己的武器，但或許他們會購買石頭來製造煙囪，以便將礦石精煉成鐵。他可能會向遊戲中的其他玩家或電腦驅動的代理者來購買；無論哪種方式，它都是資源和貨幣的轉換和交換的另一個例子，並且是經濟系統遊戲玩法的核心。

經濟系統的遊戲（Economic-system games）可以先簡單地開始、再添加新的步驟和循環，隨著玩家的進展逐漸展現出越來越高的系統複雜性。玩家可以簡單地開始，比如利用一個礦坑、並出售礦石，然後將礦石精煉成鐵，並發現它的銷售所得足以彌補所需的額外步驟和成本，並照這樣的方式進行下去、最終擁有了多個資源路徑，可以生產出武器和盔甲、以及其他生產型的產品。

這種展開的、加法型系統為玩家提供了一種探索、專精和成就感，隨著他們心智模型的增長，他可以在遊戲中做更多的事情。隨著遊戲越來越複雜，這為玩家提供了多個互鎖的系統循環的體驗，創造了一個廣闊的遊戲空間，玩家可以在其中做出無數的決定。這在遊戲中創造了長期參與和深刻的樂趣。

貨幣

如前所述，經濟通常使用貨幣作為類似催化的資源。嚴格來說，貨幣是用來交換、但不會像資源被消耗掉，所以它們可能會再次交換。如果上一個例子中的伐木工人可以使用白銀、而不是木頭來支付麵包，且如果麵包師也可以同樣使用白銀來購買小麥製作麵包，那麼白銀是對這兩者都可用的貨幣，而不是在交易過程中被轉換的資源。像化學催化劑一樣，貨幣可以實現交換，但不會在交

換過程中直接參與在內而被消耗掉。然而，在許多遊戲的經濟中，即使貨幣不像資源那樣、從一種類型的物體轉變為另一種物體，貨幣也會在消費時被有效地摧毀（透過水槽從經濟體中消失）。

貨幣還有另一個重要特性：與資源可能只有一個或幾個直接的用途不同，貨幣幾乎可以用於任何形式的交換。因此，如果在角色扮演遊戲中玩家找到 1,000 枚金幣，他們可能會將這種貨幣花在訓練、取得更好的武器或盔甲、獲得新的資訊或者保存它們以便以後使用。除了獲得有價值的獎勵之外，這還為玩家提供了多種選擇。

但是，貨幣也會受到通貨膨脹和停滯的影響，如本章後面所述。簡而言之，玩家必須認為貨幣有價值作為交換手段，不然它只會變成煩惱或被忽略的東西。保持你遊戲中的貨幣平衡，使它保留一些價值但又不會變得過於珍貴，這可能是一個困難的設計問題。這必須把整體經濟層面視為一個系統，而不是只關注它的其中一部分。通常需要相當多的迭代設計和經濟價值（資源創造率、價格等）的調整，才能創造出穩定但仍然充滿活力的經濟。

含有引擎的經濟

對於經濟來說，將引擎作為輔助性質的系統循環是很常見的。在上面的例子中，進行木頭雕刻的玩家可能必須決定是否出售木頭來換取麵包，或投資木頭來建造鋸木廠以獲得更多麵包，如圖 7.9 所示。擁有一個可以產生資源的來源，這些資源可用於內部投資或有利潤的交換，這種方式是許多迷人遊戲的核心：玩家必須做出經濟上的權衡決策、平衡短期需求和長期預期收益。

經濟的例子

經濟有許多不同的形式，其中一些看起來並不特別「經濟」。例如，在典型的角色扮演遊戲中，玩家的核心循環可能是經濟。這個循環可以直截了當地描述為「殺死怪物、獲取戰利品、購買東西。」當然，還有更多內容，但其中的體驗確實可以用這種方式總結。特別是，玩家用來交換「戰利品」的資源是他們的時間和（通常是）他們角色的健康狀況（有時候還有武器和盔甲疲勞之類的東西，隨著使用它們會變得越來越弱）。從經濟的角度來描述的話，玩家基本上是這樣說的：「我將把我作為一個玩家的一些時間和我角色的一些健康狀況，拿來交換這個怪物將提供給我的戰利品。」（但是，請注意，戰鬥本身就是一種生態，作為整體經濟的子系統存在，如本章後面所述。）

在以時間和健康交易戰利品的情況中，玩家認為他們的角色將在交換中獲得新的能力，可能以經驗點（或新技能）的形式、或獲得更好的武器和盔甲、也可能獲得金幣、讓他們可以購買新武器和盔甲或修理他們所擁有的。在與怪物的任何特定遭遇中，這些都不會得到保證。在這方面，每次遭遇都以**變動時距**（*variable schedule*）來提供獎勵──這是一種鼓勵持續進行遊戲的有效方法。**變動時距**（*variable schedule*）是一個來自心理學的術語，會被使用在，當某人在不同時間因特定行為獲得獎勵，但不知道下一個獎勵何時出現時。你可能會認為按定期時距而獲得獎勵、可以創造出最大的參與度和最佳表現，但事實並非如此。變動時距獎勵會創造強烈的參與度（持久的、專注的行為）並且在每次獎勵時造成大腦中多巴胺濃度的高峰──這讓它特別適用於快速的動作／回饋型互動上（Zald 等人，2004 年）。這種獎勵和引發出的參與度，是我們堅持玩遊戲、賭博、購買股票和其他類似行為的重要面向。

傳統的交易經濟也存在於許多遊戲中。在其中，一種資源被交換成另一種資源，可能經由直接的以物易物的方式、或透過貨幣進行交換。每種資源都必須對購買者有價值（如木頭換麵包的例子）。在任何運作的經濟中，購買者要麼用他們購買的東西滿足基本需求（食物、住所等），要麼用它們來增加價值──就像鐵匠使用她的時間和技能將金屬錠轉換成武器、盔甲或裝飾物一樣。正是這種價值的增加，最終為任何經濟體提供了能量、使整體循環得以自我增強。

我們的討論，從單一資源的經濟體轉向使用多種資源的經濟體，這時，這些系統變得更加動態和不可預測。如果市場中有多個買方和賣方（無論是人類參與者還是 NPC），資源將根據他們的需求和預算限制、對不同的參與者具有不同的相對價值。雖然價格仍然是動態的，隨著時間的變化和大量的交易，特定資源的價格將趨於穩定、並落在相當窄的範圍內（假設沒有外部變化）。另一方面，如果指定資源的交易數目不多，則其價格可能會大幅波動，在任何特定時間的相對價值不同、且缺乏基本的歷史紀錄來顯示其價格。

（此時，我們站在個體經濟學的懸崖邊上，它是一個完整的學科，也是這裡討論的系統創造的一個很好的分析夥伴。但是，這超出了本書的範圍。）

一般而言，如果更多人對特定資源感興趣，其價格會上漲。如果可用資源的數量減少，假設潛在購買者仍然感興趣，則情況也是如此（價值上漲）。這是經典的**供需**（*supply and demand*）經濟法則：如果市場上很容易獲得某些東西，那麼人們願意支付的價格會下降；但是如果它變得稀缺並且人們仍然需要它，那麼人們將試圖獲得資源並且提高買價、使價格上漲。如果買賣雙方能夠達成願意進行交易的協議，就會出現經濟。

包含在這裡的是，在許多遊戲中常見的對一些實踐方式的爭論。設計師通常希望在他們的遊戲中設定資源或商品的價格，而不是讓它們根據供需來浮動。在某種程度上，這是有道理的：玩家需要一致的體驗，並且不想知道他們剛剛從荒野中拖回來的蜥蜴皮突然變得毫無價值。與此同時，將所有變化——所有「浮動（float）」——從市場中剔除，而不讓它因其中的交易行為來訂定價格，也把動態和生命從經濟中剔除了。而且，這也意味著玩家能做出的決定更少了，因為他們不必尋找最佳銷售地點，例如，因為他們知道他們的蜥蜴皮會在任何地方賣出相同的價格，因為這已經由遊戲設定好了。這種方法是可行的，但它會使經濟降低到機械化。這對你正在製作的遊戲來說可能是好的也可能不是最好的。如果你希望玩家有機會做出經濟決策，你需要考慮價格的一些變化。然而，如果對於玩家的體驗更重要的是，讓他們出售商品而不是獲得最好的價格，那麼引入定價可變性可能只會增加玩家的心理負擔並消耗他的互動預算。

與集中定價類似，許多遊戲所提供的收購商擁有無限的現金（或交易資源）、無限的庫存以及對玩家銷售的任何東西都感興趣的服務。如果 NPC 收購商購買 10 個蜥蜴皮、每個 1 金幣，他還會再多買下 10、100 或 1,000 個——每個還是 1 金幣。與固定價格一樣，這為玩家創造了一致的體驗，但也是相對沒有生命力的體驗，並且對玩家沒有任何挑戰或有意義的決定。

玩家對玩家的經濟在很大程度上更具活力，因為玩家自己設定了他們交換的所有資源的價格。這可能會產生大量的經濟遊戲玩法，但它也會帶來重大問題，如下一節所述。

經濟問題

經濟可能會遇到與促進功能引擎一樣的問題。首先是，一個玩家能夠利用增強循環並將其他人排除在外的問題。透過這樣做，該玩家可以在遊戲中快速進入富者越富的情況。如果不加以控制，此功能可能會導致一名玩家（或少數玩家）從遊戲中獲得不成比例的好處——也就是說，基於促使他人失敗而獲勝。這通常以其他玩家的享受為代價，甚至以他們在遊戲中的存在為代價。像**大富翁**和**戰國風雲（_Risk_）**這樣的經典桌上遊戲是基於在遊戲進行過程中消滅其他玩家的想法，直到只剩下一個。這是一個經典的零和視角（「我贏了，你輸了」），在經濟意義上，所有價值都集中在一個玩家身上。除非你的願望是製作一個超級競爭的遊戲，否則其中大多數人都不會感到享受（除非他們發現潛在損失的快感本身具有吸引力），允許這種失控的經濟場景不會創造一個健康、迷人的遊戲設計。

有多種方法可以防止或減輕失控的增強循環。正如本章前面所討論的那樣（以及本章後面關於生態的討論），平衡循環可用於幫助那些落後、或減緩那些過於超前的人。總的來說，這些技術有時被稱為「橡皮筋」，就像是拉回領先的玩家、拉近落後的玩家，好像他們是透過一條已達極限的橡皮筋來連結在一起一樣。（這有時也被稱為「原諒輸家和懲罰贏家」，以保持遊戲的進行。）

作為一種矯正動作，通常一個尖銳的、一次性的平衡效果就足夠了，就像瑪莉歐賽車中落後的玩家能夠對最領先的玩家發射一個多刺外殼（通常稱為「藍色外殼」），來讓他減緩幾秒鐘，其他人可以趁機趕上。另一個類似的設置是卡坦島（Settlers of Catan）遊戲中的盜賊。這並不是自動用來對抗領先玩家，但玩家通常會嘗試將其放在一個或多個領先玩家使用的土地上，以防止他們從該區域獲得寶貴的資源，直到盜賊被移動之後。最後，內置效果，如電力公司（Power Grid）中用於確定回合順序的平衡循環，有助於防止一個玩家在具有經濟優勢的情況下領先太多，進而保持所有玩家的參與度和樂趣。

通貨膨脹

遊戲內經濟還有兩種主要會遇到問題的方式並且往往導致失敗。第一種，如前所述，是主要增強循環太強了。這也類似於引擎中會遇到的常見問題：如果交換或轉換太容易或太有利可圖，那麼玩家最終會得到太多特定的資源而沒有足夠的有意義的方式來消費它。在現實世界中，這是通貨膨脹的典型方式，在遊戲中也是如此。這個問題有時被稱為「水龍頭多於排水管」，因為資源湧入遊戲中而沒有太多的方法可以排出它。

然而，經過謹慎處理，這種通貨膨脹可以用來增加玩家的參與度至少一段時間：如果玩家能夠獲得他們曾經認為無法達成的貨幣數量，然後使用該貨幣購買遊戲中有意義的物品，他們可以感覺很強大。當一個低級角色一開始幾乎連二塊錢都沒有，後來卻能獲得巨額財富並拿來購買城堡或額外生命，他可以感受到很大的成就感。但只有發生在，玩家可以在遊戲中以某種有意義的方式來運用這些貨幣時。資本家大冒險（Adventure Capitalist）這個放置遊戲，在開始時玩家是一位經營檸檬水攤位的企業家，每天只能賺到幾塊錢（遊戲內的貨幣）。最終，如果一個玩家堅持下去，他們可能會發現自己購買和升級電影製片廠、銀行和石油公司，並在此過程中累積到了天價的財富，像是 1 後面跟著 300 個零的資本[5]。

5　這是從技術上而言，因為遊戲內存會在超過 1.79×10^{308} 後的某時候發生整體溢位，並把資本重置為零。

這筆錢是否有意義是一個不同的問題。很少有玩家在遊戲中待了那麼長的時間，因為遊戲玩法通常變得重複、並且在那之前很早就已變得沒有意義。這個和許多其他放置遊戲解決這個問題的一種方法是，創造另一個促進功能的引擎循環——稱為**聲望循環**（*prestige loop*）。隨著玩家在遊戲中的進展，他們積累了「聲望」資源，例如**資本家大冒險**中的天使投資人。與任何促進功能的引擎一樣，玩家可以選擇在遊戲中使用此資源，或等待並將它「投資」到未來的循環中。

當玩家發現他們目前的增長率太小而無法在短時間內產生任何有意義的好處時，他們可以重新開始遊戲並僅繼承他們的聲望資源，其他一切都會被清除乾淨以便重新開始。然後，聲望資源充當乘數，以提高主要資源（遊戲裡的現金）的增長率。

這使得玩家能夠快速超越無聊的較低級別遊戲，並且比上一次更進一步。當然，他們會繼續積累他們的聲望資源，因此他們有動力在遊戲變得無聊時再次循環通過外部的聲望循環。這個聲望循環增加了最專注玩家的遊戲壽命，並且是使用促進功能的引擎結構來使通貨膨脹成為遊戲玩法的一部分、並延長遊戲壽命的一個很好的例子。

另一個通貨膨脹的例子發生在**暗黑破壞神 II**的經濟中。在這個幻想角色扮演遊戲中，每當你殺死一個怪物時，它都會掉落黃金，而魔法物品也經常出現。雖然黃金可以用作購買遊戲中某些物品的貨幣，但玩家很快發現自己充斥著它且沒什麼用處（水龍頭多於排水管）。因此，在玩家對玩家的交易中，它是毫無價值的——這是一個典型的通貨膨脹情景。玩家首先轉向各種寶石作為一種新的、更有價值的（這非官方訂定的）貨幣，但在很大程度上也因為它們也是可以得到的戰利品（並且有作弊玩家自行複製物品），這些也很快變得一文不值。

隨著時間的推移，玩家選擇了名為「喬丹之石」（簡稱 SOJ）的物品作為首選貨幣，它很小、價格昂貴且在遊戲中非常有用。然而，終究甚至它也變得幾乎一文不值，玩家最終轉向「高階符文」作為他們的交易媒介。這些也很小（所以容易搬運）、昂貴且有用，而且與喬丹之石不同，它們具有不同的數值，因此被視為具有不同的價值，其行為非常類似於現實世界紙幣的不同面額。

這整個過程都是由於通貨膨脹造成的,因為有一個過於強大的增強循環將黃金和其他貨幣倒入經濟內,而沒有足夠的內容讓玩家感到滿意:他們不再能做出有意義的決定或為自己設定有意義的目標。幾乎所有以經濟為特徵的遊戲都必須在某個時刻面對這個問題,因為越來越難在遊戲的高端添加更多內容、又要不讓玩家感到無聊和重複。

停滯

雖然較不常見,但經濟中也可能出現停滯(stagnation)。當資源或貨幣(金錢、戰利品等)的供應過於匱乏或者遊戲中獲取成本過高時,就會出現經濟停滯。在任何一種情況下,玩家都認為能獲得最佳利益的方式是,守住自己擁有的唯一金錢或一些戰利品,而不是把它用掉再後悔這樣做。或者,他們必須繼續支付貨幣進行維修(一種煞車功能引擎的形式),很快他們就沒有足夠的資源來維持他們的角色、軍隊、國家等等。停滯很少發生的原因之一是,因為當它開始發生時,玩家就直接停止玩遊戲了。沒有什麼能讓他們留在那裡,特別是當遊戲不再有趣時,他們離開了,遊戲及其經濟也會痛苦地開始停下來。

在遊戲中,經濟停滯發生在設計師意圖平衡他們的遊戲經濟——拒絕讓增強循環完成其工作,也不允許經濟增長——他們抽出了經濟的生命力。確實,降低主要的增強循環可以防止通貨膨脹問題,但這樣做也可以消除任何有用的經濟梯度:當沒有人認為交易對他們有利時,就沒有交易,最終也沒有經濟。回想一下系統循環需要構成元件之間的交互作用。在經濟系統中,如果沒有交換或轉換兩種資源的交互作用,那麼就沒有系統,因此,如果這是一個核心循環,遊戲也不存在。

生態

像煞車功能的引擎(braking engine)一樣,一個生態(ecology)系統具有一個主要的平衡循環或一組平衡循環,而不是增強循環。在這個平衡循環中,資源如同在經濟中被交換,但是被交換的結果,使得每個部分最終達成平衡而不是增強了其他部分。在整個平衡循環中,生態通常在構成元件內擁有增強循環(本身也是一個子系統,如圖 7.6 和 7.7),但這並不是系統結構的主要驅動因素。

在一個生態中，雖然總體目標是平衡而不是無限制的增長，但這並不意味著系統處於停滯狀態。如第 1 章和第 2 章所述，一個健康的生態處於準穩態（metastability），也稱為內部平衡或動態平衡。生態系統中的構成元件不斷變化，但從整體上看，系統保持平衡。這可以在前面討論的鹿 / 狼例子中看到，亦見於第 2 章中關於山貓和野兔的捕食者——獵物關係的討論中（參見圖 2.10）和狼被重新引入黃石國家公園的「營養瀑布（trophic cascade）」例子（參見圖 2.22）。

原則上，圖 7.7 中所示的那種生態很容易理解：植物生長、鹿吃它們、生產更多的鹿（以粗略的方式來說）。狼吃鹿、生成更多的狼。最終鹿和狼死亡，被分解並為植物製造更肥沃的土壤。雖然這個循環中的每個構成元件——植物、鹿和狼——都試圖最大化其生長（每個都是一個帶有內部循環的子系統，如圖 7.6 所示），但總的來說它們的行為是相互抵消的；實際上，它們作為了彼此的煞車功能引擎。鹿吃植物、平衡它們的生長，狼吃鹿、平衡牠們。狼一般被稱為「頂級捕食者」，意味著牠們通常很少或沒有直接競爭對手或捕食者。但也由於這些動物通常擁有巨大的代謝需求和緩慢的生長，這些動物的數量往往很少，這也會對其族群量產生平衡因素。因此，牠們的族群增長不是受到捕食的限制，而是受到食物來源相對稀缺的限制。

不同種類的生態

並非所有生態都有關生物，即使在模擬方面也是如此。大多數具有一個主要平衡循環和一個資源交換的系統都可以視作生態來進行分析。例如，角色扮演遊戲中的物品系統可以被視為簡單的生態系統。你存入角色物品庫的東西越多，你剩餘的攜帶空間越少（「東西」和「空間」是被交換的資源，並對彼此產生平衡效果）。在某些遊戲中，如暗黑破壞神 II，它被帶到了一個極端，每個物件不僅僅在競爭抽象的空間資源，而是針對特定的空間配置。

戰鬥也可以被認為是一種生態：兩個或更多方（例如，玩家角色與怪物）試圖通過他們的行動來「平衡」對方——這是表示他們都試圖殺死對方的一種不錯的敘述方式。在這樣做時，假設玩家角色是勝利者（也就是剩餘的子系統，它沒有被平衡掉並移除存在），獲得的獎勵會回到他們的整體經濟循環中。

許多遊戲也有重要的社會生態。大型多人線上遊戲亞瑟王的暗黑時代（*Dark Age of Camelot*）為不同的陣營進行了所謂的「王國 vs. 王國」的戰鬥。遊戲中有三個陣營，Albion、Hibernia 和 Midgard。每個陣營的成員都與其他陣營的人爭奪統治權。關於擁有三個陣營或王國的有趣之處在於，這使得整個王國系統保持準穩態的動態平衡：如果其中一個王國變得過於強大，其他兩個王國的成員將暫時聯合起來對抗領先者。這導致了不斷變化的平衡，避免了停滯，因此對玩家來說非常滿意。如果遊戲中只有兩個王國，那麼平衡循環就會被一個增強循環所淹沒：只要一方獲得優勢地位，玩家就會開始湧向勝利的一方，創造一個失控的富者越富的局面，讓其他王國無法趕上。

這實際上是在許多早期的**魔獸世界**伺服器上發生的事情：由於各種原因（包括聯盟的角色更具吸引力的這種因素），聯盟方的玩家多於部落方。在允許玩家彼此戰鬥的伺服器上，聯盟經常佔據優勢地位。經過對可用的角色類型和其他誘因進行了一些改變才開始平衡這一點，儘管也可以說它從來沒有得到完全的修正──當然也沒有像**亞瑟王的暗黑時代**那樣接近有機的、動態的平衡。

生態不平衡

對於由平衡循環支配的任何交換系統，可能發生的主要問題與過於靜態的平衡有關，並因而導致無聊或平衡失控並破壞了整個系統。

平衡系統有時被描述為具有韌性（resilient）或脆弱（brittle）：在一定的變化範圍內，生態可以自我平衡。然而，在某些時候，系統到達了無法重新平衡的無法返回點。生理系統被認為處於恆定狀態，像是一種迷你生態（利用我們此處所使用的術語），儘管受到外部影響，但在內部仍處於動態平衡狀態。外部空氣溫度可能比你的體溫更熱或更冷，但你的身體會努力將溫度保持在非常窄的範圍內。只要你的身體能夠保持溫度平衡，系統就對外部變化具有韌性。但是，在某些時候，體內的韌性和再平衡的能力會崩潰：你的身體開始凍結或過熱。如果這種情況持續下去，身體系統本身就會關閉，無法恢復。當這種情況發生時，身體作為一個系統已經從韌性變為脆弱：超過了某一個點之後，系統就無法再自我平衡了。

建構遊戲系統時會遇到的問題在於，很難知道生態系統何時會變得脆弱。如果你有一個山貓和野兔生態，而你看到野兔族群急遽下降，你可能會認為系統已經變得脆弱，很快一切都會滅絕。一旦你開始看到此類週期是在正常的歷史參數範圍內，你就可以更好地檢測系統何時處於健康的動態平衡狀態以及何時將轉向邊緣而無法回復。在具有足夠歷史數據的大型生態中，可以透過建立數學

模型來顯示整個系統何時「處於控制中」或「失控」。這些是統計上過程控制所使用的術語。基本上，如果一個資源的變動超過歷史平均值三個標準差，那麼該過程就會失控，系統將面臨變得脆弱和崩潰的嚴重危險。不幸的是，在動態平衡系統中，當檢測到這種缺乏控制時可能為時已晚，並且在遊戲中很少有足夠的數據來建構資源變化值的歷史模型。

雖然對生態系統進行一定程度的控制很重要，但試圖太緊密的控制這種系統的危險在於，你可能「過度轉向」，導致不同的脆弱而失敗，或者產生強制的靜態性質，而不是允許系統自身的動態平衡發生。例如，在戰略遊戲中，如果很明顯某類型單位的強度遠遠高出其相應成本，那麼玩家將很快將其視為占優策略並儘可能地建造該類型的單位。這很快就會破壞整體戰鬥生態，就像在現實生態環境中接管生物群落的入侵物種一樣。如果不能很快修正這一點，玩家將只建造那種類型的單位，崩毀了遊戲空間（沒有任何真正的決定好做）並減少了他們的參與度和遊戲玩法。

修正這種情況的一個衝動方法可能是創造一種專門對抗第一種情況的新單位。這裡的問題是，如果新單位太強大｛通常稱其為「過強（overpowered）」或 OP｝，玩家開始廣泛使用該單位。然後再引入另一個單位來對抗這第二個單位又變得非常誘人，很快遊戲開始感覺就像一首關於一個吞下蒼蠅的女人的老歌（There Was an Old Lady Who Swallowed a Fly），她又吞下了更多難以置信的東西來企圖擺脫它[6]。

或者，一些設計師會試圖壓制所有的不確定性，以確保這種系統完全平衡，也就是讓它處於完全的靜態下。這通常是為了確保玩家的一致體驗。然而，以遊戲的角度來看，這很快變得枯燥乏味，因為沒有心智模型可供玩家建構，也沒有決定好做。從系統的角度來看，這也會產生一種不同形式的脆弱性：因為系統本身沒有動態平衡，所以它不能有效地對任何重大的外部影響作出反應，因此如果系統中的任何東西被影響了，它就會迅速崩潰。回到體內平衡和體溫的例子，如果你的體溫被鎖定在 37°C，你的身體將無法有效地對涼風或溫暖的陽光做出反應：任何一種都會導致不成比例的能量消耗、以保持身體處於單一的鎖定溫度，即使只是外部環境的小量變化，也很快就無法維持。你的生理系統會迅速變脆弱並失效。

6　這種對系統性問題的非系統性解法，在現實中也有相似例子，例如 1962 年紐約時報報導了關於越南過度使用殺蟲劑的文章，開頭的內容是「在中央低地，美國施放 DDT 殺死貓，貓會吃老鼠，老鼠會吃作物，而作物是共產主義擾動的支柱」（Bigart，1962 年）。

將循環結合在一起

引擎、經濟和生態通常作為主要的系統循環類型；更多特定的模式（遊戲機制），可以從這些中產生。已經有許多人投入了很多努力來創造清單或更詳細的模式或機制列表，其中一些你可能會覺得有用 —— 特別是 Bjork 和 Holopainen（2004）以及 Adams 和 Dormans（2012）。然而，許多遊戲設計師發現這樣的詳細列表的用途有限，而更喜歡使用前述這些更通用的模式作為建構特定遊戲玩法系統的基本結構。

遊戲中很少只有一個系統或一個遊戲機制。大多數遊戲是在不同階層組織中運行的系統的組合，其中的一個系統是同情境內更大系統中的一部分。

例如，在角色扮演遊戲中，通常存在以玩家角色在遊戲中的進展為中心的主要增強經濟：玩家角色主要透過時間（和生命值等等）來交換經驗值和戰利品，並隨著時間的增加來變得更強大，並提升了生命值、技能、更好的工具等等（見圖 7.11）。然而，在這個高層級的描述之下，可能還有許多其他系統：一個經驗值或技能的促進功能引擎，在其中玩家必須選擇何時、以及如何分配點數[7]；或是像物品製作或交易的經濟系統；或如前所述的具有生態性質的物品系統。也可能存在一個以角色為主的經濟系統，隊伍內不同成員會透過交換自己的能力來增強其他人的能力（例如，強硬的「坦克」角色吸收對手的傷害，而遠程攻擊角色會從遠處造成傷害，而治療師角色讓坦克保持健康狀態）。在整個玩家角色經濟系統中通常存在某種形式的戰鬥生態系統，並且如本章前面所述，可能存在一個或多個阻止玩家進展太快的平衡系統（即煞車功能的引擎）。這些通常是更大系統的一部分，因為能量或毅力的損失（這必須隨著時間的推移而再生）是許多免費遊戲中整體戰鬥系統的一部分。總而言之，這些系統說明了為什麼設計角色扮演遊戲可以如此複雜、以及為什麼玩它們會如此吸引人：其中有許多不同的系統同時運行，並且玩家正試圖從所有這些處在不同組織層級的系統中獲得最大效益。

7　這種情況很少見，但有些角色扮演遊戲可以選擇花掉經驗值而不是用它們來升級。例如，在龍與地下城進階版（*Advanced Dungeons and Dragons*）3.5 版中，你必須花費經驗值來施放一些法術或創造捲軸或魔法物品。我不知道有什麼角色扮演遊戲允許花費經驗值或技能點來執行困難的行動，而不是將它們投入到新的等級或技能中（*Deadlands* 和 *Torg* 這兩個角色扮演遊戲與此有些類似），但它可能是一個有趣的遊戲變體方式。當你開始將技能取得系統視為引擎時，這種機制就變得明顯了。

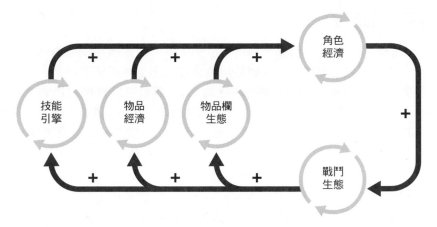

圖 7.11　典型的角色扮演遊戲的增強／經濟系統，透過技能和物品來增強角色的力量。整個系統由引擎、經濟和生態子系統組成。請注意，為清楚起見，子系統之間的許多交互作用並未顯示（例如，物品欄生態與物品經濟之間的相互作用）。

如圖 7.11 中所示彼此進行交互作用的子系統，它們在整體經濟中相互增強：玩家所擁有的技能和物品越多、他們在隊伍中擁有的角色就越多、他們擊敗怪物的能力就越強。他們擊敗的怪物越多，獲得的經驗和戰利品就越多。雖然戰鬥的平衡性（平衡／降低角色的能力和調節他們的整體進步）和物品欄生態系統可能會迫使角色做出困難的決定（例如，關於什麼要保留或扔掉），並可能因此減少了關於角色進展的增強循環（角色進展是一個主導性質的系統效應，屬於一種增強循環並會增加角色的整體力量）。

將所有系統整合在一起

利用我們剛才看到的這種看待角色扮演遊戲系統的方法，顯示了設計具有階層性的系統可以創造出更寬廣、深入的遊戲體驗。當玩家將焦點從一個子系統轉移到另一個子系統或轉移到最高層級的系統循環時，核心循環可以改變。讓多個系統並行工作可以為玩家提供更多種類的活動，從而提供遊戲廣度。設計巢狀系統並允許玩家在心智上拉近到較低層級的子系統、或拉遠到較高層級的子系統（如圖 7.6、7.7 和 7.11 所示），這會為遊戲提供可理解的複雜性與遊戲深度。這就是二階設計如何創造一個遊戲空間，因為玩家在每個系統和子系統中都有目標和決策。並且，透過仔細地揭示這些系統的複雜性，遊戲可以幫助玩家以一種吸引人的方式建構對它的心智模型：當階層結構中的每個新系統被揭示時，玩家獲得新知識、新決策和在世界範圍內行動的新方式，以及基於這些因素的新成就感。

遊戲系統的例子

正如本章前面所討論的，引擎、經濟和生態可以形成各種系統，特別是當它們組合在一起成階層性的系統時。雖然無法詳細列出這些系統可以組合成的所有可能方式（這樣的列表不是非常系統性的！），我們可以根據它們的主要循環來檢視一些眾所周知的類型系統，它們內部擁有什麼樣的輔助系統，以及他們如何與其他系統共同運作，以幫助創建出一致性的、期望中的遊戲體驗。

進展系統

幾乎所有遊戲都向玩家提供了一些進步的方式──增加能力、力量、資源或知識。遊戲中的能力或力量與玩家對遊戲的了解密切配合。隨著他們獲得更多遊戲世界的知識（使用知識作為遊戲內資源），玩家可以做得更多並且表現更好。同樣地，當他們建構對遊戲的心智模型時，他們可以使用自己的內部工具和技能更有效地在遊戲系統中導航。幫助玩家建立有效心智模型的一個好方法，是增加玩家可以做的不同類型事物的數量（由於意識到有更多並行的系統和更深的系統層級）；這種方法會一點一點地介紹遊戲概念，同時給玩家一種逐漸增加的專精感受。

因為進展循環非常普遍並且很容易給玩家帶來回報，所以它們通常形成遊戲的核心循環。它們與玩家和遊戲之間的互動循環緊密相關，玩家可以獲得積極的回饋並獎勵他們的行為，然後促使玩家進行新的選擇和行動。例如「玩家做什麼？」之類的問題通常會縮小為「玩家如何進展？」由於循環的增強性質，這些系統屬於經濟或引擎，並且不管哪一種之內通常都具有子系統。

給玩家一些進展的方法、增加他們在遊戲中的能力，可以成為將玩具變成遊戲的有用方法。如第 3 章所述，沒有顯性目標的遊戲通常被稱為玩具。對於一些遊戲設計師來說通常很容易（也就是如第 5 章「作為一位系統性的遊戲設計師」所討論的，那些主要作為玩具製造者或發明家的人）想出一個似乎最初很有吸引力的小遊戲系統或機制，但是卻很難吸引玩家的興趣超過幾秒鐘或幾分鐘。對這些的反應通常是「這很不錯 ...... 但玩家用它來做什麼？」有些玩具可以成為很不錯的玩具──但是對它添加顯性的目標及某種進展系統，可能是一個很好的方式將玩具變成遊戲並建立長期的參與。

可以根據每單位時間所獲得的獎勵或資源來思考進展系統。這種增加或獎勵可能是經驗值、金幣、部隊數量或其他東西，取決於遊戲，或者它也可能不太可量化，更偏向關於玩家心智模型的成長和他們擁有的認知工具、並利用這些來

操縱系統以獲得益處。正如我們將在第 10 章中討論的，決定進展的維度是將遊戲設計標記化的一個重要面向：玩家可以獲得健康、魔法、知識、物品和／或其他資源，其中每個都必須在設計中被指定為不同構成元件的狀態。

設計時必需針對每個遊戲維度中玩家的進展，訂定增長速率。在許多情況下，不僅資源進展的**數量**增加，其**速率**也會隨著時間而增加。這既保持了獎勵讓人渴望的性質，又防止獎勵在玩家體驗到所謂的**習慣化**（*habituation*）或**享樂疲勞**（*hedonic fatigue*）時褪色。

習慣化和效用

增加獎勵會帶給玩家一些渴望的東西——一個努力的目標。如果今天他們得到的獎勵是 10 點，但他們知道以後他們可以做一些值得獎勵 50 或 100 點的事情，這個未實現的目標將驅動他們的行為——只要目標具有意義並且獎勵令人感覺重要。這件事情的核心在於，對於我們人類而言，**想要**（*wanting*）比**擁有**（*having*）更能驅動我們的注意力和行為——這也包括了參與度。擁有更高的目標，即使是最初看似荒謬的目標，也有助於保持玩家的參與度。

然而，如果一個玩家意識到他們已經實現了他們所能做到的一切——他們擊敗了最大的怪物、獲得了最寶貴的財富，等等——那麼他們的參與度很快就會消失。

當我們習慣或習慣於現有的情況時，由於對獎勵的重要性失去了感知力、參與度也降低了：無論目前的獎勵多麼好，我們很快就厭倦了他們；如前所述，這被稱為**享樂疲勞**（*hedonic fatigue*）｛亦稱為**享樂適應**（*hedonic adaptation*）或**飽足**（*satiation*）｝。在經濟學中，這被稱為**邊際效用**（*marginal utility*），它與某些東西的價值（或效用）隨著你獲得更多時產生變化有關。例如，第一口冰淇淋很棒。第三口也還不錯。到了第二十口，你可能根本就不想再吃了：所以第二十口冰淇淋不是第一口價值的 20 倍！如果你被迫吃下過多冰淇淋，效用實際上可能是負的；你真的不想要更多了[8]。（這已經在實證上使用冰淇淋來測試過，其他許多食物也是，你可以自己嘗試看看這種效果 [Mackenzie，2002 年]。）

8　但請注意，邊際效用也可以另一種形式來運作：在通常所說的網絡效應（*network effects*）中，某些基本結構、電話、網絡連線的電腦等等事物，會在到達某個程度之前緩慢提升效用，超過該程度後擁有更多的這些事物將使效用顯著提升，邊際價值也快速提升。這種情況會持續直到抵達飽和點，此時邊際效用的增加開始減緩。

因此獲得獎勵的感覺很棒——但是第二次獲得相同的獎勵時，感覺並不那麼好，第三次時的感覺就有點麻痺了。我們人類不會客觀地評估獎勵，而是根據我們已經獲得的相對價值來看待它。在遊戲中，如果玩家覺得他們不再獲得有意義的獎勵，他們的參與度將受到影響，並且他們將掉到圖 4.11 所示的心流通道的「無聊底層」。因此，獎勵往往會隨著時間的變化而變得越來越大，這意味著它們的增長率（無論是黃金、經驗、名望還是別的東西）也隨著時間的變化而上升。因此隨著給定資源獲得的速率隨著時間而增加，也使得獲得的獎勵呈現指數曲線的增長。

因為增長速率隨著玩家的進步而提升，更多的資源會湧入遊戲中。除非遊戲中資源的水槽（sink）的流出速度也隨著提升，否則將導致資源供應增加及通貨膨脹。

由於意識到習慣化（habituation）如何破壞了參與度，許多遊戲透過使用各種方法來努力避免它，包括以下方法：

- **限制來源（Limiting sources）**：許多遊戲透過減少來源（sources）來使資源變得稀缺——例如減少來源的數量、減少來源生產資源的速率、增加獲取資源的成本或難度。這種情況常發生在角色扮演遊戲中，例如，難以獲得更好的武器、獲得最後一件成套裝備將擁有的非線性效益、或甚至是升到下一級所需的經驗點也是非線性的。（你將在第 9 章「遊戲平衡的方法」和第 10 章中了解更多相關訊息。）

- **限制庫存（Limiting stock）**：像魔獸世界和暗黑破壞神這樣的遊戲，限制了玩家可以保留的物品庫存量，從而在「我攜帶的東西」和「我剩下的空間」之間創造了平衡生態，如前所述。限制玩家可以攜帶的數量會減緩（但不會消除）通貨膨脹，並且當玩家發現如何增加他可以攜帶的數量時，還會為玩家提供另一個進展途徑。

- **增加水槽（Increasing sinks）**：許多遊戲增加了遊戲中資源項目的流出。例如，在薩爾達傳說：曠野之息（*Legend of Zelda: Breath of the Wild*）中（與許多其他遊戲一樣），武器會壞掉，這意味著它們不再有用並且離開了遊戲。結果，玩家幾乎從不認為一把好劍是無價值的（它保留了它的邊際效用），因為你知道當別把劍壞掉時你可能會需要它。

通貨膨脹和所伴隨的習慣化是常見的情況，很難完全避免。這些情況還突顯了為什麼採用系統化方式來進行遊戲設計——包括遊戲中不同類型的分層系統——有助於保持玩家的參與度。依賴於內容和進展的遊戲最終會結束。新增的內容變得越來越難以去支持挑戰和獎勵的指數型進展曲線，創造和維護這些內容也變得越來越昂貴。主要依賴於具有強大生態、平衡元件之系統（例如，前面描述的「王國對抗王國」的戰鬥）的遊戲才能夠持續更長時間，其中玩家的參與度也未受到明確的侷限。

戰鬥系統

戰鬥系統通常是生態系統，如前所述：兩個或更多的對手透過他們的行動追求相互平衡、並最終消除遊戲中的其他對手。在時間尺度和互動性的層面，個別戰鬥系統通常關注動作／回饋和短期的認知層面互動。因此，戰鬥可能是遊戲核心循環的重要組成部分，但它通常伴隨著其他增強循環——特別是進展系統——來提供長期目標並抵消戰鬥系統的固有平衡性質。請注意，某些遊戲（尤其是手機遊戲）所包含的戰鬥系統，玩家在其中幾乎無法做任何決定。雖然這些遊戲將周圍的增強循環作為其核心循環來保留玩家進行遊戲，但是戰鬥中快速的動作／回饋型互動的喪失幾乎不可避免地降低了玩家的參與度，從而減少了遊戲的壽命。即使擁有強大的核心循環，吸引人的時時刻刻之決策（moment-to-moment decisions）和互動性仍然是製作成功遊戲的關鍵。

許多遊戲使用戰鬥作為主要的平衡系統，並與其他系統進行交互作用。例如，卡牌遊戲星域奇航（*Star Realms*）讓每個玩家的個人核心循環都專注於引擎構築。戰鬥則作為玩家間牽制或平衡他人進展的手段。這產生的效應是可以在引擎構築循環中突顯有效決策的必要性，因為玩家必須選擇建造星艦以獲得即時收益或留著長期投資，而對手肯定會對玩家的任何選擇提出挑戰。

建築系統

許多遊戲包括各種「建築」系統，可以讓玩家在世界中添加比以前更多的東西。這包括製作、農耕、繁殖、建設和修改車輛、建築物或個人角色（例如在角色扮演遊戲的情況下）。這些系統通常涉及引擎和經濟（包括長的生產鏈），這取決於其重點是，透過什麼樣的方式來將過往的收益再進行投資來獲取收益，可能透過以引擎為主的系統（如許多牌組構築遊戲的核心循環）、或是利用資源交換來獲得收益。它們傾向專注於短期和長期的認知層面互動，而一些非常細緻的建築系統則同時也包括了明顯的動作／回饋元件。

建築系統通常屬於較大的進展循環內支持性質的子系統。在角色扮演遊戲內，玩家在進展循環中建構技能、武器、盔甲、世界知識以及社交組成（隊伍和公會成員資格）。同樣地，在戰略遊戲中，玩家努力研發來建造新建築、並訓練更強大的單位以獲得更大的名聲和戰利品——這是一系列漂亮的引擎和經濟循環的巢狀結構。

技能與科技系統

許多遊戲所包含的長期目標圍繞著發現新技能和科技。這些會為玩家提供新的能力（給他們的角色、帝國等等），並且通常是有限的增強循環引擎系統。通常這些被組織為「樹狀圖」，其中一種技能或科技開啟了兩到三個更多的選擇，並且玩家在技能或科技空間中探索以創造出獨特的角色或文明。如前所述，玩家獲得經驗值、研究點數，然後將其投入到特定的新技能或科技中以獲得其能力。玩家很少有能力將這些點數用於非投資性的行動，儘管這是遊戲設計中可以探索的領域。

社交和政治系統

在具有社交遊戲玩法的遊戲中，可以與其他人進行互動（尤其是與其他人類玩家，但有時也包括非玩家角色），也可能有存在社交或政治系統的機會。這些系統是社會生態系統；這沒有突然跳出了狼與鹿之間以及各種人類派系之間的影響形態[9]。大多數的集團、競爭幫派、政黨等形成了一種生態，每一種都透過爭取自己的增強優勢來平衡其他。這種互動性側重於長期和社交的類型、與對應的時間尺度。與任何其他生態一樣，如果任何「一方」的行動可以達成了自我增強以及有效的勝利，以不可能再受到挑戰的方式超越了對手，系統崩潰，並且沒有剩餘的遊戲玩法。

定義系統的循環和目標

設計系統首先要考慮系統的設計目標：系統在遊戲中有什麼用途？要回答這個問題，你需要執行以下步驟：

9　Marvin Simkin 在 1992 年寫道：「民主是兩隻狼和一隻羔羊投票決定午餐吃什麼。」他以「民主不是自由」為前言，並繼續寫道：「自由來自於認識到某些權利是不能被施行的，即使那受到 99％的選票支持也一樣。」

- 建構出系統的循環形式，來支持你想要創造的遊戲玩法和玩家體驗。

- 透過在遊戲中包含此系統，有意識地仔細考慮你想要開啟的玩家互動、目標和行為的類型。

- 清楚地定義你必須使用的構成元件及其交互作用，以在遊戲中創建你的系統和遊戲中會與之互動的其他系統。

整體而言，任何系統的目標都可以用更高和更低的層級來表達：首先，根據這個系統所屬的更高層級系統來思考目標。此處最高的系統性層級是玩家的體驗，這是由遊戲＋玩家系統產生的。這包括玩家與遊戲互動的方式（快或慢、感知、認知、情感或社交），以及他們建構心智模型以對應系統性遊戲模型的方式。

然後我們再討論到向下層級的子系統。你可能正在建構一個存在於另一個更高級層級系統中的系統，例如圖 7.6 和 7.7 中所示的系統階層結構。在這種情況下，你需要檢視你在其上下層級中設計的系統——也就是包括了，這個系統正在增強或平衡的上層系統以及它如何與其他相似層級的系統（也就是屬於上層系統內的其他構成元件）互動。

定義循環結構

對於你正在設計的系統，你需要考慮它需要具有哪種循環結構：它是一個簡單的增強或平衡循環，一個引擎、一個經濟、一個生態，還是這些的混合？它內部還有子系統嗎？勾勒出主循環（參見本章後面「工具」一節中的討論）將幫助你快速了解系統的整體動態行為，以及它如何支持玩家的體驗，以及子系統和／或資源彼此間如何透過交互作用而形成循環。勾勒系統的循環還可以幫助你闡明系統如何融入到遊戲中以及為什麼需要它。你可能會需要多次的定義和重新定義系統的結構和關係。這個迭代過程將幫助你更精確地定義系統和整體玩家體驗，它還將幫助你開始定義將成為系統各構成元件的遊戲物件。

當你這樣做時，你可能會發現你正在設計的某個系統是不需要的——它對玩家的體驗幾乎沒有幫助。重要的是你不要把一個不適合遊戲其他部分的系統留下來。例如，在一個關於社交關係的遊戲中，製作系統可能是不合適的。不要因為你喜歡它或在上面進行了很多努力就把它留在遊戲中。把它放到旁邊去，要麼你以後會在遊戲中找到它適合的位置，要麼你會找到一種方法在另一個遊戲中使用它。

除了循環結構之外，你還必須考慮系統中的各個構成元件及交互作用如何支持系統內的遊戲目標。這將導致你面對遊戲平衡的問題，以及系統是否使玩家能夠做出有意義的決定。（第 8 章、第 9 章和第 10 章介紹了設計構成元件和平衡它們的細節。）

透過在所有這些層級——構成元件、循環和整體——同時運作（或者至少將焦點從一個到另一個的來回移動；參見圖 5.2），你可以更清晰地表達出你的設計目標而不是靜態內容，並以一組動態機器的方式、創造出玩家可以行動的空間。

鏈接玩家體驗和系統設計

在設計任何遊戲系統時，你需要考慮它如何融入並支持玩家體驗。例如，在戰鬥系統為例，你應該思考你想要的遊戲玩法，是否是一場大規模的軍隊對抗軍隊的戰鬥，玩家可以在幾分鐘的時間內看到他們的命令對不同的團體或單位的影響，或是你想要更激烈的個人戰鬥體驗，玩家在不到一秒的時間內決定每個細微的移動或移動組合。這些都是戰鬥生態系統，但在玩家與遊戲的互動方式上差別很大，而在創造系統和支持期望的遊戲玩法體驗所需的基礎遊戲構成元件上也會有著很大的差異。根據玩家的互動方法和體驗以及支持這些所需的構成元件、屬性和行為來定義系統目標，這將有助於你闡明系統本身的結構。

同樣地，如果你正在設計一個進展系統，一個自然的考慮因素是你應該允許玩家以什麼樣的速度進步。如何在早期的快速互動循環中給予玩家早期的專精感受，因此你可以建立參與度，同時又能長期的抓住他們的興趣？如果玩家在遊戲早期沒有得到正面回饋，他們將無法建構他們的心智模型，也不會投入到遊戲中。在遊戲的第一分鐘左右發生的核心循環中創造正向的回饋「成功體驗」（「你做到了！」），是一種幫助玩家開始建構心智模型並被遊戲迷住的方式。這種正向的回饋很重要，但正如前面所討論的，如果你繼續以相同的速度給予相同的獎勵，則享樂疲勞就會出現。但是，如果玩家獲得的獎勵太多並且進展太快，那麼遊戲將會過快結束或變得無聊。另一方面，如果玩家進展太慢，或者進展本身沒有內在的回報，那麼遊戲就會變成「研磨（grind）[10]」，而且玩

10　「研磨（grind）」是許多角色扮演遊戲和大型多人線上遊戲所熟悉的設計方法。玩家要忍受很多無趣的任務或遊戲為他們制定的其他顯性目標，作為所謂的練級跑步機（leveling treadmill）的一部分。這是玩家為獲得更高等級和能力所付出的代價，這樣他們就可以繼續在更高等級以研磨的方式進行更多任務。雖然研磨這種遊戲玩法本身並不具有吸引力或樂趣，但玩家和設計師都已接受它作為這些遊戲的一部分。對玩家的體驗和互動採取更系統性的設計方法，可能可以產生不依賴於盲目、重複的研磨，而更依賴於系統性專精的設計。

家只有在相信有足夠的獎勵等待著他們時才會持續留存；否則，他們只會放棄遊戲，因為沒有投入。

設計遊戲系統的工具

設計遊戲系統不需要任何奇特的工具。使用紙張、白板和其他簡單工具可以完成大量工作。這項工作是高度迭代的；你將不斷一遍又一遍地繪製循環結構，以更準確地描述你想要的系統類型。僅僅是嘗試為系統繪製循環圖表的行為本身，就可以幫助你專注並釐清你的想法，並可以顯示出它如何作為遊戲的一部分來運作。在某些時候，隨著這些結構和圖表開始穩固，你需要轉向製作原型，以查看你的設計是否真正有效並能夠實現你為它們所設定的目標。

白板和快速的原型製作工具

遊戲設計師最常用的工具之一是白板。這個工具完全是「類比的（analog）」（也就是說，它不涉及電子設備），它允許你和與你一起工作的人以不同的顏色反覆繪製、擦除和重繪。你可以在白板前花費大量時間，將想要代表你遊戲玩法的系統圖研究出來。

以撰寫本文的時間點來說，有一些數位工具可以幫助你在定義系統這個階段的工作。*Loopy* 是由 Nicky Case（2017）所製作的免費線上工具，可讓你輕鬆繪製增強和平衡循環。雖然此工具的功能有限，但它使你能夠創造多種乾淨和美觀的循環圖，並觀看它們的運作。一個類似且更詳細的工具是前面提過的 Joris Dormans 所製作的 *Machinations*。這個工具提供了一個全面的工具組，用於創造可運作、功能循環圖甚至完整的遊戲（雖然沒有任何類似遊戲的呈現──只有原始系統）。不幸的是，這個工具也很快老化，似乎沒有得到積極維護。還有其他工具，包括許多用於模擬而非遊戲設計工作的工具，如 *NetLogo*（Wilensky，1999 年）。

除了用於創造系統或模擬的這些工具之外，還有許多其他程式開發環境可用於快速的原型製作。許多設計師喜歡使用 JavaScript、Python 和像 Unity 這樣的完整遊戲開發工具來創造快速、醜陋（重點不是美術）的原型來測試他們的系統設計。使用其中任何一個的關鍵是將它們當作達到目的的手段：你希望測試你的想法、從概念性的循環系統圖轉移到快速的可運作原型、來使你可以盡可能快速的進行檢視、測試和改進。

挑戰

任何這些工具面臨的兩個主要挑戰是，你一方面可以利用它來創造多麼複雜或完整的互動系統，而另一方面是學習和使用它們需要花多少時間。

白板很容易使用，你可以在其上繪製任何你喜歡的系統。另一方面，你必須使用你自己的大腦作為電腦來使它變得生動——而眾所周知的，人類在對動態系統的行為進行理解時是不準確且常常出錯的。*Machinations* 包括了比 *Loopy* 詳細的運算子，也包含了使用者輸入，這兩者都相對容易學習和使用，但都不允許創建包含子系統的系統（*Loopy* 完全不行，而 *Machinations* 則具有可用的模組化的形式）。*NetLogo* 的功能更先進，可用於為簡單遊戲的創建完整的遊戲系統，但它具有更長的學習曲線，並且在迭代原型製作方面不如簡單的工具快。

究竟是這些或通用的程式語言開發系統在表現力的深度和原型製作的速度上哪個最好，取決於你的設計風格以及你學習語言或工具的意願。最終，沒有一個最好的解決方案；正如人們常說的那樣，使用你認為適合當時工作的工具。

電子表格

任何系統設計過程的支柱都是電子表格。在遊戲行業中，*Microsoft Excel* 是最受歡迎的，因為它具有悠久的歷史和許多功能，但其他如 *Google Docs Spreadsheet* 和 *Apache OpenOffice* 也有自己的追隨者。在任何情況下，你都需要非常熟悉使用電子表格來輸入、可視化和比較遊戲數據，它們定義了最低層級系統的構成元件並使你的循環系統發揮作用。（我們將在第 8 章和第 10 章討論電子表格如何用於此目的。）

記錄你的系統設計

與遊戲概念文件一樣，在設計遊戲系統時，以一種能夠很好地與他人溝通並在開發過程中仍然可以理解的形式來表達遊戲系統至關重要。任何為你的遊戲工作的人（包括你，從你開始的幾個月）都需要了解以下內容：

- 為什麼系統是這樣設計的。
- 系統如何支持遊戲概念和所需的玩家體驗。
- 系統如何透過遊戲的物件（作為系統的構成元件）來體現。

系統設計文件

系統設計主要文件的內容是對其目標及其工作原理的解釋性描述。隨著設計的完善和變得更加穩定，技術文件主要用於程式設計方面——實際上在遊戲中實現系統。

與任何其他遊戲設計文件一樣，隨著設計的進展，隨時更新可交付的資料（deliverables）[11] 非常重要。這些不是一次性記載完就被遺忘的文件，而是在你迭代進行系統設計時應經常更新和查閱的文件。文件通常是令人害怕的或被避免的，但如果你無法再回憶起導致你進行特定設計決策時的思路，那麼未能記錄遊戲就可能導致將來做出糟糕的決策。對於系統設計來說尤其如此，因為通常會有微妙的設計決策是沒有明顯效果的。文件記錄工作的一部分是保留這些思路，以使系統的本質不會失去。

系統設計文件

遊戲系統的設計文件應包括以下內容：

- 系統名稱和高層級描述。

- 該系統的目標，以玩家的體驗來表達：該系統如何幫助創造遊戲玩法？這種解釋通常是定性的，並且集中在系統的體驗性質上。使用與玩家在和該系統互動時會有的感受相關的詞語是完全合適的。

- 系統的圖形描述，顯示重要的子系統和內部構成元件和行為。這些通常採用本書中使用的各種循環圖的形式。高層級的圖示可能看起來很像圖 7.11。

- 此系統開啟或要求的任何玩家互動。

- 一個列表（或理想情況下，可用的連結）包含了子系統、同儕（peer）系統及其所在系統（其中最高層級的是遊戲＋玩家系統）的描述。

- 要完全理解系統的目的及實現它所需的任何其他細節。

每個系統都應該有自己的簡要設計文件，其中包含這些要點。同樣重要的是不要忽視這些文件，並盡可能的保持它的簡潔明瞭。為每個系統創建一個單獨的文件，而不要是一個巨大的文件。單獨但互相連結的文件（網頁、儲存在 Google Docs 中的文件、wiki 條目等）通常是理想的，因為它們使你能夠根據

11　可交付的資料（*deliverables*）是指你會提供給與遊戲相關的任何利害關係人的資料。當你在未來忘記了設計過程中的思維時，這可能就是你的及時雨。

需要編輯每個設計文件，而無需涉及到巨大的「設計聖經」，那種形式將不可避免地會很快變得過時。

系統的技術設計文件

除了創造系統設計文件之外，你還需要一個更加技術性的文件，這個文件更關注於系統的實現方式而不是原因。這兩個文件應該保持同步，但是以這種方式將它們分開可以讓設計師專注於玩家的體驗和感受，而那些更專注於實現的人可以正確地來實現它。簡而言之，設計文件主要針對遊戲設計師，而技術設計文件主要針對遊戲的程式設計師。這兩個文件並不總是必要的，但即使設計師和程式設計者是同一人，將兩個文件分開也是有幫助的，因為它們對相同的系統提供了兩個互補但不同的觀點。

技術文件包含了對系統的屬性及行為的具體、可實現的描述──也就是對其構成元件的類似代碼定義及其如何交互作用的描述。隨著設計的進展和變得更加穩定，技術設計文件會包含對按類型（字串、整數等…）分類之屬性的具體實現定義、每個的有效範圍、行為如何產生影響的計算公式及對測試和結果的描述來確保系統的運作符合預期。它可能包括資料文件（電子表格或類似文件）的格式描述和連結，它也可能包括軟體的架構元素，如類別描述，這取決於該層級所需的明確性。（大型團隊和長期計畫通常需要更多內容。）

模型圖和原型

除了前面章節提到的文件外（並且通常作為其中的一部分），做出你的設計的模型圖（mockups）和原型（prototypes）有助於傳達系統的目的和行為。它們有助於確保你和他人徹底了解你的系統的目的、設計和功能。它們提供了系統如何運作的必要範例以及它旨在創造出來或支持的玩家體驗類型。但請注意，它們沒有提供系統應如何在技術層面實施的範例；可以採用許多快捷方式的來使原型能夠運作，這些方式在最終的遊戲實現時則不合適。

模型圖（Mockups）是帶有支持性文字、非功能性的圖示。它們可能包括面向玩家的繪圖或故事板和／或敘事的描述（如果圖表多、文字少更好！），為了呈現出系統如何運作。例如，戰鬥系統的模型圖包括對玩家具有的選擇的描述，就如同使用者介面中所顯示的，以及對戰鬥如何進行的圖解／敘事的描述。這顯示了玩家的選擇與系統內部功能的交互影響。

雖然模型圖是非功能性的，但數位遊戲的原型（prototypes）則具有一些實際的可運作功能。原型被快速的生成，並為系統描述帶來了比模型圖更多的生命，儘管這種功能可能非常有限，並且很可能遺漏與系統功能無關的重要功能。它們也不是為了顯示最後會呈現的美術，而且經常使用盡可能簡單的替代藝術；你想要把重點放在被作成原型的系統上，而不是為創造和改進遊戲的美術層面。因此，原型通常被描述為快速和醜陋——在這種情況下，這些都是正向的品質。

原型可以使用前面描述過的任何工具來製作，包括從電子表格到完整的程式開發環境。原型不應該被認為可以直接轉移成最終遊戲的一部分（除了想法可以轉移之外）：請保持它們快速、高度迭代和醜陋，然後當你完全重寫時、將你從中學到的東西轉移到遊戲生產時的代碼中。複製和貼上「系統代碼中的一小部分」很誘人，但是你可以通過不這樣做來節省自己更多的時間和悲傷，而不要屈服於這種誘惑。

在文件中引用可運作的系統原型，可以幫助你更加確定你的設計是否符合系統的目標，並使系統的功能（而不是其結構）更容易理解。這並不意味著你需要對遊戲中的每個系統進行原型製作，但是系統越重要（例如那些構成遊戲核心循環的系統）你就會想要對它們創造更多的原型，趁這樣做還又快又便宜時。在遊戲製作過程的後期，才發現核心循環或某些主要系統行不通，會造成更多延遲、也會更昂貴，遠多於在早期利用原型進行迭代所花費的時間。

有關有效原型製作實踐的更多詳細訊息，請參見第 12 章。

關於遊戲循環應思考的問題

與你對遊戲概念和玩家整體體驗的描述一樣，在開發任何遊戲系統時，有一些有用的問題可以用來對設計進行評估。以下是其中一些：

- 系統的目的是否明確，特別是對那些不是設計它的人來說（首先是你團隊中的人、然後是玩家）？請注意，這需要一個可運作的原型及遊戲測試，如第 12 章所述。

- 系統的內部資源、貨幣和 / 或子系統是否明顯且容易理解？

■ 這個系統在整個遊戲中的定位是否清晰？它是否是另一個更高層級系統的一部分？它是否在更高層級的系統中具有同儕性質的子系統（peer subsystems）？是什麼形成了遊戲中玩家的核心循環之一？

■ 系統是否具有易於定義的主循環？系統內的構成元件（無論是原子還是子系統）之間是否有足夠的互動和回饋？這個循環是透過增強或平衡其中的資源來支持遊戲體驗嗎？

■ 系統是否能夠適應內部或外部變化？你了解（並且預測）在什麼情況下系統會變脆弱且失效嗎？系統中是否有任何構成元件的功能會掩蓋了所有其他部分，或者是否存在阻塞點，如果一個構成元件或子系統發生故障，整個系統將會失敗？

■ 系統是否提供甚至需要玩家做出有意義的決定？系統是否強制玩家採用一種占優策略或沒有以適當的頻率提供互動（基於互動類型來創造所需的遊戲體驗）？或者，系統是否需要玩家做出許許多多的決定，並超出了玩家的負荷？

■ 系統是否向玩家提供關於其內部運作的足夠回饋，使玩家可以對它如何運作建立出一個有效的心智模型？

■ 系統能否隨著玩家對它理解的增加而逐步開展？也就是說，隨著玩家學習系統如何運作時，先呈現出系統的簡單或高層級版本再逐漸增加細節及互動。

■ 系統是否會創造湧現的遊戲玩法？這個系統中的構成元件和子系統是否結合起來創造出了新的效果（這個效果原本不存在任何一個之中），而這個效果特別可以讓玩家感到驚奇和喜悅？

■ 你能否透過可運作的原型來展示系統的功能，而不僅僅是用說的？

■ 系統是否在設計目標和具體實施要素方面得到了充分且清晰的紀錄？

摘要

循環系統是遊戲的心臟、脈動並形成了玩家的體驗。作為一位系統性的遊戲設計師，你需要能夠識別、分析和創造遊戲系統，並將其分解為組成循環。

系統性地設計遊戲不僅需要知道增強和平衡循環，還需要知道資源和貨幣如何在構成元件之間移動來創造出系統。從系統的角度看待事物突顯了遊戲設計中涉及的不同主要循環：遊戲的模型、玩家的心智模型、互動循環（包括最重要的核心循環）以及圍繞所有這些的遊戲設計師的循環。這也讓我們可以看到不同類型的遊戲玩法循環以及它們如何結合在一起，來創造和支持玩家體驗所需的遊戲玩法。最後，理解和打造遊戲系統還需要適當的設計工具和溝通媒介，這可以透過使用模型圖、原型和設計文件。

定義遊戲的構成元件

如第 2 章「定義系統」中所介紹的,系統由構成元件組成。在設計遊戲中,定義這些構成元件的時候,是你會需要處理最多細節的地方。

本章介紹了不同類型的構成元件,並詳細介紹了如何為你的遊戲定義和記錄這些構成元件,包括了它們的屬性、數值和行為。成果是一組已知的數量,它可以創造出循環的系統和你想要提供的遊戲整體體驗。

了解構成元件

第 2 章首先介紹了系統是由構成元件（parts）所組成的概念。這些構成元件經由它們的行為而創造出循環。在遊戲術語中，構成元件是我們終於開始將遊戲設計具體化的時刻，定義出遊戲實際運作所需的數據和邏輯函數。

正如前面章節中所討論的，遊戲中的各個構成元件透過循環的交互作用來共同創造出系統。從任何系統的角度來看，其部分或全部的構成元件都可能是子系統，如第 1 章「系統的基礎」、第 2 章和第 7 章「打造遊戲循環」中所述。在遊戲中你無法從最上層的系統一路定義到最下層，至少在某些時候你必需創建會成為遊戲基礎的構成元件。這些構成元件通常被稱為簡單（*simple*）或原子（*atomic*），因為它們是不可分割的；正是在這個層面上，我們放下系統循環的概念，轉向更基本的內部結構和行為。

這些構成元件形成了遊戲的「名詞」和「動詞」。每個都有自己的內部屬性，決定了它的狀態（名詞）和創造其功能的行為（動詞）。屬性（attributes）具有數值並定義了資源，而行為定義了這個構成元件與其他元件的互動以及資源在它們之間流動。這些行為允許了循環的形成，並進而形成系統。

另一種說法是，構成元件最終指定了遊戲中的交互作用以及它們的效果——包括對玩家的回饋——使玩家能夠做出有意義的決定。這些決定以及遊戲與玩家之間形成的互動循環，創造了你作為設計師腦海裡所想的遊戲體驗。如第 7 章「設計師的循環」一節所述，你需要能夠在遊戲的階層結構中的不同層級之間移動，這是設計過程的一部分。你需要能夠將焦點從原子部分更改為系統循環，再到整體體驗，這樣你才能確保在最低層級所定義的內容，可以在最高層級創造出你想要的體驗。

本章詳細介紹了為遊戲創建構成元件的相關內容——如何確定這些元件應該是什麼，它們包含什麼以及它們的作用。與提出遊戲概念甚至與設計遊戲系統相比，這是遊戲設計過程中最根基的部分：它涉及以文字字串、數字和數學與邏輯函數來將遊戲從空靈轉為真實。

定義構成元件

要為遊戲創造構成元件，你必須將整個概念構思和動態過程從整體和循環組織的層級下移到我們所謂的**詳列於電子表格**（*spreadsheet specific*）的層級。這是對每個構成元件進行完全定義的地方，並且精確地指定其內部狀態，使得它沒有模糊性。最終，每個構成元件將被分解為一系列結構標記，如第 3 章「遊戲和遊戲設計的基礎」（以及第 7 章「構成元件作為循環元件」的章節）中所述，以及行為作用於這些結構以創造遊戲的功能部分，最終形成遊戲系統的循環。

構成元件的類型

遊戲中的構成元件代表了在遊戲的世界模型中的所有**事物**（*things*），以及它們可以執行的所有行動。一個構成元件可以表示例如角色、軍隊、樹等物理對象。或者一個構成元件可以是非物理概念的，例如控制區域、情感、甚至時間。最後，一個構成元件也可能純粹是代表性的、並且與遊戲規則相關——例如，手牌的最大數量、遊戲使用者介面中的顯示或控制、或遊戲中的目前回合順序。以上這些每一個都有其狀態和行為，如本章後面所述，由其在遊戲中被指定的內部屬性和數值所創建而成。

你遊戲的構成元件

如果你已經開始草繪遊戲的一些循環（遊戲的內部模型和任何屬於互動循環的系統，如第 7 章所述），你可能會開始在這些循環中看到這些構成元件及其屬性——也就是遊戲世界中的資源、貨幣和數值——這些構成遊戲的核心部分。這是開始定義遊戲構成元件的好地方。大多數遊戲都有少量的構成元件是玩家特別關注之處，並且與他們擁有最多互動。這些通常出現在遊戲的核心循環中：在角色扮演遊戲中，這些是玩家角色和他們的對手；在戰略遊戲中，他們可能是軍隊和玩家控制的區域。

這些主要的構成元件中的每一個都會引導你到其他相關連的構成元件上，以及在階層結構中包含在其下層級的那些：玩家角色擁有武器、盔甲、法術、戰利品，可能還有寵物或馬。戰略遊戲中的軍隊內有不同類型的單位，而受控制的區域具有非物質性的層面，如接鄰和資源生產。列出這些將有助於你開始看清

楚遊戲的構成元件數量及其層次結構。使用在循環層級所定義出的系統，將幫助你了解哪些構成元件是原子的（atomic），而哪些構成元件又是由需要進一步指定的子系統構成的。

當你處理構成元件的漫長列表時，請將你的遊戲中不同類型的物件都納入考慮：包括了物理、非物理和代表性的那些——任何需要內部數據來定義它的狀態、具有會影響遊戲中其他構成元件的行為或玩家會與之互動者。所以你也許會從玩家的角色開始，然後是角色所攜帶的武器，然後是形成遊戲庫存系統的代表性使用者介面部分。

除非你的遊戲極度地集中在狹窄的範圍內，否則構成元件的清單很快就會變得很長。（這可能是你第一次遇到關於遊戲範疇的問題；如果是這樣，請把這個列表視為一個很好的代理，可以將你遊戲中的美術、動畫和程式設計這些不同形式的工作分開。）它有助把你的構成元件按類型分別開來，通常在電子表格中的不同分頁上。分離它們的一種好方法是將具有共同屬性的那些分組在一起。這樣，你就不會將環境物件與敵方的非玩家角色和代表性使用者介面的物件（如當前玩家的手牌）混合在一起。保持這些的分離將有助於確保你的列表不會缺漏了遊戲所需的主要構成元件。你還會注意到擁有相同類型的物件（物理、非物理或基於規則者），它們往往具有許多共同的屬性和行為。

你的遊戲世界中可能還有背景物件（background objects）——例如，使用者介面中的裝飾——它們是沒有內部狀態或行為的；這些需要包含在美術列表或使用者介面的描述中，但是它們不參與進遊戲的任何系統中。

內部狀態

如前所述，系統中的每個構成元件都具有內部狀態。在簡單、原子性質的構成元件的情況下，這是構成元件中每個屬性和（以電腦用語來說）變數的當前數值。這個狀態可能包括目前的血量（hitPoints = 5）、財富（gold = 10）或該構成元件包含的任何其他資源。它還包括了類型（class = Ranger）、字串（secretName = "Steve"）以及任何其他具有名稱和值的可被定義的特性。這些屬性實際上是對現實世界系統幾乎無限回歸的替身：例如，為了方便起見，你可以定義一個單一的屬性表示「這個角色有 5 點生命值」，而不用定義出一整組的代謝系統來代表角色的健康程度。

名稱與值配對（*name-value pairs*）的概念（也稱為屬性與值的配對或鍵值配對）是電腦程式設計和資料庫構造中的常見概念。它允許創建一個名稱，該名稱可以保存一些可以在程式執行時會變動的數據。如果這是特定類型的數值數據（軍隊中的單位數量、帳戶中的金錢存量等），那麼這與系統術語中的庫存相同。通常，系統中的一個構成元件具有一個或多個屬性，每個屬性在任何給定時間點都具有值。這些屬性及它的值共同創造出了構成元件的狀態。

在物件導向的程式語言中，構成元件與一個類別（class）的實例（instance）有很好的對應：它具有資料成分（具有值的屬性）以及執行其行為的方法或函數。物件導向（和以元件為基礎的）程式語言架構，通常可以很好地創建出構成元件、循環和系統性整體。

決定屬性

為遊戲創造構成元件需要定義組成每個構成元件內部狀態的屬性以及可以體現出其行為的功能（函數）。透過這樣做，你可以將這些構成元件組合在一起以創建系統循環，並進而創造出你想所尋求的遊戲體驗。

對於你要定義的每個構成元件，首先為它添加所需的屬性。你希望擁有盡可能少的屬性，因為每個屬性都會增加規則和程式碼的複雜性，並代表著一種可能使遊戲不平衡的新方法。在迭代設計過程中，開始時讓屬性盡可能的少、在需要時再增加。盡量將不同構成元件的兩個相似屬性組合在一起；如果只需要一個的話，就不要為兩個不同的構成元件創造出兩個屬性。

與構成元件本身一樣，在開始定義構成元件時的一個好方法是，從與玩家互動最頻繁或能為玩家提供最有意義之決定者開始進行。如果有兩種攻擊方式（比如砍打和刺擊）對遊戲沒有太大影響，那麼只使用一種攻擊屬性就好。除非遊戲是關於近身戰鬥的高度具體和微小細節，否則這樣一個屬性應該足夠了（如果不夠，你可以在之後再添加第二個）。另一種看待這種情況的方法是，考慮你是否能夠快速地向玩家傳達兩個屬性的不同之處以及為什麼它們都對遊戲中的玩家很重要。如果答案是否定的，請至少刪除其中一個或將它們合併為一。

你還希望屬性能盡可能地廣泛適用於不同的構成元件。避免創建出僅能在一個或兩個構成元件上使用的屬性。例如，如果你想在可能被偽裝或隱藏的構成元件上放置「可見性」這個屬性，請考慮其他構成元件是否也需要在遊戲中被隱藏。如果這是遊戲中唯一具有此功能的物件，那它是否值得包含，或者讓其他構成元件也能使用的話是否更好？擁有大量一次性使用的屬性會使遊戲變得更

複雜的（但不一定更具吸引力）並且會使程式撰寫更加困難。但是，請注意玩家在遊戲中的表現（玩家的角色、國家等）可能是一個例外，它可能有多個獨特的屬性，因為玩家與遊戲的其餘部分有獨特的關係。

最後，考慮與資源的數量和速率相關的屬性。例如，銀行帳戶很有可能具有描述其中金額的屬性（例如，gold = 100）；這描述了庫存（帳戶）中的資源（黃金）數量。你可能有其他屬性來決定該資源的變化率，例如收入和債務。如果收入 = 10 且債務 = 3，則每個時間區段內的餘額將增加 7（該時間區段可能是帳戶這個元件的另一個屬性，或者，更有可能是設置於遊戲系統內的全域屬性，如每回合或每分鐘）。

描述數量的屬性有時稱為一階（*first-order*）屬性；影響資源變化率的那些則是二階（*second-order*）的。也可能有三階（*third-order*）屬性以及更多：例如在銀行帳戶的例子中，收入正在緩慢增加（因此資源變化率本身是具有變化的）。另一種檢視三階屬性的方法包括了角色扮演遊戲中的「離下個等級還有多少」的應用方式。角色的經驗值是一階屬性。角色獲得新的經驗值的速率（如果存在持續的預設速率，如許多休閒遊戲一樣）是二階屬性。通常的情況是，這個速率隨著角色的等級而變化，隨著等級的增加而上升，晉升到下個等級所需的經驗值會增加。晉升到下個等級所需的經驗值和在下個等級獲得經驗值的新速率都是三階屬性的例子。

是否讓構成元件擁有這些特別屬於二階或三階數值的屬性或行為函數，是一項設計決策。如果你可以簡單地表示出一個潛在屬性的用途，則將其設為具有數值的屬性。如果值需要邏輯來決定，那麼它就成為一個行為的輸出結果（並且該構成元件從簡單、變成自身就是一個系統）。

屬性範圍

對於你在一個構成元件上定義的每個數值屬性，你還需要決定它的有效數值的範圍。該範圍有幾個要求。首先，它必須是你這位設計師可以直觀地理解的東西，並且——同樣重要的是——可以清楚地與玩家溝通。它還需要在使用它的所有構成元件中都能很好地運作，並且它需要提供足夠的寬度以便在值之間進行充分的區分。同時，如果範圍太大，則存在你和／或玩家將冒著失去對數字所代表涵義之感覺的風險。

例如，你可以決定使用該屬性的所有構成元件上的攻擊值範圍是 0 − 10。你需要決定你是否直觀地理解 —— 並且可以與玩家溝通 —— 該範圍內的 5 或 6 是什麼意思，以及 5 和 6 之間是否有足夠的差異，使你永遠不需要用到 5.5。如果答案是否，那麼你可能希望將範圍更改為 0 − 100。但是，你很可能不需要使用 0 − 1,000 的攻擊值範圍，因為 556 和 557 之間不太可能有任何可辨別的差異。而且，以程式設計的目的來說，範圍是 0 − 128 或者 0 − 255 通常是有用的，因為位元組的關係，但你幾乎肯定最終會將位元組轉換回 0 − 100 甚至是 0 − 10 的範圍，因為大多數人無法妥善的用二進位或十六進位的數字來思考。

在大多數情況下，數值性的屬性是整數，因為它們容易理解，並且基於整數的數學運算比涉及實數（或浮點）數字的運算更快。在某些情況下，當多個機率性質之函數發揮作用時，你可能決定將它定義為擁有 0.0 − 1.0 的屬性範圍。這使得數學變得更容易，但是你仍然面臨著同樣的問題，這些數字對玩家和作為設計師的你來說是否有價值；許多人難以辨別 0.5 和 0.05 之間的顯著差異。在這種情況下，一些設計師喜歡定義出一個大的整數範圍，例如 0 − 10,000，然後當需要操作這些值時，他們只需將每個值除以 10,000 就可以將它們轉換為 0.0 − 1.0 的範圍 { 這是被稱為**標準化**（*normalization*）的數學操作 }。對於與玩家的溝通而言，數字可以採最符合情境的任何形式顯示，從整數到應用於這些數字上的文字標籤（例如，從「糟糕」到「很棒」都有其相對應的數字）。

最後，雖然對機率的全面討論超出了本書的範圍，但作為設計師，你必須了解線性範圍和具有不同形狀（特別是鐘形曲線）的範圍之間的差異，以及它們如何影響了你的設計和遊戲玩法。第 9 章「遊戲平衡的方法」將對此進行更詳細的介紹。目前，請了解百分比的含意是，在範圍 1 − 100 的數字中，其中每個數字出現的機率都相等：99 或 37 或 2 的機率都是一樣的。具有差異性機率的範圍則就像你擲出兩個六面骰時會得到的那樣。範圍本身是 2 到 12，但每個數字沒有相同的出現機會（見圖 9.1）。當擲出兩個六面骰子並將顯示的數字相加時，得到 2（兩個 1 相加在一起）的機率約為 3％。擲出 12 的機率也是如此，因為這只有當兩個骰子都擲出 6 時才會發生。擲出兩個六面骰子時最常見的數字是 6，它有大約 17％ 的機會被擲出。這更常出現的原因是 6 可以透過多種組合方式來獲得（5 + 1、4 + 2、3 + 3、2 + 4 和 1 + 5）。

為屬性指定範圍時，你需要了解如何決定該屬性以及它適當的整體範圍。一個數值為 10 所代表的意義，可以與在線性範圍 1 到 10 的機率非常不一樣，也與在鐘形曲線中的 2 到 12 差異很大，而這些每個不同數值的例子在你的遊戲中、不論對你或玩家而言都可能代表著非常不同的內容。

一個航海的例子

透過一個詳細的例子來檢視遊戲中的構成元件和屬性可以幫助你了解這個過程是如何運作的，以及它如何與整個遊戲玩法體驗及打造循環系統聯繫在一起。

假設你想製作一個在帆船的時代中關於海戰的遊戲——有著大砲開火、帆在風中拍打、船員在船撞在一起後在煙霧迷漫中登船，這樣的主題。在挖掘這個概念時，你決定，因為帆船之間的戰鬥有時候沒有很多動作，這個遊戲更多地是關於戰略和戰術決策，而不是使用快節奏的行動。這個決定可以幫助你了解遊戲將具有的互動類型以及你將如何花費玩家的互動預算。

在概念的階段，你可以改進這個概念：你可能會想到例如海精靈和海龍的想法，然後你謹慎地決定了堅持原始的核心概念，不將其轉變成一個範疇蔓延的幻想遊戲。你更感興趣的是大型帆船的船戰，而不是海盜對小型帆船的偷襲。你最終決定採用的想法是，讓玩家建立出他們的海軍艦隊，並對抗由遊戲所操控的敵人（而不是由另一個人類玩家扮演）。

所有這些選擇都專注在你的遊戲概念上，並幫助你決定你需要的系統：你決定玩家的總體目標是建立他們的海軍來保衛他們國家的航運，所以這意味著一個包括經濟循環的主要進展系統：當玩家成功地捍衛他們的港口以及那裡發生的交易時，他們將獲得更多的資金用於建造和修理船隻以及為艦隊僱用船員。代表商人交易的另一個經濟子系統發生在遊戲模型中；玩家不直接與它互動，但你也需要為這個系統思考其構成元件。

如果敵艦擊沉太多玩家所屬國家的商人，或者更糟糕的是，占領了一個港口城市，由於資金的損失，玩家的反擊能力將受到限制。（請注意，這表示了潛在的富者越富的問題，如果玩家開始失敗，他們可能無法重獲優勢，所以你需要包含某種形式的平衡循環來處理——例如，國王可以給予玩家一次性的經費，來將港口收復回來。）

在此情況下，遊戲的核心循環涉及了玩家指揮其艦隊中的船隻與敵艦的戰鬥。並還有一個外圍循環，玩家使用他們的收入來建造或修理船隻和僱用船員（也許還可以獲得情報或進行其他活動）。

尋找核心的構成元件

很快的可以看出，船隻是遊戲中的主要構成元件：它們是遊戲核心循環和玩家整體進展系統的關鍵。由於船隻會四處移動，你需要某種導航系統，包括表示

船隻如何利用風來前進、以符合整體主題。而且由於船隻會與其他船隻作戰，你需要一個戰鬥系統（一個平衡循環的生態，多艘船相互作用）。你的海軍將擁有多艘船隻，每艘船的屬性和行為都需要被定義，它才可以參與導航和戰鬥，並為玩家提供有趣的決策。每艘船還需要知道它屬於哪個海軍，因此船隻才不會向同一國家的其他船隻開火。

有了這些訊息，有無數種方法可以將船隻定義為遊戲中的構成元件。船可以是一個原子的構成元件，僅包含了名稱與值的配對（包括各種資源的數量），或者它可以擁有內部的子系統。例如，船隻必須有船員。這只是一個數值性的名稱與值的配對嗎，像是「crew = 100」，還是其內有一個完整的子系統來管理船員的培訓、士氣等等內容呢？

這是遊戲設計師在定義構成元件時必須做出的決定：你需要考慮你嘗試創造的體驗和玩家的互動預算，以及你已經開始定義的循環系統。沒有單一的正確答案，請選擇對你的遊戲來說最好的。如果船員對船隻只是造成了一些數據上的影響，使船可以航行更快速並且戰鬥力更強，這樣會比較好嗎？又或是你想要更多細節，單獨定義船長並且讓全部的船員都有一定數值的訓練度（玩家可以花錢來提升它），還有會在戰鬥中上下起伏的士氣值，這樣是否又比較好呢？你需要為你的這個遊戲決定這些事情。提供更多細節通常會為玩家提供了更多的選擇，但是很容易多過頭。如果玩家在他們的海軍中有 2 或 3 艘船，那麼增加細節可能是受歡迎的；而如果他們有 200 艘船，那麼除了對最忠誠的「帆船時代」愛好者外，其他人都會覺得是一項繁重的苦差事。

作為設計師，你需要對這些不同的可能性保持開放態度，創造出一個最初的設計，並對其進行測試以確定其是否有效。（第 12 章「讓你的遊戲成真」，提供了有關遊戲測試的更多細節。）

定義屬性

假設現在你決定對船隻創造一些與船員相關的屬性：crewNumber（船員數量）、crewTraining（船員訓練值）和 crewMorale（船員士氣值）。其中每個都有一個整數值，並將作為對船隻這個構成元件的行為之輸入。之後，如果遊戲體驗需要，你可以將其中的一個或多個轉換為船隻的子系統。在設計過程中進行這種變化很常見，但從簡單的方式開始，你就可以先看出它是否足夠。接著，你還決定為船隻添加非數值的屬性 shipNation（船隻所屬國家）和 shipName（船名），以便為每艘船提供遊戲中所需的標示。

在定義導航和戰鬥時，你也需要經歷相似的過程。例如，船隻可能具有 maxSpeed（最大速度）的屬性。那有關船隻轉向的速度、它可以攜帶的最大風帆數量、以及目前擁有的風帆數量呢？這些聽起來像是船上會擁有的其他整數屬性的候選者——雖然其中每一個也很容易可以成為新的子系統，這同樣取決於你想要在遊戲中呈現的細節數量及想要與玩家溝通的內容。這些都是你需要做出的重要設計決策。

對戰鬥來說，船隻可以擁有一個屬性來描述它所擁有的大炮數量，以便決定其攻擊的強度。這些大砲射擊的速度和準度將取決於前面提到的船員屬性。考慮到這一點，為了讓遊戲更具質感，你決定將每艘船的船長與船員分開。這允許玩家為每艘船分配像 Admiral Nelson、Lord Cochrane 或 Lucky Jack Aubrey 這樣的英雄船長。一些船長的航行能力或戰鬥能力比其他人來得好，使得玩家可以做出有意義的決定、來選擇如何分配每艘船的船長。這個思路脈絡清楚地表明這些船長本身就是構成元件，擁有自身的屬性。每艘船現在也都有一個名為「船長」的屬性，它（船長這個屬性）本身就是一個有自己內部屬性和行為的構成元件。

設計過程的細節

當你在創造遊戲需要的標記時，你會需要定義許多構成元件，上一節中雖未將這個構成元件的完整列表呈現出來，但它可以讓你了解如何開始以及該過程應有的詳細程度。思考遊戲的概念對於設計師來說可能是很有趣的，但是為了使遊戲變得真實，你需要到達這個層級的明確性，你必須定義遊戲中的每個構成元件及其屬性。有些構成元件是簡單的和原子形態的，有些則包含自己的系統。正如我們將看到的，所有構成元件都有行為，並且大多數都有助於遊戲中的玩家進行決策。所有這些都是支持遊戲體驗所需的系統的一部分，無論它是與玩家互動還是與遊戲內部模型中的其他構成元件互動。

你通常希望限制與玩家互動幾乎無關的屬性、構成元件和系統的數量，它們主要作為遊戲循環的一部分存在。上面提到的交易系統控制著玩家透過保護商船可以獲得多少獎勵。這是一個沒有很多玩家互動或可見性存在的系統的例子，但是這類的例子並不多。在系統中創造和平衡構成元件是一項複雜的迭代工作（參見第 9 章和第 10 章「遊戲平衡的實踐」）。如果它不會導致與玩家的互動和決策，那麼通常最好使這些系統盡可能簡單並將你的努力放到其他地方。否則，你可能花費大量的時間和精力去處理玩家永遠不會看到的東西。

雖然這只是為遊戲定義構成元件過程的一個開始，但你已經開始有一些關於物理性質物件的構成元件，和偏向非物質和代表性的構成元件（例如國籍和船名的概念），這些是更相關於遊戲規則和使用者介面的部分。看看你所定義出來的不同構成元件，一些漏洞會變得明顯：風應該是遊戲中的一個重要部分，但它還沒有被呈現出來。它可能具有方向和強度的屬性——也許還包括它改變方向的頻率。也許風是一個複雜構成元件，包含了另一個會與船隻進行交互作用的子系統。擁有訓練有素船員的船隻應該航行的更快嗎？也許會，而且因為你已經對船員定義了訓練度，所以加入它並不用太多工作。

定義構成元件、屬性和子系統（遞迴式地定義子系統內的每個構成元件）的過程不是必須一次完成的。實際上，最好將迭代方法作為你的設計師循環的一部分。首先，定義對於遊戲的核心循環以及你想要的整體遊戲體驗而言明顯必要的構成元件和屬性。然後轉到定義這些構成元件的行為，以便將它們鏈接成循環。最後，迭代這個過程，創建模型圖和原型來測試和改進你的想法（見第 12 章）。即使是以一個醜陋的原型來運作完整的核心循環，也會幫助你有效地瞭解遊戲本身是否值得投入。

指定構成元件的行為

除了具有狀態（屬性和值）之外，構成元件也具有行為。這些行為是對屬性結構的功能補充。它們是使構成元件能夠相互作用並形成循環系統、創造遊戲玩法的途徑：這也就是引擎、經濟、擒縱器（escapements）和生態的形成方式。這些行為也是遊戲的構成元件與玩家互動並向玩家提供回饋的方法。

在指定構成元件的行為時，了解構成元件的功能和互動方式非常重要：它們創造、使用或交換哪些資源？請記住，構成元件和資源可能是物理性的、非物理性的或代表性的，因此它們的功能可能包括創造或消耗資源，如移動、時間、經驗、理智和組合，以及更物理性質的，例如健康、金錢和礦物。

玩家在進行遊戲時也在與各種構成元件和資源進行互動。他們試圖積累一些資源，並可能試圖擺脫或最小化其他資源。一些具有屬性和資源的構成元件會使用它們的行為來幫助玩家，而其他的構成元件則使用它們的行為來阻礙玩家，把玩家推離他們嘗試接近的目標。作為他們心智循環的一部分，玩家必須做出決定，這會形成與遊戲的互動，因為玩家選擇了前進的方向及玩遊戲的方式。

創造行為的原則

所有這些的綜合是，當資源發生變化、或兩個構成元件間進行交互作用、或玩家與遊戲間產生互動，當中必定有行為（behavior）的發生。定義行為可能很困難，尤其是在你嘗試創造出心中的系統和遊戲玩法時。雖然每個遊戲的詳細過程都不同，但有一些最重要的原則可以幫助指引你的工作。

以局部行動來設計行為

創建出可以說是在局部執行行動的行為非常重要：也就是說，行為所進行交互作用的對象（其他構成元件）應該與它處於相同的組織層級中，以及與它在一個相同的操作環境中。使用前述的航海例子，我們可以對船上的大砲創造各種行為以用於戰鬥。這些功能可能會對船員（例如使其更加疲勞）和其他船隻（造成損害）形成影響是合理的，因為這些都處於大致相同的組織層級和相同的操作環境中。使大砲能夠影響特定港口的交易量則絕對是非局部的：港口在遊戲世界的模型中處於完全不同的組織層級，而且在操作環境上這兩者幾乎沒有合理的直接聯繫。

局部行動（local action）的另一個面向是構成元件的行為提供了一種效果（例如，資源的變化），但不決定了其他構成元件的回應方式。使用砲火為例，一艘船可能會用其大砲對另一艘船造成 20 點傷害，但它並不能決定該傷害是如何明確影響這個目標的。它可能導致船員、大砲、風帆甚至沉沒的損失，但是受到損害的構成元件會將這些決定作為其行為的一部分。在系統思維的語言中，一個構成元件可以*擾亂*（*perturb*）另一元件的狀態，但它無法*決定*（*determine*）該元件的狀態。在物件導向的程式語言中，這個原理被描述為*封裝*（*encapsulation*）——這個概念是指一個物件不能「進入另一個物件的內部」來設定它的屬性值。

創造通用、模組化的行為

行為應盡可能通用、模組化，並且泛用或非情境依賴性。行為應該盡可能簡單（simple），不要包含超過必要的更多情境訊息，並且它們應該足夠泛用，以便可以用於許多情況下。例如，當一艘船上的大砲對另一艘船開火時，它們會對另一艘船造成損害。這是局部、簡單和模組化的，並且沒有過多的情境依賴。大砲不需要知道另一艘船是敵人或已經造成了多大的傷害；這些是應由其他行為所處理的情境線索（例如，玩家或非玩家控制的船長決定是否發射大砲）。

這似乎是一個顯而易見的觀點，但如果你不小心，額外的情境很容易蔓延到行為中並限制了它們的整體運用。這通常發生在設計人員創造精心編寫的腳本行為時，這些行為變得太依賴於情境，因此限制了可以使用它們的情況。例如，如果你有一個可以在建築物周圍走動的 NPC（非玩家角色），你可能會創造一個「開門」的行為，他們可以使用這個行為作為從一個房間到另一個房間的一部分。這種行為不需要知道為什麼 NPC 從一個房間走到另一個房間，或者如何解鎖一扇門或強行打開一扇門：其他行為會處理這些情境。以同樣的方式，「解開門鎖」的功能也僅只於此。它不會將門打開或需要知道開門的原因。這種模組化的程度有助於將每種行為保持在其目的和範圍內（解開門鎖、射擊大砲等），而不是讓它與其他資訊糾纏在一起並變得非模組化且縮減了可運用的層面。繼續以走動的例子來說明，比較看看普遍性的「開門」行為及「將 NPC 從他們的宿舍移動到指揮中心」的行為。後者很複雜而且是高度情境依賴的：這只能使用在當 NPC 處於宿舍之中、而且他們的目的地是控制中心時；這個行為的用途很狹隘、又需要較多的工作投入，而且還阻礙了湧現的出現。遊戲中的許多腳本場景和行為都是以這種方式製作的。他們只有狹隘的實用性而且脆弱（brittle），像是它們通常不適用於 NPC 在遊戲中的功能。

創造湧現

讓行為保持在局部的範疇內、運作在特定組織層級上、並在操作上保持模組化且通用的好處是，這會讓湧現效應得以產生。湧現的效應創造了無窮無盡的多樣性，提升了玩家的參與度，並且減少了內容和開發成本，也不需要大量情境依賴的腳本。

例如，在鳥群的演算法中，每隻鳥有三種不同的行為，即局部、模組化和通用的。回顧第 1 章，鳥群的三個規則如下：

1. 每隻鳥試圖沿著與其鄰居大致相同的方向和大約相同的速度前進。

2. 每隻鳥都盡量不觸及到其他鄰居。

3. 每隻鳥都試圖到達它周圍可以看到的鳥類的分布中心。

每個規則都是每隻鳥會執行的行為，每隻鳥都作為整個系統的一個構成元件而存在。從這些行為的執行中，湧現了動態和不可預測的鳥群。

類似地，Conway 的**生命遊戲**（*Game of Life*）（Gardner，1970 年）是一種對細胞的自動模擬（自動機，automaton），其中每個構成元件——也就是在 2D 網格中的細胞——它可以是開啟（或指存活，並以黑色表示）或關閉（或指死亡，以白色表示）。這些細胞的行為是以簡單、局部、模組化的規則來進行編碼，來決定在下一個時間點時網格內細胞的開啟或關閉。

1. 如果細胞擁有少於兩個處於開啟的鄰居，則這個細胞將關閉。

2. 如果細胞目前是開啟的並且有兩個或三個相鄰的細胞也是開啟的，則它將保持開啟狀態。

3. 如果細胞有三個以上的鄰居是開啟的，則它將關閉。

4. 如果一個單元目前關閉並且正好有三個相鄰的細胞是開啟的，則它將被開啟。

請注意，這些規則僅檢視了細胞的操作環境（只檢視與指定細胞「接鄰」的八個細胞），並且它們僅影響細胞本身。這些行為的執行，不需要非局部的效應或其他情境資訊。然而，根據這些簡單的規則，出現了宏偉而迷人的湧現效果。

在遊戲和模擬中存在許多由局部、通用規則引發出湧現特質的精彩例子。在 Nicky Case 的「**多邊形的寓言**（*Parable of the Polygons*）」（2014）中，系統中有兩個構成元件與玩家互動：三角形和正方形。這些多邊形不會自行移動，但它們確實具有一種「幸福」行為，可根據其局部環境來變更其幸福屬性：

1. 如果一個多邊形擁有恰好兩個鄰居的形狀與它相同，則多邊形很開心。

2. 如果一個多邊形的全部鄰居與它相同，那麼它是「不在乎（meh）」——既不是開心也不是不開心。

3. 如果一個多邊形只有一個鄰居的形狀與它相同，那麼多邊形就會不開心。只有不開心的多邊形才能被移動。

玩家在這個遊戲中的任務是透過移動多邊形，來盡量讓更多的多邊形保持開心，或者至少確保沒有多邊形是不開心的。移動是一種需要由玩家互動來進行的行為，而不是多邊形可以為自己做的事情。

這個遊戲根基於經濟學家 Thomas Schelling 的工作，他表示，即使沒有人希望這種情況發生，族群也可以變得高度隔離（Schelling，1969 年）。湧現出來的隔離情形是局部、通用行為的結果，正如**多邊形的寓言**所顯示的那樣：僅僅通

過移動正方形和三角形來呈現開心（它們是整體遊戲系統中之構成元件，受到規則的影響。），玩家會創造出的湧現結果是區域是隔離的，要不是大多是正方形、要不是大多是三角形，它們之間幾乎沒有混雜（見圖 8.1）。

舉最後一個例子，2016 年的遊戲**史萊姆牧場**（*Slime Rancher*）包含了湧現性質遊戲玩法的例子，並根基於構成元件（長得像是雷根糖的可愛史萊姆）具有明確的、局部的、非情境依賴的行為（Popovich，2017 年）。不同史萊姆在遊戲中有許多不同行為，舉其中兩個例子。

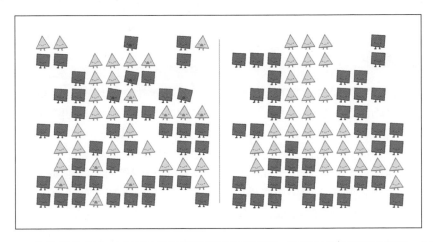

圖 8.1　　多邊形的寓言。左邊是遊戲開始前的族群情形，表現出多樣的擺放位置，但有多邊形是不開心的。右邊是遊戲結束後的情形，沒有多邊形不開心了，但他們的族群是更隔離的。

首先，當史萊姆互相靠近時，它們喜歡堆疊在一起。這只是它們所擁有的某種沒有目的性的行為；它是局部的、通用的，並沒有被編碼成更大東西的一部分。玩家經常將其視為史萊姆的玩耍方式，或者共同朝著相同的方向行動，儘管這些都不是實際行為本身所固有的。堆疊是局部的情境依賴和局部操作性的，因為它只影響附近的史萊姆，並且不會以某種方式改變整體族群的特徵。它作為其他行為的推動者也非常有效。例如，如果史萊姆堆疊在一起，但想要到達它們可以檢測到的附近食物來源，它們堆疊的天性最終將使它們中的某些，能夠越過高起的屏障來獲得食物。沒有任何史萊姆打算讓這種情況發生；它是兩種局部行為（「堆疊」和「尋找食物」）的湧現效應，但它對玩家來說是令人驚訝和愉快的。

另一個更具體的行為是移動食物。一些被稱為「虎斑史萊姆」的史萊姆（它們看起來有點像虎斑貓）有一種行為，如果它們發現它們不能吃的食物，它們會把它撿起來移到已經有食物的另一個地方。同樣，這種行為是局部的，並且有其環境限制（它需要食物的存在），但它會導致人們感覺到虎斑史萊姆「偷」食物，或者將食物當作禮物送給其他史萊姆——這取決於玩家是否看到虎斑史萊姆拿起食物然後將它帶走，或者把食物放到鄰近其他史萊姆且已經有食物的地方。它還具有在環境中重新分配食物的效果，這有可能擾亂其他史萊姆的行為。這可能會導致湧現的連鎖效應，讓玩家覺得有趣，但不是事先編程到遊戲中的。

提供回饋

最後一個有關構成元件行為的重要面向是，構成元件會為玩家提供關於遊戲狀態如何變化的回饋。這是一個完成玩家和遊戲之間的互動循環的關鍵點：玩家對遊戲採取行動，改變其內部狀態（擾亂但不決定，如前所述）。然後遊戲使用其模型中構成元件的行為，並向玩家提供回饋以完成循環。雖然總有例外情況，但這樣說並不會太過度，如果你的遊戲中有一個行為（一個動詞），它就**必須**向玩家提供回饋。如果一個構成元件沒有行為或行為沒有回饋，你需要非常仔細地思考它是否真的需要留在遊戲中。

從遊戲中獲得回饋讓玩家可以創造出自己對遊戲的心智模型——也就是可以學習、確認或重新創造預測、看看什麼可以有效運作，並評估他們自己在遊戲中增加的能力。作為他們心智循環的一部分，玩家利用遊戲提供的回饋、並與他們根據目前心智模型所做出的預期進行比較，並相應地調整他們的模型。這種回饋也是讓玩家能保持投入並玩遊戲的原因。

回饋和玩家期望

如果遊戲的回饋符合玩家的期望，那麼這是一種正向的體驗，可以強化模型並加深他們對遊戲的參與度。如果回饋令人驚訝，因為它與玩家的模型不相符，但玩家能夠快速調整模型以匹配回饋，那這是一種有效的學習體驗，並且也感覺是正向的體驗。但是，如果回饋缺乏、扭曲或遠出乎意料，且與玩家的心智模型不相容，以至於他們無法快速調整模型以理解回饋，這通常是負面的體驗。這種令人不快的體驗會降低玩家的參與度以及他們繼續玩遊戲的願望。

回饋通知了玩家他們行動所產生的影響以及遊戲中狀態的變化情形。這些變化可能是源於玩家最近的行動或是已經進行了一段時間的過程。把這想成像打開爐子做飯一樣：當你開啟它時，你需要立即知道燃燒器正在升溫。而如果你煮沸一些水，稍後你會得到關於水的狀態（溫度）隨著過程的進行而改變的回饋。

回饋的類型

在遊戲中，對玩家的回饋通常是視覺和聽覺，以及文字或符號訊息。物件的顏色、大小、動畫或特殊效果（發光、煙火等）的變化都是視覺訊號，表示玩家可能需要注意的事情發生了變化。這些變化通常伴隨著聽覺線索──像是音符、音樂變化或其他聲音效果。大多數遊戲更多地依賴於視覺線索而不是聽覺線索，部分原因在於視覺訊號更具體地說明了哪個構成元件發生了變化、但聲音卻無法如此輕易的傳達出來。然而，這並不意味著聲音不重要；大多數遊戲仍然對聲音的運用不足（並且太缺乏想像力）。

如前所述，每次這樣的狀態變化──遊戲中某個構成元件的每個行為的動作──都應該附帶一些回饋通知給玩家。如果變動與玩家無關，因此不值得回饋，則需要檢視這個變動是否是遊戲所必需的。玩家是否需要了解該元件的狀態（以及狀態的變化）以改善他們對遊戲的心智模型？一些回饋可能是細微的，例如溫度計條的緩慢填充以顯示隨時間的變化，但是完整的狀態變化，例如當建築物完工並且已經可以使用時，則需要更加強烈的通知。如果玩家錯過了他們的軍隊準備就緒或他們的水已經沸騰的事實，他們會感到沮喪並將注意力從玩遊戲、轉移到專注於其使用者介面以確保他們不會錯過更多通知──這很可能導致失去參與度和愉悅。

數量、時效和理解

如果你質疑一個玩家是否會遇到視覺和聽覺的混亂，因為在任何特定的時間都有很多變化和回饋在發生，那麼你需要思考你的遊戲在任何特定時間內的變化量以及你如何使用玩家的互動預算。如果你正在創造一個快速的動作遊戲，並且只有快速的動作／回饋型互動，那麼你就可以透過回饋來攻擊玩家的感官。這是許多快速的動作遊戲的吸引力和挑戰。但是，如果你的遊戲更多地是關於戰略、關係或社交，那麼這可能表示你需要削減遊戲中構成元件和行為的數量，以便讓玩家保有互動性並將焦點集中在你想要的地方。

回饋的時效也很重要。一般來說，回饋需要是即時的。正如第 4 章「互動性和樂趣」中所討論的那樣，「即時」意味著需要在發生變化後不超過 100 到 250 毫秒的時間內向玩家呈現回饋。在大約四分之一秒和一秒鐘間的時候，回饋似乎已經延遲到令人厭煩（也會降低玩家的參與度），如果回饋在事件或變化後延遲超過一秒鐘，則玩家可能不會將它與狀態變化聯繫起來。

除了即時之外，回饋需要可以立即讓玩家理解與狀態變化的關連性。也就是說，你不能指望玩家透過你提供的模糊符號組合來推理，以了解他們所看到的回饋。例如，你不能指望玩家會明白他們的螢幕左上角出現的藍色火焰意味著他們的水煮沸了，你覺得因為人們認為藍色與水有關，而火焰看起來像熱，所以藍色火焰就代表了水煮沸。這太過模糊了，且需要玩家進行過多的思考。請記住，玩家正在嘗試玩遊戲，而不是玩使用者介面（或遊戲規則），並且你希望他們保持與遊戲的互動。

通常，能夠指示出「這個元件的狀態已經改變」的回饋就足夠了，並且應該可以立即識別。對於大多數回饋來說，文字是一個糟糕的媒介，因為玩家的注意力集中在遊戲上，而不是使用者介面上。遊戲設計師有時會把它簡短的說成「人們不閱讀。」雖然這是一種誇大的說法，但令人驚訝的是它很精確：如果有人投入了遊戲，他們往往不會去閱讀（甚至可能不會有意識地看到）文字的回饋，但你作為設計師可能認為這些文字很明顯。即使在你包含符號訊息的情況下──例如數字漂浮在角色頭部上方，表示他們正在承受多少傷害──它的顏色和動態其實比明確的數字來得重要。對於需要更多專注或推理的回饋，請將其分開（例如，在對話框或單獨的窗口中）並讓玩家按照自己的節奏進行操作。盡可能暫停遊戲，直到他們吸收了你給他們的複雜訊息。

最後，不惜一切代價避免提供誤導性或無意義的回饋。如果你的遊戲中有煙火，請確保它們意味著什麼：不要讓它們隨機掉落或在不同情況下代表不同類型的狀態變化。你可以將這種回饋用於幾乎任何你想要的行為，只要它是明顯的、即時的，並且一致性地被使用。同樣地，有時候你會想要在你的遊戲中使用動畫或聲音來幫助讓世界變得生動，但你應該小心這樣做，而不要將它們與某些潛在的狀態變化聯繫起來，即使它是一個微不足道的變化。玩家會將幾乎任何視覺和聽覺的回饋解釋為具有某種含義，他們會嘗試找到這個含義並將其添加到他們的心智模型中。如果這些變化不是真正的回饋、如果它們並沒有什麼意義，那麼它們實際上是噪音，會使玩家分心並減少他們的參與度。

再回到航海的例子

早先我們對帆船時代的海軍遊戲，定義了船隻、船員和船長這些構成元件的屬性，接下來你也需要設計出這些元件的行為。船隻可以移動、攻擊，並可能受到其他船隻的影響而受損。船隻還有其他需要做的事情嗎？你需要在早期設計中做出決定，儘管你可以（並且將會）在遊戲測試期間修改此類決策，因為你發現了以前沒有想過的遊戲面向。

你先前已決定了船長和船員會對船隻如何航行和戰鬥造成影響。這構成了一些船長和船員行為的基礎；這些行為是遊戲中船員（船長）和船隻這些構成元件如何進行互動的功能函數，並幫助建構出導航和戰鬥系統。（隨著設計的進展，船員可能會擁有更多行為，但你可以先從這些行為開始。）

指定每個行為的過程，最終會產生一個公式或邏輯，你會對它進行定義和迭代，來產生最後的合適結果。這種邏輯將成為遊戲的規則，無論它是在桌上遊戲中以人類可以計算的方式表達、還是在數位遊戲中由電腦運算的代碼的方式來表達。

例如，在定義船隻的攻擊行為時，要指定每個行為主要需訂定船隻的攻擊屬性（目前先定義成可用的大砲數量），這個攻擊屬性並會因船員而被調整。你還決定要讓這艘船的船長會影響船的戰鬥力——但也許不是直接的。作為一種創造互鎖系統的方法，並保持船長的行為更加局部化，你讓船長有一種行為會讓船員的士氣值增加（或減少！）：此行為受船長的領導屬性影響。你可以再對船員創造一種稱為「戰鬥」的行為，該行為使用船員屬性值的組合——有多少船員、他們當前的士氣值（受到船長領導屬性的影響）以及他們的訓練值（受到玩家先前花費資金的影響）——利用這些來對船隻的攻擊行為進行修飾（見圖 8.2）。這聽起來很複雜，但如果能夠良好向玩家傳遞，它將很容易融入玩家的心智模型中。

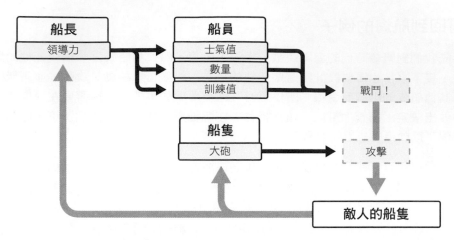

圖 8.2　船長的領導力對船員的影響，影響了他們在船上的戰鬥能力。正如文中所解釋的，有一個提升船長領導力的暫時性連結。

對於船隻的攻擊力，你需要創造一個加權函數，這樣如果船上有大量的大炮但船員很少，那麼該船的攻擊加權值將會很低（沒有船員就無法開火）。相同的情形也會發生在，當船員很少但訓練值和士氣值很低的時候，或是發生在當船上有一個很棒的船長和強大且快樂的船員，但大砲數量卻很少的時候。

然而，如果這艘船有一個強大的船長、大量盡心盡力的船員和大量的大砲，那麼它的攻擊力就會很強。這些條件顯示了你可以創造一個公式或一組邏輯函數，以確定其中每個如何影響船的戰鬥能力，玩家如何與其中每個進行互動，以及戰鬥系統的攻擊加權值的可能範圍。這可能導致船隻這個構成元件上需要的輔助屬性，例如加權係數，以確定大炮、船員和船長相對於彼此的重要程度。在玩（測試）遊戲時迭代調整這個數值將幫助你找到期望的平衡，如第 9 章所述。

在創造船隻的航行系統時也會有類似的過程，但它也涉及了外部風力變量。風在之前已經被添加到構成元件清單中，具有方向和強度的屬性。這對遊戲的航行部分來說具有足夠的細節嗎？這是一個問題，你需要根據它如何影響了遊戲玩法體驗來回答這個問題。

在過程中的這個階段，你將有效地將起始的遊戲概念開始標記化，把遊戲玩法概念轉變成明確的構成元件、屬性和行為，來創造出你需要的系統。你需要盡可能快地在早期原型中測試和調整整個設計，因為你肯定不會從一開始就獲得所有正確的構成元件、屬性和行為。你還需要記錄下這些構成元件的設計，如本章後面所述。

創造循環系統

在這裡討論的例子中，每個構成元件透過其自身的行為影響其他元件，這些行為在組織和效果方面是局部的，並且在它們如何連接到其他元件並且向玩家提供充分的回饋方面是通用的。創造系統性效應所需的最後一個要素是，讓行為在構成元件之間形成回饋循環而不僅是以線性方式來運作。這意味著每個構成元件都應該影響其他元件，並也會受其他元件所影響。

在我們早期的航海例子中，我們簡要討論了船隻互相戰鬥的想法，其攻擊強度取決於每艘船內可運作大砲的數量、船員的數量和品質以及船長的領導力。當船隻受到損壞時，它們會失去一些船員和／或大砲，其餘船員則會失去士氣。這會像先前所述一樣強烈的降低了船隻的反擊能力；兩艘船之間形成了一個平衡的生態循環（相互交換「傷害力」的資源，並根據需要減少自己的船員和大砲）。

然而，船長對船隻戰鬥力的貢獻是一種單向的連結。它運作良好，但無助於在遊戲中建立動態系統。然而，如果船員也有某種方式（直接或間接地）可以對船長產生影響，那麼就形成了一個循環，並且遊戲對於玩家來說變得更有趣。也許如果在戰鬥結束時船員的士氣值仍然很高，船長就能在經濟的增強循環中獲得額外的領導力（將士氣值交換為領導力）。或者也許設計一種長期的循環更合理，這樣船長只有在贏得一定數量的戰鬥後才能獲得領導力。船長必須做的成功才能獲得這項益處，並且這個益處有助於船長在未來取得更大的成功——這是一個典型的進步系統。

在任何遊戲中都有很多類似這種循環的可能性。作為設計師，你需要確保構成元件相互影響以形成循環，並且元件的行為與玩家形成互動循環。特別重要的是遊戲中的關鍵構成元件透過彼此間的互動及與玩家的互動，來幫助驅動遊戲的核心循環。在這種情況下，玩家在戰鬥中時時刻刻的選擇會對船長、船員和船隻產生即時影響。此外，玩家決定將哪個船長放在船上、船上有多少船員，以及在大砲和維護上花多少錢都會影響戰鬥的結果，並影響船長和船員的長期變化。

當你檢視遊戲中已定義的構成元件時，請檢查以確保每個元件都會影響某些元件，並也受到那些元件或其他元件的影響。每個元件不需要同時影響所有其他元件或受它們影響；那樣會很難建構出心智模型。但是，如果每個元件只影響其他幾個，並且反過來受到那些元件或其他元件（局部且大約相同的組織層級內的）的影響，那麼你就開始在遊戲中創造循環系統了。使用第 7 章中描述的引擎、經濟和生態的模板，有助你描繪出這些循環。也請記住，遊戲中的每個構成元件也可以是原子性質的，或者它內部可能有自己的系統循環。這就是你在遊戲中建立層次結構和深度的方法，也因而增加了玩家的參與度。

不要迷失在雜草或雲中

在討論了構成元件、屬性、值和行為之後，退一步將所有這些視為設計過程是有用的。不同類型的設計師──說書人、發明家和玩具製造者──會在設計過程的不同階段感到特別拿手。但是，無論你偏好哪個領域，都需要能夠將視野在設計的不同組織層次中上下移動、從高層級概念一路向下到構成元件屬性的特定數值，且不失去整體觀。要將注意力集中在一個層級上、又不失去對其他層級的視野，可能會很困難，而且如果其中一個層級不是你感覺拿手之處，它可能會特別困難。

如果你更像是一名高層級的說書人設計師，那麼定義構成元件的屬性和行為有時會讓人感到畏懼或者像是苦差事。但這樣做很重要，因為這是使遊戲設計成為真實的唯一方式。另一方面，如果你在處理屬性和行為時具有明確的想法、並且對它們如何組合起來感到很容易，那麼你在處理遊戲概念時可能會感到不必要的含糊。然而，有必要拋棄讓世界擁有精確細節的想法，應確保所有的細節可以結合起來形成某些令人愉悅的東西。你的遊戲需要有一個連貫的概念，而不僅僅是一堆零件拼湊在一起，然後希望它們能帶來一些樂趣。並非每個遊戲都需要完全真實或多樣的構成元件；策略遊戲中擁有一種投石器可能很好、

但不要有五種，而在其他遊戲中、擁有三種花或髮型或城堡旗幟可能就足夠了。如果定義構成元件是你覺得有趣的地方，請不要過度使用這種方式來希望創造出一個連貫的體驗。

對此，另一種說法是，記住每個遊戲都必須擁有充分定義的構成元件、屬性和行為；沒有它們就沒有遊戲功能。這些的存在使循環能夠形成，並支持了玩家的感知、認知、社交、情感和文化互動，創造出了你作為設計師試圖開啟的遊戲體驗。遊戲與構成元件不同，但遊戲是元件間的交互作用及與玩家的互動中湧現而成的。除非你已經成功創造出（並迭代測試）詳列於電子表格的構成元件，否則你不會獲得這些互動，只擁有構成元件不會成為遊戲。

與其他擁有系統性的東西一樣，你必須同時檢視整體和構成元件。你需要在構成元件的層級進行操作，同時不要失去了整體概念，以使整個過程發揮作用。作為設計師循環的一部分，你必須能夠在遊戲設計中的不同層次和抽象性間上下移動，確保概念清晰、系統支持這些概念，並且構成元件可以實現有趣、有意義的互動和玩家的進步。

在前面的章節中，我們討論了記錄遊戲概念和系統設計的內容。而在進行遊戲的詳細設計時──也就是對構成元件、屬性、值和行為的描述──這些細節是非常重要的。它們定義了你的遊戲是什麼，以及它如何被實行。

開始進行及整體結構

當你開始思考遊戲的構成元件和屬性時，它們可能存在於白板上或文字檔案中，透過這樣你就已經把它們以某種順序記錄下來了。隨著列表開始形成，並且當你繼續處理構成元件、它們的屬性和值時，你將會希望將這些資訊傳輸到設計文件和電子表格中。

文字檔案以足夠精確的方式保留你對遊戲中各構成元件的意圖，以便在程式設計或不插電的遊戲規則中實現。電子表格是有關遊戲中各構成元件的屬性和值的所有明確資訊（尤其是數值）的所在地。除了呈現設計的細節之外，你的電子表格檔案還使你能夠快速測試和迭代你的遊戲，如以下章節所述。

詳細設計文件

要在構成元件、屬性、值和行為的層級充分描述出遊戲的詳細訊息，請撰寫一組設計文件，在其中指定有關遊戲詳細訊息的所有內容。這包括設計原理和可以轉化為代碼的明確行為描述（如果玩家擔任電腦的角色，則轉換為遊戲規則）。這保留了你的意圖（為什麼每個構成元件很重要），並提供了如何實現每個元件的技術定義。

雖然這些文件必須包含對遊戲構成元件的文字說明，但你應盡可能使用圖片、圖表、流程模型、模型圖等。提供連結到外部的模型圖和原型也是一個很好的主意，以便使讀者可以快速了解遊戲應該如何在詳細但功能性的層級上運作。

自信而精確

在明確性方面，請將構成元件層級的詳細設計文件視為像是建築物的藍圖。準確描述設計的所有方面。避免模糊，並以現在式來描述設計（請說，遊戲會這樣表現，而不是「遊戲將這樣表現」）。避免使用像「遊戲可能」這樣的胡言亂語。不要在這個文件中使用不確定的詞彙（你之後需要時可以隨時回來修改它）。除了在描述設計的高層級內容時，不要使用例如「這個敵人快速移動」或「這導致大爆炸」或「這個砲塔左右轉動」等定性詞彙。

多快？多大？多遠？無論何時提到數量（技能、等級、傷害力等），請在文件或隨附的電子表格中提供數字、定義的範圍、參考方程式或其他決定因素的參考。如果尚未就明確數量或範圍作出決定，請說明並將其作為待解決的問題。在你的寫作中要求精確，會強迫你消除頭腦中可能伴隨設計的模糊性。在提案中討論和發現漏洞要比它只是一個概念時來得容易。

避免過度

但是，創造過多和過少的設計文件都可能帶來不利影響。如果你知道遊戲的一部分細節，請使用圖表、模型圖、文字等進行記錄。如果你不確定，請記錄你嘗試要創造的內容、你所想到達成它最好的方法、以及你放棄了哪些途徑——然後創造原型（紙張或電子）來測試這些想法。不要浪費時間記錄很多不同的選項，更不用說爭論它們了：找到不確定的部分並對其進行原型製作。然後，一旦你想要採取的路徑變得清晰，請把它及你選擇它的原因記錄下來。

與其他設計文件一樣，最好是採可以輕鬆共享、連結、評論和編輯的線上文件
（並擁有變更紀錄，以便使你知道誰在何時編輯了文件，並使修改可以被回
復）。詳細的設計文件應根據需要相互連結，並與系統和概念文件連結，以形
成一個連貫的整體設計。你還應該考慮使用特定系統的大型、可見之單頁設計
圖，以便不同的團隊成員可以看到它們並將它們內化為設計的一部分。總的來
說，你希望避免做成單一且難以理解的「設計聖經」，而應該是創造一組容易
理解的參考文獻，你和你的團隊中的其他人——美術設計、程式設計師等——
可以在實現和測試期間參考這些內容。

使你的文件保持最新

任何設計文件都只有在保持最新的時候是好的。遊戲設計通常被稱為「有生命
的」文件，因為它們隨著遊戲開發的過程而變化。因此，從一開始就計劃好在
開發過程中更新你的設計。你會在製作遊戲時找到新想法、發現新問題並更改
整體設計。如果你放棄這一點，你很快就會發現正在實現的遊戲已經與設計時
有偏差了，文件已經過時、誤導，最終比無用更糟糕。

電子表格的詳細資料

在將構成元件及其屬性值放入電子表格時，通常的方法是把構成元件放在表格
中的橫列（row）、把屬性放在直行（column）上（參見圖 8.3）。因此，元件的
狀態值可以在其對應欄位中被定義出來。

	A	B	C	D
1	名稱	攻擊	傷害	速度
2	匕首	0	2	5
3	短劍	2	3	5
4	彎刀	4	5	1
5	寬劍	3	4	4
6	刺劍	3	3	5
7	長劍	5	6	2
8	大劍	8	8	0

圖 8.3 電子表格的範例。每個構成元件的名稱列在 A 行中，每個元件的屬性和值則列在
B-D 行中。

如果存在許多具有不同屬性的不同類型的元件（例如，武器、鮮花、汽車、運動球隊），則把它們列在單獨的組別或（更常見地）在單獨的表格內，而相同類型的元件則列在一起。因此，如圖 8.3 所示，你可能有一個電子表格，其中每個元件都列在「近戰武器」的列表中，元件的名稱顯示在第一行，並在接續的各行中顯示它們共通的屬性。每個武器的屬性——像是攻擊、傷害、速度等——是在該武器所在的橫行中一個儲存格內的數值。遠程武器或魔法咒語如果也共享大部分或全部相同的屬性，它們也可以被列在同一個工作表內，或是它們可以被列在一個單獨的工作表上、擁有它們自己的屬性、並定義了它們的內部狀態。

你可能在電子表格中還擁有某些儲存格是用來描述每個構成元件的行為，它們是以數學形式來表達的。在電子表格中包含指向外部文字和圖表的連結也很有用，來對構成元件、屬性和行為進行補充描述，這樣你和其他利害關係人就可以輕易的參考遊戲的詳細補充資訊。

在屬性和值之外

可以在電子表格中輕鬆處理的非數字問題是構成元件的命名。在許多情況下，遊戲中的一個構成元件可能有多個名稱：在螢幕上顯示的名稱、內部便利的參考名稱，以及可能是內容（美術、聲音等）所在的檔案或目錄名稱。詳細的電子表格是列出其中每個內容的好地方，將這些資訊保存在電子表格中將有助於最終進行多國語系的在地化，因為在螢幕上顯示的名稱可以被替換為其他語言中的等效名稱。此外，還可以在此處理必須由數位遊戲的程式讀入的、與構成元件相關聯的命名原則。雖然沒有必要在一開始就正確地解決這個問題，但是擁有一個單一的標準來命名不同檔案名稱、並在電子表格中呈現出來，將為任何規模的計畫避免許多巨大的麻煩。讓程式設計師、設計人員和美術設計師以任何他們想要的名稱來命名文件很可能導致大災難，你很可能在沒有時間探索為什麼這個檔案被如此命名時遇到這個情況，因為沒有人還記得了。

另一個在詳細設計時有效使用電子表格的方法涉及了使用顏色格式化來增強可讀性。你可以使用儲存格的背景顏色和類似方法來區分構成元件的名稱、廣域係數、不應更改的數字等等。任何能夠增強某人理解一個大型、複雜的電子表格之架構的方式都是一個很大的幫助。

類似地，在儲存格上使用註釋來記載名稱或值的有關考量原因是個好主意；這是你正在測試的臨時值，還是已經受過全面測試而不應該被改變的值？儲存格中的一個快速註釋將幫助你和其他人了解此情況。當然，這意味著你必須使你的評論和其他格式保持最新，因為如果你讓它們變得過時，這些很快就會造成誤導。

資料驅動的設計

最後，將構成元件、屬性和值放入電子表格的最重要用途之一是你可以直接在遊戲中使用這些資料（對以電腦計算為基礎的遊戲來說[1]）。非常值得花時間產生自動導出為 CSV（逗號分隔值）、JSON 或 XML 等文件格式的檔案，以便可以直接將數據讀入遊戲。程式碼中的遊戲物件應具有預設的初始值，這些值將被資料文件中的那些所覆蓋，使你能夠使用*資料驅動的設計*（*data-driven design*）。這使你可以將資料和基於程式碼的資料結構分開。然後，如果電子表格和設計文件保持最新，並使設計（和電子表格）中的構成元件和屬性與程式碼內的相對應，設計人員就可以使用新值而無需更改程式碼。這使你可以大大提高迭代設計和測試週期的速度。

你可以（並且應該）更進一步，讓遊戲會自動查看資料被從電子表格導入到遊戲中的時間戳記，如果電子表格的資料已被變更，則重新讀取它。這使你可以在遊戲運行時更改遊戲資料，以便測試不同構成元件的屬性值。這進一步縮短了設計和測試的時間週期，並意味著你可以嘗試更多選項並更快地獲得可靠資料。

關於詳細設計你應考慮的問題

與遊戲的概念和系統一樣，在開發和審視詳細設計（構成元件、屬性、值和行為）時，你可以利用一些有用的問題來幫助自己。以下是一些例子：

■ 是否定義了足夠的遊戲構成元件來創造出遊戲的核心循環？它們每個都有屬性、值、數值範圍和行為嗎？

■ 所有構成元件是否對彼此、對玩家存在明顯的互動？所有構成元件都會對其他元件產生影響，同時也會受到其他元件的影響嗎？

1　即使在類比遊戲中，這種技術也很有用：你可以預先填充卡片的值並將其自動導入到排版程式中，從而大大減少測試和迭代設計所需的時間。

- 你是否定義了不同類型的構成元件，包括物理性、非物理性和代表性的元件？

- 可用於建立循環並實現所需效果的最少狀態和行為的數量是多少？這些是否支持你在遊戲中想要的互動和進展路徑？

- 所有主要的構成元件是否足夠明確的定義出來並可以實行？它們被詳列於電子表格嗎？

- 構成元件的行為是否為玩家提供了足夠的回饋，他們可以在狀態發生變化時理解並使用這些訊息來建構他們的心智模型嗎？

- 玩家是否有足夠的互動？遊戲的各個構成元件是否能夠讓玩家做出有意義的選擇？這些元件是否為玩家提供足夠的「旋鈕和按鍵」來擾亂遊戲的內部模型？

- 構成元件的行為是否影響局部並且可以普遍運用？是否有任何構成元件具有廣域影響、只有單一用途或其他脆弱行為、或超越所有其他元件的行為？

- 是否充分記錄了所有構成元件、屬性和行為？你是否擁有圖文兼具的設計文件，其中連結到包含構成元件屬性資料的電子表格？這些電子表格是否可以在開發期間讀入遊戲中並加速迭代設計的過程？

摘要

在為遊戲指定構成元件、屬性、值和行為時，你已經到達了遊戲設計中最詳細的層級──它同時也是最基礎的。透過有效地設計這些構成元件，你可以設置系統並支持你希望在遊戲中看到的玩家體驗。透過在電子表格中使用描述性文字和數字來記錄它們，你可以確保你的遊戲完全可以實現，並且這些明確的數字支持了你的總體設計目標。

在第 9 章中，你將了解如何確保構成元件的值和行為的效果能夠創造出平衡的遊戲體驗。

PART III

實踐

9　遊戲平衡的方法

10　遊戲平衡的實踐

11　與團隊一同工作

12　讓你的遊戲成真

遊戲平衡的方法

僅僅建立具有強大概念和可運作系統的可行遊戲是不夠的。你還必須確保遊戲擁有動態平衡並形成一個連貫的整體。

在本章中,我們將探討你可以用來平衡遊戲的兩種方法——基於直覺的和定量的方法,以及它們如何在遞移和非遞移系統中運作。

尋找遊戲中的平衡

遊戲平衡（*Game balance*）是遊戲設計師經常用來表示遊戲玩起來有多好的一個術語。這種平衡源自於遊戲中不同構成元件間的關係。正如你在第 8 章「定義遊戲的構成元件」中所看到的，這些關係最終取決於不同構成元件的屬性和值、以及它們用來影響彼此的行為，這些建構出了遊戲中的系統。

儘管遊戲平衡的起源是關於數字（屬性的值），但就像可應用於遊戲玩法的許多其他概念（如樂趣）一樣，平衡很難精確的來談論。它包括每個玩家的遊戲進程和整個的遊戲進程：玩家是否進展過快且太輕鬆、或太慢又障礙太多，以及所有玩家是否以大致相同的速度前進又不會覺得他們的步伐完全一致。平衡是整個遊戲＋玩家系統的屬性，因此它結合了玩家的心智模型和遊戲模型，牽涉到包括心理學、遊戲系統以及評估它們所需的數學和其他工具。

平衡的遊戲會避免形成一個狹窄的占優獲勝路徑或策略，或創造出讓某個玩家具有固有或不可動搖的優勢的情況。平衡的遊戲為玩家提供了一個可探索的可能性空間，在這個空間內他們可以前往多個可行的方向、做出有意義的決定並建立他們對遊戲的心智模型。沒有單一的最佳占優策略，可能性空間沒有被限制住、沒有明顯可以獲勝的方法，並且在回顧時沒有任何一種途徑是明顯最簡單朝向勝利的。

擁有一個縮小玩家決策空間或允許占優策略的不平衡遊戲會降低參與度和重玩價值；一旦你知道獲勝的訣竅，為什麼會繼續玩？另一方面，如果每個玩家擁有大致相同的機會，則遊戲感覺很公平。一個或另一個玩家可能擁有更多的技能或更好的運氣（取決於遊戲），但是如果玩家覺得他們**原本可以**獲勝，特別是如果他們覺得其他玩家沒有抓住遊戲中的某些不完美從而獲得優勢，即使是沒有獲勝的玩家也可能會被鼓勵再試一次。

從個別玩家的角度來看，平衡的遊戲是玩家可以承擔風險、並且仍然可以從中復原的遊戲，並且他們不會感覺到在遊戲結束的很早之前、遊戲的結果就已經確定了。玩家仍然投入遊戲並處於第 4 章「互動性和樂趣」所描述的「心流通道」，因為他們的技能將繼續動態的與遊戲提出的挑戰相匹配，既不會變得太容易而無聊、也不會變得太困難而沮喪。

實際上，平衡的遊戲就像是騎自行車的人：平衡是動態的，而不是靜態的，因為騎士隨著路程的變化而移動位置或避開障礙物。如果玩家或遊戲失去平衡（也就是說，如果玩家陷入不可恢復的失敗狀態，或者如果遊戲只在早期平

衡、之後則不是），這就像騎士失去平衡並摔倒。在遊戲中失去平衡就好像騎自行車的人摔倒一樣的糟糕。

幾乎沒有任何遊戲在開發一開始就平衡的；這是你應該在設計師循環內實現的東西。迭代設計和測試可以讓你創造出一個複雜而平衡且令人滿意的遊戲。透過階層、互鎖（interlocking）的系統來創造遊戲有助於進行平衡，因為你可以先平衡個別系統、然後再到更高層級系統的構成元件內，而不需要將整個遊戲視為單一區塊一次同時平衡。

雖然遊戲平衡難以準確討論，但以你現在對系統性遊戲設計及系統如何創造出遊戲的理解，會產生很大的幫助。從你如何調控系統中的構成元件和循環、來起始進行遊戲平衡，有助於創造出你希望在遊戲中看到的效果——平衡的遊戲玩法體驗。

方法和工具概述

可以使用多種方法來平衡遊戲。它們主要分為兩大類：定性方法和啟發式或基於直覺，以及基於量化方法和數學。傳統上，遊戲設計師幾乎完全依賴於第一類，但近年來，後一種方法的使用越來越多。兩者都有好處和陷阱，你應該把它們視為互補而不是相互排斥。

以設計師為主的平衡

遊戲平衡的第一個主要方法是使用你作為遊戲設計師的直覺。對於許多人來說，這一直是他們能成為優秀設計師的核心部分。你能說出一個遊戲「是否感覺對了嗎？」與其他形式的創意媒體（如書籍和電影）一樣，不同的遊戲設計師對遊戲設計和平衡有不同的看法。你可能會或可能不會喜歡某個遊戲，但這並不意味著遊戲製作不良或不平衡；它可能不是你的菜。它有一些效度（validity）存在：一些遊戲，如黑暗靈魂（*Dark Souls*）和超級肉肉哥（*Super Meat Boy*），被認為是非常困難的，而且不是符合每個人的口味。作為設計師，你需要發展一套設計的啟發式和直觀的感覺，來判斷你的玩家會享受什麼內容。在許多情況下，你至少在設計過程的早期就必須依賴這種形式的判斷，並且在使用其他方法時也可以回來使用它。

關於使用設計師直覺的注意事項

雖然對遊戲設計和平衡問題有良好的感覺是有價值的，但它也可能導致你產生可怕的錯誤。很少有遊戲設計師設計出一個主要系統或遊戲後，可以在第一次就良好運作且不需要任何重大變化。如果（當）你創造了一個自己覺得很棒的遊戲，結果完全糟到不可行，請不要灰心；這發生在每個遊戲和設計師上。當你無法給予遊戲中的某些構成元件適當的數值來讓它們良好運作時，不要太失望；基於啟發式的設計只能帶你走到這邊了。

更糟糕的是，除了被自己的個人直覺誤入歧途外，還可能讓你的設計陷入停頓，並且由於對設計應該採用哪種方式的爭議，團隊內部的緊張情況會加劇。不幸的是，常常看到人們為此爭論數小時或數天之久，依據的是他們對設計問題的直覺，但這其實可以透過建立一個快速的原型並進行測試來解決。當你專注於你的設計的一部分時，很容易陷入這種爭論的困境中；作為遊戲設計師的一部分原則是通過使用其他工具來解決這些爭論。

然而，遊戲設計中的啟發式和直覺並非一文不值。對遊戲設計有良好感覺的價值在於，你經常可以看到不同屬性或構成元件之間的某種關係，如何幫助創建出你想要看到的遊戲玩法體驗。這也可以幫助你決定何時繼續沿著特定路徑進行，或者知道何時停損並嘗試採用不同的方式。這些設計師的啟發式和直覺是多年的學習、並透過開發許多遊戲而得的，但在此同時，沒有明智的設計師會完全信任它們。這就是為什麼我們開發了更好的方法和工具，使我們超越了設計師自身的視野，來製作出優質、平衡的遊戲。

以玩家為主的平衡

另一種直覺式的平衡方法，除了設計師外、還包括了玩家。這是前面討論的設計師循環的完美實例：玩家與遊戲互動，然後設計師與該互動（玩家＋遊戲）的結果再產生互動，並修改遊戲。

這種方法的核心是遊戲測試：讓玩家在遊戲設計的過程中玩遊戲、並報告他們的體驗。這是確保穩固的遊戲設計和有效平衡的遊戲玩法的最重要技術之一，你應該充分地運用。（我們將在第 12 章「讓你的遊戲成真」中更詳細地討論遊戲測試。）

關於使用玩家直覺的注意事項

遊戲測試非常有價值，應該成為每個遊戲設計師工具組的一部分，但它並不是萬靈藥。一些遊戲設計師（或者是應該了解更多的遊戲公司高管）在遊戲測試時試圖讓玩家成為設計師，並視此為合理的做法。他們的想法是，如果你問玩家他們對遊戲的看法，為什麼不直接詢問他們在遊戲中想要什麼並讓他們設計呢？

這種想法的問題在於，遊戲玩家不是設計師——就像喜歡電影的人不等於導演、喜歡美食的人也不等於廚師。重要的是要從玩家那裡獲得足夠和準確的回饋，但也要記住它是回饋：玩家經常會告訴你他們不喜歡的東西，但在大多數情況下他們無法告訴你如何解決它。尋找這些解決方案仍然是遊戲設計師的工作。

分析方法

離開了內部、直覺的遊戲平衡方法，我們來檢視更外部和定量的方法。它們涉及了確切數字而不是模糊的感覺——至少在某種程度上是如此。分析數據不可避免地有一定程度的解釋，但是，使用這些方法可以幫助你清理掉大量的意見、並以無偏見的數據取代它。

正如*分析方法*（*analytical methods*）這個術語所顯示的，它與分析有關——也就是對已有的遊戲遊玩資料進行分析（分解）。這意味著，除非你有足夠的人玩你的遊戲（因此也需要你的遊戲本身是可以進行的），否則這些方法可能不會非常有用。然而，隨著遊戲的進行，特別是一旦你有上百或上千人玩過遊戲，你可以從他們的遊玩段落中找出數據、並在其中找到非常有用的模式。

你可以使用多種形式的分析，來評估遊戲的整體健康狀況（請參閱第 10 章「遊戲平衡的實踐」）。這些包括了在任何一天或一個月內玩遊戲的人數。但是，為了平衡目的，了解玩家在玩遊戲時的行為方式則更有用。他們是否採用一些路徑而不是其他路徑，或者他們一遍又一遍地做某些任務但是避開了其他的？玩家必須做出重大決定的任何地方，都有機會通過記錄他們的選擇來了解他們如何玩遊戲——甚至需要花多長時間來製作這些。

例如，在策略遊戲中，你可能想看看哪一方贏了多少次戰鬥；如果一個派系明顯勝過另一個派系，那麼顯然存在隱藏在其內的平衡問題。類似地，在角色扮演遊戲中，了解玩家選擇玩哪些角色是有用的，特別是當他們第一次進入遊戲時。他們是否需要時間閱讀你提供的描述？他們完成了遊戲教學還是半途而廢？

你還可以分析性地檢視不同角色類型進展到某個特定點（例如，達到特定等級）所需的時間。如果盜賊總是以最快的速度升級，這可能意味著他們有一些固有的優勢，你想讓它與其他職業也平衡。另一方面，這可能意味著主要熟悉遊戲的進階玩家會使用盜賊，因此比新玩家升級更快。不僅要查看初始數據（哪個職業升級最快），還要包括其他因素（例如玩家玩了多久時間）甚至潛在因素（如每段遊戲時間長度，他們玩過多少其他角色等等）來幫助你找到最重要的相關性。如果事實證明盜賊確實升級最快，但他們通常由遊戲經驗豐富的玩家來玩，你可能可以為這個職業添加更多挑戰以保持這些玩家的興趣。

以翻滾吧種子為例

你可以根據玩家在遊戲中的進展情況來評估玩家行為。舉一個真實世界的例子，翻滾吧種子（*Tumbleseed*）這個遊戲的製作者撰寫了一篇部落格文章來分享關於遊戲的事後檢討，哪些好、哪些出了錯，並讓其他開發者可以作為參考（Wohlwend，2017 年）。在文章中，開發者談到了有很多玩家和媒體人士將遊戲描述為「太難」，稱其為「不公平和無情的。」雖然不公平和無情可能不是所有遊戲會遇到的問題，在他們的情況下，這種看法嚴重限制了遊戲的收益和商業成功。正如他們在報導中所指出的，這可能是因為困難的遊戲玩法與其明亮的、休閒式遊戲繪圖之間明顯不相襯。該團隊並表示，他們懷疑遊戲有機會完全回收其開發成本。在事後檢討中，玩家在遊戲內部進展的數據揭露如下：

- 41％的玩家到達叢林

- 8.3％的玩家到達沙漠

- 1.8％的玩家到達雪地

- 0.8％的玩家到達高山

- 0.2％的玩家全破遊戲

即使在不了解遊戲的情況下，你也可以從這些數字中了解很多。事實上，59％開始遊戲的玩家沒有到達他們的第一個檢查點（到達叢林），並且在接下來的兩個檢查點、每個都看到了損失了大約 80％ 的剩餘玩家，這表明玩家在遊戲中的進展遇到了很大的問題。這些統計數據應該會引發關於難度增加和平衡性的巨大警報（並且可能該在遊戲發布的很早之前就被察覺）。

團隊繼續發現這些數字背後的問題，並意識到要在遊戲中取得成功，玩家必須同時處理所有這些因素：

- 新的控制方式需掌握
- 新的遊戲系統和規則需被內化
- 新的地形需要了解（每次都會隨機生成）
- 新的敵人（有時是多個）要學習
- 新的力量來掌握運用（某些會對玩家造成危險）

毫不奇怪，開發團隊得出的結論是玩家感到被壓倒了；根據我們在本書中使用的術語，這樣的遊戲設計遠遠超出了玩家的互動預算，要求玩家同時在動作／回饋、短期認知和長期認知層面的互動進行艱苦的任務。遊戲要求玩家快速建立心智模型，並同時在多個層級學習新的互動方式。難怪大多數人都放棄了！

雖然這可能看起來不像遊戲平衡問題，但顯然人們常常認為遊戲太難、沒有足夠的吸引力、並且最終沒有足夠的樂趣繼續玩遊戲。這裡的解決方案並不像讓一個職業更強或更弱、或使某個關卡更容易通過那麼簡單。這是你希望在遊戲開發早期就找到的問題，遊戲測試可以幫助你。（顯然遊戲設計師的直覺在這裡沒有幫助，因為在團隊的體驗內，肯定把遊戲玩得很好。）儘管如此，對於**翻滾吧種子**團隊而言，他們確實透過玩家在遊戲中進展的分析找出了根據；否則，他們會完全不了解為什麼遊戲被視為如此困難[1]。

正如這個例子所顯示，要能夠分析此類的玩家行為數據，需要從遊戲中收集某種形式的數據。這意味著遊戲必須能夠將你要收集的數據寫入記憶體或文件中，然後以某種頻率將其發送給你。具有手機或線上元素的遊戲可以相當容易地執行此操作，因為他們必須在登錄時檢查玩家的身分認證，並且可以與伺服器進行短暫的通訊、在不麻煩的情況下記錄訊息。對於完全離線的遊戲，這可

1　不幸的是，面對其他遊戲中類似的困難感受，一些遊戲設計師已經退回到「學習如何玩」的態度。這對玩家沒有幫助，並表明設計師不了解他們的角色是在為其他人提供吸引人的體驗。

能會變得比較困難，但即使是這種情況，你也可以讓遊戲寫入日誌文件，然後將其發送回你的伺服器（在獲得玩家許可的情況下）。在類比（桌上）遊戲的情況中，你收集分析的能力主要源於遊戲測試，包括定量測量，例如遊戲的時長、單個回合的時長、不同的棋子或策略被運用的狀況等等。

關於分析方法的注意事項

當你專注在以分析方法來進行遊戲平衡時，潛在的缺陷是你可能開始相信只要有足夠的數據，你可以從遊戲設計中消除所有的風險（和創造力）。一些遊戲開發者已經嘗試過收集與遊戲類型、遊戲機制、美術風格等相關的玩家偏好的大量數據，並試圖將它們全部組合成一個他們認為保證成功的遊戲。不幸的是，這些努力是白費功夫，部分原因是它們沒有考慮到玩家想要在遊戲中看到的系統性和湧現效果——遊戲類型、美術風格、遊戲玩法和其他無法解釋的因素都相互作用而產生的效果。數據也無法告訴你，玩家無法告訴你的那些——他們無法想像他們沒有意識到的東西。（這讓人聯想到亨利福特所說的，「如果我問人們他們想要什麼，他們會說更快的馬。」）

這並不意味著以市場為主的分析在遊戲設計中沒有用；他們可以幫助你了解玩家可能感興趣的內容或市場已經過剩的地方。但是，我們稱之為分析**驅動**（analytics-*driven*）的設計和分析**知情**（analytics-*informed*）的設計之間存在很大差異。與任何其他類型的回饋一樣，你作為遊戲設計師需要解釋它並將其放到情境之中。你不能讓數據（或測試者或你自己的感受）凌駕其他一切。

樣本數量和資訊扭曲

另一個需要注意的與樣本數量有關。如果你可以從大部分玩家那裡收集數據，並且看到他們中的很大一部分從未在你的遊戲中建構某個建築物或玩某種類型的角色，那麼這是一個很好的訊息，可以引導你進行調查並找出原因。不幸的是，有時這種數據很難得到，因此開發人員依賴他們的朋友、一個小型的焦點小組或他們玩家社群的一小部分來告訴他們遊戲是否運作良好。這些中的每一個都具有顯著的風險，即小群體不能代表整體。（最壞的情況有時會變為討論產品變更，因為你老闆的侄子說他不喜歡它。）

即使你手上有足夠的分析數據，擁有一個投入的社群也是一個巨大的優勢，但它需要付出代價。喜歡你的遊戲的玩家往往是最直言不諱的——並且最抗拒改變。你可能擁有可靠的數據，例如，某種類型的車輛太強勢，並且需要降低其

最高速度，或者遊戲中的某個特定物品需要先被移除，以便使你的團隊可以重新製作並使它不會破壞了遊戲。

在你的遊戲中做出這樣的改變的結果是，有些人會在表達他們的不滿時變得非常生氣和大聲。如果你不小心，這樣的訊息可能會導致你覆蓋掉了原本那些、你根據所有玩家的行為得到的可靠設計訊息。

舉一個實例，我領導的團隊必須對已經發布並且每天約有 10 萬人遊玩的遊戲進行重大變更。我們仔細地計劃了這些變化，測試了它們，然後將它們發布到遊戲中。我們的論壇爆炸了；很多人都很生氣。團隊中的一些人（根據這些憤怒所指出的）認為我們犯了一個錯誤並且應該將它復原。然而，當我們仔細和分析性地觀察情況時，我們發現關於人們如何玩遊戲的幾個重要指標正在上升（這是一件好事），也沒有任何有問題的跡象。此外，雖然那些抱怨的聲音響亮，但當我們仔細觀察時，我們發現可能只有幾十個人大聲反對我們所做的改變。當然，在容易回聲的遊戲社群論壇中，這看起來很多，而且這些反對的人確信他們對遊戲的了解比我們更多（不幸的是，這是在遊戲社群內的一個共通情況）。但與其他每天玩遊戲的人相比，憤怒的聲音只代表了一小部分的組成──不到所有玩家的 0.05 ％。他們是一些最忠誠的玩家，這是事實，但我們堅持我們的分析方法，並為其他 99.95 ％ 的玩家改進遊戲。很快每個人都習慣了改變──並繼續抱怨其他事情。

對現在來說，有時最活躍發聲的玩家也是「意見領袖」，他們可以發出整體群眾將如何反應的訊號。但在大多數情況下，少量的發聲族群並不代表所有其他人。透過分析的方式檢視你所擁有的數據有助於區分這些情況。

數學方法

可用於平衡遊戲的最後一組定量方法大致涉及了數學模型的類別。雖然分析方法也使用數學，但那些方法主要是向後看的，使用了已有的行為資料；而數學方法則更主要是向前看的，建立出遊戲如何運作的模型。

在創造新遊戲時，數學模型最有用。它們對於競爭性遊戲尤其重要，可以顯示許多不同的進展形式。這些方法可以幫助你定義物件之間的特定關係，並確保它們都不會使遊戲失去平衡。數學方法可能變得相當複雜，在進階時會需要額外的數學、機率和統計學知識。第 10 章討論了一些最普遍適用的方法，但這是你可能會希望根據特定遊戲的需求再更進一步探索的主題。

第 8 章介紹了如何使用電子表格儲存遊戲數據——特別是組成遊戲各構成元件的遊戲物件之屬性的值。這包括將不同物件置於表格的橫列中、把共通的屬性放置於直行中，而交會的儲存格所記錄的就是每個物件的屬性值。上一章還討論了讓電子表格更有條理的方法，包括顏色格式和註解。所有這些對於保持遊戲設計數據的有序性是必要的。在將數學的建立模型技術應用於遊戲設計時，也請牢記這些內容。

如第 10 章所述，將設計資料儲存在電子表格中，是將不同物件間關係視覺化的關鍵，在某些情況下，還可以創建數學模型和公式來設定數值，這些數值能夠用於計算出其他額外數值。以這種方式使用你的資料並搭配數學工具，可幫助你確保以下內容：

- 不同物件的成本和收益是平衡的。

- 沒有任何一個物件能夠擊敗所有其他物件，或被所有其他物件所擊敗。

- 作為遊戲中的物件，它們的成本和進展獎勵大致以相同的速度進行——這樣的速度既符合玩家的公平感和參與度，又符合你作為設計師對遊戲應該是快或慢、簡單或困難的判斷。

關於數學模型的注意事項

雖然數學模型是遊戲平衡的重要工具，但同樣重要的是要記住它是達到目的的手段，而不是目的本身。你必須避免這樣的錯覺：透過使用數學工具，你可以**恰到好處**地達成遊戲的平衡。在任何複雜度的遊戲中，這都是極不可能的，並且它可能會因為你追逐太久而分散了注意力。數學模型將幫助你找到遊戲中最不平衡的部分，但它們不會以隨意標準的完整性或精確度來達成這件事。（如果有可能達成的話，投入在其中的時間和精力也將遠遠大於開發遊戲其餘部分的時間。）

這些模型也無法幫助你做出審美決定。如果你希望遊戲中的特定車輛跑得快一點點或更顯眼一點點，並且成本不會變多，則必須在你設置的總體平衡限制內釐清出如何執行這件事。這可能包括創造其他成本（可能快速、亮眼的車輛也具有較高的維護成本或不好操控），可以使用遊戲中的現有系統或屬性、或也可以創造出新的來。

整體來說，雖然數學模型方法通常非常有用，但與我們討論過的其他方法一樣，它們無法取代遊戲設計師的判斷。作為設計師，你可以決定你希望玩家擁有什麼樣的體驗，並適當地使用工具來創造遊戲並達成它。

在遊戲平衡中使用機率

另一組進行平衡時可以使用的重要量化工具，是利用機率來決定事件的工具。對機率和統計的全面探索超出了本書的範圍，但以下小節討論了在設計和平衡遊戲時需要理解的一些概念。

遊戲內機率的快速入門

機率表示發生事件的可能性。如果你確定明天將會出太陽，你可以說它有100％的可能性會發生。如果你認為它會下雨，但你不確定，你可能會說有50％的可能性會下雨。雖然我們經常用百分比來談論機率，但是一個等價但稍微更有用的方法是將它們表示為 0 到 1 之間的數字，其中 100% = 1.0 而 50% = 0.5。除此之外，這使我們能夠更容易地對機率進行數學處理。

我們在遊戲中使用機率來模擬我們實際上沒有實現的系統。如第 8 章所述，作為遊戲設計師，你必須選擇遊戲中系統層次結構的最低層級——在那個點上，你對構成元件指定名稱與值的配對屬性、而不是為它創造子系統。同樣地，我們將機率分配給內部構造過於深奧或精細的事件，以便在遊戲中創造系統。例如，如果在你的遊戲中玩家角色向怪物揮動劍或試圖用他們的智慧和魅力說服某人，我們通常會使用機率來決定接下來會發生什麼。另一種選擇則是深入了解劍刃的物理細節和怪物的毛皮、或人們相互吸引的心理學和生物化學。在某些時候，遊戲設計必須觸及最簡單的層級。當這種情況發生時，我們設定成功機率、創造一個隨機值，並看看會發生什麼事。

隨機

有許多設備可以在遊戲中產生隨機選擇。多面骰、卡牌、隨機指示物和其他設備使桌上遊戲的玩家能夠創造出隨機結果。在電子遊戲中，程式碼中的亂數產生器可以模擬這些相同類型的隨機選擇。如果你玩單人的接龍遊戲，程式碼的某些部分會生成 1 到 52 範圍內的隨機數，並根據結果選擇下一張會出現的牌。

重要的是注意，在使用隨機（*random*）這個字詞時，我們不需要任何超過明顯隨機性的東西。不必使用像原子核衰變這樣的極端測量；只要一副紙牌的洗牌不是故意動手腳或暗中設置卡片順序，並且只要亂數產生器的週期低於可辨別的程度，亂數產生器可適用於幾乎所有遊戲。在大多數情況下，重要的是功能上可接受的隨機程度。

獨立和鏈結的事件

了解一些關於機率和隨機事件如何運作的內容非常重要。第一項是獨立和鏈結的事件如何創造機率。如果你擲硬幣，它有 50％的機率或 0.5 的機率，它會出現正向或反面。硬幣有兩面，只有一面可以朝上，所以它是 2 取 1，或 1/2 = 0.5。請注意，可能結果的總和會等於 1（兩種結果、雙面，2/2 = 1.0）。這永遠為真：所有可能結果（的發生率）相加，必須加起來恰好為 1.0。

在你擲硬幣之前，你不知道哪一面會出現；這是一個隨機事件。假設你先擲出了一次正面。然後再擲一次，它再次出現正面的機率是多少？先前是正面的結果是否會影響了這次呢？並不會；這些是獨立的事件。因此，如果你擲硬幣並罕見的得到了連續 100 次出現正面的結果，那麼下一次投擲出正面的機率仍是 0.5。擲硬幣的事件完全是獨立的。

在另一方面，如果你選擇將一組事件放在一起並提前說出，例如，擲三次硬幣並都出現正面（按順序或同時使用三個不同的硬幣），在此情況下事件是鏈結的：除非同組中每次擲硬幣的結果都滿足條件，否則整體條件不會被滿足。在這種情況下，連續三次擲出正面的機率不是 0.5。相反地，你將每次投擲的機率相乘、來得到整個相關的機率，因此 $0.5 \times 0.5 \times 0.5 = 1/2 \times 1/2 \times 1/2 = 1/8$ 或 12.5％。請注意，12.5％是 25％的一半，它又是 50％的一半。每次擲硬幣，你有兩種可能的結果，所以每次你將整體機率減半。

這些相同的規則適用於擲骰子或做任何其他可以附加機率的事情。在六面骰上擲出六的機率是 1/6，或約 0.167。但是同時擲出兩個六的機率——這是一組鏈結的事件——它的機率是 $1/6 \times 1/6$，或 0.028，或 2.8％。

機率分佈

並非所有兩個六面骰上會出現的數字都具有相同的發生機率。計算這個機率的方法是，把形成特定數值的不同數字組合的數量，除以骰子的面數（6），每多骰一次骰子就多除一次面數。

因此，當同時擲兩個六面骰時（通常表示為 2d6），分母固定是 $6 \times 6 = 36$。要獲得擲出特定數字的機率（兩個骰子是鏈結的事件），找出產生該數字組合的總數量並將其除以 36。所以如果你想找到 2d6 中擲出 5 的機率，把所有它可能的組合找出來再相加：1 + 4、2 + 3、3 + 2、4 + 1。共 4 種組合，所以你將它除以 36，擲出 5 的機率就大約是 11.1％。

如果你繪製出 2d6 可能擲出結果的機率，範圍從 2 到 12（兩個 1 到兩個 6），你可以看到機率會先向上再向下移動，形成一個小山的形狀。這近似於所謂的**鐘形曲線**（*bell curve*，見圖 9.1）。這也被稱為**常態分佈**（*normal distribution*），或者有時稱為**高斯分佈**（*Gaussian distribution*）。當具有獨立機率的多個事件（在這種情況下，每個擲骰子的結果）一起交互作用時，通常會出現具有這種特徵的形狀。

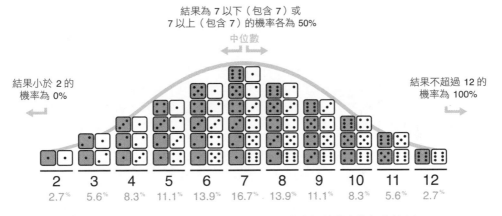

圖 9.1 擲出 2d6 時獲得每個結果的機率，並顯示了產生每個數字的組合情形。

如圖 9.1 所示，曲線中數值的平均稱為**平均值**（*mean*）；如果你將曲線下的所有數據點數相加並將它們除以數據的數量，你就可以獲得它。曲線的峰值或頂部稱為**眾數**（*mode*）——這是具有最高出現機率的值。在這個例子中，峰值在中間，但它不一定會如此。在分佈最中間的數字，因為在它以上的數字和以下的數字（和它們的值無關）是一樣多的，它被稱為**中位數**（*median*）。最後，**範圍**（*range*）是分佈所涵蓋的值的範圍。對於 2d6 而言，範圍是是 2－12：你不能在兩個六面骰上擲出 1 或 13，所以它們在範圍以外[2]。

在對稱的分佈中，如圖 9.1 所示，平均值、眾數和中位數都是相同的。然而，在機率不對稱的其他機率分佈中，它們可能是各自不同的。如果中位數和眾數高於平均值，則分佈中的「突起部分」被推向右側。類似地，如果眾數和中位數低於平均值，則分佈將看起來向左移動。例如，如果你查看角色扮演遊戲中所有角色的力量值，你可能會發現雖然某些角色比其他角色的力量來得高，但

2　如果你不熟悉所有這些術語，那麼記住它們的一種愚蠢而有效的方法就是這個版本的舊童謠：「中間的是中位數；你相加再用除的得到平均值。眾數是出現最多的那個，全距是其中的差值！（Hey diddle diddle, the median's the middle; you add and divide for the mean. The mode is the one that appears the most, and the range is the difference between!）」

這些數值不會形成對稱的鐘形曲線。如果比例為 1 到 100，則這個群組的平均值可能在 50 以上，因為玩家傾向於擁有比「平均」來得更強的角色。

改變機率

遊戲設計中另一個有用的機率相關概念是改變機率。如果你正在尋找常規撲克牌中的特定牌，比如紅心皇后，你可以一次抽一張牌，直到找到你想要的牌為止（不要把已經抽過的牌放回去）。在第一次抽牌時，如果牌組有先被洗牌過，那麼你獲得紅心皇后的機率是 1/52，或者約為 0.02。但是，由於你在沒有找到它的情況下繼續抽牌，因此在下一次抽牌中找到它的機率會繼續增加。如果你已經抽了 32 張牌並且仍未找到目標牌，則下次抽到的機率為 1/20，因為現在只剩下 20 張牌了，紅心皇后就是其中之一。隨著繼續抽牌，下一次抽中的機率繼續提升。最終，當只剩下一張牌而你還沒有看到紅心皇后時，抽中的機率是 1/1 = 1.0 或 100％。

在某些遊戲中使用這種變化機率，即使目標本身完全基於機率而非技能，也會讓玩家感覺他們越來越接近某個目標。有些遊戲包括所謂的「盲盒（blind boxes）」，你購買盒子（物理或虛擬），但你不知道你將得到哪一項獎勵。你知道的是，（假設）你有 1％ 的機會獲得一個非常罕見的獎品。如果你打開盲盒，事件是獨立的，因此你在每個盒子中獲得稀有物品的機率仍為 1％。然而，在一些數位遊戲中，開發者將機率鏈結起來以保持玩家的參與度和遊玩。因此，如果你沒有在第一個盲盒上獲得稀有物品，那就像從一個牌庫中取出卡片一樣。如果你想再試一次，你的機率會略為增加。這有時用於鼓勵玩家繼續嘗試，因為他們知道他們的成功機率正在逐漸上升。然而，採用這種做法的遊戲通常在其盲盒中具有成千上萬個潛在的數位物件，因此玩家獲得他們想要的某個品項的機率非常小。它需要許多事件——通常是對盲盒的多次序列性購買——玩家最終才能獲得他們想要的獎品。

認知偏誤與三門問題

盲盒的使用提出了關於在遊戲中使用機率上的一系列重要觀點。首先，一般來說，人們在理解和估計機率方面的能力很差。這方面的一個很好的證明就是彩卷銷售額隨著獎金價值的上升而提高——儘管贏得它的可能性遠遠低於被閃電擊中、被隕石砸到、或被鯊魚攻擊的可能性（也許近似於這些同時發生）。

另一個可以說明理解機率有多困難的另一個很好的例子來自於所謂的「三門問題（three-door problem）」（也稱為 Monty Hall 問題，這命名源自遊戲節目

Let's Make a Deal 的主持人）（Selvin，1975 年）。問題是這樣的：主持人向你展示了三扇門。其中一扇門的背後是一個有價值的獎品。在另一扇門後面是一隻山羊。而第三扇門背後則完全沒有東西。你選擇了其中一扇門，比如說 1 號門。在打開你選擇的門（1 號門）之前，主持人（他知道獎品在哪裡以及山羊在哪裡，這是該記住的重要資訊）則選擇了打開另一扇不同的門（3 號門），你在那後面看到了山羊。然後主持人問你，你想保留原來的選擇（1 號門），還是轉換成（2 號門）？就機率而言，問題是，哪扇門現在最有可能讓你獲得有價值的獎品？

在第一次聽到這個問題時，許多人相信這並不重要——機率並沒有真的改變，所以你有同等的可能性在任一扇門後找到獎品。但情況並非如此：實際上選擇另一扇門對你比較好——如果你堅持原來的選擇，你有 1/3 的機會，但如果換到另一扇門，你有 2/3 的機會拿到獎品。

在繼續之前，請記住這是關於機率和認知偏誤的討論——我們如何誤解了機率。這個問題有一種訣竅，但人們如何理解像這樣的機率是和遊戲設計有關的。在這個問題內，訣竅是主人知道獎品的位置。他沒有隨意打開一扇門，而是選擇了一個他知道背後有一隻山羊的門。

所以，當你選擇 1 號門時，你有 1/3 的機會是正確的，它背後有獎品。你的機會是 0.33，因為你不知道獎品在哪裡；它不是不確定性地移動，而是位在其中一扇門後面。由於你選擇的門有 0.33 的可能性中獎，這意味獎品位在另外兩扇門中之一的機會合起來有 0.67。

請記得，主持人知道獎品的位置，所以他不會錯誤地打開有獎品的那扇門。因此，當他打開 3 號門時，他提前就知道那是山羊所在的地方。但 0.33 和 0.67 的機率並沒有因為門被打開而改變，因為它不是隨機被打開的。這意味著你原來的選擇仍有 0.33 的機會是正確的（這是你最初選擇就正確的機會），但另一扇門現在擁有所有剩餘的機率，或 0.67 的機會是正確的。（請記住，所有可能結果的機率必須加起來為 1.0。）這意味著雖然你最初的選擇可能是正確的，但如果你換一扇門，你的正確率和獲得獎品的機會增加了一倍。

你之前可能看過這個問題，在這種情況下，這只是複習。但如果你以前沒有聽說過這個問題，你可能會認為這個答案是錯誤的，並且在主持人將門打開後，機率應該相等。這是你需要克服的重點：理解機率和我們對其運作方式的認知偏誤是遊戲設計師的重要技能。

以防萬一，這裡有一個可能有用的問題修改版本：假設有 100 扇門，而不是 3 扇門。其中一扇有獎品，一扇是山羊，其餘的都是空的。為了簡單起見，假設你選擇了 1 號門。你有 1/100 或 0.01 的機會是正確的。獎品落在其他 99 扇門之一的機率是 99%，即 0.99。但再一次，你的主持人——他知道獎品在哪裡以及山羊在哪裡——打開了一大堆門。這次他不只打開一扇門；相反的，他打開了 98 扇門！所以現在你選擇的 1 號門仍然是關閉的。它仍然有 0.01 的可能性可以獲得獎品。你也看到 10 號門後有一隻山羊。所有其他門後都沒有任何東西——除了 58 號門，主持人選擇不打開它之外。所以你的選擇剩下兩個，1 號門和 58 號門（這是主持人故意不打開的，非隨機選擇）。你在開始時就正確（獎品在 1 號門後）的機率為 0.01，而獎品在其他門任一後面的機率為 0.99，因為機率需要加起來為 1.0。但在所有其他門中，主持人唯一一沒有打開的門是 58 號門。你會改選那扇門還是保留你原先的門？如果你換了選擇，你有 99% 的機率是正確的。在這種情況下，你猜測主持人沒有打開那個特定門的原因是因為獎品在它後面。當然，你有 1% 的可能性在一開始就選對——但如果你了解機率是如何運作的，你就會轉換選擇並承擔 1% 錯誤的可能性。

公平性

與玩家對機率的認知偏誤密切相關的是，他們對遊戲是否公平的感覺以及機率如何影響了遊戲平衡。如果你玩了一個涉及六面骰的遊戲，並發現其中一個一直擲出 1 點，你會認為骰子是不公平的，所以遊戲也不公平。但是在遊戲中，特別是數位遊戲中，玩家甚至會覺得純粹的機率也是不公平的。如果有三分之一（0.33 或 33%）的機會獲得在遊戲中做某事的獎勵，但是玩家在第三次或第四次嘗試後還沒有獲得獎品，則有些人會開始相信遊戲有問題或欺騙他們。天真地以為，就 0.33 的機率而言，你應該在**大概**第三次嘗試就取得成功——也許快一點，也許慢一點。但事實上，以 33% 的成功率而言，經過三次嘗試就達成的機率約為 70%。且即使經過 10 次嘗試，仍然有 2% 的可能性沒有達成。對你來說，能夠理解在經過多次嘗試之後的成功機率很有幫助。這涉及使用所謂的**伯努利過程**（*Bernoulli process*）。簡而言之，你以 1.0 減去成功的機率（在此案例中為 0.33）來算出**失敗**（*failing*）的可能性——也就是說，你在嘗試中獲得零成功的可能性。所以這是 1.0 − 0.33 = 0.67。然後你把它用次方的方式計算，指數的數字為嘗試的次數。因此三次嘗試的都失敗的機率是 0.67^3，等同於 $0.67 \times 0.67 \times 0.67$，也就是 0.30。但請記住，這是失敗的可能性，在三次嘗試內都沒有成功的機率。因此，通過再次從 1.0 內減去它，將它轉換回成功機率，結果為 0.70 或 70% 的成功率。

雖然對於你作為遊戲設計師來說理解如何計算這樣的機率很重要，但問題在於玩家通常會按照自己的直覺來判斷。因此，如果玩家知道有 33％ 的成功機會，並且在第五次嘗試後仍然沒有獲得獎品（大約 13.5％ 的機率會發生），他們可能會認為結果不公平甚至遊戲作弊。

面對這樣的情況時，重要的是記住你正在製作一個讓人投入和享受的遊戲，而不是嚴謹的統計。你可以有時讓機率傾向玩家——有時候又以創造性的方式來對抗他們——在不會破壞玩家體驗或遊戲平衡的提前下。例如，假設你的遊戲中有一個很不容易取得的物品，比如 10 萬分之一的機率（0.00001 的機率），但玩家有很多機會嘗試它——等同於可以擲很多次骰子。那*很多次*是幾次呢？在這種機率下，嘗試 100 次的玩家有大約 1％ 的機會獲得成功。而他們需要嘗試近 7 萬次才有 50％ 的成功機會！對於單一玩家而言，那要很多次，但在對於擁有 100 萬感興趣的玩家的遊戲中，這些虛擬擲骰可能會很快出現。

如果你想要讓這個物品很稀有，你是否需要完全公平並且讓每次嘗試都有相同的機率？這樣做是最簡單的，也是最道德的方式。但是，在考慮整體遊戲體驗時，你可能需要調整機率。例如，在玩家可以看到彼此及他人所擁有物品的線上遊戲中，獲得超級稀有的物品會帶來一定的惡名。你可能希望讓玩家對取得它懷有緊張感，而調低它被發現的機率，甚至讓它在一開始的幾個小時或幾天內都無法取得。或者，你可能希望顯著*增加*物品出現的機率——但只是一次性的。如果玩家在遊戲中看到擁有稀有物品的其他玩家的迷人風采，他們通常會感到有動力嘗試自己獲得它，從而增加他們對遊戲的參與度。但是你不想讓這些物品充斥在遊戲中，因為它們很快就會失去社會價值，所以如果你允許其中一個物品以更高的機率出現在遊戲中，你需要立即把機率調整回來。

很可能發生的罕見事件

正如前一節所暗示的，如果有夠大的群體，即使非常罕見的事件也可能自己發生，因此你可能不需要傾斜機率。在一個每天有 100 萬人玩的線上遊戲中，假設其中有 10 萬人為了迷人的物品進行了僅只一次的嘗試。具有 0.00001 出現機率的物品在 10 萬次嘗試中出現的可能性大約為 63％——這還只是在一天之中。這是「彩卷邏輯」的另一面。當有足夠的人在玩時，就*有人會贏*，即使任何特定玩家獲勝的機會很微小。如果你正在管理一個遊戲，你想要在其中看到罕見事件的發生，你可以稍微傾斜機率來鼓勵玩家或依靠大量的玩家來使你的機率發生。

這裡需要提到另一種傾斜機率的形式。在許多*社交賭場*（*social casino*）遊戲的情形中，對真實賭場賭博遊戲實施的嚴格公平性法律不適用。在社交賭場遊戲中，玩家投入虛擬硬幣（通常以真錢購買）但從未獲得任何真錢，因此避免了賭博的任何法律問題。如果你正在製作社交賭場遊戲，那麼你可以自由地使用各種技巧來利用人們對機率的誤解和他們的認知偏誤。其中最常見的是**差一點就中了**（*near miss*）。假設你正在製作類似老虎機的遊戲，你必須在顯示器上的同一列得到連續四艘海盜船才能獲勝。由於這一切都是在軟體中完成的，因此遊戲甚至可以在玩家下注或拉動（虛擬）拉桿之前知道他們的下一次賭博是否會贏。而且由於它不是真正的賭博，你可以在背後搞鬼，以增加他們的參與度並讓他們繼續玩遊戲。

如果軟體已經確定玩家的下一次遊戲沒有獲勝，你可以讓它顯示三艘海盜船成為一條線——第一、第二、第三、然後第四艘看起來就像要到位並停止了…但最後它差了一格。或者是讓第四艘距離很遠，所以四艘船並不是全部排成一列。這就是差一點就中了（near miss）。它完全由軟體建構，但玩家感覺他**那次差點就贏了**（*almost won that time*）。儘管顯示不是隨機的，並且即使兩個連續的遊戲是具有其自身機率的獨立事件，但是玩家仍然經常感覺如果他們有一次差點就贏了，他們下一次必定會有更高的機率獲勝。如果我籃球的投籃沒進——特別是如果我連續沒進很多球——那麼我肯定「要有一個進了」。這不是機率的運作方式，但通常是玩家的思維方式。

作為遊戲設計師，你要處理的問題是如何有道德的使用這些知識。例如，你可以改變玩家投進（在虛擬籃球中）、擊中怪物等等的機率，這樣他們就不會感到沮喪。如果你監控未命中的數量，並且每次默默地向上推動玩家成功的機率，玩家就更有可能感受到滿足和成就感（並不知道遊戲在幕後讓他們更輕鬆）。或者，你可以在如上所述的場景中使用這些知識：如果玩家可以用真錢購買更多拉霸來獲得遊戲中的虛擬獎品，你可以使用差一點就中了等技術來鼓勵他們繼續玩——和付錢。但是，如果你做過頭，玩家就會回過神來、把遊戲丟棄掉並感到厭惡和沮喪，感覺他們從來沒有真正有機會獲勝（這是另一種方向的認知錯誤）。由你自己來決定創造這類遊戲玩法的道德界線。

遞移和非遞移系統

除了使用定量、定性和機率方法來平衡遊戲之外，還有一些其他重要概念需要理解。其中之一就是 Ian Schreiber（2010）描述的遊戲物件之間的遞移（transitive）和非遞移（intransitive）關係。並導致了平衡的遞移系統和平衡的非遞移系統。

遞移性平衡

由具有遞移關係的構成元件所組成的系統是，系統中的每個元件優於某一個但又在另一個之下。古老的剪刀石頭布（以下簡稱猜拳）遊戲是**遞移性平衡**（*transitive balance*）的一個普遍例子：石頭贏剪刀、剪刀贏布、布贏石頭。系統中的每個構成元件都勝過另一個元件，但又被另一個打敗。沒有一個元件佔據主導地位或擊敗所有其他的。

遞移系統（Transitive systems）不限於具有三個相互關聯的構成元件。類似猜拳的遊戲有許多更多變化的變體，包括高達 101 個元件的遊戲（Lovelace，1999 年）。一個更為人熟知的經典猜拳變體是「**剪刀石頭布＋蜥蜴、史巴克**（*Rock-Paper-Scissors-Lizard-Spock*）」，它包括了蜥蜴的新手勢和來自**星艦迷航記**（*Star Trek*）中虛構的 Spock 先生（Kass 和 Bryla，1995 年）。在這個變體中，每個元件可以擊敗其他兩個元件，並被另外兩個擊敗：剪刀贏布；布贏石頭；石頭贏蜥蜴；蜥蜴贏史巴克；史巴克贏剪刀；剪刀贏蜥蜴；蜥蜴贏布；布贏史巴克；史巴克贏石頭；石頭贏剪刀。它以圖形來表示時比較不那麼混亂，如圖 9.2 所示。跟著箭頭，你會看到每個選擇擊敗另兩個，並被剩下兩個擊敗。

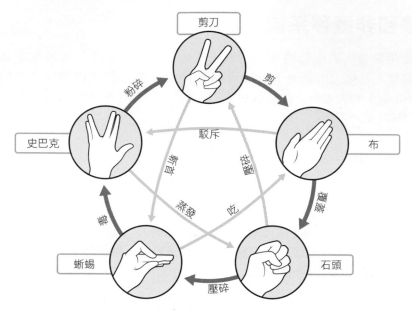

圖 9.2 剪刀石頭布＋蜥蜴、史巴克遊戲是一個擁有遞移平衡的系統。

有許多具有遞移關係之系統的例子。例如，中國古代哲學中的五個元素（有時稱為階段）是金木水火土。每個都促成了其中一個並抵消另一個。例如，木生火，而木又剋土（如同樹根會防止土壤侵蝕）。土生金並剋水（或水壩）（參見圖 9.3）。總的來說，**五行**（「五個過程」或「五個階段」）是一個高度系統化的結構，側重於構成元件間動態的相互依賴關係，而不是像古希臘四元素集合那樣的簡化論。在中國人的思想中，這個系統已經被應用於從宇宙學和煉金術到政治、社會、武術和個人健康等許多事物上。

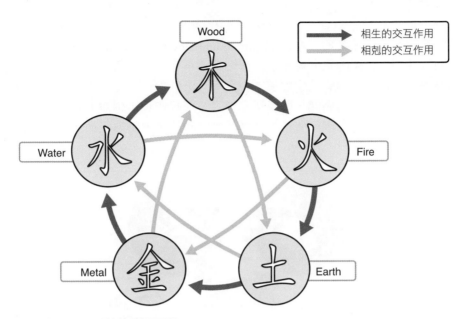

圖 9.3　中國五行系統的遞移平衡。

作為一個來自大自然的例子，一些蜥蜴在繁殖競爭中使用類似猜拳的遞移關係：具有橙色著色的雄性打敗那些藍色的，藍色的雄性打敗黃色的，而黃色的打敗橙色的雄性（不同顏色的蜥蜴使用不同的繁殖策略）。這種架構在演化上的效用是「當該色蜥蜴佔族群比例少時，每種（顏色）都可以侵略另一種。但是當佔比多時，它就容易被另一種顏色的蜥蜴所侵略」（Sinervo 和 Lively，1996 年）。

這類似於線上遊戲亞瑟王的暗黑時代（*Dark Age of Camelot*）中開創的熱門遊戲玩法，它使用了基於猜拳的系統。這個遊戲使用了遊戲設計師稱之為 *RvR* 或「王國對抗王國（Realm vs. Realm）」的戰鬥，其中三個陣營或王國中的每一個都互相爭鬥、以控制遊戲中的重要區域。每個陣營對抗其他陣營的能力都是經過平衡的。然而，如果其中任何一個陣營變得過於強大，那麼另外兩個陣營將結合起來對抗它，這有助於整個系統的平衡。

最後舉一個現實世界中具有遞移性猜拳關係的例子，它來自於 1975 年美國軍
事訓練的文件（見圖 9.4）（Army Training and Doctrine Command，1975 年）。
在這份文件中，美國陸軍明確援引了剪刀石頭布，將其應用於各種軍事單位之
間的關係。同樣的猜拳戰鬥生態模式在現今的遊戲中很常見。許多戰爭遊戲有
意識地建立了猜拳式的戰鬥，因為玩家很容易理解並且（相對）容易在系統層
級上進行平衡。若能正確的建構，遞移系統傾向於產生動態平衡，避免轉移到
不平衡的富者越富狀態。

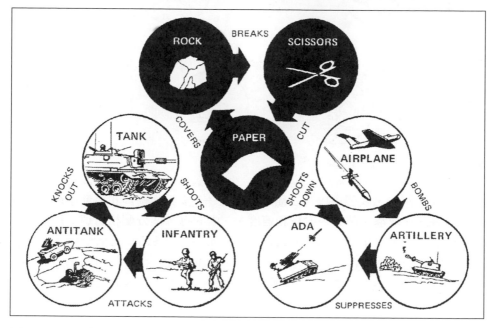

圖 9.4　在美國軍事訓練中應用的遞移平衡。

遞移平衡的要求

要遞移性的平衡系統，系統必須含有奇數個構成元件——這邊的元件指的是在
同一組織層級內會彼此互動的那些（蜥蜴、單位、陣營等）。要讓每個元件可
以擊敗一半的元件、又被其餘一半的元件所擊敗，它就需要是奇數的。所以，
在具有五個構成元件的遞移系統中，每個元件擊敗兩個元件並且被另外兩個
所擊敗。這種元件對元件的控制（擊敗）可能是機率性的，它可能具有顯著
優勢（而不是確定性的必勝），但是這種優勢必需明顯才可以讓遞移平衡得以
湧現。

具有相同數量構成元件的系統不能保持穩定的遞移平衡，因為總是有一個派系或單元類型可能產生不均勻的優勢或劣勢。**魔獸世界**中的部落和聯盟派系就是這種情況，正如第 7 章「打造遊戲循環」中所討論的那樣，遊戲中只有兩個派系。這阻礙了遞移平衡的出現，並導致了設計師不得不努力克服持續的生態系統崩潰。

在一個遞移平衡的系統中，每種類型的構成元件可以具有多個實例（instances）或子類型，只要它們都聚合成一個不同的組別，其中所有成員都具有相同的遞移特性。也就是說，你可以擁有多種類型的步兵單位、騎兵單位和射箭單位，只要步兵作為一個組別可以擊敗騎兵的組別、騎兵擊敗弓箭手，弓箭手又可以擊敗步兵。雖然可以使用包含更多類型（五個、七個或更多）的系統來創造遞移平衡，但需要定義出這麼多的屬性值，就難以確保可實現遞移平衡。即使只有三個，它也可能很有挑戰性。這是一個原因，所以很少有遊戲使用超出三個的主要單位類型，而是依賴於許多子類型。

實現遞移平衡

要創造動態平衡的遞移性遊戲系統，通常需要處理系統中每個構成元件共享的多個屬性。例如，我們可以為三種單位類型──步兵、騎兵和弓箭手所共享的四種屬性──攻擊、防禦、射程和速度──中的每一個分配相對值。通過使每種單位擁有的屬性值加總起來是相同的，如表 9.1 中的 + 所示，我們實現了第一級平衡：沒有一個單位類型具有比另一個更多的總體能力（每個具有相同的 + 數量）。不同的單位類型對這些點有不同的分佈：步兵最擅長攻擊、騎兵最快，而弓箭手的遠程攻擊能力最好。

表 9.1　跨單位類型的遞移平衡

單位類型	攻擊	防禦	射程	速度
步兵	+++	++	+	+
騎兵	++	+	+	+++
弓箭手	+	+	+++	++

對表格內容的說明如下：

- **步兵擊敗騎兵：**步兵的攻擊（+++）擊敗了騎兵的防禦（+）。雖然騎兵可以逃跑，但是他們無法獲勝：如果步兵和騎兵近距離戰鬥，騎兵會輸。

- **騎兵擊敗弓箭手：**騎兵的攻擊（++）擊敗了弓箭手的防守（+），騎兵的速度（+++）意味著弓箭手的速度（++）無法逃脫。

- **弓箭手擊敗步兵：**弓箭手的射程（+++）擊敗了步兵的射程（+）。雖然步兵具有較高的攻擊力，但弓箭手的移動速度更快，因此可以遠離步兵的攻擊範圍、同時射出箭雨。

這創造了一個遞移平衡的戰鬥生態，每個構成元件都能擊敗一個並被另一個擊敗。它為玩家建立了一個吸引人的決策空間，他們必須決定如何最好地分配和部署單位以利用地形、單位發展、對手潛在弱點以及在這個遞移戰鬥系統外、可以擾亂其行為的其他外部因素（或利用更高系統層級的其他因素）。

了解戰鬥系統是在更大系統內的一部分，會突顯了為什麼遊戲測試仍然如此重要：如果系統過於嚴格平衡並且對外部影響沒有反應，那麼任何玩家都無法獲得優勢，遊戲會來回磨蹭而無差異。或者，如果玩家發現了，例如，岩石地形使弓箭手所向無敵，那麼這將成為唯一的制勝戰略。在這種情況下，玩家的決策空間會崩潰到只有單一路徑，並且遞移平衡不再重要。透過在不同條件下進行遊戲測試，你可以確保戰鬥生態的平衡足夠健全，能夠保持對外部條件（地形、天氣、遊玩風格等）的彈性，但不會變得靜止且無法變動或簡化為單一策略。玩家的行為和其他外部影響仍然可以擾亂遊戲，這樣玩家可以做出有意義的決定，並嘗試多種策略來試圖達成目標。

非遞移平衡

在前面章節描述的具有遞移平衡的系統中，沒有任何構成元件優於其他每個元件；每個都優於其中一半，也劣於另一半。但請注意，對於任何兩個特定的構成元件來說，一個將比另一個更好（總是如此或擁有較高機率）。在上面舉出的例子中，步兵部隊擊敗了騎兵；在這個配對中，一個贏了、另一個輸了。單獨來看，這是**非遞移平衡**（*intransitive balance*）的一個例子：某些構成元件就是優於其他元件。

雖然這似乎本質上是不平衡的，但它只是在系統和遊戲中實現整體平衡的另一種方式。與遞移平衡（使在系統相同層級內的所有構成元件有效地平衡）相比，這不是讓構成元件間互相平衡，在非遞移平衡中構成元件是根據其成本和收益進行平衡。有些構成元件必然會帶來更多益處，但它們也會有相應的較高成本。

具有非遞移平衡的系統出現在大多數包含某種形式的進展系統的遊戲中。在這樣的遊戲內，遊戲體驗包括（通常作為核心循環的一部分）某種形式的增加、成就或進展。當遊戲的關鍵部分──玩家的角色、他們使用的物件、他們的軍隊、作物的數量等等──增加了效益、或缺乏更好的元素／能力時，就會出現這種情況。

這種平衡遊戲中物件或構成元件的方法具有直觀意義：玩家會期望生鏽的平凡匕首比永遠鋒利的外太空金屬巨劍花費更少。這兩種武器的成本之間應該有多大的差異，需要把它們的屬性差距考慮進來，這是遊戲設計中需要回答的難題。要確保同一系統中各構成元件的成本和收益保持成比例、通常需要一定量的工作來定義出不同元件類型之間的數學關係，並進行大量迭代來確保所有關係保持平衡並使使遊戲玩法具有吸引力。

要平衡非遞移系統，你需要定義必要的進度或能力曲線，這意味著也要定義出它所包含的成本和收益描述。這是第 10 章的主題。

摘要

遊戲平衡可能是難以追尋的品質，但它是每個遊戲所需要的。你需要熟悉平衡遊戲系統的各種方法：以設計師為主、玩家為主、分析和數學為主的這些方法。了解何時以及如何使用這些方法，是建立你身為遊戲設計師應有技能的重要部分。

同樣，了解如何建立及平衡遞移和非遞移系統對於實現整體遊戲平衡是必要的。第 10 章將介紹利用這些來創造進展曲線並平衡系統的具體細節。

遊戲平衡的實踐

許多實際的遊戲設計涉及使用進展和能力曲線來平衡構成元件和系統。這樣做前需要先了解你的遊戲系統中作為成本和收益用途的資源。

透過使用各種數學工具,你可以在遊戲中創造動態平衡,而不會減少玩家的決策空間。而透過使用分析工具,你可以根據玩家的體驗來評估和調整遊戲的平衡。

把方法付諸實踐

平衡遊戲系統需要處理大量的基本細節工作和各種形式的數學、電子表格和分析模型。你必須確定每個系統中的核心資源並開始平衡它們。這使你能夠識別系統中每個構成元件的成本和收益，以及這些元件在此基礎上如何相互關聯。了解這一點，並且對不同種類的模型曲線有更深入的了解，你將可以更有效地平衡遊戲系統。

創造進展和能力曲線

特別對非遞移系統來說，用來幫助平衡遊戲系統最常見的數學模型工具之一，是描述能力和進展增加的曲線。這些曲線有助於確保遊戲中的物件（包括物理和非物理性的，如武器和經驗值）保持彼此的平衡。

這些曲線的使用根基於兩個想法。首先，遊戲中獲得的每個收益都需要成本。隨著成本的增加、效益也會增加，反之亦然；他們是密不可分的。玩家要支付更高成本以獲得額外收益所需的時間會限制了遊戲的節奏，但同時仍然允許玩家感受到他們有在進步。

其次，玩家的表現和他們所使用的物件（或反對他們的物件）會隨著遊戲的進行，透過提升屬性值的形式來增強。透過定義出會調節遊戲進展的曲線（它將成本和收益關連起來），你可以確保玩家以你想要的遊戲步調來提升能力和遭遇挑戰。

定義成本和收益

要創造和使用能力和進展曲線，首先必須定義出成本和收益，它們需要與曲線保持相關性並成比例。只要成本和效益是可以實現的、並且彼此步調一致，這將有助於玩家感受到前進的進步感，並且遊戲將保持吸引力和愉悅。

任何能力或進展曲線的成本和收益之間的關係是經濟性的｛以第 7 章「打造遊戲循環」中使用的經濟（economic）一詞的意義而言｝。玩家交出成本以獲得想要的收益。作為這種交換的結果，玩家必須相信他們在遊戲中有意義地增加了他們的力量或能力並受益了。如果玩家在交出資源（經驗值、金幣等）並因此進階（提升等級或獲得新單位）之後，卻感覺這個交換不划算、損失了價值，玩家的參與度會因此降低。

成本和收益通常以與玩家相關的屬性（attributes）來表示，因此它們其實是資源。成本（cost）可以是經驗點（例如進展到新的等級）、遊戲中的貨幣、商品、贏得的戰鬥、飼養的動物或代表遊戲中重要資源的任何其他東西。同樣地，收益（benefit）則包括獲得更多生命值、魔法力量、卡牌、省份、行動點等等——任何可以在遊戲中推動玩家前進的資源。

核心資源

進展或能力曲線的重要性越高，所涉及的資源就越有意義和重要。在大多數遊戲中，玩家在遊玩中試圖最大化和／或不丟失的資源只有一個或最多也只有少數幾個。（數量不一定會相同；試想在經典的街機電動遊戲中，玩家試圖獲得高分並保持剩餘的生命數。）因為這些資源與玩家在遊戲中的重點密切相關，所以它們與遊戲的核心循環也密切相關。因此，我們稱之為**核心資源**（*core resources*）。核心資源的例子包括大多數角色扮演遊戲中的生命值和經驗點，大亨（Tycoon）遊戲中的金錢以及策略遊戲中控制的區域數量。

要找出你遊戲中的核心資源，請檢視你為遊戲的構成元件所創造的電子表格中的數據，如第 8 章「定義遊戲的構成元件」中所述。此數據應在直行中描述所有的屬性，並把被命名的構成元件放在橫列中。你想要找到玩家最依賴的屬性。請檢視，玩家在玩遊戲的過程中需要什麼資源（由元件的屬性來表示），如果沒有這些資源他們就無法玩下去？那些就是核心資源。如果遊戲有多個循環，則可能存在多個核心資源，玩家會在不同時間關注不同資源。但是，對於遊戲中的任何特定部分的進展和能力來說，你通常能夠識別出一個特別突出的核心循環以及伴隨它的資源。

如果你找出了多個核心資源的候選者，請看看是否有其中一個實際上凌駕了所有其他資源。你可能希望在平衡構成元件時使用的核心資源，有可能是其他幾種屬性協同作用的湧現結果。或者，檢視看看在遊戲玩法中對這些資源的需求是否是序列性的——例如，所有玩家首先依賴健康、然後是財富，然後在遊戲的不同階段是依賴社交地位。雖然這些是三種完全不同的資源，但你可以定義一個綜合性的**影子資源**（*shadow resource*）（你看得到，但在遊戲中未公開顯示），讓它包含了這每一種資源，並將它作為你訂定進展和能力成本的基礎。

或者，如果主要資源確實不相容，你會需要為每個資源創造一個進展曲線，並特別注意玩家如何從一個曲線進到另一個，且不失去投入遊戲的動力或參與度。但是，你希望盡可能確立單一的核心資源來作為主要進展或能力曲線的成本或收益的主要依據。這可能需要一些時間來完成——甚至把你在遊戲構成元

件上使用的屬性做一些重組——但如果這樣做能夠讓你創造出遊戲所需的非遞移性、進展式平衡，那麼這樣做是值得的。

輔助資源

確認遊戲的核心資源將幫助你識別和創建對遊戲至關重要的能力和進展曲線，然後再根據它們創建次要曲線。確定遊戲的核心資源後，你可以開始查找可以支持（維護、改善、修復等）核心資源的其他資源。這些是用於進展和能力曲線的**輔助資源**（*subsidiary resources*）。例如，在策略遊戲中，控制的區域數量通常是核心資源。獲得軍隊、防禦工事或科技可以支持玩家獲得並保留這個資源的能力，因此獲得那些資源的收益是、間接的獲得了「區域控制」資源的收益。在以浪漫為核心的遊戲中，玩家可能會試圖最大化他們與某個人的關係；如果是這樣，那種關係就是核心資源。但是為了最大化這種關係，玩家可能需要朋友、金錢、訊息等，這些都屬於輔助資源。

特殊情況

在嘗試創造和編目你想要平衡的成本和收益時，除了核心資源和輔助資源之外，你有時會發現主要影響其他資源的特殊情況資源（*special case resources*），並且它們自身具有受限或週期性的影響力。例如，假設遊戲是要駕駛宇宙飛船通過危險的小行星區。玩家的目標是使用飛船收集礦石並使用礦石來最大化飛船的速度和裝甲。礦石可能是你的核心資源，速度和裝甲是輔助資源。但進一步假設飛船具有速度爆發的能力。這種爆發只能偶爾進行一次，使用時會稍微損壞飛船。這種速度爆發不是核心循環的重要組成部分，但它有時候很重要。它主要影響了輔助資源（速度和裝甲），但在某種程度上難以確定其重要性：這種能力在玩家需要它之前根本不重要，但需要時卻變得非常重要！

你可以在此基礎上再疊加一個特殊情況：假設玩家可以使用一些礦石（成本）來增加爆發的持續時間或減少其充電時間（兩者都是收益）。要確保這些與直線性的數值屬性（整體速度、裝甲、貨物空間等）的增加成比例是很難的。雖然在某些情況下，設計師（特別是傾向數學者）可以創建一個方程式，代數地將所有內容減少為單一的收益——也就是單一綜合性的影子資源，如前所述——但這也可能是一個永遠無法良好運作的方式。或者，你可以創造出一個資源（轉換）的方程式，但這樣做可能會降低遊戲的維度，使得不同屬性之間的權衡關係對於玩家來說太明顯了。

現實上，雖然數學工具可以幫助你更快、更有效地平衡你的遊戲，但你不可避免地需要通過自己的直覺和你認為最適合遊戲的方式，啟發式地連結起一些成本和收益。在進行任何這種變更之後，以迭代的方式進行盡量多的遊戲測試。你可能會發現，在這樣做之後，成本和收益貼近了特定曲線，但你可能無法提前就預知到它。

定義成本──收益曲線

在你可以依據被平衡的資源來將成本和收益對應起來之後，就可以開始創造定義兩者關係的曲線。有幾種不同類型的數學曲線可用於了解關於如何創造出平衡的遊戲系統。每個都有用途和好處、以及限制。有時你會發現一條有用的、可以對應遊戲屬性的曲線；在其他情況下，了解這些曲線如何運作以及它們產生的效果，可以作為在創造出新的遊戲屬性時也可以與既有屬性達成平衡的指南。

線性曲線

說成「線性曲線」可能聽起來很奇怪。但在這種情況下，**線性**（*linear*）是一個幾何術語，指的是任何具有穩定斜率的圖形，這意味著整體變化率是相同的。它的公式是 $y = Ax + B$，因此你可以透過將 x 這個輸入（成本）的值、乘以某個數字 A 再加上一個常數 B 來得到對應的 y 值（例如，遊戲中的收益）。通常 $B = 0$，意味著 x 和 y 任一個為 0 時、另一個也為 0（同時為 0）。A 的值決定了斜率──代表了當 x 變化時、y 會有多少相應的變化量。

線性曲線是我們所提曲線中最簡單的，在某些方面它在遊戲的用途中最受限制。在能力和進展曲線中，通常斜率逐漸增加，方向是向上和向右移動。和 x 相乘的 A 數是正值，因此 y 的值會隨著 x 的增加而增加；也就是說，隨著你的進展，你會變得更強大（或至少更大的數字）。x 和 y 的變化之間的關係是線性的，因此對於 x 中的每 1 數值變化，y 改變的數量等同 A 的量。這會形成一個簡單的圖形：如果 $A = 2$（且 $B = 0$），那麼當 $x = 1$ 時 $y = 2$。當 $x = 3$ 時 $y = 6$，每當 x 值上升 1、y 值就會上升 2。

隨著 x 變大，y 的變化是相同的──這意味著 y 的變化佔總體數值的比例一路下降。再次假設你使用的方程式是 $y = 2x$。當 x 從 8 變為 10 時，y 的變化是顯著的（增加了 25％）──請把它想像成遊戲內的某些數值（例如攻擊或防禦）從 16 變為 20。但是當 x 從 98 變為 100 時，y 是從 196 變為 200。這兩種情況下的變化量相同（x 增加 2，因此 y 增加 4），但第二種情況下的功能變化卻小多

了——僅增加了 2％。從心理學角度來說，這會使享樂疲勞（hedonic fatigue）影響了玩家的體驗：後者可能讓玩家產生一種「那又怎樣？」的反應，而不覺得獲得了一種巨大的回報，即使它與早期的變化具有完全相同的數值變化。因此，雖然線性曲線容易了解和實行，但它們在能力或進展曲線上並沒有被大量使用。

多項式曲線

在線性曲線中，y 是 x 的某個倍數。在多項式曲線（polynomial curves）中，y 來自 x 的某個次方：$y = x^n$，例如 x^2 或 x^3。通常還有一個額外的數字當作乘數，因此 y 的增加量可能等於 $5x^2$ 之類的。在 x 上使用指數，會導致 y 的值隨著 x 的增加而增加，並且變化率（兩個不同 x 值所對應 y 值的差距）也會增加。如果 $y = x^2$，那麼對於 $x = 1, 2, 3, 4, 5$ 來說 $y = 1, 4, 9, 16, 25$。y 值是 x 的平方，並且它們之間的差值每次都變大。觀察每個 y 值與前一個 y 值之間的差異，你可以看到變化率正在增加：3, 5, 7, 9。（你可能會注意到這種趨勢——變化率的變化率，它也被稱為**第二階差**（*second difference*）——本身是線性的。這是多項式方程式的一個性質。）

y 值之間的差異是 *Bateman*（2006）所稱的**基本進展比率**（*basic progression ratio*）。在線性曲線中，該比率保持不變。在多項式中，它會隨著 x 值的增加而增加，因為 y 的差距會提高。然而，隨著 x 變大，y 的這種變化佔總 y 值（**總進展比**，*total progression ratio*）的比例變得接近 1.0——即更接近線性。正如我們在線性方程式中所看到的，儘管 y 值之間的距離繼續增加，但是對於它所佔 y 的總量的比率來說，這種增長的速度減慢了。另一種說法是曲線變平了，因此在遊戲術語中，基於多項式方程式的曲線通常具有與線性曲線相同的問題：在高端時，變化率感覺起來差不多，從一個級別（或 y 值）到另一個時所產生的變化帶來的影響減少了。另一方面，曲線的這種扁平化也意味著 y 的下一個變化與高端的 x 值相比並不是天文數字遠，與在指數曲線中發生的情況不同。

另一個關於多項式曲線值得了解的特性是，二次多項式（quadratic polynomial，你可能在高中以 $y = ax^2 + bx + c$ 的形式學過）是兩個線性進展的乘積（Achterman，2011 年）。假設你有一個角色扮演遊戲，玩家在每個等級（要升到下一級前）需要殺死的怪物數量呈線性增加：先是 1，然後是 2, 3, 4，5 等等。對於設計師和玩家來說，這很簡單。假設你從每個怪物中獲得的黃金也在不同等級線性增加：10, 20, 30, 40 等等。同樣，這很容易建構為心智模

型。但是，這意味著整體而言，你在每個等級中獲得的黃金數量並不是線性上升，而是呈二次方式，因為你會把增加數量的怪物與增加的黃金數量相結合。你在每個等級獲得的金幣因此上升的更快——分別為 10, 40, 90, 160, 250 等。這是一個很好的例子，呈現出了兩個系統相互作用並創造出某種不只是其內構成元件單純相加的結果。

指數曲線

在線性進展中，y 是 x 的某個倍數。在多項式進展中，y 來自 x 的某個次方。而在指數進展中，x 本身就是指數：y 等於某些數字的 x 次方，也就是 $y = A^x$（或 $y = B \times A^x$）。與多項式一樣，它的變化率（x 值變化時產生的 y 值差距）會隨著 x 的增加而增加；也就是說，差距（跳躍）變大了。與多項式方程式不同，這個速率不會變平，而是隨著每一步而不斷增加。

隨著增長率的持續增加，未來的進展看起來可能會無法實現。但是，如果做為底數的 A 值本身很小，則曲線不會增加得太快。例如，**符文之地**（*RuneScape*）使用一個複雜的方程式來計算升級的經驗值需求，其中包括了 1.1^x 的指數方程式，因此步調的增加相對地較慢，至少在開始時是這樣。這對於玩家來說效果很好，因為早期的等級看起來可以達成、並且玩家也快速達成了（讓玩家感覺很有成就感），而後來的等級則在數字上看起來非常遙遠、並需要超越平凡人的能力才能達成。然而，當玩家開始抵達這些等級時，他們也獲得了天文數字的經驗值，因此他們感覺到了成就感，這來自於他們個人的勝利（數值獎勵並不會太微小）及他們的所獲得的經驗值總量。

雖然指數方程式中隨著 x 的增加，y 的增加看起來會越來越大，但與任何當前的 y 值相比，這些方程式中的進展比率是低的。這意味著無論玩家處於進展曲線中的哪個位置，「遠方」的升級需求（或類似的）看起來都不合理地高，但是鄰近的需求看起來卻很容易實現，當它與目前的總量相比時。從玩家的角度來看，未來所需的進展數值可能看起來像高山的頂端，但是與玩家已經到達的距離相比，鄰近的斜度看起來並不會太陡峭。這有助於鼓勵玩家繼續沿著進展曲線前進（與他們已經完成的相比，下一步似乎相對容易實現），也沒有讓玩家冒著享樂疲勞的風險、也不會產生覺得未來的獎勵不值得努力的感受。

指數曲線可能是遊戲中最常用的進展和能力曲線的形式。這些方程式的形式使得我們要對進展或物件的數值進行調整或配適時，都變得容易，並且它同時具有了在局部的平緩增加及遠方令人渴望的巨大數值，很好地激勵了玩家繼續前進。另一方面，這些曲線的較高範圍內的值可能會驚人地達到數十億、數萬億

或更高。（如第 7 章所述，在**資本家大冒險**（*Adventure Capitalist*）中，指數的進展曲線最高會達到 1 後面跟著 300 個零的天文數字。）這可能具有與線性進展相同的心理效應：一旦數字因為它們的大小而變得難以想像時（例如，10^{15} 和 10^{18} 間的差異），它們也變得不那麼有意義了。雖然對於許多人來說，看到數字上升時會享受到多巴胺提升的樂趣[1]，但這本身就會受到享樂疲勞的影響，如果過度使用，最終也會失去吸引力。

對於進展而言，使用指數曲線可以幫助你設置出適當的等級或其他查核點，玩家可以在那裡獲得新的利益。在這樣的系統中，通常玩家必須累積一定數量的點數（或其他資源，但我們將在這裡使用點數來作為普遍性的稱呼），直到能夠超過下一個閾值。隨著玩家在遊戲中的進展，他們通常面臨更多困難的挑戰、並從中獲得更高的點數獎勵。如前所述，這種增加難度和提高獎勵的搭配、有助於避免享樂疲勞並為玩家提供成就感。但是如果玩家獲得更多點數，那麼每次升級所需的閾值也需要加高，否則玩家將越來越快地達成它們。使用指數方程式可以幫助你確定每個閾值需要多少點數：每個等級或閾值都是一個 x 值，達成它所需的點數則來自你正在使用的指數方程式的相應 y 值。

由於這些曲線的運作方式，底數（A）能夠提供給你一個良好的啟發，去思考每次（y 值）能力增加的幅度。如果你有一個由 $y = 1.4^x$ 的指數方程式所定義的曲線，你能夠知道隨著每個等級的提升，y 的值將比它們在前一級的值高 1.4 倍。雖然從一個等級到另一個等級的差距並不極端，但在四個等級之後，每個等級所需的點數（或得到的能力）增加了一倍以上。

方程式的元件設定可幫助你訂定出能夠維持挑戰和獎勵間平衡的數值（也就是，根據下一次升級所需的點數來提供挑戰會給予的獎勵點數）。透過上下調整底數（嘗試 1.2、1.3、1.5 等數值），你可以平衡挑戰、能力和獎勵，從而獲得遊戲所需的提升和你理想中的倍增時間。

表 10.1 顯示了方程式 $\text{XP} = 1{,}000 \times 1.4^{等級}$ 的範例值，你可能會在典型的角色扮演遊戲中看到它。注意升級所需的經驗值緩慢的增加，但到後來變得非常大。對於任何特定的等級提升來說，總進展比率約為 1.4（根據方程式，但因為四捨五入會略有出入）並非不合理；在考慮到玩家已經達成的經驗值時，任何「下次升級」所需的經驗值似乎都不是那麼大。另請注意，在此範例中，為清晰起

1　正如第 6 章所述，早期（並且極具吸引力）基於 ASCII 的放置遊戲**小黑屋**（*A Dark Room*）的創造者 Michael Townsend 說：「我的目標人群是喜歡看著數字上升和喜歡探索未知的人的交集」（Alexander，2014 年）。這樣的雙重動機相當於動作 / 回饋、短期和長期認知層面互動的有效結合。

見，數值已經被四捨五入到最接近的百位數，並且等級 1 的經驗值需求被指定為 0，而以數學來說正確的值則應該是 1,400。

表 10.1　每級所需的經驗值（XP）範例，假定 XP = 1,000 × 1.4^{等級}

等級	升級所需經驗值	等級	升級所需經驗值
1	0	10	28,900
2	2,000	15	155,600
3	2,700	20	836,700
4	3,800	25	4,499,900
5	5,400	30	24,201,400

設定方程式之數值的過程不是自動的：作為遊戲設計師，你需要決定玩家應該多快到達每個閾值（時間、戰鬥次數等等），挑戰的強度應該如何、獎勵應該多好。使用指數（或類似）函數可以幫助你確保這些彼此間的平衡。例如，如果你有一個遊戲，其中每個等級（或步驟或查核點）遭遇的挑戰上升了 3 倍（3^x），但給予的核心資源（如生命值、攻擊力等）獎勵只以 1.25 倍（1.25^x）的速度增加，遊戲很快就會變得玩不下去，因為玩家會遇到的挑戰提升速度遠遠高於他們獲得能力的速度。

最終，玩家必須完成多少任務、或必須殺死多少怪物才能獲得下一次的能力提升，從而允許玩家去面對更大的挑戰，這個問題的答案取決你這位遊戲設計師。雖然數學肯定有幫助，但與任何其他定量方法一樣，最終你必須依靠遊戲測試和你自己作為設計師的判斷。了解遊戲中的數學將有助於你了解玩家是否在遊戲中進展過快，或因為他們覺得無法前進而感到沮喪，但數學不能告訴你如何具體解決遊戲中的這些問題。

邏輯曲線

較少用於遊戲平衡但仍然有用的是一類稱為**邏輯函數**（*logistic functions*）的曲線，有時也因為其形狀而被稱為 *S 型曲線*（*sigmoid curves*）。這些曲線通常用於模擬和人工智慧，它的特性適合運用於創造具有特定動態平衡的能力曲線。特別是，這些曲線很好地模仿了許多現實世界的過程，例如學習和生態過程——最初的增長緩慢、然後經歷快速擴張，接續隨著資源的消耗而減緩。

此曲線的數學函數比其他曲線的數學函數複雜一點：

$$y = \frac{L}{1 + e^{-k(x-x_0)}}$$

這可能看起來有些可怕，但也不算太糟糕：

- L = 曲線的最大值——你希望它在哪裡達到巔峰。
- e = 歐拉數（Euler's number），這是一個約等於 2.718 的數學常數。
- k = 曲線的陡度（你可以讓中間變平緩或陡峭。）
- x_0 = 曲線中點的 x 值（曲線下半部分的 x 值小於此值，上半部分則大於此值。）

由邏輯函數提供的曲線形狀表示了，隨著 x 的增加、y 值首先緩慢增加，然後快速提升、接著再緩慢增加，然後完全沒有變化（見圖 10.1）。這種曲線可以用來創造不同的物件，它們的能力在一開始緩慢增加（例如，玩家的進展需要長期投資），然後在中間範圍內快速提升、代表在此時玩家快速的獲得益處，最後在高端的收益遞減，持續投資收穫得的收益越來越少。

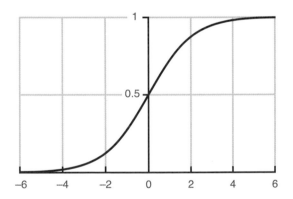

圖 10.1　邏輯方程式的典型曲線（$L = 6$，$k = 1.0$）。

這種類型的曲線為玩家的能力曲線提供了一個有趣的非線性旅程，並且它不會產生指數曲線中 x 的每次變化會造成 y 值急遽提升的問題。舉例來說，你可以使用「堆疊的（stacked）」邏輯曲線為玩家創造有趣的戰略決策，每個邏輯曲線代表的是不同資源的增加。為了有效地爬上這個進展曲線，玩家需要決定何時從一個轉換到另一個，因為每個先前的資源會在一定程度時開始收益遞減。使用具有四種不同資源所形成的四種不同邏輯曲線的範例如圖 10.2 所示。這種

堆疊的設置可以增加經濟中的數值寬度而不會使整體失去平衡，並且它在不同的邏輯曲線區段內提供了指數曲線所具有的快速提升效應。實際上，如果經濟中擁有的每個資源或物件是沿著這個曲線來平衡，那麼整體經濟可能比你試圖在單一曲線內對相同範圍進行平衡時，來得更加容易平衡。

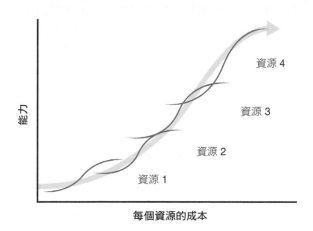

圖 10.2　由四條堆疊的邏輯曲線所構成的能力進展曲線，每條曲線對應了遊戲內的一個獨立資源。

分段線性曲線

遊戲設計師經常發現自己不希望讓進展或能力與純粹的方程式相吻合，或者不希望在遊戲進程中存在平滑變化的方程式。這種平滑本身就有點無聊，特別是如果它與物件的能力有關：玩家會知道物件能力增加的速率或曲線，並且沒有必要考慮它或做出決定；玩家會知道 $+n$ 劍永遠比 $n-1$ 能力的劍更好。即使增加本身不是線性的，玩家也會開始以這種方式直觀地思考它，特別是如果進展曲線中涉及的能力比率是線性時。

對此的一個解決方案是人工製作進展和能力曲線，無論是從頭開始還是由一個基礎的方程式開始再調整。其中一種方式是使用一系列重疊的線性曲線來逼近指數曲線。這被稱為**分段線性**（*piecewise-linear*）曲線，可以透過相加或**線性插值**（*linear interpolation*）的方法來構成這種曲線（如果你對數學不在行，它其實沒有聽起來那麼可怕）。

假設你想要設定角色扮演遊戲中角色的生命值提升量，它的增加速率會在幾個等級內不變、然後增加。假設角色在 1－10 級中每級獲得 2 點生命值，在 11－20 級中每級獲得 5 點生命值，在 21－30 級中每級獲得 10 點生命值。鑑於你知道這些數字，在電子表格中創建一個表格是一件簡單的事情，從第 1 級的初始值開始，比如一開始有 12 點生命值（對於像生命值這樣的東西，你希望它大於 0，並且在這個例子中，12 會形成一個更好的圖形。）然後在 10 級前的每次升級，你讓生命值增加 2，因此在 10 級時生命值的總量是 30。之後開始，每級會增加 5 點，到 20 級時玩家將擁有 80 點生命值。接著每次升級會增加 10 點，玩家在 30 級時的生命值總共會有 180 點。這樣就創造出了一條容易理解的分段線性曲線，如圖 10.3 所示。

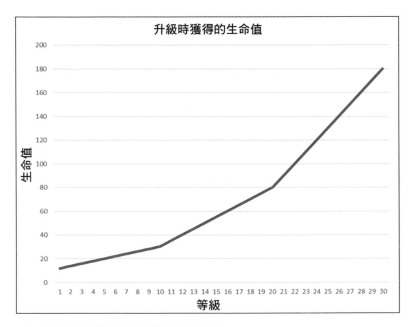

圖 10.3　由已知增長率所構成的分段生命值曲線。

但是，有時你可能無法透過加法來簡單地算出點數。代替地，你可以使用線性插值來創建圖表，這會根基於能力增加的類型和你想要看到的數值。

假設在這種情況下你想要創建一個開始緩慢、之後則會真正起飛的生命值曲線（這樣玩家就會感覺受到獎勵並且可以面對更嚴峻的挑戰）。你知道你想要從少量的生命值開始，比方 2，並在 10 級時擁有共 20 點。然後你想要這個數字上升的更快，並讓玩家角色在 20 級時擁有共 100 點生命值。在這種情況下，

你可以輕鬆構建這些點（等級 1、10 和 20 時）之間的線性曲線。

要對第一個區段進行內插（interpolate），先把較高的 y 值（生命值）減去較低的：$20-2 = 18$。然後再計算較高的 x 值（等級）減去較低的：$10-1 = 9$。最後，將第一個（y 值）除以第二個（x 值）：18/9 = 2。這以方程式形式來呈現如下：

$$升級獲得的生命值 = \frac{y_1 - y_0}{x_1 - x_0}$$

所以每次升級會獲得 2 點生命值（這等同於說這條線的斜率為 2）。對於下一個線段，你也用同樣的方式計算。較大的 y 值（y_1）是預設的生命最大值 100，較低的 y 值（y_0）是前一個線段中的最大值 20。較大的 x 值（x_1）是指定的最高等級 20，較小的 x 值（x_0）是前一線段的最大等級 10。使用上面的方程式來計算，你得到 $100-20 = 80$ 和 $20-10 = 10$，80/10 = 8，所以你算出了這條線的斜率，每級的生命值增加點數為 8。圖 10.4 顯示了這個的分段線性圖。這是一個相當簡單的過程示範；如果你自己在電子表格中創建這些數字的表格，則可以透過更改每個線段端點（等級）的 y 值（生命值）來輕鬆進行內插，直到獲得想要的數字和斜率。

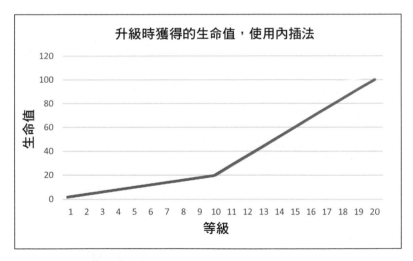

圖 10.4　使用已知端點來建構的分段生命值曲線，並對增加量進行內插。

對於任何分段線性曲線來說，每個線段都是線性的，但整體外形通常是彎曲的或近似指數的，如圖 10.3 所示。創造這些線段有時比映射到指數方程式更簡單（特別是如果你的數學技能有點生疏），並且它提供了一種有趣的方式、讓玩家有一些東西可瞄準。在圖 10.4 中，一旦玩家知道 11 級有一個轉折點（升級獲得的生命值從 2 跳到 8），他們就有動力到達那裡並將該等級視為過渡目標。

近似算術進展曲線

除了分段線性曲線外，在某些遊戲中，進展曲線是人工製作的、來調整玩家的體驗。Bateman（2006）稱這些為近似算術進展（*near-arithmetic progression*，NAP）曲線，它有點像線性（算術）曲線，但沒有對應的方程式來描述它們。近似算術進展（NAP）曲線特別出現在角色扮演遊戲中，其中進展和能力曲線通常根據感覺來製作、或比數學保留更多的整數位數。例如，在魔獸世界的初始等級中，每次升級所需的點數以概數形式上升：從 1 級到 2 級需要 400 點。然後從 2 到 3 級和 3 到 4 級則需要各 500 點，然後從 4 到 5 級和 5 到 6 級需要700 點，依此類推（WoWWiki）。這種模式並不能在所有等級中具有一貫性，而且顯然是人工調整的近似算術進展，它會隨著關卡的進展而變化。

有些遊戲使用這樣由人工製作的曲線，來從平滑和可預測的由方程式所驅動的曲線轉換為更加「崎嶇」的曲線，這些人工的曲線具有變動的區域、有些收益較快、有些則較慢，藉此來「驚喜和取悅」玩家（Pecorella，2015 年）。除了防止玩家對可預測的進展感到厭倦之外，這允許你作為設計師來協調能力曲線，使得一種類型的物件或資源在曲線上不同點位時，能在相同成本下產生不同的收益。這允許玩家可以透過決定如何在遊戲中的不同時間點，將資源發揮到最佳效果來探索能力曲線空間。

數學不是重點，遊戲體驗才是

與此處討論的其他曲線類型一樣，近似算術進展（NAP）和類似的人工曲線強化了在製作進展和能力曲線時的兩個重點。首先，雖然這是一個數學實踐，它永遠不會是完美的。你應該嘗試使你的進展和能力曲線利用數學來幫助它正常運作，因為你可以因此產生更平衡的遊戲，而且節省下許多迭代時間。其次，你將不可避免地要回歸到遊戲測試的定性技巧，並鍛鍊你作為設計師的直覺，以便在你的遊戲中找到你想要的平衡點。這可能意味著你從一個指數曲線開始，最後得到一個更加人工製作的遊戲進展，這很好。這並不是數學題目，而是為了製作出有效、迷人、有趣的遊戲。

平衡構成元件、進展和系統

一旦確定了可用來平衡遊戲中物件和系統的核心資源，你就可以開始建立它們之間的成本效益關係。這通常涉及在創造新遊戲時結合使用數學和直覺的技術，包括根據遊戲需求決定使用何種平衡曲線（例如，線性或指數）。如果你有關於現有遊戲中玩家行為的數據，你可以利用對它的分析資訊來減少（但不能根絕）所需的迭代次數和遊戲測試。

平衡構成元件

你需要做的最常見的平衡工作之一，是確保特定系統中使用的構成元件間相互平衡。這個平衡工作的對象通常是非遞移性的物件（intransitive objects）：有些會比其他物件好，但是你想要確保它們也與它們的相對成本成比例。

在戰鬥系統中平衡武器就是一個很好的例子，有助於說明這個過程。圖 10.5 中顯示的每個武器都是角色扮演遊戲中戰鬥系統的一個構成元件。（請注意，這與圖 8.3 中顯示的數據相同。）每個元件都具有攻擊、傷害和速度屬性。這些屬性的值似乎並非相同比例（不是全部都包含了 1－10），這使事情變得複雜一點，但這種情況很常見。如電子表格所示，匕首具有最低的攻擊修正值、而大劍則最高。傷害屬性也是如此。對於速度而言，匕首、短劍和刺劍的速度都是最快的，而大劍是最慢的。

	A	B	C	D
1	名稱	攻擊	傷害	速度
2	匕首	0	2	5
3	短劍	2	3	5
4	彎刀	4	5	1
5	寬劍	3	4	4
6	刺劍	3	3	5
7	長劍	5	6	2
8	大劍	8	8	0

圖 10.5　一個電子表格範例，包含了需要平衡的各種武器的屬性數據。

這些武器的能力是否相互平衡？它們顯然不一樣，但平衡（balanced）並不意味著它們必須相同。為了對系統中的非遞移性構成元件進行平衡，它們每個都必須在遊戲中擁有立足之地。每個都應該有足夠的不同，以使玩家可能會在某

種情況下選擇某個武器。而且，當然，它們每個都應該讓玩家感受到收益對於投入的成本來說是值得的。

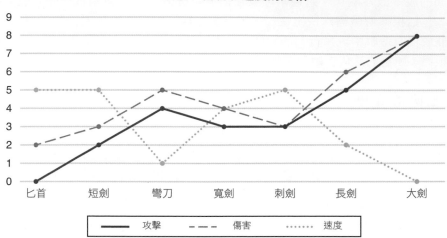

圖 10.6　以圖表顯示不同武器的屬性值。

圖 10.6 是比較武器屬性的圖表。透過查看屬性值，你可以看到存在一些差異，但是許多數值聚集在一個狹窄的中間範圍內，只有匕首和大劍真正偏離了群體 [2]。單從這個圖表來看，這些武器是否相互平衡並不是很明顯，但我們可能想要改變這些數值來提供更多的可變性——特別是針對彎刀、寬劍和刺劍——來為玩家提供更多選擇。

如前所述，為了平衡這些武器，我們需要考慮它們的成本和效益——它們的能力。但是，在圖 10.5 中，沒有顯示成本。如果成本相等，為什麼有人會不使用最強大的武器呢？我們需要考慮每個武器的效益來決定它的成本，以便使每種武器在遊戲中都是可行的。看起來匕首似乎應該比一把大劍便宜，但是應該便宜多少？這與在遊戲的戰鬥系統和經濟系統中、每種武器的功效有關。在這個例子中，我們必須將這兩者視為黑盒子，並且專注在平衡武器的成本和效益上。

為了計算每種武器的適當成本，我們需要參考（並且可能調整）與能力相關的屬性值，因為是它們為玩家帶來了收益。這是一個迭代的過程，每次執行時都會有所不同，但這個例子可以提供一些指引。

首先要做的是找到核心資源，並利用它來考量物品的相對利益。如前所述，大多數遊戲都有一個核心資源來驅動玩家的目標和行動。在平衡非遞移性物件時理解這一點是很重要的，你要根據物件的相對能力或玩家在遊戲中的進展來進行平衡。

在這個例子中，我們正在設計一個角色扮演遊戲，所以我們可以使用健康（通常表示為生命值）作為我們的核心資源。在角色扮演遊戲中，如果你的角色將敵人的生命值降低到零，你的角色會獲勝並獲得獎勵（戰利品、經驗值等等）。另一方面，如果你的角色失去了所有的健康，他們就會死亡，這至少是玩家想要避免的挫折。鑑於角色扮演遊戲中健康所佔據的核心位置，讓它成為平衡武器時所考量的核心資源是有道理的。

這為我們提供了一個起點：哪個武器屬性與減少對手的健康最密切相關？減少健康的數量是基於武器的傷害屬性，所以我們可以從那裡開始。但是，要使用武器造成傷害，玩家首先必須使用它擊中對手，這受到了攻擊屬性的調控——攻擊屬性越高，擊中的機率就越大。但事情還沒完。在這個戰鬥系統中，武器速度起著一定作用：較慢的武器不像較快的武器那樣頻繁發動攻擊。一旦玩家有機會揮動武器（基於其速度），他們可以嘗試擊中對手（受攻擊值調節）。如果他們擊中，他們可能會造成傷害，這是最終目標。因此，在能夠讓玩家減少敵人健康的屬性層面，速度是第一道關卡、然後是攻擊、最後是傷害。

有了這些知識（或者至少是一個假設…這可能需要多次嘗試才能正確達成），我們可以開始結合每種武器的屬性值，看看是否能夠為每個武器帶來可行的、平衡的成本。如果可以把這些屬性單純相加並形成成本，那事情會很簡單。然而，把攻擊、傷害和速度相加時，我們看到短劍和彎刀最終的成本為 10，只比匕首多 3、而比寬劍少 1。這看起來似乎不太對勁。

調整屬性權重

我們可以在此處做幾件事。一種是為每個屬性分配加權係數，以使它們的值在總成本中具有不同的權重。我們還希望仔細研究武器屬性值，看看它們是否有意義或應該被調整。通過迭代這幾件事情（因為它們相互影響），我們應該能夠為每個武器提出一組平衡且多樣化的數值。

要對每個屬性設定係數，我們需要查看屬性如何在戰鬥系統中協同運作。因為傷害是與我們的核心資源最直接相關的屬性，我們可以從將其係數設置為 1.0 開始。我們可以把其他屬性（攻擊和速度）的係數也設定為 1.0，將每個屬性視為同等重要，但如上所述，這並不能為我們帶來令人滿意的成本值。另外，我們知道如果一種武器比另一種武器更快，它有更多機會擊中並實際造成傷害，所以我們可能想要提高速度屬性對武器整體價值的貢獻。讓我們從係數 2 開始。攻擊屬性也很重要，但在這樣的系統中，很難確切地知道它有多重要。讓我們從 1.5 的數值開始，把它設定在傷害所擁有的基礎值和速度所擁有的最高加權值之間。

透過在電子表格中處理這些數據，可以輕鬆擺弄係數，並了解它們如何影響每個武器的成本。（鼓勵你將圖 10.5 中顯示的值輸入到電子表格中，並按照以下說明進行操作，以便更好地理解這個過程。）係數的設定為，速度為 2x、攻擊為 1.5x、傷害為 1.0，我們可以將它們相乘再加總以獲得每個武器的總和和暫定成本。這些成本值開始看起來合理一些了。範圍是 12（匕首）到 20（大劍）。這可能有點狹窄（大劍只是最便宜的武器──匕首的 2 倍左右），但也不差了。然而，現在彎刀的成本甚至低於短劍，這似乎很奇怪。看看每個的價值，彎刀是一個慢得多的武器、重量更重，因此它的速度很低，因此失去了「價值」。看起來是時候從係數轉移到武器屬性值本身了。

雖然有些情況下你無法在遊戲中更改構成元件（如這些武器）的屬性值，但通常你是可以這麼做的。如果不行，你就不得不調整成本係數，或者在某些情況下，增加情境式的平衡因素：如果一件物品比其應有的價值更便宜，你可以使它更難以買到（例如，玩家需要進入一個危險的區域或繞遠路）。這種情境式的調節方式可以彌補不能直接相互平衡的物件，但要注意添加這樣的間接調節方式會使整體的平衡工作變得更加困難。例如，如果玩家買不起任何其他武器並且無法找到哪裡可以購買他們想要的武器，或者如果去那裡意味著必然的死亡？在這種情況下，你等於是把玩家踢出遊戲了。

調整屬性值

要開始將武器屬性作為一個整體來思考，選擇一個物件作為基礎或中線可能會有所幫助，就像我們在上一節中給予傷害一個 1.0 的係數一樣。在這個情況下，寬劍似乎是一個很好的候選者：我們將其全部的屬性調整為 5，以便它在每個屬性的範圍中間。這樣是稍微把它的能力提升了，但這樣做有助於疏通中間區域，大部分武器現在聚集在這裡。再做一些其他調整似乎是好主意──

讓匕首的攻擊好一點（從 0 變為 1），並將大劍從 8 攻擊和 8 傷害分別移動到 10。這有助於擴展範圍並嘗試解決問題。

在大約這個時候，可以關注一下圖表上武器屬性的相對關係，來確保它們不會凝聚在一起並且沒有任何奇怪的事情發生（例如彎刀變得比刺劍更快）。還有一種不錯的方式是，繼續調整屬性權重並觀察這些權重和屬性的變化如何相互影響。

將成本與價值脫鉤

最後，當值開始看起來不太奇怪時，我們可以嘗試將我們計算出來的成本和遊戲內的實際成本脫鉤。先前用不同係數算出的成本值我們把它稱之為 Mod 值（Mod Value，等同於加權屬性值）。然後我們可以手動的對遊戲中使用到的個別成本做上下移動，以符合我們想要的效果。將（遊戲中使用的實際）成本和 Mod 值利用圖表的方式一同呈現，有助於在視覺上顯示出武器之間的關係。圖 10.7 中的圖表沒有直接顯示經過平衡的各個武器屬性，但它確實顯示了在 Mod 值中加權並加在一起之後它們之間的關係。也請留意圖 10.7 中使用的邏輯曲線（調整後的坡度值為 0.95，中點為 3.5）。這可以作為一個指引和確認，來檢視武器的設定遵循我們想要的關係。

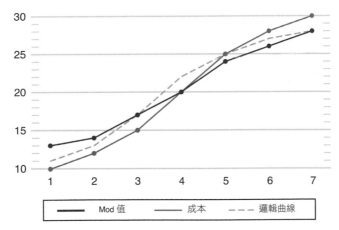

圖 10.7　加權屬性值（Mod 值）與人工設定的武器代號（依成本小到大排列）作圖，並以邏輯曲線為參考。

在這個例子中，經過對武器屬性及其乘法係數的多次迭代修改後，我們最終得到了圖 10.8 的表格中顯示的屬性值。Mod 值是每個武器的攻擊、傷害和速度值的加權總和。Mod 值的屬性值和權重係數現在都已更改過：在這個表格中，傷害的加權係數依然是 1.0，而速度的係數為 1.75、攻擊的係數為 1.3。這些係數的精確值並不重要，重點是它們對遊戲和武器的行為表現來說是否合理，以及它們是否可以讓武器的收益和成本達成平衡。

	A	B	C	D	E	F
1	名稱	攻擊	傷害	速度	Mod 值	成本
2	匕首	1	1	6	13	10
3	短劍	2	1	6	14	12
4	彎刀	4	7	3	17	15
5	寬劍	5	5	5	20	20
6	刺劍	5	3	8	24	25
7	長劍	7	6	6	26	28
8	大劍	10	10	3	28	30

圖 10.8 修訂後的武器屬性值，包括綜合了攻擊（加權係數 1.3）、傷害（係數 1.0）和速度（係數 1.75）的 Mod 值，以及根據 Mod 值來手動訂定出的成本數值。

我們還可以用圖表形式來檢視這些修訂的屬性值，以更定性地方式來查看它們之間的差異，如圖 10.9 所示。圖中所顯示的這些武器類型的屬性看起來都很合理，屬性範圍足夠廣泛、可以適用於很多不同的情況。沒有一種武器太相似，因為每種武器都有不同的優缺點。還有，圖 10.7 所示的成本 —— 收益曲線向上和向右上升，貼近所使用的邏輯曲線。這種（成本和收益的值貼近了邏輯曲線的）情況，代表著它們的關係是成比例的，玩家將能夠在玩遊戲時直觀地了解它。

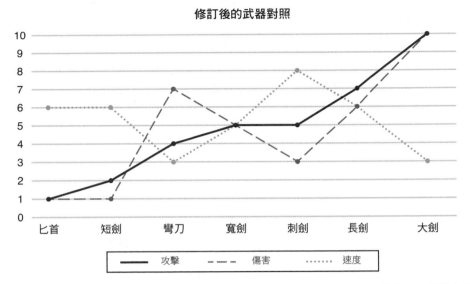

圖 **10.9**　修改後的武器屬性值以折線圖的形式呈現。請注意，雖然可以看到不同武器中的攻擊值有增加的情形，但每種武器都有自己的優點和缺點，類似數值集中在中段的堵塞情形已經解決了。

圖 10.7 中的成本——收益圖還表示，在對屬性權重使用了數學建模，並手動調整每種武器的成本時，我們可以使效率較低的武器在平衡上傾向於玩家的利益：它們的花費低於實際對應的價值。這樣做是合適的，因為這些武器的能力較差，更有可能成為新的或較差的角色使用的武器。更強大的高檔武器則呈現相反的結果：它們擁有小幅的額外花費，這意味著它們的花費略微超過了它們對應的 Mod 值。這使它們有點令人渴望；如果你看到一個擁有大劍的人，你知道它是一個強大的武器，並且這個角色付出了巨大的價格來獲得它。此外，成本和收益的線段在寬劍上交叉，讓它保持在中間位置，作為這些武器的心智模型中的一種固定點。

到目前為止，這一切看起來都不錯——但當然這些都還沒有經過測試。我們已經使用了數學和設計師直覺的方法組合，來平衡作為戰鬥系統中構成元件的這些武器。下一步是與玩家一起進行遊戲測試，來查看哪些假設被證明是錯誤的，或者玩家是否可以快速而愉快地建立對武器的心智模型（關於它們的相對效益和成本）。在任何真實的遊戲情況下，幾乎可以肯定需要更多次迭代才能在數學上以及從設計師和玩家角度來真正平衡這些物品。

平衡進展

除了要平衡系統中原子性質的構成元件之外，作為遊戲設計師，你通常必須在遊戲過程中平衡玩家或其他物件如何進步的方式。遊戲中有好幾種常見的進展方式。首先，也是最重要的，是玩家在遊戲中的代表——他們的角色、軍隊、農場等——在遊戲過程中如何在屬性值方面得到提升。此外，需要仔細平衡幾個有關經濟進展的方面，包括貨幣的水準以及玩家在遊戲中使用的遊戲內物品的可得性和增強。

在大多數遊戲中，玩家（或至少是他們在遊戲中的代表）隨著遊戲的進行而增強。這為玩家提供了遊戲中的成就感和意義。要為玩家創造和平衡進展系統，你需要首先決定作為這些增強的主要載體的屬性。這些通常是前面討論過的核心屬性。這些屬性將導引你找到資源，資源則能呈現出增強所需的成本。

玩家進展最常見的例子之一，是玩家角色的等級提升。角色積累經驗值，然後花費它們來獲得額外的健康、提升力量，並且經常獲得新的內容或能力。這些收益中的每一個都是必須被包含在任何進展曲線和平衡中的屬性（對內容的使用權是另一個特殊情況屬性的例子，它可能難以被量化）。這種交換通常是自動的，一旦角色擁有了超過閾值的足夠經驗值時就會發生。玩家通常不認為是「花費」這些點數，但功能上它們是。然而，並非將經驗值重置為零，大多數遊戲會使下一等級所需點數高於目前等級；這允許使用指數曲線來描述每個等級所需的點數，並為玩家提供了看到這些數字總是在上升的成就感。

雖然你應該至少擁有一個管理玩家進程的核心資源，但也可以使用超過一個的核心資源。使用多個可能會增加你必須做的工作量，因為你需要對每個資源分別評估玩家前進的難度和所需的時間。但是，如果不同資源提供不同的進展速率，這取決於玩家在其進展中的位置，會使他們有機會戰略性地選擇他們在遊戲中的路徑並為他們創造更有意義的決策。

例如，你可能有一個遊戲，其中玩家的早期進展是根基於戰鬥和獲得健康。玩家可以在整個遊戲過程中繼續這條路徑，但他們也可能有機會轉為根據他們的財富來前進，之後再根據他們擁有的朋友數量來前進，因為隨著遊戲進展，健康和財富提供的增益下降了（也就是說，增長率減緩或升級所需的點數呈指數增長但點數的獲得卻沒有變化）。並非所有玩家都會歡迎這種多重途徑的方法，所以一旦玩家開始使用特定資源（以及隨之而來的活動）來推進，應該讓

他們可以繼續這樣做下去，這一點非常重要。然而，許多玩家希望採用最佳的進程來前進，因此讓他們可以選擇在遊戲中的某一部分專注於那時的新資源、屬性和活動，這可能可以提升他們的參與度。

無論哪種情況，重要的是讓玩家總是感覺到他們正在進步。如果玩家認為他們的進步已經停止了——或者下一次進步的機會實際上是無限遠的（對於他們目前所在的挑戰等級所獲得的獎勵來說）——那麼他們對遊戲的參與度將會消失。（正如第 7 章所述，許多放置遊戲中的「聲望」外圍循環、會在主要方法開始變慢並變得無聊時提供另一種推進方式。）不論玩家在推進時是否具有一個或多個資源維度，他們必須始終能夠在其中看到至少一個明顯可以取得進展的方法。

步調

在大多數情況下，進展是間斷的而不是連續的。這意味著任何增強都會以不連續的間隔出現，而不是隨著玩家積累更多積分時一同緩慢增長。在設定的查核點提供進展獎勵的方法通常對玩家更有利益（並給予他們一些期待的東西），並且更容易進行平衡，因為你可以選擇放置升級點的位置。但是，沒有理由不能創造出持續性的增強曲線，儘管它可能難以保持平衡。

要平衡一個進展系統，你需要決定你希望玩家前進的速度。這個速度可以根據被殺死的怪物數量、贏得的省份數量、收集的花朵數量來定義…只要它是對你的遊戲來說最合理的事物，你會圍繞著這些資源來建立進展路徑。

決定玩家進展速度的 一部分是定義曲線的形狀，該曲線定義了前進的成本和效益之間的關係。例如，如果你想要給予越來越多的點數、並讓玩家在每個後續進程中花費更長的時間，那麼指數曲線可能是你的最佳選擇。如前所述，許多其他選擇也是可能的，並且有無窮無盡的混合：你可以創造一個手工打造的分段線性曲線，來在遊戲一開始時吸引玩家，然後過渡到一系列堆疊的邏輯曲線，每個都依賴於不同的成本資源，它會近似於指數曲線。沒有單一的公式，你將需要花費一些迭代設計時間、來找到最能在遊戲的進展中吸引玩家的方式。

時間和注意力

不管玩家使用何種資源作為進展的基礎,每個玩家在遊戲上花費的最終資源是他們的注意力和時間。這些差不多但並不完全相同。如果玩家將注意力集中在你的遊戲上,那麼他們就會投入其中並積極地進行遊戲——探索、建設、狩獵等等。在平衡他們的進展時,主要的考慮因素是他們實現下一次增強前、需要進行這些活動的次數。在許多情況下,你可以(並且應該)具體的將它描繪出來,包含玩家進行的活動、他們做這些活動所獲得的點數或其他獎勵、他們需要做多少次才能累積到足夠的點數來獲得進展。在最單純的情況下,活動提供了已知數量的點數:例如,玩家每餵養一隻動物,可以得到 10 點。玩家需要 100 點才能進入下個等級,因此需要餵養 10 隻動物。如果餵養動物需要 2 分鐘,那麼玩家將需要 20 分鐘的完整注意力才能進入下個等級。

在大多數遊戲中,每個活動所給予的點數不是預先設定的,或者在一定範圍內是隨機的,你可能還需要考慮失敗的可能性。因此,如果一個遊戲是關於成為一個寶石商人,玩家需要 1,000 點才能到達下個等級,並且為每個他們所成功切割的寶石獲得 50 到 200 點,所以他們需要切割 5 到 20 個寶石。但是,玩家可能並不總是能成功。從任務的難度對他們所擁有的經驗等級來說,可以估計他們的成功率。如果對玩家當前等級來說,寶石切割成功率約為 80%,那麼玩家將需要切割大約 7 到 25 個寶石,包含失敗的在內。如果每次寶石切割需要 1 到 3 分鐘,那麼這至少意味著玩家需要 7 到 75 分鐘才能進入下個等級——如果你不想假設它們是在沒有停頓的情況下進行,那可能會需要更多時間。這是一個非常廣泛的時間範圍,所以你可能需要重新考慮這個系統的某些層面,以便從玩家的角度保持平衡,這樣他們就會覺得他們總是在取得進步。也許他們切割寶石的時間越長(達到最大值),失敗的可能性就越小。或者也許他們在切割的非常成功時,可以獲得點數獎勵。有很多這樣的方法來控制時間範圍——但你必須知道進展的時間範圍是多少,以及從玩家的角度來看、這是否會成為一個問題(或者,這可能不是你嘗試要創造的體驗)。

與玩家注意力密切相關的是他們的時間。兩者通常是同義詞,但並非總是如此。如果玩家可以開始一個進程——種植作物、組建一支軍隊等等——然後在它繼續進行時離開並做其他事情,那麼遊戲就會限制他們前進的速度,但不需要他們的注意力維持在那裡。時間是我們任何人擁有的終極資源,作為設計師,我們必須尊重玩家的時間。如果你在玩家的進展系統中包含一個僅透過真實時間來調節其進度的元件,則可以更好地控制遊戲玩法體驗,因為你可以確定他們在遊戲中進展的速度。另一方面,這可能導致玩家的參與度降低,因為

他們可能覺得他們所要做的就是開始種植下一批作物或烘烤餡餅，然後他們就可以離開了。這讓他們在遊戲中幾乎沒有做什麼，並且大大增加了因為他們根本沒有被吸引而不再回到遊戲內的可能性。

次級進展

除了玩家透過其核心資源獲得進展之外，在擁有明顯複雜性的遊戲中，你作為遊戲設計師將有機會創造次級進展路徑（secondary progression paths）。這些可以偏向短期、有助於維持玩家的投入，特別是如果他們距離主要的進展查核點很遠時。

這種次級進展的一個例子可以在**魔獸世界**中看到，它為玩家角色的物品庫提供了次級進展。在遊戲初期，人物可以隨身攜帶的物品數量受到嚴重限制。玩家通常必須做出關於哪些戰利品要保留或丟棄的困難決定，因為他們根本無法攜帶所有東西。

然而，隨著人物的等級和財富的提升，新的庫存選擇向他們開放了：他們可以購買（利用他們不斷增長的財富）新的、更大的背包和袋子，增加他們可以攜帶的數量。一些投入在提升製作能力的角色，也有能力創造這些袋子，這開啟了另一個次要的進展路徑。結果是，隨著角色的提升，他們的庫存上限也會增加。這不是以嚴格的方式連結的（例如玩家在 10 級獲得兩個額外的庫存空間），而是作為涉及角色的等級、財富和／或輔助技能的額外的、次級進展路徑。雖然這些進展路徑也需要與玩家的整體進展保持平衡，但保持這些的分開（非耦合）可以使這些進展系統更容易在更大程度上實現自我平衡，因為玩家的角色總是會遇到需要增加庫存空間的問題、並嘗試去解決它。

經濟系統平衡

整體遊戲平衡的另一個主要面向是系統平衡。對經濟系統進行平衡就是一個重要的例子。正如第 7 章所介紹的，遊戲內經濟在各種資源之間創造了複雜關係，因為它們在一系列增強循環中交換以創造更高的價值。資源從來源（sources）中出現在遊戲內，作為經濟的一部分進行交換，並透過水槽（sinks）離開。這些資源（以及通常由它們製成的遊戲中物件）可以成為玩家的次要進展路徑，因為物件的財富和所有權同時是常見的成就和狀態的標記。雖然平衡遊戲內經濟和類似的複雜系統仍然是一種不精確的藝術（需要第 9 章「遊戲平衡的方法」中概述的所有類型的方法），但是有一些方法可以讓你遊戲中的系統不會超出控制。

通貨膨脹、停滯和套利

正如第 7 章所討論的，遊戲內經濟經常面臨一些最困難的平衡問題，特別是通貨膨脹問題。當有太多的資金來源（或其他資源）湧入經濟體內，並且沒有足夠的方式讓資源離開時，越來越多的這些資源在經濟體中堆積起來，使得它對玩家的價值越來越小。幾乎所有具有遊戲內經濟的遊戲都會發生這種情況——至少部分是因為我們還沒有發現所有系統性的經濟原則來防止猖獗的通貨膨脹。

另一個問題是停滯（Stagnation），儘管不太常見。當停滯時，沒有足夠的貨幣透過來源進入遊戲、並提供足夠的經濟速度（economic velocity）——這指的是，資源從一個地方流向另一個地方的速度，非常類似於河流中水的流速。如果流速減緩，「河流」停滯了，經濟就會滅亡。這通常會發生在，當設計師在遊戲中太過努力地防止通貨膨脹時，使得遊戲中的資源過於珍貴，最終導致了大多數玩家感到沮喪。

遊戲平衡的第三個問題是管理套利（arbitrage）。簡而言之，套利就是能夠以固定的價格在一個地點購買資源，然後（通常很快地）以更高的價格在其他地方出售。這是目前極為普遍的現實世界經濟活動，包括了從貨幣市場到長途貿易的各種情形。

玩偶和水晶球的經驗教訓

在遊戲中，如果不仔細管理套利，就會發生大規模的通貨膨脹。可能是線上遊戲中第一個已知的套利實例發生在 *Habitat* 上，它是一個在 1987 年推出的線上虛擬世界，早在大多數人知道網際網路之前（Morningstar 和 Farmer，1990 年）。這個實例，與從 *Habitat* 中學到的其他許多教訓一樣，依然為現今的遊戲和線上世界的設計師提供了有用的資訊。在這個案例中，運營 *Habitat* 的 Chip Morningstar 和 Randy Farmer 在某天早上驚慌失措，看到遊戲中的資金供應在一夜之間增加了五倍。遊戲中出現這種大量的資金是一種可以迅速破壞經濟的錯誤。但奇怪的是，沒有他們能找到的程式錯誤，沒有玩家提出錯誤報告。他們花了一點時間來重建發生了什麼事。

在 *Habitat* 中，遊戲開始時每個玩家擁有 2,000 個代幣。與大多數其他遊戲內貨幣一樣，這些代幣並非來自任何地方；遊戲直接創造了它們（作為來源），並將它們分配給每個玩家的新角色。此外，整個遊戲世界都有名叫 Vendroids 的自動販賣機，玩家可以在其中購買各種物品（機器，作為貨幣的水槽、從遊戲中移除錢）。還有類似的機器叫做 Pawn Machines，可以向玩家購買物品。每個

Vendroid 都有自己的價格，因此它們之間存在一些差異，以使經濟對玩家更有趣。在遊戲中，有兩個彼此相距遙遠的 Vendroids，擁有一些在不同機器中售價特別低的商品。其中一個出售玩偶的價格為 75 個代幣。這不會是一個問題，除了玩家發現有一個 Pawn Machine 可以用 100 個代幣將它買回來。這是一個立即的套利機會，因為玩家可以在城鎮間移間、透過購買然後出售的每個玩偶、來獲得 25 個代幣的利潤。這正是一些玩家所做的，他們花了所有的錢，購買盡可能多的玩偶，穿越城鎮，並出售每一個以獲取利潤。

如果只有這樣還不會變得太糟；出售玩偶可以獲得的只有 25 個代幣的利潤。然而，還有另一個 Vendroid 以 18,000 個代幣的異常低價販售水晶球。這是很大一筆錢，意味著要進行很多次玩偶交易，才能購買一個水晶球。玩家願意花整個晚上、不斷來回買賣玩偶的原因是——因為他們發現了一個 Pawn Machine 會使用 *30,000* 個代幣來買回水晶球——也就是立即獲利 12,000 個代幣。請記住，每當 Pawn Machine 購買一個玩偶或一個水晶球時，它就會成為代幣的來源，從無到有的創造出它們，從而讓遊戲中的貨幣供應泛濫。一旦玩家有錢購買兩個水晶球（第二個比第一個容易非常多），他們很快就可以買賣更多的水晶球以獲得更多的利潤，在一夜之間建立起大量的銀行存款。

當 Randy 和 Chip 在第二天早上發現遊戲中的錢大幅增加時，他們追蹤了一些突然有巨額銀行存款的玩家。當被問到這個問題時，玩家們回答說：「我們以公平公正的方法來得到它的！但我們不會告訴你怎麼做！」玩家需要一段時間才能確信他們新累積的財富不會被拿走——但是 Vendroids 的價格確實得到了修復。幸運的是，對於遊戲及其經濟而言，這些玩家並沒有囤積資金或將它大量流入市場中，那可能會導致整個遊戲的嚴重通貨膨脹。相反地，他們用它來購買遊戲中的物品，並展開了史上第一次在網路遊戲中由玩家主辦的尋寶遊戲。

這個經濟套利以及遊戲內資金快速、急劇增加的例子，發生在線上遊戲和遊戲內經濟的最早期，但我們到現今都還在學習這些類似的內容。遊戲需要來源來創造金錢和其他資源來作為對玩家的獎勵。如果這些獎勵過於吝嗇，經濟就會停滯不前，玩家會感到沮喪並離開。如果獎勵大約等於玩家上次收到的獎勵，那麼享樂疲勞會很快出現，舊的獎勵的價值會隨之消逝。因此，大多數具有顯著經濟的遊戲都會發現，隨著玩家的進展，他們不得不持續向遊戲中添加更多資金，然後努力尋找足夠的水槽來使資金流出。例如，魔獸世界必須隨著玩家角色的等級提升，向遊戲注入越來越多的資金來作為對玩家的獎勵，殺死每個怪物所獲得的遊戲內貨幣獎勵、在 60 級時是 1 級的 750 倍以上（Giaime，

2015 年）。如果不搭配上同樣巨大的水槽來使資金流出經濟外，這將導致一種根本不平衡的情況，在當中各種指定的貨幣（銅、銀、黃金等）將對玩家來說不再具有任何意義。

建構遊戲經濟

建構遊戲內經濟的一種方式，屬於動態的、可以防止不充分的水槽和通貨膨脹的發生，就是仔細建構物件的能力和可得性（稀有度）範圍、以及玩家能夠買賣這些物品的價格範圍。大型多人線上遊戲阿爾比恩 *Online*（*Albion Online*）是對此一個很好的例子（Woodward，2017 年）。

在這個遊戲中，可以在世界中找到的物件被分組為層（tiers），表示稀有度和大約的能力或效用。（將物品分類到不同層中，並根據每個屬性來平衡它們，是一項對構成元件執行平衡的工作。）最初的三層是用於訓練的資源，因此它們不會顯著影響經濟；第 4 至 8 層（Tiers 4-8）則是玩家經濟中的主要部分。

每層都有它的稀有度（rarity）──代表可以找到該層中特定物品的機率。阿爾比恩 *Online* 還將遊戲世界分為可以找到不同分層物品的區域；這是很多遊戲中的常用技巧。有無數種方法可以決定遊戲世界中的物品可以被找到的地方，儘管典型的方式是，物品的價值或能力與獲得它們所涉及的危險或困難會成比例增加。

遊戲中用來描述物品能力進展的指數曲線方程式為 1.2^{tier}。這意味著每層（tier）實際上比前一個的能力高出 20％，因此第 8 層（Tier 8）的物品比第 4 層（Tier 4）的效用（屬性值等）大約高了兩倍左右。這足以讓玩家覺得他們在使用越來越高層級的物品時的確有在進步，同時也使進展途徑頂端和底部的玩家之間的差距並非遙不可及。這是對指數曲線一個很好的運用，因為它以可預測的方式逐層疊加差異。如果你希望讓頂端和底部物品之間有更多差異，則可以創造更多層級和 / 或為指數方程式使用更大的底數。在阿爾比恩 *Online* 的情況下，經過大量的遊戲測試後，設計師憑經驗得出了這個方程式（總效用 = 1.2^{tier}）。然而，在發現這條曲線適用於遊戲之後，團隊能夠在添加新內容時節省大量時間，因為他們不必一遍又一遍地找出曲線。

在阿爾比恩 *Online* 中，各層（tier）內每個物品的稀有度也呈指數增長，但曲線更加陡峭。稀有度描述了找到某個物品的特定機率。它以等於 3^{tier} 的速率增加，這意味著每層的稀有度都比前一層高了 3 倍（或是可能找到的機會為 1/3）。因此，遊戲中的第 8 層物品比第 4 層稀有了 81 倍。這會形成一個非常陡峭的梯度，意味著最高兩層的物品非常罕見——因此非常有價值。

這兩個經濟進展曲線——分別是物品的能力和稀有度曲線——的解耦合是明顯有益的。它控制了能力不會過度增長，因為隨著每單位的能力提升、稀有度明顯增加（代表成本明顯升高）。這種每單位能力上升的總合成本是非線性地增加（來自兩個指數方程式的差值）。

除了保持能力和稀有度關係的平衡（兩者成比例但以不同的速率增長），這設定了條件來形成強大的玩家驅動型經濟。阿爾比恩 *Online* 擁有複雜的製作系統，允許玩家將較低層（lower-tier）的物品轉化為較高層（higher-tier）的物品，也可將較高等級的物品分解為較低等級的物品以及一些錢（從而為遊戲提供一個資金來源）。我們將把討論從阿爾比恩 *Online* 中脫離出來，改以更一般的形式思考其中運用的原則。

價格界限

阿爾比恩 *Online* 經濟呈現的一個關鍵點，通常被描述為「需要價格界限（need for price boundaries）」。這些界限允許玩家有足夠的空間創造出他們自己充滿活力的經濟，價格可以在內上下浮動（創造大量的戰略和社交互動），同時防止他們在經濟中對其他人產生排除效應，並確保經濟內的價格保持在相對非通貨膨脹的領域、這會把遊戲中金錢和物品的可得性也納入考量。

建立這些價格界限的一種方法是建立一個虛擬的進出口市場——一套獨立的經濟來源和水槽。如果你想出售一件商品並且找不到任何買家，你可以隨時前往出口市場、它會跟你買。價格不會太好，但你總是可以在那裡販售。同樣地，如果你想購買一件物品並且找不到任何將它賣給你的人，你可以去進口市場，在那裡你可以買到（幾乎是）任何東西。除了遊戲設計師為特殊目的而預留的一些獨特物品外，你可以在進口市場上購買任何東西——但你需要花比較多錢。

這種安排確保了所有物品都可以買到和被販售，沒有玩家完全被禁止進入市場（只要他們有足夠的遊戲貨幣來購買他們想要的物品），並允許設計師設定遊戲市場內定價的地板和天花板。只要這些界限之間有足夠的距離，玩家間就可以形成自我平衡的市場，這種市場在很大程度上不會發生過度注入貨幣的長期影響，因此幾乎沒有通貨膨脹。臨時性的價格波動不時會出現（像是有人購買所有馬匹或試圖同時出售大量馬匹），但這種變化不會在結構上影響經濟的平衡——其他參與者總是可以退回到進出口市場，所以沒有玩家可以完全控制它。

例如，如果有人想要出售一匹馬，他可以訂定他想要的售價，這個價格高於在出口市場賣出的售價、但低於其他人可以在進口市場買到類似馬匹的價格。如果他選擇以低於出口市場可以賣到的價格來出售這匹馬，這是他的選擇，但是買家可以把馬直接帶到出口市場並賣掉它以獲得立即的利潤，所以這種情況不太可能發生。同樣地，如果某人賣馬時的標價高於進口市場可以買到的價格，那麼很有可能沒人會跟他買，因為他們可以直接前往進口市場並在那裡以更划算的價格買一匹馬。

創造市場渠道

創造和維護市場渠道的關鍵是將低端和高端的價格（出口和進口的定價）與每層（tier）的物品稀有度關連在一起。（雖然稀有度是一個常用的數值，在這裡作為核心屬性，你也可以用物品的能力來取代。）這確保了稀有、更強大的物品總是比更常見和能力較低的物品價格更高，並且由於採指數方程式的方式上升，這為稀有物品創造了更廣闊的市場。例如，**阿爾比恩 *Online*** 能夠將低端定價與這些物品分解後獲得的價值和白銀（遊戲內貨幣）聯繫起來，高端定價則遵循稀有度的指數曲線。你可以輕鬆地將低端的出口價格與任何不會使物品完全無價值的價格結合。例如，出口價格可以設置為物品所在階層稀有度價值的50％，或者如果你想使這個更主要根基於玩家所花費的時間，可以把它設定為玩家在獲取這種稀有度物品時需花費的平均時間價值（以遊戲內貨幣表示）的某種比例。

兩者都可以表示為每個物品所屬稀有度值的百分比。因此，如果稀有度方程式為 1.5^{tier}，則出口（銷售）值可以設定為這個值的50％。高端進口值也可以與稀有度（或能力等）值相關聯、但與其倍數有關，例如200％。（在遊戲測試期間必須對這兩個係數值進行調整。）

這種安排使用相同的指數方程式創造出兩條曲線，這意味著只要添加到遊戲中的新物品遵循著相同的稀有度架構，其進出口的價格將自動適合這個框架。這也打開了一個穩定的市場渠道，會隨著物品價值而擴大。在這個渠道中，玩家可以設定他們喜歡的任何價格，而遊戲可以設置會上下浮動的供應商價格──例如，根據總體玩家行為的供需狀況。圖 10.10 顯示了物品稀有度層級 Tier 1 到 10 的遊戲中市場渠道的圖表描述。進口和出口都使用了 1.5^{tier} 的稀有度方程式，出口時減價為 50％，進口時升價為 200％。請注意，由於指數方程式的運作方式，若增加方程式的底數（此處為 1.5）即使是少量也會增加市場渠道的廣度，從而增加其內部潛在的價格波動性。

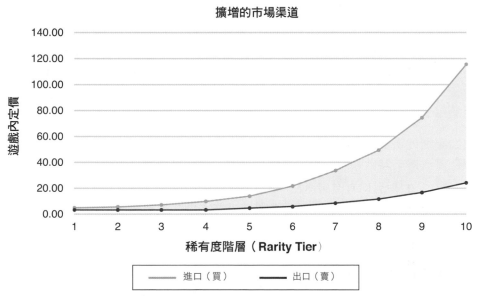

圖 10.10　市場渠道的圖示，它定義並允許了由玩家主導的經濟平衡。陰影區域是渠道（channel）──最小銷售價格和最大購買價格之間的區域，由遊戲定義。在較低的稀有度時，玩家的價格談判空間很小，但隨著玩家在遊戲中進展並開始交易更高階層（higher-tier）的物品，他們參與進更廣泛的市場渠道的能力增加了。

把它們放在一起

使用先前的例子，你可以創造一個擁有基本武器的遊戲，如圖 10.8 所示，這些武器在遊戲內的成本是基於它們的核心資源值。如果這些是你的最低層或最不稀有的物品，這會為遊戲中的物品價格建立一組下限。然後，你可以根據同一組加權係數來確定每個接續的非遞移性物品的成本和收益。例如，使用與上

面相同的公式，你可以輕鬆確定具有 +2 速度的匕首比 +1 傷害的寬劍具有多少額外收益。這反過來允許你，根據你希望的遊戲步調和整體的成本效益進行分組、來確定每個物品出現在哪個分層中。（雖然這裡沒有顯示，你可以將這些物件放在一個類似的指數型「總收益」曲線上，如圖 10.7 所示。）你可以在這個基礎下創造你的市場渠道，允許玩家在遊戲中買賣物品（如果你希望如此）。請注意，低層物品的渠道較窄，這意味著市場開始時是穩定且接近固定的，隨著物品變得更強大並且玩家變得更有經驗，渠道則會擴展。當然，如果玩家還可以在遊戲中製作武器等物品，則需要確保原料的成本和稀有度略低於它們產出物品的成本（且會與它的提升成比例）。能夠根據他們生產物品的最低和最高價格來考慮製作所需資源的成本和稀有程度，能夠有助你以能夠在遊戲中運作的方式來設置它們。

在幾段文字中說出來很容易；在實際建造遊戲時的工作則多了，你可能需要平衡數十或數百個物品。但是，如果你從構成元件和屬性設計開始、再確定核心資源、並找到可以平衡多變的非遞移性物件的方法，接著還可以創造出一個適用於每個物件的經濟進展曲線，並打造出迷人的、以進展為根基的玩家體驗。

創造平衡的遊戲內經濟是你將要處理的最複雜和最困難的系統設計任務之一。與此處討論的其他類型的平衡一樣，平衡一個經濟體需要混合使用數學、分析和直覺。要找到你遊戲內經濟或其他複雜遊戲系統的平衡點，你需要嘗試它、建立出你自己的、進行遊戲測試並運用這些原則才有辦法達成，沒有其他替代方法。

分析性平衡

如第 9 章所述，分析是你在平衡遊戲時可以使用的定量方法，如同數學模型也是。這種平衡的使用遠不止於決定遞移或非遞移性物品的平衡、或甚至系統平衡。它更多地關注於玩家的整體體驗：遊戲是否具有吸引力和引人入勝的感覺，並讓玩家感覺遊戲是適當平衡的——如果是如此，它持續了多長時間？對此的分析性測量是遊戲內指標的輸出（所以通常會被結合起來運用）。你選擇收集的數據可能是某些度量或指標，這些數據所呈現的結果就是你的分析數據。

三種主要類型的指標和結果分析數據對遊戲設計和開發很重要：

- **開發過程的數據：** 在開發過程中收集遊戲的進度數據可幫助你了解自己是否進展順利。詳細內容請參閱第 12 章「讓你的遊戲成真」。

- **效能數據：** 許多遊戲需要仔細觀察其幀率（frame rate）、記憶體使用情況等。軟體的性能分析和類似的分析技術可幫助程式設計師和技術美術確保遊戲在目標硬體上可以良好執行。

- **使用者行為數據：** 了解整體的玩家行為，以群體來檢視而不是個別的，這可以幫助你了解遊戲的健康和整體的成功情況。

本節重點介紹第三類：使用者行為數據。這種分析類型與確保玩家在遊戲中獲得正向、平衡的體驗最為相關。與使用數學來建立進度和能力曲線不同，蒐集使用者行為資訊不是為了設置出一個結構讓玩家在其中行動；它的基礎是記錄和分析他們實際做的事情。因此，當你有很多玩家玩遊戲（這通常只有到接近商業發布時才能達成），並且你必需能夠定期（理想上最好是即時的）取回這些數據時，這些技術才會真正有用。

搜集玩家資訊

對於不插電的桌上遊戲和離線遊戲來說，你無法取得玩家行為的數據、或使用者行為資料很難取得，因此在這種情況下這類方法通常很少使用。但是，目前大部分開發出來的遊戲都有某種形式的線上元件或連線。也許玩家直接連接到遊戲伺服器，或是遊戲能夠將匿名資訊發送回伺服器進行分析。此外，免費遊玩（F2P）的遊戲會使用（且更需要）關於玩家行為的資訊，這有助於你了解遊戲玩法是否平衡以及遊戲整體來說是否健康。

如果遊戲可以向中央伺服器回報資料，那麼你可以在遊戲軟體中設定調用（calls）來記錄行為資訊。這些資訊被記錄下來，並且通常以短字串的方式送回伺服器內，其中包含了玩家的 ID 號碼、蒐集此資訊時他們在遊戲中的位置、以及你可能需要的任何其他資訊（例如玩家進行他們當前遊戲片段的時長）。

你可能會想把分析性質的調用放在所有內容上，但這可能弊大於利。最終，你只想蒐集有助於你創造更加平衡、迷人體驗的資訊。你蒐集的指標通常稱為**關鍵績效指標**（*KPI*，*Key Performance indicators*）。這些是你會觀察的數字和指標，以確保你的遊戲表現良好，玩家正在享受它，並且沒有什麼可怕的失衡。

另一種說法是，如果某些東西不是 KPI，請不要費心收集它：它變成了你必須花時間分析的數據但無法帶來真正的益處。

搜集使用者行為數據時，你需要確保資訊是最新的並定期蒐集。在無法取得最新資訊的情況下、或僅偶爾搜集訊息，並無法對你的理解有所幫助。如果資訊過時了一個小時以上，它通常陳舊且不太有用了。如果過時了一天以上，它可能會導致你對遊戲做出錯誤的決定（除非你是回顧性地使用它，或例如，與上週同一天的行為趨勢進行比較）。理想情況是蒐集連續和近乎即時的數據：你應該能夠在任何特定時刻了解遊戲中發生了什麼。實際執行上，這些數據可能只能每隔幾分鐘搜集一次，但這就足夠了。

將玩家分組在一起

當你把搜集到的某位玩家的資料、與其他玩家的資料集結在一起時，你可以對它們進行世代分群（cohorts）或分組（groups）的動作，這樣你就可以了解大多數玩家與遊戲的互動方式。（除了少數的例外情況，個別玩家的行為資訊通常無用、甚至可能導致你誤入歧途。）創造玩家世代分群的最常用方法之一，是將所有在某一天或某一週開始遊戲的玩家放入同一組。然後可以隨著時間追蹤該組的行為變化。觀察不同群組之間的變化則可以告訴你關於遊戲健康狀況的大量訊息；例如，透過查看 7 月 9 日開始的所有玩家與 7 月 16 日開始的玩家之間在進展所花費時間、片段遊玩時間或購買行為的差異，你可以看到你的遊戲隨著時間變化是否做得更好或更糟糕。

分析玩家行為

你可以收集與玩家行為相關的幾類資訊。這些可以大致分為以下幾類：

- 獲取和首次體驗
- 留存
- 轉換
- 使用
- 社群

獲取

你可以透過觀察你如何「獲取（acquire）」玩家——將他們帶入遊戲中——以及他們如何在第一次的遊戲中做出反應，來了解人們是否受你的遊戲吸引並投入，這有時被稱為**首次使用者體驗**（FTUE，*first-time user experience*），是獲得新玩家的關鍵因素。從本質上來說，玩家的首次使用者體驗是遊戲對他們的第一印象，有點像第一次約會。如果遊戲令人困惑、不安或沮喪，玩家將放棄它且不會回來。然而，如果它引人注意、有吸引力並玩得順暢，則玩家更有可能再次回來。

在查看早期的使用情況分析時，你可能希望了解有多少人進入你的遊戲——有多少人啟動了遊戲程式——以及他們在第一次遊戲中到達了哪裡。你可以向前推一點，首先查看有多少人下載並安裝了你的遊戲、或在網頁上點擊了遊戲。如果你這樣做，你會注意到每一步都有一個極端的下降率。這對每個遊戲而言都不同，但作為一個粗略的啟發，你可以先假設在玩家第一次開啟遊戲到實際開始玩的中間，每多需要一次滑鼠點擊或觸碰就會失去大約一半的玩家。這意味著如果在可以開始玩之前需要三次點擊（比如選擇一個國家、一個角色和一個性別），你可能會失去大約 87％的初始受眾：留下來的是 50％的 50％的50％。你的遊戲可能會看到一些不同的曲線，但這種啟發應該可以幫助你了解讓玩家盡快進入遊戲的必要性。

這種逐漸失去玩家的情形是所謂的**獲取漏斗**（*acquisition funnel*）的一個例子。你所擁有的玩家不可能超過聽說過你遊戲的人的數量。根據某些計算，在那些聽說過你的遊戲的人中，剩下會實際去尋找它的人（在網路上或商店內）的下降率高達 10 倍。而對實際下載遊戲、執行一次、然後成為規律使用者的過程而言也是如此。10 倍的下降率意味著在每個階段，你在每 10 個玩家中保留下1 個。因此，要獲得 1 位規律遊玩的長期玩家，你必須獲得 10 個有開始遊戲的人、100 個下載或安裝它的人、1,000 個有去尋找它的人、10,000 個聽過它的人。這些是很嚇人的數字，也許你的遊戲會表現得更好——但不要指望如此。

進入遊戲

一旦玩家進入你的遊戲中，你就可以記錄他們在玩遊戲時所做的事情。回想一下第 9 章中**翻滾吧種子**（*Tumbleseed*）的例子。遊戲創造者測量了他們的玩家的進度，並確定他們中的大多數都沒有進入第一個主要查核點，其中又大約80％的玩家沒有到達下一個里程碑。這些都是巨大的損失，表示遊戲在某種程

度上不平衡或不吸引人。玩家可能覺得遊戲很無聊或難度太高。在每種情況下的補救措施都是不同的，但潛在的問題是相同的，只有當你弄清楚為什麼玩家進入了（顯然對遊戲感興趣）但不久後就離開，才能解決這個問題。

測量玩家的首次使用者體驗（FTUE）通常包括他們對遊戲教學或開場時刻的反應。教學旨在教會玩家如何導航遊戲，但它們往往只是令人沮喪並防礙了玩家的進行。另一方面，沒有遊戲教學可能意味著把玩家丟入遊戲中、但他們不知道自己在做什麼，這可能同樣令人困惑和沮喪。看看你的玩家在遊戲的前幾分鐘內的表現如何，可以幫助你平衡遊戲的這個部分，以便使你可以保持盡量多的玩家繼續玩下去。

留存

除了讓玩家繼續玩，你還想讓他們不斷回到遊戲中。留存（Retention）通常以天數來衡量。第零天（D0）是某人第一次開始遊戲的那一天。D1 是第二天。D7 是他們第一次開始遊戲後的一週，D30 是一個月後。你可以根據玩家開始遊戲的時間將玩家分群，並追蹤他們的行為。在 D1、D7 和 D30 上返回的百分比是多少？你如何透過提高他們的首次使用者體驗（FTUE）並確保遊戲中具有讓他們回來的誘因來改善這一點？例如，許多遊戲（尤其是手機平台上的免費遊玩遊戲）如果玩家在開始遊戲後的隔天回來，就會給予玩家獎勵之類的。遊戲對此非常清楚，並慶祝玩家的回歸——它也應該如此。無法讓玩家在隔天再訪的遊戲將會很難成功。

追蹤玩家遊戲行為的另一個面向是觀察每日的玩家數量變化。在指定的任何一天中，有進行遊戲的個別玩家總數量稱為**每日活躍使用者**（*DAU*，*daily active users*）。這有時被稱為「心跳」數據，因為它可以一目了然地告訴你遊戲目前如何。DAU 在一週的不同天中變化很大，所以看到週二的下降可能並不重要，因為這通常是最少玩家的日子。另一方面，如果在某個星期六你只擁有上週六的一半 DAU，你應該警覺了：有東西出現問題，你需要快速找出它是什麼。

你還可以查看**每月活躍使用者**（*MAU*，*monthly active users*），即過去 30 天內玩過該遊戲的個別玩家總數量。這是一個回顧性的數字，累積了過去 30 天的紀錄。然而，通過觀察 DAU 除以 MAU 的比例——今天有多少人玩對比上過去一個月的總數——你可以得到遊戲整體健康狀況的強烈指標。這通常被稱為遊戲的**黏性**（*stickiness*）——人們有多可能堅持並再次回到遊戲中。如果這個比率隨著時間的推移而上升，那麼你的遊戲是健康的。如果它正在下降——現在比

先前遊玩的人數（比例）更少——這是一個不好的跡象，你應該採取快速行動來找出問題所在。

你還可以看看玩家不僅在單次遊戲中玩了多久，而且可以看整體持續天數：這就是玩家在遊戲中的**生命週期**（*lifetime*）。大多數玩家在遊戲中的生命週期不到一天——他們只玩了一次然後不再回來。改善你遊戲的首次使用者體驗和早期平衡，以使更多玩家會想要回來，這將增加遊戲整體的健康狀況。另一方面，規律的玩家玩了多久的遊戲？幾週或幾個月？他們為什麼停止了？行為分析可以幫助你理解為什麼玩家停止玩遊戲——特別是如果他們只是不再有事情做時（這在內容驅動的遊戲中比在系統性遊戲中更常見）。

轉換

在免費遊玩（F2P）遊戲中，絕大多數玩家——通常是 98％到 99％——根本不會在遊戲中購買任何東西。嚴格來說，這些是玩家，但不是顧客。只有實際購買的人才是顧客。將玩家改變為顧客的行為稱為**轉換**（*conversion*）。

你可以追蹤特定群組中的玩家何時進行首次購買、平均每天花費多少，以及在第一次購買後進行第二次購買的可能性。有很多方法可以檢視這些數據，以幫助你更好地了解玩家的行為。例如，通常情況下，在群組的基礎上，具有更好的首次體驗的玩家更有可能在免費遊玩的遊戲中更快、更多地購買。同樣地，進行過一次購買的玩家更有可能會進行另一次購買；因此，如果你能說服他們進行第一次購買會是個好主意，他們更有可能再次購買遊戲中的東西。

如果你追蹤玩家在免費遊玩的遊戲中購買的總金額並將其除以所有玩家數量，你將獲得**每位使用者的平均收益**（*ARPU，average revenue per user*）。這是遊戲中收入實力的關鍵指標之一。它似乎與平衡無關，但如果你為免費遊玩遊戲設計了有效的創造收益（monetization），那麼玩家會回報以強勁的平均收益。

免費遊玩的遊戲中通常會追蹤許多其他指標，例如**每日活躍使用者的平均收益**（*ARPDAU，average revenue per daily active user*）。對這裡的討論而言，剩下最重要的轉換指標同時與玩家平均遊玩時間（他們在遊戲中的生命週期）以及他們在過程中購買的總金額有關。作為所有玩家的平均值，這稱為**終身價值**（*LTV，lifetime value*）這個指標可能是評估整體遊戲和玩家體驗平衡和商業成功的最重要指標。

終身價值（LTV）是有時被稱為免費遊玩遊戲的「鐵之方程式（iron equation）」的一部分。這個方程式表示，所有玩家在遊戲中的全部時間內所獲得的收益必須超過獲得普通玩家的成本總和（例如所有行銷成本）和以每個玩家為基礎的來計算在他們生命週期中運營遊戲的成本。鐵之方程式如下：

$$LTV > eCPU + Ops$$

eCPU 是每位使用者的有效成本——也就是要引入一位新玩家的平均成本是多少。因此，如果普通玩家（average player）玩你的遊戲一年，你每個月需花費 \$1 來負擔一位玩家的運營成本（伺服器、頻寬、維持開發團隊等），**而且**你在獲取每位玩家時所花費的平均行銷成本是 \$3，那麼你（每年）平均在每位玩家身上所獲得的收益至少應高於 \$3 + \$1 × 12（\$15）。這意味著，如果平均而言，在他或她的整個生命週期中，每個玩家只支付你 \$10，那麼你基本上就會破產。沒有從這個角度看待他們所獲得的玩家分析的免費遊玩遊戲常常遭到這種命運。

所有這些關於收入和創造收益的討論都可能不是你所認為的遊戲平衡甚至遊戲設計。然而，創造收益的設計（Monetization design）越來越多地成為遊戲設計的一部分。作為遊戲設計師，你必須了解並對創造出商業上成功遊戲的方法（同時包括設計和分析性的方案）保持開放。這可能意味著以單一價格在線上銷售遊戲，這是一種更傳統的方法，或者免費提供，玩家想要的話可以選擇購買遊戲內物品。正確的建構遊戲體驗，以使玩家不會覺得他們必須購買，但如果他們願意，他們可以選擇這樣做，成功的建構這種體驗可以讓遊戲邁向成功，這是創造收益的設計和分析性遊戲平衡的關鍵部分。

使用

除了引入玩家、讓他們繼續玩以及鼓勵他們在遊戲中購物之外，還有多種以使用情形為根基的簡單指標，你可以蒐集和分析它們。

例如，如果你的遊戲中有任務，那麼它們被完成的次數是否大約相同？如果有一個一直被重複完成，那麼它可能是不平衡並傾向玩家的。或者，如果幾乎沒有人完成，那是太困難還是單調乏味？你還可以看看玩家如何在遊戲中死亡或者他們如何失敗；是否有你看不到的遊戲層面，但透過觀察導致玩家消亡或失敗的原因，你會看到遊戲的不平衡部分？

也有類似的經濟測量方法。在本章前面提到的 *Habitat* 的例子中，遊戲的管理者很幸運有放入了測量方法，能夠衡量整體遊戲中的金錢變化以及每個玩家帳戶中每日遊戲幣的餘額。這使他們能夠在失控之前、發現一個可能造成嚴重遊戲損害的經濟失衡。

任何會影響遊戲使用的東西、它的來源（sources）和水槽（sinks）以及玩家可以累積的核心資源都是值得追蹤和分析的。雖然不要蒐集實際用不到的資料也很重要，但如果你想弄清楚在遊戲中應該從哪裡開始播放聲音：任何向玩家提供聽覺回饋的事件都可能是你想要記錄的活動。如果這會產生太多沒有幫助的數據，你可以開始過濾這些分析性的調用，而你在過程中也很有可能會更了解你想要蒐集的資料類型。

社群

最後，透過使用分析來更好地了解玩家的社交和社群導向的行為，你可以大致了解遊戲的整體健康狀況和平衡。例如，你可以追蹤玩家在一般情況下及與特定人聊天的時間，以及在遊戲中形成的持久社交群體（例如公會）的數量及其活動。這使你能夠建立一個誰與誰聯繫的概略社交聯繫模型。當然，這並不是所有遊戲都需要的，但是能夠在遊戲中繪製出社交網路、可以揭示出很多關於誰是興論製造者和早期採用者的訊息，你可能想要了解他們的行為。例如，如果一組有影響力的玩家開始減少他們在遊戲中花費的時間，這可能是一個麻煩的早期跡象（即使他們只是已經玩盡了內容）。

你還可以追蹤你收到的有關遊戲不同部分的投訴的數量和類型。當然，這可以幫助找到程式錯誤（bugs），但它也可以幫助你找到玩家認為不平衡的遊戲部分——太困難、乏味或者只是沒有吸引力。修正這些使得遊戲對每個人來說更好。

摘要

平衡複雜系統和遊戲體驗是一整套困難、複雜、通常令人生畏的任務。本章介紹了創造和平衡遊戲中從簡單原子性質的構成元件到大型複雜的分層系統時，所需的實務元素和心理框架。

請記住，平衡必然是一項持續的實踐。它永遠不會完美，它從未真正完成。如果遊戲對你和玩家來說基本上是公平的，你正朝著正確的方向前進。還要記住，每個玩遊戲的玩家都有可能以新的方式使其失去平衡。但是，如果你已經創造了具有韌性的系統並盡可能地平衡它們，則可以降低遊戲失衡的可能性以及降低玩家失去參與度的機會。

CHAPTER 11

與團隊一同工作

除了你擁有的任何創造性、系統建構或技術技能之外，要想成為成功的遊戲設計師，你必須能夠有效地作為團隊的一員來工作，並幫助其他人這樣做。

成功的團隊不是自然發生的；他們是有意建立的，成為他們自己的系統。了解開發團隊中的各種角色以及他們如何組成有效的團隊，將有助於你與其他人一起建構你的遊戲。

團隊合作

對任何規模的遊戲來說，只由某一個人自己就完成它是很罕見的。因為創造任何遊戲所需的技能都很多樣化，幾乎所有這些都是擁有共同願景的人們聚集在一起所產出的產品。這需要跨學科的大量工作——遊戲設計、程式設計、美術、聲音、寫作、專案管理、市場行銷等。

要完成所有這些工作，你必須超越對遊戲進行構思和詳細設計時所涉及的技能。除了要能夠將你的想法傳達給不是遊戲設計師的其他人之外，你還必須能夠有效地與他們合作，並確保每個人都能很好地合作。你必須能夠匯集最優秀的人才，並使用最好的流程和工具來使你的遊戲成真。這樣做絕非易事，通常會讓遊戲設計師（和其他人）遠離他們的舒適區。在很多層面，設計遊戲是容易的部分。與團隊一起開發它則要困難得多。

成功的團隊做了什麼？

很容易低估組建和維護一支成功團隊的難度，以及這對於你遊戲的成功和你自己的長期職業成功的至關重要性。許多管理理論都推測了團隊運作良好的原因，你可以找到很多關於這個主題的好書。幸運的是，我們擁有關於是什麼造就了強大、成功團隊的實際數據——至少對遊戲開發而言。

2014 年，由 Paul Tozour 領導的一個名為 Game Outcomes Project 的團隊發布了一些關於遊戲成功或失敗原因的精彩細節（Tozour 等人，2014 年）。他們對大約 120 個問題進行了詳細調查，並收集了近 300 份由已完成和發布遊戲的團隊的回覆。用他們的話說，這給了他們一個數據的「金礦」。

根據調查結果，Tozour 的團隊能夠分離出與成功遊戲正相關或負相關的多種實踐。他們廣泛地定義了「成功」，涉及一個或多個因素：

- 投資報酬率（ROI，Return-on-investment）——即遊戲的足夠獲利能力。

- 關鍵或藝術上的成功。

- 實現對團隊重要的內部目標。

團隊所指出的每項影響都是統計上顯著的。這意味著如果你遵循著這些方法，你顯然會增加你的遊戲計畫成功的機會。

Tozour 的團隊列出了他們的「前 40 名」項目，按照它們對產品成功的影響程度來排列。這些在這裡以略微縮短的形式呈現並按主題分組。（當然也建議閱讀原始的研究報告。）

如果你把最重要的項目們拆解，就它們對創造一個成功遊戲的貢獻程度來分類，結果如下：

- 創造並維持一個團隊正在製作之清晰、引人注目的願景。

- 有效運作、保持專注、避免不必要的分心和變化 —— 但不需要大量複雜的處理。

- 建立互相信任、尊重、團結的團隊，保持高標準，但也允許犯錯。

- 清晰公開地溝通、解決分歧、定期開會。

- 將每個團隊成員視為個人 —— 在專業、個人和財務方面皆是。

那麼什麼不在最重要的項目列表中呢？兩件大事立即跳了出來：

- 擁有一種生產方法很重要（列表中排名 #26），但無論你使用敏捷、瀑布還是別的東西都不太重要。

- 擁有一支經驗豐富的團隊也很重要。它沒有直接出現在列表中，但如果把它放進來，那麼在這個重要因素列表中，它將在 40 個中排在 #36 左右。

上述項目可能並不令人驚訝，但它們也不一定是顯而易見的。它們應該是遊戲開發的基本規則，但是太多的開發團隊忽略或違反其中的一個或多個，然後想知道它們為什麼不成功。他們從來沒有清楚地了解他們正在做什麼，或者他們經常改變過程或技術平台。他們溝通困難、讓分歧惡化並持續數月或數年。或者他們允許自己進入關於使用哪一種生產方法或工具集的深入爭論。這些都是讓你的遊戲開發計畫失敗的好方法。

在沒有你的團隊成為壓力源並增加難度之前，開發遊戲就已經足夠困難了。如果你可以與你的團隊討論這些原則，並讓每個人都致力於遵循這些原則（包括當有人摔倒在列表中的某一項時互相幫助 —— 這在列表中的 #5 和 #35），那麼你將大大增加你的團隊和遊戲成功的機會。

進一步細分上述縮略的列表，以下章節將檢視個別區域以及它們在原始結果中的重要性。列表中括號的數字 —— 例如（#1）—— 表示特定項目出現在原始的 Game Outcomes Project 列表中的排序，它是按重要程度排序分類而不是照主題。

產品願景

每個遊戲都有一個統一的願景，講述了遊戲關於什麼。願景與整個玩家的體驗一致。它包括遊戲中的各種互動、你希望玩家感受到的情感、以及你包含的遊戲機制類型。

正如第 6 章「設計整體的體驗」中所討論的，這是你應該在開發早期就創造的。

正如 Game Outcomes Project 所呈現的結果，在各個層面擁有明確的產品願景對你的成功至關重要。在這裡把它們按重要性排列：

- 願景清晰並被團隊所理解（#1）。

    - 這包括將要呈現的內容以及團隊的期望（#1）。

    - 產品願景體現在規格／設計文件中，並輔以持續的設計工作（#36）。

- 願景令人信服；它是可行的，並引領出明確的行動（#1）。

- 願景是一致的，並且不隨時間漂移（#2）。

    - 團隊對變化或偏移抱持謹慎態度（#2）。

    - 有必要變更時通知所有利害關係人（#21）。

- 願景是共享的：團隊相信它並對它充滿熱情（#3）。

擁有明確定義且被記錄下來的願景、而團隊也在過程中充分參與是非常重要的，絕不誇大。這也是第 6 章中描述的概念文件如此重要的一個原因。不僅需要明確定義願景，它還需要團隊充分的記錄和理解。當拜訪團隊的訪客詢問大廳中任何一個人，關於正在做的事情、它如何與整個團隊的願景有關連、以及計畫將走向哪裡，應該要可以獲得一致的答案。如果你發現自己處於願景不明確或與所做工作不一致的團隊中，請放下其他所有事情直至解決這些問題。不這樣做將引致災難。

這並不是說願景不能改變。在設計、製作原型和測試想法時，你將發現以前沒有看到的遊戲願景的新面向，你應該把它們囊括進來。然而，這並不意味著願景應該每週改變或隨著時間漂移。正如 Game Outcomes Project 的結果所示，擁有清晰、一致、共享和良好溝通的願景對於在遊戲開發中取得任何形式的成功都至關重要。

但有時候，外界會強迫你改變；也許其他人發布與你太相似的遊戲，或者你的預算或日程的現實改變了。當發生這種情況時，盡快修改並重新創造遊戲願景，確保所有利害關係人的參與及支持（#21）並確保每個人都理解（#1）並且對產品前進的方向擁有熱情（#3）。

最後，請注意，這種清晰的願景不僅適用於團隊，還包括每個人的角色和期望。及早處理好這件事並定期檢視，以確定沒有人的角色或期望發生漂移是非常重要的。

產品開發

至少可以說，將遊戲作為產品來開發是很困難的。這種開發的結果必須成為某種可以由任何擁有適當硬體的人所使用、或可以打開盒子並閱讀規則的東西。通常，作為產品的遊戲是在商業上銷售的，儘管有越來越多的遊戲是用在教育或類似的環境中。無論如何，從一個概念轉變為一個完全實現的、獨立式的遊戲產品是很困難的，許多這種努力從未成功。

要創造出一個成功的遊戲產品，需要能夠堅持遊戲願景並有一個團結的團隊，最重要的是，它們要能夠很好地協同運作。如果這些元素到位，則可以更容易地管理其他數量多到令人訝異的層面（技術、範疇、預算等等）。

根據 Game Outcomes Project，以下這些是要成功開發產品的最優先項目：

- 開發專注於遊戲的願景，同時也受願景所驅動（#1）。
  - 團隊成員了解願景並執行由產品願景所驅動的高優先性任務（#1）。
  - 個人不會依照自己的優先順序去執行（#1、#19）。
- 領導者主動識別並降低潛在風險（#2）。
- 團隊有效協同運作（#4）。
  - 團隊消除分心，避免密集加班（#4）。
  - 團隊接受訓練並使用其選擇的生產方法（#26）。
  - 團隊確保工具運作良好並有效率（#29）。
- 團隊經常且盡可能準確地估計任務持續時間（#16）。
  - 團隊成員有權決定自己的日常任務，並參與決定任務的時間分配之過程（#30）。

■ 團隊在開發過程中仔細管理任何必要的技術變更（#31）。

■ 團隊根據計畫的當前狀態決定每個里程碑的優先次序（#40）。

可以說，遊戲的開發應該由遊戲的願景驅動，這似乎是顯而易見的。不幸的是，一個計畫很容易在一個與願景沒有真正聯繫的方向上蹣跚而行；也許團隊並沒有真正接納願景（或者甚至只有一個人沒有），或者團隊可能只是慢慢地逐漸偏離它。確保每個人都投入在對願景產生貢獻的最高優先性任務上，而不僅僅是處理眩目的干擾或某人的個人優先事項，這將有助於避免正在完成的工作偏離商定的願景。

保持計畫正常運作也意味著計畫領導人必須正視和快速地面對困難問題，根據需要消除或減輕風險。這做起來可能比聽起來更難：製作人或其他團隊領導者總是有需要處理的問題（並避免這些分散了團隊的注意力）。成功的這樣做可以使團隊成員更有效地工作並更好地控制自己的工作。這種形態的局部團隊控制，包括盡可能地確定每個人自己的當前優先事項和任務預估（基於先前績效的回饋）對於保持團隊的長期良好運作——並使計畫得以成功非常重要。

要讓一個計畫能夠良好運作達數月或甚至數年的一個重要層面，是明顯限制住團隊必須投入的 **密集加班**（*crunch time*）時間（數天到數週的長時間加班）。密集加班是遊戲行業中的一個持續話題，一些團隊完全接受它，而另一些則完全避開它。長時間工作的負面影響已有詳細記錄（CDC， 2017 年），但它仍然是整個行業中存在的問題。

在進行任何創意性的計畫時，都會出現難以或無法安排的未知因素。當新的優先事務或問題突然出現，或者任務沒有按計劃進行時，整個團隊很容易落後於原定時程。如果團隊堅持住其他原則（清晰的願景、處理高優先順序的項目等等），偶爾發生短期的這種情況並不是一個重要的問題。然而，當願景不明確、生產繞遠路、優先順序經常變化、任務預估不良時，團隊最終不得不花上數週的延長工時來滿足重要（通常是不可移動的）的生產日期。隨著時間的推移，這會削弱團隊的表現和士氣，從長遠來看，它最終不會讓遊戲變得更好。

團隊

幾乎所有的遊戲都是由團隊製作的，作為一名遊戲設計師，你將把你職業生涯的大部分時間作為團隊中的一份子來工作。成功的遊戲計畫團隊有什麼共通點呢？ Game Outcomes Project 強調了幾個關鍵特徵：

- 團隊凝聚力強，其成員相信遊戲願景、團隊領導者以及彼此。他們分享價值觀和使命感（#1、#8、#14、#17）。

  - 團隊致力於降低人員流動率（#6），但也迅速移除了破壞性／不尊重的成員（#12、#13）。

  - 團隊會維護團體和產品的優先順序，高於個人（#19）。

  - 團隊組織良好，團隊結構清晰可辨（#25）。

  - 團隊營造了一個管理層和團隊相互尊重的環境（#12）。

  - 團隊營造了樂於助人的氛圍（#35）。

- 團隊能夠承擔風險（在產品願景和優先順序的範圍內）並從錯誤中吸取教訓（#5）。

  - 團隊成員會避免浪費性的設計大幅變動（#9）。

  - 團隊成員會慶祝新奇的想法，即使它們沒有成功（#10）。

  - 團隊成員會公開討論失敗（#18）。

- 團隊成員彼此保持高標準（#11、#17）。

  - 他們歡迎彼此尊重的合作和對工作的審查（#11、#39）。

  - 團隊成員獎勵那些尋求幫助或支持他人的人（#35）。

  - 當有人做出適得其反的行為時，他們會互相提醒（#17）。

  - 個人責任和角色與他們的技能相匹配（#20）。

  - 個人有機會學習和發展他們的技能（#28）。

  - 團隊成員會互相追究在截止日期前完成的責任——但不是為了削弱團隊士氣（#34）。

如本章所述，擁有一個有效的團隊動態對計畫的進展非常重要。這會讓人們想要參與在計畫之中，而不是他們每天要面對的可怕東西。其中一個有趣的部分是，雖然團隊的凝聚力和低流動率很重要，但是迅速消除那些具有破壞性、將個人的優先順序放在首位、或者在社交或職業上有危害性的人也很重要。雖然有一些「難以與他合作，但又太厲害而非他不可的天才」的神話故事，但長期的經驗表示，最好儘速把這些人從團隊中移除。讓他們留下來的同時，也使他們的行為對其他人產生了一個有害的環境。雖然沒有任何人應該在沒有適當考

慮的情況下被從團隊中移除，但是給予那些破壞團隊努力或影響了其他團隊成員而導致無法建立團隊凝聚力的人再次機會並不理想；從長遠來看，這只會削弱了團隊。

這並不是說犯了一次錯就要被開除——團隊成員應該要能夠嘗試事情並允許失敗——但嘗試及失敗和對團隊造成破壞性影響是不同的。那些不按照團隊的最佳利益行事的人，無論他們多麼專業，或者他們對團隊的作用有多重要，都應該被迅速規勸，然後在必要時讓他離開。團隊成員需要讓彼此對自己的工作負責，以及為其他人的工作和成功做出貢獻。這包括按時完成工作、並有時需要承擔風險來保持高標準。

溝通

與其他人——具有不同技能、經驗和目標的人——一起工作需要持續、有效的溝通。團隊中的每個人都需要具備這些技能。作為遊戲設計師，你經常會被要求與團隊不同部門的其他成員一起工作，而你的溝通能力將極大地影響產品的潛在成功機會。

以下是成功的遊戲團隊所分享的一些關於有效溝通的面向：

- 每個人都會接受團隊或團隊領導者做出的決策（#3）。
- 團隊迅速解決差異，對產品或個人而言都是（#7、#12）。
- 團隊成員經常收到有關其工作的回饋（#9）。
  - 團隊成員做得好的任務會被給予充分的讚揚（#22）。
  - 「沒有驚喜的管理（No surprises management）」：如果有重大的壞消息，不要掩飾或隱瞞它；讓相關人員知道（#9）。
- 即使在困難的主題上，團隊也能夠並且願意公開發言（#27）。
  - 即使決策違背了團隊成員的觀點，他們也覺得聲音已被聽到（#15）。
  - 透過開放、尊重的溝通最大限度地減少辦公室政治（#17）。
  - 團隊擁有向主管隨訪隨談的政策（open-door policy），每個人都可以向高層領導提出問題／提供回饋意見（#23）。

- 團隊成員對任務和行為之期望（目標）有清楚的了解（#24）。

- 團隊定期開會討論感興趣的主題、提出問題並找出瓶頸（#33）。

如果團隊成員溝通不暢，團隊就無法有效運作。以系統的術語來說，每個團隊成員都是整個團隊系統的一個構成元件：如果團隊成員沒有建設性地進行互動，那麼系統就會崩潰。這包括非正式和正式的溝通、口頭和書面都是。它還包括一些更困難的領域，比如在出現問題時不會隱藏結果（「沒有驚喜的管理」），能夠**建設性**（*constructively*）地（沒有在這方面做出防禦性反應）批評對方的工作，並且每個團隊成員都會全心投入即使他們自己不認同的決策。這並不是說團隊成員應該是無意識的無人機，但一旦團隊對進行的方向做出了決策，就應該把自己的意見放下並以行動來支持它。這意味著即使你不同意團隊的決策和行進的方向，你也應該全心全意的為它貢獻。那些無法這樣做的人（在最糟糕的情況下，某些人會說出正確的事情、但做的是另外一套）也往往是在事情變得非常困難時對團隊產生危害的人。

上述提到關於經常開會的項目，雖然在列表中排序較後，但仍然很重要：團隊不僅需要溝通，而且要經常溝通。每個人都參與的每日狀態會議僅是**最低限度**（*minimum*）而已。在大型團隊中，這可能會變成小型的功能型團隊會議，然後是團隊領導者的快速會議，但原則是相同的。遠比僅舉行每日會議更好的是團隊成員（全體或分成較小且人員有重疊的小組）聚在一起審視遊戲、提高技能、解決問題或進行社交活動。並非團隊中的每個人都必須成為朋友，但他們必須互相尊重，並且知道如何有效地為團隊和計畫進行溝通，以便將它做好。

個人

溝通和團隊合作顯然是成功的重要面向。但每個團隊都由個人組成。作為個人，我們都有不同的需求。成功的團隊設法平衡整個團隊和產品的需求及團隊中每個成員的有效需求。Game Outcomes Project 發現以下關於成功團隊的資訊：

- 團隊允許每個人成長，甚至成為新角色（#28）。

- 團隊成員真正將對方當作一個人來關心（#37）。

- 團隊使用個別定制的財務激勵方式，而不是用評論分數或類似作法來發給版稅或獎金（#38）。

每個人都在走自己的獨特旅程。這聽起來像陳腔濫調，但這是真的，值得記住。大多數製作團隊花了幾個月或者幾年的時間在一起，然後在不同的路徑上分道揚鑣…將團隊成員視為個人而不僅僅是他們的職能角色（遊戲設計師、首席程式設計師、美術實習生等）將幫助你記住每個人的個人和專業需求都必須和團隊的需求保持平衡。

當成員對彼此有一定程度真正的同理心時，團隊運作會有效許多——需要時一起慶祝、支持和哀悼。這會鍛造出關係鏈結，讓團隊能夠共度難關。沒有什麼能夠比擬成為團隊的一份子，其中每個人都互相信任一樣。這並不意味著他們降低標準，或是他們沒有指出其他人的錯誤或提出異議，但如果這些困難的任務可以在真正的相互尊重、甚至關懷的環境下完成，那麼團隊就可以擁有更高的成就。

雖然確實每個人都有自己的需求和目標，而且生產團隊通常只在一起很短的時間，但如果你能夠平衡團隊的需要和每個人的需求，那麼你最終會創造一個更強大的團隊。此外，這就是你創建連結的方式，這些連結可以讓你在未來建立更好的團隊。在組建一個團隊時，幾乎沒有什麼事情可以比的上、這可能被稱為電影**瞞天過海**（*Ocean's Eleven*）的時刻：你打電話給他們，告訴他們你在建立什麼並邀請他們，收到的回應是「我加入」。

綜合來說

根據我在創建和管理許多團隊方面的經驗，我將本章到目前為止討論的原則總結為三個主要原則：

- 誠信（*Integrity*）
  - 言行合一。
  - 承認錯誤。
  - 不要指責。
- 靈活（*Flexibility*）
  - 能夠快速改變方向。
  - 允許他人成長。
  - 不要困在過去。

- 溝通（*Communication*）

  - 讓其他人知情；不要隱瞞訊息。

  - 提供並尋求幫助。

  - 即時提供回饋。

前幾節中列出的來自 Game Outcomes Project 研究的排序是基於定量資料的分析。而這些建議則來自我的經驗，但我相信這些建議仍然有用。如果你可以內化和平衡這三個價值，他們會在你的任何職業生涯中伴你走的很長遠——也包括在你的生活中。

團隊內的角色

在任何團隊中都有多個必須具備的角色——具有完全不同技能的人必須聚集在一起，才能創造出一個成功的團隊和一個成功的產品。了解這些角色以及每種角色的技能和責任將有助於你找到自己作為團隊成員的位置，並了解構成完整開發團隊的情形。

為了開始討論遊戲開發中的團隊角色，我們將首先從公司來討論。並且再退回到工作室為討論主題，最終再回到遊戲開發團隊。並非每家公司都使用這種模式，但這種組織情況很常見。

公司架構

大多數遊戲公司（以及一般商業公司）由高管團隊（*executive team*）所領導。這包括通常稱為 C-team 或 C-suite 的身分，包括以下：

- **執行長（CEO，Chief executive officer）**：執行長負責公司的整體指導、資金募集以及與董事會合作。

- **營運長（COO，Chief operating officer）/ 總裁**：營運長負責公司的日常運作並與執行長合作。（在較小的公司中，一個人可能既是執行長又是營運長。）

- **財務長（CFO，Chief financial officer）**：財務長負責公司預算、監督員工薪酬、會計、稅務等。

- **創意長（CCO，Chief creative officer）：**創意長負責公司的創意組合以及跨工作室的創意方向。

- **技術長（CTO，Chief technical officer）：**技術長負責公司的技術平台、檢查和採用新技術、程式設計標準等。

有時也有其他角色，包括資訊長（通常與遊戲公司的技術長相同）和行銷長（通常是向執行長報告的副總裁 [VP] 或類似人員）。也有許多基礎身分的角色——如人力資源、有時是行銷、設備、供應商關係等——他們通常向營運長報告或向營運長麾下的副總裁報告。

執行長通常被認為是「大老闆」；他們最有責任確保公司表現良好並實現其總體目標。但執行長的老闆是董事會。執行長定期與董事會會面，討論戰略和企業方向，並在必要時籌集更多投資資金。董事會成員通常不是公司的僱員，而是代表那些對公司投資的人的利益（特別是，資金如何使用、是否使用得當，以及最終投資者能夠賺取多少資金）。大多數沒有投資者的小公司也缺乏董事會，儘管他們可能有一個顧問委員會來幫助他們。大公司則很少沒有外部投資者或董事會。

工作室內的角色

向執行長或營運長報告的通常是一組副總裁和／或總經理（副總裁和總經理——這些頭銜很多樣化），他們反過來領導被稱為**工作室**（*studios*）的組織。這個術語是常用的，但沒有單一的定義。概略的說，工作室是一組開發團隊，致力於開發某種遊戲產品。他們的產品通常按類型或特許經銷權（franchise，一系列具有相同基礎品牌的產品）分組。

領導工作室的副總裁或總經理擁有所謂的**損益責任**（*P&L responsibility*）——這意味著他們最終要對其管理的團隊的利潤和損失、收入和成本負責。這意味著他們在招聘人員、生產方向和團隊組成方面擁有廣泛的權威。

向工作室負責人（副總裁或總經理）報告的是一個或多個執行製作人（Eps，executive producers），通常是一位創意總監（CD，creative director），有時是一組共用服務（shared services）。每個執行製作人都會領導一個開發或產品團隊。創意總監會監督工作室中的所有遊戲設計，也可能向公司的創意長報告——或者可能創意總監和創意長只有一位並且是同一人。

共用服務包括了會跨所有產品團隊來進行工作的個人和團隊。這通常包括行銷，有時還包括其他群體，如商業智慧（BI，business intelligence）或分析、品質保證（QA，quality assurance）、社群管理、美術，尤其是聲音設計，因為團隊中需要的聲音設計師比任何其他功能性角色都少。

如果任何產品團隊有特殊需求或者總是需要來自這些領域的不只少數人，則某些人可能會從共用服務轉移到個別團隊內。但通常，在這些團隊中工作的人被視為與任何特定計畫的連結較少，因此能夠更容易地移動。這意味著公司還必須在這些團隊中僱用更少的人員，並且當特定團隊不再需要他們時，他們不會變得多餘。另一種選擇是，公司招聘一群特定角色的員工，例如品質保證，然後在不再需要這些人員時再將他們解雇。不幸的是，即使是在擁有共用資源團隊的情況下，在一些公司中也經常會發生這種情況。

開發團隊組織

通常，執行製作人會領導和監督單個遊戲開發團隊。他們的焦點是確保製作正確的遊戲並使其正確被製作。雖然執行製作人的角色嚴格來說不是設計遊戲的角色，但這個人通常對正在開發的遊戲具有最終權力，因此通常是遊戲的「願景持有者（vision holder）」。執行製作人通常會與團隊的首席設計師或創意總監密切合作，但執行製作人是處理任何問題、創意或其他類似事情的最終站。

向執行製作人報告的是一系列功能性的團隊：遊戲設計、程式設計和美術，以及製作團隊和其他團隊（見圖 11.1）。執行製作人必須平衡這些團隊的競爭性需求和問題，以確保遊戲製作順利並且（在製作後）運作良好。在某些情況下，執行製作人將對其團隊擁有預算權限；這取決於執行製作人的資歷和團隊的規模及其他考量。

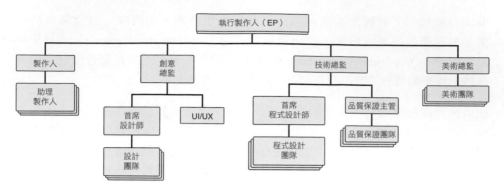

圖 11.1　典型的遊戲開發團隊組織結構圖。

製作人

向執行製作人報告的是一個或多個製作人（producers），在大型團隊中，還有一個或多個助理製作人（APs）。一個小團隊可能只有一個製作人。一個大型團隊可能有一個或兩個資深製作人，並有幾個製作人｛在這種情況下有時稱為產品線製作人（line producers）｝向他們報告，且由多個助理製作人協助並向這些製作人報告。

作為普遍性的規則，你通常會在遊戲開發團隊內的每 10 個左右的其他成員就看到 1 位製作人。如果超過這個比例，這可能表示團隊存在問題，或者可能是「廚房裡的大廚太多了。」如果你低於這個比例，那麼可能是功能性團隊可以高度自我管理，不然就是有混亂等待著當團隊受到壓力時爆發。

助理製作人（APs）是遊戲開發中常見的入門級職位；這些職位的人傾向於每日和其他功能性團隊（遊戲設計、程式設計等）一同處理任務和時程安排這些日常細節。隨著他們獲得更多經驗，助理製作人可能會晉升為製作人，並從那裡晉升為資深製作人，最終則成為執行製作人。（這些階段中的每一步都可能需要數年的經驗。）在每個階段，個人的視野和責任都變得更加廣大，並需要處理更多問題。

製作人和遊戲設計師經常會有模糊的職位描述。製作人是確保進展順利、問題得到迅速解決、團隊有效運作而不會出現問題或分心的人。根據組織，助理製作人和製作人管理團隊的里程碑、任務和時程，或幫助功能性團隊管理他們自己。他們通常不會直接向遊戲添加任何內容，但他們會使其他所有事務有效運作。作為一個團隊，製作人始終需要了解每個功能性團隊中正在發生的事

情——誰在做什麼、特別是哪些部分具有很大風險。有人說你應該能夠在半夜喚醒製作人，他們應該能夠告訴你目前團隊面臨的三大風險。這可能是誇大其詞，但不是太多。

製作人的重要技能包括有條理、決心和堅持不懈，並且是一位優秀的領導者。任何團隊都不會因為強迫而真正跟隨你；團隊成員只有在他們自己想要並且相信你的領導能力時才會真正跟隨你。製作人會經常試圖讓團隊成員做某事（或完成某些事情），團隊必須相信他們的領導能力，特別是在困難時期。作為優秀領導者的一部分，製作人也必須擁有堅實的服務心態。從洗刷廁所到訂購零食、到確保每個人都擁有合適的滑鼠和鍵盤這些在製作遊戲過程中不被感謝的工作都是——而且如果沒有其他人可以處理這些事情，製作團隊就得自己動手處理。

最後，製作人必須善於傾聽並且果斷。製作人必須能夠以團隊中某個人能夠接受的方式來拒絕他。有時當每個人都真的想要一些東西——一個很酷的新功能、一個下午去看新上映的電影、或新的椅子——製作人的工作是讓每個人都專注於團隊的目標，並且溫柔但堅定地讓他們運作順利，即使那意味著很多次的拒絕。

專案經理和產品經理

在一些遊戲公司中，製作人有一種有趣的劃分：一些人被稱為**專案經理**（*project managers*），另一些被稱為**產品經理**（*product managers*）。兩者都是製作人的子類別。

專案經理專注在遊戲發布前。他們與團隊合作制定里程碑和時程表，觀察可能害團隊開始失去一些前進動能的麻煩點，並保持團隊專注於任務、免受干擾。他們還確保每個人都能夠完成自己的工作——沒有人的進程被阻礙——並且經常與外部團隊合作。

對比之下，產品經理則專注於已發行並正在銷售的遊戲。他們更負責產品行銷、管理社群關係、在某些情況下處理遊戲中的創造收益以及追蹤使用分析。並非所有團隊都需要一位產品經理，但隨著越來越多的遊戲擁有線上成分，他變為一位越來越被熟悉的角色。

遊戲設計師

遊戲設計師是你現在最熟悉的角色。遊戲設計師會完成本書中討論的所有事情：思考新概念、創造系統、定義構成元件，並且幾乎無休止地在電子表格中處理屬性值。

遊戲設計師的入門級職稱往往是*初級*（*junior*）或*助理遊戲設計師*（*associate game designer*）（這些因公司而異）。在開始時，一名新設計師將像大多數職業的早期職位一樣，在一個小型、明確定義的範圍內工作。新設計師的典型活動是進行在遊戲中特定物品和關卡的詳細設計，並在某些情況下，對它們進行平衡。

在獲得了幾年的經驗之後，特別是在經歷了設計和發行遊戲的整個過程之後，一名初級遊戲設計師成為了遊戲設計師。這個角色的重點往往是建構子系統（例如，戰鬥系統中的遠程攻擊子系統）、設計特定的機制、以及為遊戲編寫有限的敘事或其他文本。大多數遊戲設計師花費五年或更長時間來進行這類工作，並累積經驗。

在某些時候、特別是在大型組織中，遊戲設計師可能會成為資深遊戲設計師（senior game designer）或首席遊戲設計師（lead game designer）。在許多情況中，這些角色基本上是相同的，差別是首席設計師還意味著要管理其他遊戲設計師和初級遊戲設計師。資深和首席設計師通常是創造整個系統和核心循環、創建長篇的敘事弧線、創造世界，並全面監督遊戲設計高層級結構的人。

首席遊戲設計師通常會直接向執行製作人報告；他們與其他功能性團隊的領導者擁有同儕關係。雖然所有團隊領導者必須共同努力，但每個領導者都有一個特定的專注領域。有時，還會有一個創意總監附加在團隊中，除了工作室的情況之外。

在存在創意總監的情況下，首席設計師向這位負責監督最高級別創意方向的創意總監報告，確保整個遊戲在遊戲玩法方面保持一致，並且在與遊戲玩法相關的最高優先順序的項目上取得了足夠的進展。

UI/UX

創造遊戲的使用者介面（*UI*，*user interface*）並定義其使用者互動（*UX*，*user interactions*）的團隊成員處於一個混合性的職位中。許多 UI 設計師從身為一位美術設計師開始，因為這個領域通常以玩家對使用者介面的感受為特徵。但他們還必須了解感知和認知心理學——人們如何看和聽不同的訊號，他們如何有效地點擊或滑動等等。

使用者互動設計師通常更關心使用者介面的功能性架構和玩家通過它的路徑。這些人也可能是美術設計師或遊戲設計師，或者越來越多是經過專門使用者互動方法訓練的人。

UI／UX 在遊戲開發組織中的位置各有不同。有時候它會與製作相結合，其他地方則將其與美術相結合，還有其他地方則將它與遊戲設計結合起來。圖 11.1 顯示了 UI／UX 是遊戲設計的兄弟，向創意總監報告，但這只是眾多可能配置中的一種。

程式設計師

遊戲開發團隊的技術角色由通常被稱為程式設計師（*programmers*）的人填補，儘管有時候更像是軟體工程師（*software engineers*）。這些人通常擁有電腦科學或類似領域的大學學位，並專注於使遊戲設計真正可以運行。一些程式設計師也進行遊戲設計，但這兩項活動需要截然不同的技能和思維方式，而且往往很難同時做好。即使你有雙方面的才能和經驗，專注在其中一個是建立職涯所必需的。

與製作人和遊戲設計師一樣，大多數程式設計師都是從初級角色開始，這些角色有許多不同的名稱，例如初級程式設計師或軟體工程師 I。隨著他們變得更有經驗，程式設計師最終會遇到職業分歧，更偏向管理者、首席程式設計師或知識淵博的架構師（architect）。作為一位首席程式設計師通常涉及管理其他技術人員——許多程式設計師會盡可能的避免它——但它也允許你在整個計畫中擁有更多視野和方向。架構師不管理其他程式設計師，但對遊戲的技術結構有顯著影響。團隊的架構師決定遊戲軟體的整體結構、確定將要使用的工具、了解開發團隊內的「工作流程（pipeline）」或檔案與資料的流動情形、創造重要的命名約定等等。在這樣做時，架構師經常與技術總監甚至公司的技術長合作，以保持會對各個團隊產生長期影響的決策具有一致性。

與遊戲設計師類似，首席程式設計師或技術總監可以監督計畫的所有技術層面，並向執行製作人報告。如果開發團隊擁有自己的品質保證團隊，品質保證人員通常會向技術總監報告，他們擁有對團隊內技術人員的整體管理權限和監督權，並與其他功能性團隊的領導者合作，以保持遊戲的開發繼續前進。

隨著時間，程式設計師變得更有經驗，他們傾向於專注於以下領域之一：

- **客戶端**：圖形、UI／UX 程式設計、物理、動畫、聲音。

- **伺服器端**：遊戲系統程式設計、遊戲引擎、腳本、網絡。

- **資料庫**：廣泛應用且高技術性的領域，關於資料的有效儲存和讀取。

- **工具**：分析、性能分析、測試、自動化。

- **人工智慧**：在遊戲中創造有效的對手。

- **原型製作**：一次又一次迅速創造出快速、可用的原型。

一些程式設計師會跨越大多數甚至所有這些領域，並被稱為「全端（full-stack）」程式設計師。例如，幾年前，全端 LAMP 程式設計師的需求量很大。LAMP 代表 Linux／Apache／MySQL／PHP——這些是工具的「堆疊（stack）」從作業系統到產品開發語言，也是這些全端程式設計師每天都在使用的。

雖然開發團隊內的所有成員都使用各種工具來完成他們的工作，但程式設計師可能會使用最多的工具。他們必須熟悉整合開發環境（IDE）、原始碼或版本控制系統、問題和任務追蹤系統、圖形引擎、資料庫工具、程式碼性能分析器、語法分析器等等。此外，正如上面的 LAMP 例子所示，任何特定工具組的壽命都不會超過幾年。程式設計師必須致力於不斷學習新的語言、工具以及新的或更新的方法，以在其職業生涯中保持與時俱進及效率。

不同計畫中程式設計師的數量差異很大。在早期的概念和原型製作階段，可能只有一兩個設計師。在規模的另一端，一個大型計畫中健全的開發團隊可能有一個技術總監、一個架構師、一個首席程式設計師和幾個各有前述專業領域的程式設計師。客戶端程式設計師往往是團隊中人數最多的，而 AI 和工具領域的程式設計師則數量最少。

品質保證

如本章前面所述，品質保證（QA）既可以是整個工作室（甚至是公司）的共用資源，也可以根據需要從一個計畫轉移到另一個計畫，或者可以駐留在開發團隊中。如果團隊中具有品質保證，它的負責人通常會向技術總監報告，但在某些情況下，此人與其他功能性團隊的負責人屬於同儕、而他會直接向執行製作人報告。

對於那些想繼續成為遊戲設計師、製作人甚至程式設計師的人來說，品質保證是遊戲行業內職業生涯的常見切入點。這個小組的重點是確保遊戲按預期運行，並以一種令玩家滿意的方式運作。品質保證團隊成員有時被稱為**品質保證測試人員**（*QA testers*）或**品質保證工程師**（*QA engineers*），這取決於他們的焦點。前者花費更多時間測試遊戲玩法，後者則編寫自動化測試程式，以確保遊戲按預期運作。雖然品質保證測試人員確實會發掘軟體中的錯誤，但這幾乎是附帶於他們的目的而已：他們的目標是確保遊戲創造出預期的體驗，並且這個體驗既有趣又平衡。

要在品質保證團隊中工作，你必須具有技術、細心、仔細和耐心。你經常需要反覆測試相同的遊戲玩法，尋找問題並在其發生時清楚地記錄下來。你還需要能夠以非正式和正式兼具的方式、採取口頭或以書面形式來進行良好的溝通。這需要一定程度的交涉手段：你必須能夠以他們能夠理解並接受的方式，來告訴設計師或程式設計師為什麼遊戲無法正常運作。

美術與聲音

視覺和聲音藝術師為遊戲增添了動感和生命，使它們增加了很大的吸引力。他們的工作和任何其他刺激玩家想像力的工作一樣重要。

視覺美術設計師往往擁有工作室美術或類似領域的學位；有些人現在以不同的學位進入遊戲行業來製作遊戲或遊戲美術。美術設計師通常會進入許多專業形式的遊戲美術，如概念美術、2D 美術繪畫、3D 模型、動畫、特效、技術美術和使用者介面美術。與程式設計一樣，每種類型的美術所需的技能現在都非常重要，以至於很難找到跨越兩個或三個這些領域的人，許多美術設計師在他們的職業生涯中只關注其中一項。

視覺美術團隊的結構類似於程式設計團隊的結構：經常配有一位首席美術設計師、他會管理多位美術設計，還有美術總監（創意總監和技術總監的同儕），有時也配有資深美術設計師、他像技術架構師一樣運作，監督遊戲的美術風格和方向，而不直接管理個別的美術設計師。

在許多團隊中，美術設計師和程式設計師一樣多──甚至更多。通常情況下，團隊只會有一兩個概念、技術和特效藝術師，而其餘的則專注於建模、動畫和其他任務，例如為模型創造紋理／材質並裝配它們（創造內部的「骨骼」）以使它們可以成為動畫。製作人也很常使用一種方式，減少內部團隊所需製作的美術設計數量，並將一部分外包給其他專為其他公司的遊戲製作美術的團體來執行。

要做出一個成功的遊戲，聲音設計與視覺美術有同等的重要性。然而，工作室中的聲音設計師往往遠少於視覺美術──每個聲音設計師經常同時與多個團隊一起工作。這一部分是由於遊戲中所需聲音的性質所造成，遊戲每一時刻累積起來的全部聲音需求比美術來得少，並且在某種程度源於遊戲開發者在傳統上並未對聲音和音樂給予它們應有的關注。這種情況正在發生變化，更多的玩家正在關注優秀的聲音和音樂，更多的遊戲將他們的音樂作為獨立音軌來發行。開發人員越來越了解精心設計的聲音在遊戲中可能產生的正面影響，並且也對它投入更多的時間和精力。產出遊戲的聲音和音樂同時需要高度的技術性及創意，這代表同時需要擁有良好的這兩類技能。

其他團隊

除了這些功能性團隊之外，通常還有其他團隊作為共用資源或作為開發團隊的一部分來運作。這些包括社群管理、與遊戲玩家的社群合作、分析和商業智慧、篩選有關玩家行為和競爭格局的定量訊息來改善未來的開發。如前所述，這些不是開發團隊本身的一部分，但卻是與其密切連結的團體，你可能發現自己不時的與他們一同工作。

你需要誰、何時需要？

如果你正在建立一個新團隊來製作遊戲，你可能希望在能力所及內盡快讓團隊盡可能大。但這只會讓團隊感到沮喪，因為一開始你所需的工作量只要幾個人就夠了。許多最好的團隊都是從一個由高級人員組成的小型核心探索團隊開始的，他們可以快速行動並嘗試新的想法，直到他們確定遊戲的方向、核心循環和整體遊戲玩法。開始時你通常只需要各一個設計師、程式設計師和美術設計

就夠了。三個人可以非常緊密地合作，快速的嘗試新的想法——設計、原型製作、測試、改進或根據需要丟棄想法。因為這個過程必然是迭代的，所以你需要確保這個小團隊中的每個人都願意並且能夠以這種方式工作——生成大量工作然後拋棄它（甚至對不適合遊戲的好成果也是）。

除了快速迭代之外，這個模型的另一個好處是避免了設計團隊交付成果的瓶頸。認為遊戲設計師（或者最終是設計師團隊中的一員）可以將整個遊戲設計好，然後在不需要迭代或修改的情況下就把它拿來實現，這是一種錯誤的想法。設計師有很多工作要做，包括改進概念、尋找樂趣、創造系統、定義構成元件以及確保遊戲跟遊戲應有的方式一樣運作。你越早完成這些工作，在更多人加入團隊之前完成它，你和你的遊戲就會越好。如果你在後來才必須做出重大的遊戲設計方向決策，那時有幾個程式設計師、美術設計、製作人和其他人都在等著看事情的進展，他們才可以著手他們的工作時，你會浪費他們很多時間——並且可能在壓力下創造出不是最理想的設計。

團隊作為一個系統

任何團隊的運作都如同是一個複雜的系統：它有各自交互作用的元件，會創造比構成元件本身更大的東西。在公司內部，團隊按層次結構運作，就像在任何系統中一樣：開發團隊、工作室和整個公司各自在不同組織層級形成系統。對於那些剛從遊戲（或任何複雜行業）開始的人來說，往往很難看到這一點。很容易從單一觀點來看待整個事物，卻不理解它其實有很多部分，因此在整個系統中也同時存在許多不同的觀點。

許多年前，我有一次試圖向一位年輕的開發者解釋，為什麼流程中他的部分不是唯一的部分（也不是最重要的部分），並且當然不能代表整體，我想要想出一個方法來讓他了解製作遊戲的層次——系統性的層次結構。我寫了以下內容（後來在網上很多地方引用過）：

想法不是設計

設計不是原型

原型不是程式

程式不是產品

產品不是企業

企業不是利潤

利潤不是出口

出口不是幸福

這裡要強調的是，在製作每個遊戲、產品和業務時都涉及到許多不同的技能領域。在每個層級都需要有新的和不同的才能才有辦法成功。這個階層系統中的每個構成元件都需要運作良好，沒有任何元件可以聲稱自己比其他元件來得卓越（也許，除了幸福之外）。

摘要

在一個有效率的團隊中工作，對你作為一位遊戲設計師的成功非常重要。當你開始積極開發時，你必須知道如何以身為一個在具有多樣化技能的團隊中的一員來工作，這與遊戲設計完全不同。你還需要知道成功的團隊是什麼樣的，這樣你才能更有效地做出貢獻。透過了解各種功能性、工作室和企業的角色如何組合在一起並創造出一個分層的團隊系統，你可以更好地發揮自己的角色，使你所屬的所有團隊受益。

CHAPTER 12

讓你的遊戲成真

在製造遊戲時，有很多除了設計以外的工作要做。本章討論了當你在現實世界中要和你的團隊一起讓遊戲成真時，從開始到完成會遇到的相關面向。

這些實務元素建立在本書第一部分的基礎和第二部分的原則之上，為它們增加了切實的背景。

著手開始

製作遊戲是一個漫長、困難和複雜的過程。在本書的大部分內容中，我們都在討論如何設計遊戲。但是為了使你的遊戲成為真實，除了設計之外，你必須知道如何成功的開發遊戲。這就是本章的目的。

除了能夠作為團隊的一份子來工作，要實際創造出你自己的遊戲，你還需要了解其中涉及的過程：

- 傳達你的遊戲理念。
- 迭代進行原型製作和遊戲測試。
- 處理遊戲開發過程的不同階段。
- 不只是開始，而是實際完成你的遊戲。

進行募投簡報

在遊戲設計之外的首先幾個任務之一，就是把它告訴其他人——並嘗試讓他們相信它。如果你無法傳達你的理念，你也無法讓它真正成功。這就是你要為遊戲進行募投簡報的時候了。

對遊戲進行募投簡報（pitch）意味著什麼？*Pitch* 是一個行業術語，意味著告訴別人你的遊戲，目的是說服你的聽眾並傳遞你對它的興奮。募投簡報是你傳達願景的方式。在製作過程的早期，你可能有一些圖表和文件，或者只是一個你認為可以成為某種偉大東西的想法。但是你無法自己讓遊戲成為真實。不可避免地，你必須說服別人為什麼你的想法是有價值的——為什麼在各式各樣向他們爭取的事情中，他們應該選擇你、給你時間、注意力、金錢和／或才能來幫助你讓你的遊戲成真。

準備簡報

募投簡報發生在各式各樣的情境下。如何進行簡報取決於你的目標、聽眾以及當時的環境。

了解你的目標

在準備和製作簡報時，你首先需要釐清的是你想要達到的目標。所有簡報都是有目的性的說服——但說服可以用不同的方式發生、並有不同的目標。簡報的最常見原因可能是獲得資金，這樣你就可以開發自己的遊戲，無論你簡報的對象是外部投資者還是公司的管理階層。還有其他簡報的理由，包括驗證你的想法、與媒體合作（作為行銷遊戲的一部分）、以及建立你的團隊。每個都需要你以不同並對其最有效的角度來傳達相同的遊戲理念。

無論你的簡報原因為何，你的理念都是一樣的，但簡報本身的形式可能會發生變化。如果你正在嘗試驗證你的想法，你可以專注於理念本身，讓其他人與你一起探討。通常你會發現關於遊戲願景的新方向或隱藏面向，這是你之前沒有想到過的，而你只透過了談論就得到它。或者與你交談的人會提出一個問題，它可能是遊戲世界或其敘事的變化，這表示他們足夠理解你所描述的內容，才可以想像這種可能的變化。

與媒體合作來傳達你的故事，並試圖招募新的團隊成員是類似的：你想推銷遊戲的幻想。你希望那些與你交談的人能夠設想遊戲，不只是它最後看起來如何，而是就最終玩家會如何感受和體驗而言。你希望媒體中的某些人能夠看到你的遊戲為何是新鮮的，並具有一些他們的讀者或觀眾會希望聽到的內容。而在招聘人才時，你希望一個潛在的團隊成員被說服簽約，將這個計畫視為他們投入時間和才能的最佳選項。

如果你是為了獲得資金而簡報，你希望提供足夠的概念，讓你的觀眾能夠理解並對此想法感到興奮。你還需要告訴他們足夠的自身背景，並思考如何讓他們不會認為這個遊戲是個有風險的計畫。當然，你需要準備好可信的團隊規模、日程安排和預算數據，以使他們能夠專注於資金問題。許多不熟悉簡報的人在遊戲概念的細節上花費了太多時間，這在這個情境下確實不是重點；或是他們在開發團隊的確切構成以及資金將如何運用方面投入了太多細節。在需要時能夠提供細節很重要，但在資金募投的簡報中太多細節可能和太少一樣糟糕。你希望為你的聽眾提供足夠的訊息，讓他們看到遊戲的吸引力、知道你了解如何製作遊戲、並相信你的日程安排和預算數據合理可行。超過這些，會加重了對話的負擔、並增加潛在的干擾。

不論你的簡報有什麼其他目標，每次與其他人談論你的遊戲都是一個改進和驗證你的概念的機會。人們會提出批評、問題，並且如果你很幸運——他們會對你所描述的內容越來越感興趣和興奮。如果你不小心的話，很容易錯過最後這個環節：當別人對你的願景感到興奮時，他們常常會說「哦，聽起來像 *Defense Grid* 與 *Triple Town* 的結合」，或者他們可能會開始建議他們的個人想法。這些可能聽起來像對你的遊戲將要前往方向的批評或分散注意力的事情，但重要的是你不要關閉或忽略這些評論；如果不出意外，他們表示你正在交談的對象正在形成一個對遊戲的心理圖像，這些概念足夠好地融合在一起、足以讓他們開始將它與其他想法聯繫起來。如果你忽略了這樣的輸入，你就有可能成為一個孤獨的幻想家，他不會傾聽任何人的意見，從而得不到任何幫助；這是一個有其成因的令人遺憾的刻板印象。這並不意味著你應該改變你的想法以適應其他人所做的每一個新評論，但你需要根據你的描述，利用他們的輸入來看看他們如何看待你的遊戲，你的概念和簡報哪些需要改進、或甚至是別人擁有的更好點子。

了解你的聽眾

要成功吸引聽眾，你當然必須了解它們。這通常意味著在簡報之前做一些研究。如果你正在與潛在的投資者或出版商交談，那麼這個人所投資的還是該公司製造的還有什麼？特定媒體渠道（無論是個人媒體還是主要出版物）通常涵蓋哪些內容？你的聽眾在尋找什麼？

從聽眾的角度看待你的簡報將有助於你磨練你的訊息，並增加你實現簡報目標的機會。投資者通常都在尋找市場機會。遊戲發行商經常尋找填補其投資組合漏洞的遊戲。投資者和出版商都必須將每個創投簡報視為長期關係的潛在開端（你也應該如此）以及投資的**機會成本**（*opportunity cost*）。這意味著，例如，如果你要求 100 萬美元來完成你的遊戲，那麼投資者需要問問自己為什麼你的遊戲是投入這些錢的最佳位置，以及他們一旦將這些資金交給你、他們將會有哪些其他事情沒辦法去做了。

媒體代表一直在尋找下一個重要的故事，並讓他們可以在（總是緊張的）截止日期前以合適的方式來傳遞這些故事。他們需要提供他們的讀者或觀眾會欣賞並想要跟他人分享的故事。他們對觀眾感興趣的內容感興趣，因此在接近媒體代表或與向他們進行簡報之前，這是你應該知道的。

最後，如果你正在嘗試招聘團隊成員，他們可能還有其他正在努力的事情。（如果他們不是，你真的希望你的計畫成為他們的救生艇嗎？）你需要幫助他們了解為什麼你的遊戲適合他們的才能、值得他們花時間投入。

遊戲開發者經常忽略這些觀點，過於專注於他們自己的觀點而不是聽眾的。在簡報時，你需要考慮聽眾的目標和關注點，以及他們可以為你提供的。

了解你的題材

了解你的遊戲和聽眾只是成功進行投售簡報的一部分。你還需要能夠熟悉有關競爭遊戲、市場趨勢、技術平台以及提案的任何其他潛在風險。

不僅僅是了解這些事情，你必須能夠輕鬆和權威地討論它們，不要彆扭地說話、表現得緊張、失去思路、或者更糟糕的是，試圖表現得比你知道的更多並且編造出一些你事後可能會後悔的事情。

所有這些都表示了練習簡報的必要性。沒有什麼可以替代實踐，並且除了花時間在上面，沒有什麼簡單的方法。即使那些曾經多次簡報的人也會繼續一遍又一遍地練習。這在正式的上台進行投售簡報的場合尤其如此，但對非正式的偶然事件也是一樣。當機會出現時，你需要做好準備，當這個時刻來臨時，你不能停下來練習或停下來整理你的想法。

了解你的題材的另一個面向是你需要在簡報的當下同時顯示出（並且真的是！）真誠、興奮、熱情、專業，並且仍然具有某種程度的隨和。多次準備和練習你的簡報會對此有幫助。你不想練習多到看起來像木頭人及虛偽，但你應該練習到你可以減少自己的緊張情緒，呈現出自己的方式，讓你對計畫的熱情自然閃耀。

作為練習的一部分，不要只關注內容本身。你需要學會控制你的肢體語言，以使你看起來輕鬆及有信心。不要坐立不安，學著避免重複的緩解壓力的行為（例如撐著你的手、把眼鏡在鼻子上推高、扭曲你的頭髮等等）。看著你的觀眾的眼睛並微笑——不要太過分到看起來像是咄咄逼人，但要足以讓你可以確保他們聽進你所說的話。與他人一起練習是一個很好的方式，可以帶來幫助。一個有用的想法是，密切地看著那些聽你簡報的人，當你走出會議室時，你還會記得他們眼睛的顏色。令人驚訝的是，大多數人往往不會那麼多地關注他們周圍的人。

這突顯了一個點，即在任何簡報中，還有一定的個人關係、甚至魅力，可以幫助你與聽眾建立聯繫。如果你太在意接下來要說什麼、或者正在緊張地坐立不安、盯著房間內的空曠角落，那麼你就無法專注於你的聽眾以及如何可以最好地與他們溝通上。這將嚴重限制他們實際聽到並向你學習的程度。

簡報發生的情境

投售簡報幾乎可以發生在任何地方。這有兩個極端，你可以輕鬆準備它們。第一種是非正式的偶發性簡報，通常稱為**電梯簡報**（*elevator pitch*）。第二種是在一次投售簡報會議中發生的正式演講。

電梯簡報

電梯簡報不僅僅是一個比喻——它們有時會真的發生在電梯中。你可能正在參加一個會議，發現自己正和一位你想要與之交談的出版商的副總裁一起坐電梯。在這種情況下，副總裁是一個被捕獲的聽眾——雖然你需要小心不要這樣對待他們。如果你能夠開啟對話，可能會出現「你在進行的是什麼事？」這樣的問題。你如何回答它則是電梯簡報的本質。

當然，這些簡報不僅僅發生在電梯中。當機會發生時，你可能正在一棟建築物的大廳、等待登機、甚至在雜貨店排隊。在每種情況下，你都希望做好準備：隨時準備進行簡報。

在像電梯這樣的非正式環境中，目標不是要解釋你所做的一切——你不會開始進行一個完整的演講——而是**簡要**說明你是誰、你在進行什麼事情、以及什麼是你正在尋找的。這必須以一種能激發對方興趣的方式來進行，而不是咄咄逼人或需要關懷的態度。「嗨，我是＜姓名＞來自＜公司名稱＞。我正在進行＜以一句話描述＞並對＜你的目標＞感興趣。」這就是你可以濃縮資訊的方式，但又不會看起來具有社交侵略性。在評估了對方的興趣程度之後，如果他們不感興趣，你可以單純轉換到另一個主題；至少，你已經有了一次機會練習你的電梯簡報（另外，你永遠不知道他們可能會在某個時間點向別人提起它）。如果與你交談的人似乎有點興趣，但時間有限，你可以說，「在這裡，讓我給你我的名片；我很樂意之後再和你交談。」或者，如果他們看起來很著迷，你可能會說，「這是我的名片。讓我們在下週安排一個時間來更詳細地討論這個主題。」

就是如此——這就是一個完整的簡報了。抵制你想要告訴對方更多細節的誘惑，除非他們特別要求。通常情況下，更多細節是令人反感的，並且會降低你的聽眾聽進你所說的內容或實際獲得額外會議的機會。

投售簡報會議

另一種極端情況是正式的投售簡報會議（pitch meeting）。這可能發生在你工作的地方，如果工作室的創意總監或總經理邀請你為新遊戲的概念進行簡報，或這也可能發生在一個潛在出版商或投資者的辦公室內。這樣的簡報傾向於持續半小時到一小時，包括你的演講和房間裡其他人的提問。注意將你的演講維持在可用時間的適當比例內（練習！），確保最後留出至少 5 到 10 分鐘的時間來接受提問。

簡報通常由投影片和影片來呈現，有時會以樣本來作演示（如後述）。確保你準備好在不同媒介上進行演示的備份，以便讓你可以將其加載到另一台電腦上，或者在最壞的情況下，甚至可以傳遞紙本。

在進行演講時，請注意你的節奏。你希望保持演講的進展——但不是太快，以至於你失去了觀眾的注意力，又不會太慢到讓聽眾覺得無聊。密切關注會議中的人是否跟著你是很重要的。當然，你想在過程中說清楚並避免慌張。再說一次，練習非常重要。

當你在演講期間或之後被問到一個問題時，請盡可能簡短並完整地回答問題。如果你很幸運，在演講過程中的一個問題將突出你將要提出的一個論點，或是關於將在演講後續中出現的內容。這表示提出問題的人有注意聽你說話，並隨著演講建立關於內容的心智模型。在這種情況下，請簡要回答這個問題，並指出你稍後會更充分地說明它（並且一定要這樣做！）。避免技術細節，除非你特別被詢問到它們，並且不要偏離主題。在回答問題之前，花一點時間整理你的想法是可以的；這比試著用結結巴巴的話來填補沉默要好得多。你也想要注意有時被稱為「問題背後的問題」——問題背後真正的關注點。如果有人提及類似你所提出的遊戲，他們真的是在詢問競爭嗎，還是試圖驗證他們對你概念的模型呢？或者，如果他們詢問團隊中還有誰，他們是否真的在詢問潛在的預算問題，或是他們想要詢問關於你的經驗和開發遊戲的能力？回答被問到的問題，然後看看你是否可以深入挖掘並嘗試解決這個問題中真正潛藏的問題。

有時一個問題將完全出乎意料，你會發現自己完全沒有做好準備。如果是這樣的話，不要害怕說「我不知道。」或者，如果合適，則說「我不知道，但我會找到答案並回覆你。」這兩者都遠比試圖透過回答來掩飾你自己的無知來得好，那樣做只會削減聽眾對你的尊重並讓你所說的其他內容全部打折。在某些情況下，你甚至可以向聽眾中的人詢問他們的想法、他們的經歷、或者他們會推薦什麼；但注意要（真誠地）表現出對新訊息的開放，而不是無知。當然，如果你練習過你的演講，你應該已經為大多數問題做好準備。你甚至可以在投影片的末尾增加一個附錄，來幫助你回答問題。（這會讓你看起來像是一切都在掌握之中，這樣很棒。）

如果你在結束後沒有收到任何問題，那通常是一個不好的信號：這意味著你所說的沒有任何影響或無法讓你的聽眾感興趣。（也許他們對你的概念和表現非常敬畏，甚至無法提出一個關鍵問題…但這不太可能發生。）實際上，他們沒有在你描述的過程中建立出對遊戲的心智模型，所以他們沒有要填補的差距。另一方面，如果隨著會議的進行，提出了許多問題和不同的觀點，那麼你就會知道你的聽眾參與其中並至少內化了一些你所談論的內容。

簡報內容

不論非正式和正式的簡報，開頭通常是相同的。之後，兩種類型的簡報變得完全不同。你想從快速介紹自己和任何與你在一起的人開始。這應該很快，因為它不是聽眾的焦點。與此同時，你希望簡要地談談你的可信度和憑據，證實你有資格談論你所說的內容。特別是在正式的演講中，你可以快速提及你過去所做的事情，這些事情把你帶到目前的位置，因此可以充分了解並完成你將要做的事情。這個簡潔的介紹還可以幫助你建立自己的友善和開放，它可以幫助你的聽眾安頓下來，專注於你的訊息。

在快速介紹後，你應該以遊戲概念開始你的演講。如第 6 章「設計整體的體驗」中所述，你應該已經制定了一個高層次的概念陳述；有關概念文件的全部討論都很適合放到簡報內。回顧一下，你的概念陳述是一個精錬、清晰、措辭謹慎的一兩個句子，用來描述你的遊戲，為什麼它是獨特的（或至少是新鮮的——為什麼任何人應該對它感興趣），如果可能的話，也說明它提供給玩家什麼樣的體驗。一個指標是，如果你的概念陳述使用超過一個逗號，那它就太長了。你也可以將它視為「在推特中介紹你的遊戲」；如果你的陳述超過 140 個字數，那它可能就太長了。

以下是概念陳述的範本：

- 「＜我的遊戲＞是關於＜什麼活動＞的遊戲，＜由於這些原因所以新奇＞。」

- 「在＜我的遊戲中＞你＜面對這個挑戰＞並＜有這種變化＞它會＜帶給你這種感覺／體驗＞。」

- 「＜我的遊戲＞像是＜某個電影＞結合＜某本書＞。」

- 「＜我的遊戲＞像是＜某個電影＞結合＜某個電視節目＞在一個類似＜某個事物＞的世界中。」

這裡所遇到的挑戰是你的概念陳述需要簡短而精闢，但也能涵蓋整個遊戲。它需要足夠簡短，以至於第一次聽到它的人可以掌握整個陳述、不會因超載而需要再聽一次。概念陳述不僅需要傳達你的遊戲，還需要讓它可以與其他遊戲區別開來。你希望盡可能讓這個陳述簡短且令人難忘，這可能是一項非常困難的任務。

達成這樣的概念陳述並不容易，你應該花時間來完善它並對其他人練習。對你來說似乎簡單易懂的東西往往在其他人聽起來並不如此。準備好對此進行大量迭代練習，甚至對措辭做出微小的改變，使陳述到達正確的位置。練習這個陳述也可以讓它在你腦中非常清晰，即使在你緊張的時候你也可以說得好——不管是因為你剛剛在電梯內遇見某個想要會面的人，還是因為你發現自己站在會議室的前面，投影機正照射著你的眼睛。

如果這個簡報是一次簡短的會議，那麼介紹和概念陳述可能就用去你所有的時間。你不希望看起來過於渴望（更不是絕望），只要表現的友善並對你正在做的事情感到興奮。在這種情況下，最後一件你想要留下的是你的「行動呼召（call to action）」，本章稍後將對此進行討論。另一方面，如果你有更多的時間進行詳細說明，特別是如果這是一個正式的簡報，你需要擴展你的概念陳述。這包括概念文件中常見的訊息（參見第 6 章），例如遊戲類型、目標受眾和獨特賣點。

記得冰山的概念

從概念陳述到概念文件中包含的其他訊息以及簡報的剩餘部分，你希望遵循第 6 章中描述的「冰山」方法。不要試圖將有關遊戲的所有資訊打包到你的簡報中，並且不要用細節壓跨你的觀眾。從概念和設計的冰山頂端開始，幫助觀眾建立對遊戲的心智模型，然後根據需要添加更多訊息。當你被提問到特定內容時，則請準備好深入回答其內的細節。

如果你正在進行正式簡報，你應該假設你將使用某種形式的展示投影片；它很普遍。但是，你希望讓這些投影片上的訊息盡可能清晰易懂。盡量減少文字；僅有圖像的投影片是完全可以接受的，它們可以幫助觀眾聽你所說，而不是在投影片上提前閱讀。（但是，使用僅有圖片的投影片也需要你投入更多練習，以避免失誤。）絕對避免顯示任何視覺上像是「文字牆」的內容；超過三個到最多五個的重點或跨越多行的文字就太多了。請記住，你需要避免試圖一次告訴聽眾全部內容的誘惑。你應該通常計劃在簡報中放置不超過 10 張投影片。只要你傳達了必需的內容，較少張投影片是沒問題的。如果你有更多的投影片，你可能太過度填滿內容了。如前所述，最好也製作附錄投影片，不是放在主要的展示內容中，而是在被問到時可以利用它來提供更多細節。

在你說明了概念及其相關主題和小部分有關團隊的內容之後，你會想要概述遊戲玩法、並搭配上範例。請以圖形方式來呈現核心循環。（如果你還沒有清楚地描繪出核心循環，那麼你還沒有準備好進行簡報。）提供有關遊戲世界的簡要資訊，以及遊戲美術風格的範例。理想情況下，這包括你的團隊創建的早期概念美術，但是從其他來源獲取的參考／情緒美術（reference/mood art）也可以，只要你將它標記出來。

在整個呈現過程中，你希望確保你的投影片看起來很專業和稱職：沒有拼寫錯誤或格式不符，沒有驚訝或故障。保持在一種或兩種不同的字體和許多清晰、專業的圖像。例如，如果你使用繪圖軟體製作核心循環圖，請確保它看起來很精緻，而不是像快速製作的初稿。你可能會希望人們忽視小幅的粗糙邊緣，但那通常是他們的眼睛會注意的東西，它會分散注意力並減少你演講的影響力。

除了說明概念、遊戲玩法和美術風格之外，你還需要建立聽眾對你和遊戲的信心。要做到這一點，你有一些可以在簡報內呈現的選擇，依優先順序排序如下：

1. 已經完成並賣出的遊戲、它近期和預計的銷售和行銷數據。沒有什麼能夠像實際銷售數字一樣讓投資者、出版商或媒體機構產生信心。

2. 已完成或接近完成的產品，即使它尚未銷售但有一個強大的商業案例作輔佐，並包括了行銷和銷售預測。

3. 遊戲的互動式呈現，包括精緻的美術和使用者介面。你可能希望從展示影片開始，但也準備好了實際的現場樣品。

4. 一個製作中的互動式原型，突出了核心遊戲玩法。

5. 一段預告影片，顯示出你認為遊戲完成後的樣子。請注意，如果你有樣品、原型或影片，你應該確保它包含聲音！用 George Lucas 的話來說，「聲音占了畫面的一半」（Fantel，1992 年）。

6. 一組靜態模型圖，這實際上是你可以用於募投簡報中的最低限度了。

除非這是一個非正式或快速的簡報，否則你要避免依賴模糊的口頭描述來說明你如何看待遊戲的未來——這通常被稱為「草草了事（hand waving）」，是最好應該避免的。在簡報中唯一比這更糟糕的是一個結構不良的投影片組合，其中包含大量文字和幾張進行中的遊戲圖片。

在整個呈現過程中，你希望為你和你的遊戲建立期待和信心，同時降低對其風險的評估。出版商不會為有風險的想法提供資金，媒體不希望報導那些幾乎沒有機會成為現實的事情，而新人往往不會加入看起來可能會失敗的計畫（除非他們個人上已經認識並信任你）。

你想要有自信但不帶侵略性。不要迴避問題；只需要儘可能地回答它們。你需要能夠回答問題，而不會直接說出問問題的人不知道他自己在講什麼，這是一個你可以經由練習來避免的事情。你也不想顯得緊張或害怕——絕對不應該因為緊張而道歉或對此開玩笑。繼續進行簡報就好，記住你已經練習了幾十次。始終保持專業和禮貌。要友善，但也明白，募投簡報不是關於交朋友；堅持你的目標。不要對會議室裡的人太裝熟，但也不要生硬地太過正式。（很簡單，對吧？）

發出行動呼召和後續行動

在介紹完成之後，無論那是一句話還是一小時的演講，最後要做的就是發出「行動呼召」。這就是你想要它發生的事情——尤其是你想讓別人做的事情——就像是希望這個簡報產生的結果。回到你的目標來討論。你想從這個簡報得到什麼？這是一次簡短的會議，你交換了名片並安排了下一次會議嗎？或者，這是一個正式的簡報，你希望在得到數百萬美元投資的情況下握手結束？你必須說出你想要的東西；正如那句老話，你不會得到你沒有要求的東西。不要壓迫你的聽眾給出更多的確定性，但也不要讓事情比需要的程度更模糊。如果可能的話，請設定行動呼召或會議的日期，或者更好的、一個決定日期。

在簡報之後

在簡報完成後，你會想跟進聽你簡報的每個對象。至少，發送一封簡短的電子郵件或類似的訊息，感謝他們的時間。如果在演講期間你被詢問到無法立即回答的問題，請將其記下來並將其用作後續自然跟進的媒介。

如果你的簡報會議順利，你應該慶祝一下。這意味著你已經通過了一大障礙，很快就可以開始開發遊戲的真正工作。但是，大多數時候你簡報了、但沒有達成目標。募投簡報本就如此。你需要做好沒有看到正面結果的準備，並一次又一次地重新嘗試。堅持不懈是募投簡報和開發任何遊戲的重要組成部分。

當一次會議進展不順利時，請回顧那些不符合你自己假設的評論：你所聽到關於你的遊戲、市場或甚至你的團隊的內容，有沒有與你的觀點不相同的？這可能非常難以承認，但是你可以透過對不同觀點（甚至是貶低你的內容）的開放態度來學到寶貴的教訓。

雖然簡報的結果沒有按照自己的期待並不是一件有趣的事，但是獲得「快速否定」實際上對你有利。這意味著你可以繼續前進，調整需要更改的內容，並繼續向前看。出版商、高管、投資者、記者和潛在的團隊成員如果他們擅長於自己做的事，那他們說出拒絕的機會可能比說出接受要來得多。不幸的是，有時出版商和投資者不想說出拒絕，即使他們不說接受。他們希望盡可能長時間地保留他們的選擇權。這可能導致一位英國遊戲開發者所稱的「死於茶和烤餅上（death by tea and crumpets）」。你永遠不會得到接受或拒絕的答案，與此同時，出版商或投資者很樂意偶爾開會，然後談談關於你正在做什麼──但不做出任何承諾。這可能會阻礙你轉向其他更好的機會，如果你是小型的開發者，它可能會威脅到整個公司。因此，當向出版商或投資者簡報時，促使（以專業、禮貌的方式）他們快速做出問題──並且當快速否定到來時對它表示感激。

無論一次簡報會議進展順利與否，你都應該與你的團隊會合，或者，如果你單獨進行簡報，可以抽出時間在安靜的空間裡寫下你對會議的想法。一旦你離開大樓（不是在電梯或大廳內，而是回到你的車上或任何安全的地方），在記憶鮮明時進行回想。透過承認哪些進展順利、哪些進展不順利來評斷你的表現。看看你可以從這次會議中學到什麼，並改善下次的簡報。不管這次進行的如何，總是會有下一次簡報的。

建構遊戲

在討論過募投簡報後，我們現在轉向建構遊戲的實際內容。這必然是一個複雜的迭代過程，永遠不會出現兩次相同的過程。但是，遊戲行業已經演變出了規律和啟發方法，來實現更有效的開發過程。

設計、建構和測試

設計、建構和測試遊戲是整個開發過程中應該進行的全部活動。它們形成了自己的循環，每個都通往下一個。然而，它們並非完全照次序，因為在有些發生時，其他也正在進行。當你開始處理遊戲概念時，你還可以開始處理參考美術、再來是概念美術。只要你對遊戲的核心循環有所想法，就應該建構它並對其進行測試，同時繼續進行設計。

最初，你和你的團隊將更專注在設計上。隨著時間及設計的鞏固，你的大部分注意力將轉移到實現設計上。最後，設計變更的範疇將越來越小，開發將逐漸減少，大部分工作將用在測試和修復發現的任何錯誤上。然而，雖然有不同的重點，但重要的是要理解這不是三個區隔開來的階段：在設計時，你同時必須建構和測試以優化設計。當你繼續建構遊戲時，仍然會有設計變更，儘管它們應該在範疇上越來越受限制，並且在細節和平衡方面越來越多。測試遊戲玩法應該在整個開發過程中進行，而不是推延到最後。

快速找到遊戲中的樂趣

當你開始設計遊戲時，你的第一個主要目標應該是測試遊戲的主要概念，以確保它是一個可行的遊戲。這通常被稱為「快速找到樂趣（find the fun fast）」，你不能把它推遲到之後再做，並冒著浪費寶貴時間和資源的風險。有時候一個想法聽起來不錯，但做出來就是不太契合。或者在開始開發它之後，技術、互動性或遊戲玩法等層面中原先看不到的問題突然變得明顯了。如果是這種情況，你希望盡快知道這件事。如果沒問題，那麼知道遊戲基本上是健全的，會讓你在開發過程中更有信心。

你尋找樂趣的方法是讓遊戲的互動循環可以運作。缺乏真正的美術或許多遊戲玩法並沒有關係：你需要完成玩家和遊戲間的循環，這樣才能實現真正的互動。這應該是你發展遊戲概念的第一個重要里程碑。不要陷入陷阱，認為你首先需要建立一個地圖編輯器或決定遊戲的圖標系統或寫出主角的背景故事；所有這些可能都很重要，但它們在一開始只是分散了注意力。

事實是，在你完成互動循環並確定你的設計中有某些成分實際上具有吸引力和樂趣之前，你還沒有做出一個遊戲。在你知道你擁有一個遊戲之前，在其他任何事情上投入太多工作是沒有意義的。

有效的遊戲原型製作

設計——建構——測試循環的關鍵部分是快速的打造原型。在早期，這就是你如何快速找到樂趣的方法。隨著計畫的進展，你將找到其他方法來使用原型並測試遊戲的其他層面。

在遊戲開發中，*原型*（*prototype*）的定義（就像其他許多東西一樣）是廣泛的，並不總是很清楚。然而，我們可以根據多年來不斷發展的最佳實踐、稍微更具體地來定義*原型*。遊戲原型是遊戲的任何可運作部分，它允許了至少一個互動循環。非互動式圖像不是原型；它是一個模型（即使它是動畫形態的）。遊戲玩法（真實或預先定義的）的影片也不是原型。可運作的模擬也不是遊戲原型，如果它是非互動式的話（儘管有時會有理由進行這樣的專門技術測試）。從本質上來說，如果某人不能遊玩它，那它就不是遊戲原型。

遊戲原型必須包含互動的原因是，如果沒有的話，它們並不是真正測試遊戲或幫助你走向遊戲的完成。非互動性的程式可以測試演算法或進行模擬，但它並不是創造和測試遊戲。在製作遊戲時短暫的涉及非遊戲領域通常是需要的。但是為了保持開發的進展和你對遊戲設計的高度信心，原型必須在每一步都是互動性的，並且越來越接近你最終想要看到的遊戲。

不插電和數位原型

原型可以採用不同的形式，並包含不同數量和類型的功能。桌上遊戲的原型可以由幾乎任何東西做成，像是由紙張開始。對於數位遊戲而言，早期原型通常由物理材料（紙張、骰子、白板）製成，並且可能是剛剛好足夠創造出單一個互動循環的程度，特別是在開發的早期階段。然而，無論原型是數位還是不插

電，就互動角度來說——玩家形成意圖、透過遊戲中的動作來執行、擾亂遊戲內部模型、讓遊戲為玩家創造回饋——這些部分對任何原型來說都是必要的。

你可以創造原型以使你的遊戲概念變得切實可測——並找出你的想法是否真的能夠讓遊戲具有吸引力。在開發早期，數位原型是一個相對簡單的獨立運作程式，旨在測試遊戲的其中一部分，並首先專注在核心循環上。後來的原型可能會相當複雜，包含更多的遊戲本身。

保持原型的分離

原型的獨立性質指出了一個重要的面向：原型永遠不是遊戲產品本身的一部分。它們總是單獨被實現。隨著開發的進展，你最終可能會使用你的數位遊戲程式的一部分作為原型的基礎，但原型的代碼永遠不會朝著另一個方向發展：它不會成為遊戲產品的一部分，無論這樣做有多麼誘人。這是一個很容易被忽視的重要教訓，但忽略它只會導致更多問題。原型必須自由的保持快速、醜陋、內部完全不進行優化。如果你發現自己在開發原型時「以正確的方式編寫程式碼」並減慢了速度，或者想知道是否可以將一些原型的程式碼複製並黏貼到遊戲內，你需要停下來並重新思考。如果你這樣做了，作出的東西既不是遊戲的原型也不是遊戲的可行部分，而是一種可怕的混合體，從長遠來看會為你帶來麻煩。

開始製作原型

雖然遊戲原型必須呈現某種形式的互動，但只要你有了想法並形成遊戲概念，就不應該有什麼其他事情阻礙你儘快的打造出遊戲的原型。簡單地開始。在製作原型之前，不要覺得需要創造整個經濟或戰鬥系統。從類似世界內的基本移動或其他簡單的遊戲內動作開始。雖然原型非常適合測試不同美術和動畫風格，但請將這些留待後續進行：首先關注於製作互動循環，然後使用它來為玩家制定甚至是非常簡單的目標（例如，從這裡移動到那裡）以某種在你的遊戲中具有意義的方式。隨著時間的推展，添加更多選擇和更多互動循環——但不要太快：請確保遊戲中的基本核心循環具有吸引力和樂趣。如果它們沒有，那麼之後不論多少打扮都無法使它們變得有趣；他們將永遠是遊戲中平淡無奇、令人沮喪的部分。

回答問題

原型允許你詢問和回答有關遊戲的問題。第一個也是最大的一個是「這有趣嗎？」即使是一個初步的原型，你也應該能夠開始回答這個關於遊戲中基本核心循環的問題。

不要驚訝於這個問題的答案經常是否定的。很多時候，原型會顯示你的設計行不通。特別是對你的第一個原型而言，你經常會發現你所認為會是一個很棒的核心循環，實際上卻很單調或無聊。作為一項規律，特別是在你學會更好地策劃自己的想法之前，你對某個設計的最初想法通常會很糟糕。充其量，它們可能是在其他遊戲中具有的平庸和衍生的設計。但是你可能不會看出這個來，直到你在原型中嘗試了這個設計，將它從大腦的範圍中解放出來並將它放在現實世界中。那時候你會看到它徹底破滅了。

看到一個設計概念完全不可行可能會非常令人沮喪，但不要讓它減慢你的速度。這是遊戲設計的很大一部分。同時向有效和無效的內容來學習、準備好再次嘗試，並為了只花上很少的投資就發現了一個嚴竣的事實而感到慰藉；這比在開發經過六個月後才發現它好太多了。如果一個原型行不通，請從中學習並嘗試另一種接近你概念的方法。你可能需要調整你對遊戲的看法；也許讓它是快節奏的會更好、或者更具策略性、或者也許那裡有你以前沒見過的情感核心。僅僅因為接近遊戲概念的特定方式不起作用，並不意味著概念本身毫無價值；你可能只需要嘗試不同的原型來查看哪些有效。這就是為什麼「尋找樂趣」非常重要，以及為什麼你需要盡快這樣做。透過就現在解決這個問題，你將為以後節省下大量不必要的工作（和悲傷）。

明確的目標和問題

除了關於遊戲的最基本（也是最重要）的問題之外，在打造原型時在心中始終具有明確的目標和問題是非常重要的。這個問題應該是明確的，會引導你的遊戲發生重大變化並對開發方式產生影響。如果你發現團隊成員不確定或爭論著關於要走哪個方向，那麼這是一個很適合轉變為原型的情況：停止爭論、找出問題、打造原型來測試它，並看看它進行的如何。例如「一種資源是否足夠了，或者我們需要更多？」或「這種戰鬥風格對玩家而言有趣嗎？」這類的問題是很好的起點。你越可以精確地提出問題和原型，特別是如果你可以一次快速嘗試多個選項（無論是透過調整變量還是在遊戲中嘗試完全不同的模式），你將學得越多並讓成果變得越好。

讓你對玩家具有清晰明確的假設也很重要：對於特定的原型，玩家對遊戲的了解是如何？他們的目標是什麼？他們建造了多少程度對遊戲的心智模型？如前所述，玩家的目標可以很簡單，例如「從這裡移動到那裡」，或者它可能更複雜，例如「完成此任務而不被敵人看見。」這實際上取決於你在原型製作和遊戲設計過程中的位置，但在進行的每一步中，你所做的每個原型都需要具有清晰的目標，不論你和玩家的目標都是。

了解目標受眾

除了在製作原型時要具有明確的問題和目標，你還需要清楚地了解誰是目標受眾。大多數原型都會快速製作並且很難看，僅用於測試設計的特定部分。這些僅預計用於遊戲團隊內，並最好保持在安全範圍內。對於這些原型，你應該花費盡可能少的時間在「細節」或打磨它上。在數位原型中使用最簡單的圖形，例如正方形或 X。或者甚至根本不做數位的原型：使用紙張、標記物、骰子以及測試概念所需的任何其他東西，以不插電的形式來打造遊戲。你製作這種原型的速度越快，它們往往越醜陋——但它們在回答你需要澄清的問題時也越有效。

其他原型將擁有更廣泛的受眾，並需要把重點放在不同的地方。例如，在某些組織中，需要創造所謂的遊戲之**垂直切片**（*vertical slice*）。理論上，這就像是蛋糕切片，顯示出它的所有層次。在遊戲的情況下，這意味著展示遊戲中不同系統全部一起運作的實例：精緻的使用者介面、一致的互動方式、引人入勝的美術、有趣的探索、平衡的戰鬥等等，一路到遊戲內所運作的資料庫。普遍的想法是，一旦你建立了這個，開發遊戲的其餘部分只需要建立出其他關卡、武器、服裝等等就行了。許多人誤把複雜（complex，循環性質的）系統混淆成複雜的（complicated，線性的）系統。遊戲設計和開發必然是複雜系統（complex systems），而如果你正在打造任何創新，那麼系統就不能根據某種像是垂直切片這樣的方式來簡化為線性的（像是，「很好，現在只需要製作更多關卡就好了！」的這種想法）。

但是，來自團隊外部的利害關係人（投資者、公司管理層等）有時需要看到遊戲的可行進展，以便他們能夠看到目前情況以及你是否取得了足夠的進展。不幸的是，那些處於這種位置的人有時並不真正了解遊戲開發如何運作，並且（儘管他們可能會說）可能無法從原型內感受到你正在創建的迷人體驗，例如當原型是由螢幕上的小圓圈正在閃避方形的方式來構成時。向這些利害關係人展現一個快速、醜陋但有吸引力的原型時會有一種緊張感，擔心他們可能會關

注到原型的錯誤部分。如果他們無法看穿醜陋圖形背後你想要嘗試設計和測試的體驗，他們可能會對計畫失去信心。不幸的是，這種情況非常普遍，特別是對於任何嘗試新事物的團隊而言。在這種情況下，創造一個遊戲的完全非互動性「展示」影片通常會更好，就如同它最終會看起來的樣子。即使這樣做會耗費資源並分散你的團隊實際製作遊戲的注意力，但這通常是一件需進行的重要事情。這樣的影片還可以幫助團隊保持連結、並朝著同一個願景努力，這對大型計畫來說是一個很大的幫助。

其他原型

除了測試遊戲設計概念或向利害關係人展示進展之外，你在製作遊戲過程中通常還會有其他類型的原型。其中一些是非互動式的（或近似於），例如當你需要測試遊戲世界模型內部的某個系統是否正常運作時。你可能需要在遊戲中測試一組圖形效果，或測試遊戲使用者介面的定性層面（它的「多汁性（juiciness）」），例如操作時出現的簡短動畫。用這種方法來測試遊戲的其中一部分是完全可行的，並且這種測試通常可以被包含在另一個遊戲原型測試之內。如果沒辦法，則可以採用與互動式遊戲原型相同的方式：了解你正在測試的目標與你要詢問的問題，以及這個答案將如何改變遊戲，並準備好進行迭代直到感覺對了。

快速前進並扔掉它

有一段時間，Facebook 的格言是「快速前進時自然會搞砸事情。除非你把事情搞砸過，否則你前進的速度還不夠快（Move fast and break things. Unless you are breaking stuff, you aren't moving fast enough.）」（Taplin，2017 年）。當然，這並不適合所有情況或公司，但這是看待原型製作的好方法。在原型製作時，你需要快速前進，而且你不必害怕搞砸事情。你需要自在的嘗試一些可能不起作用的東西，甚至它們可能遭到驚人的失敗。

這就是為什麼保持你的原型和真正的遊戲分開如此重要，如同前面所述。你可以而且應該從原型中學到一些事情，但特別是對於數位原型來說，重要的是不要將原型中的任何程式碼複製回遊戲本身。重構程式碼（分析它、看看什麼運作良好、然後重寫它），但不要複製它。你需要保持快速前進的能力，一方面嘗試新概念，另一方面保持良好的乾淨程式碼。遊戲原型的重點不是創建可重複使用、穩定的程式碼，而是回答有關遊戲設計的問題。

有效的遊戲測試

在建構遊戲時，你需要測試你正在建構的體驗，無論是以原型的形式還是以實際遊戲中更完整的形式。在這個過程的早期階段，你將主要和團隊成員一起測試遊戲或其原型。隨著開發的進行，你將希望與其他和遊戲無關以及最好不認識你的人一起快速進行測試。這是一個非常重要但很少會讓人感到舒適的過程，在這個過程中，你會看到一些對你來說清楚又容易的事情，對其他人來說卻很迷惘和沮喪。而且如果你等待到覺得準備好了才進行測試，你肯定等太久了。

遊戲測試的重要性

你需要測試你的遊戲玩法——遊戲的體驗——所以你可以看到對它一無所知的其他人如何產生反應。你需要在遊戲中收集新的觀點，特別是找到對你而言顯而易見、而對其他人卻不是如此的區域。你想看看其他人如何體驗遊戲。它吸引人、迷人、有趣嗎？這是玩家想要繼續的體驗嗎？

你不應該假設你知道玩家對遊戲的想法。如果你願意的話，你可以猜測新玩家會遇到麻煩的地方以及他們會發現哪些東西明顯又有用。但是，你猜錯的機會可能比正確來得高。這是關於遊戲測試最有價值的部分之一：它向你展示了對你來說完全清晰，但對於不熟悉遊戲的其他人來說卻很神秘的那些內容。

當你試圖了解其他人如何體驗你的遊戲，特別是看看它可以在哪些方面得到改進時，你並沒有試圖從遊戲測試中獲得問題的解決方案。玩家可以並且將會為你提供他們的經驗和意見，但你不應指望他們提供解決方案。他們可能會這樣做（這很常見），但你需要把目光從他們提供的解決方案上移開、並看看他們認為的問題是什麼。你對潛在問題的解決方案可能與他們的建議完全不同。

何時進行測試？

你應該盡快開始測試你的遊戲。務必要在你覺得遊戲已經準備好被測試之前就這樣做。大多數遊戲設計師認為這是一個艱難的過程，並利用「尚未準備好」作為避難所！你需要抵制這種衝動，拋開你的恐懼和驕傲，讓你的遊戲面對玩家。

通常，多次較短暫的測試比少量但較長時間的測試來得好。每當你對遊戲做出重大改變時，你都應該對其進行遊戲測試。如果你找到一個你不確定是否是最佳方向的區域，或者距離上次遊戲測試僅僅幾週，那麼你也應該進行測試。早期可能大概每兩週左右測試一次；在開發後期，隨著你對遊戲進行優化、每週或甚至每隔幾天就進行一次測試是值得的。

遊戲測試的目標

遊戲測試不是關於找到程式碼中的錯誤（特別是如果你使用的是快速和醜陋的原型，如前所述）。它是關於測試遊戲設計，看看玩家是否理解它，可以圍繞它製作有效的心智模型，並發現遊戲引人入勝和有趣。在早期，你想要測試遊戲設計中的基本概念，看它們是否有效且引人入勝。當你在遊戲中建構更多系統時，你將需要測試玩家對遊戲的理解程度以及他們如何有效地建構對遊戲的心智模型。

你還希望尋找玩家迷路的地方——他們的心智模型不符合你的期望和遊戲的內部模型——或者他們感到困惑、沮喪或者不知道下一步該做什麼的地方。這些都是該挖掘出來、令人難以置信的重要區域，從而讓遊戲變得愉悅和吸引人。

最後，遊戲測試會在某個時刻轉向易用性測試。玩家可以理解使用者介面中顯示的內容嗎，它使用起來容易還是麻煩？這不是測試整體的體驗本身，但測試使用者介面的易用性必然會成為玩家體驗的重要部分。

誰來測試你的遊戲？

在考慮誰來進行遊戲測試時，首先要排除你自己。在要獲得有關遊戲可玩性的任何有用訊息時，你是最不合格且最有偏誤的人選。你將不可避免地自己多次測試你的遊戲——但這絕不能取代讓別人來玩它。最終，你的體驗與遊戲對他人的吸引力或樂趣無關。

你的團隊成員、朋友和家人也是不好的測試對象。他們無法在遊戲中提供任何客觀的想法，甚至在不知不覺中他們會努力試圖將遊戲視為引人入勝且易於理解，即使遊戲從基礎上就有問題。

與此同時，特別是在使用早期粗糙、醜陋的原型時，你可能希望讓他們與你的團隊保持密切聯繫。一些不在你團隊中的知己可以協助早期測試，如果他們能夠看透糟糕的替代圖形之類的，並且能夠提供有關它所代表之遊戲的有效回

饋。但請記住，一旦某人玩過遊戲，他們就再也無法以同樣的方式接觸遊戲了。你不能「假裝不知道」某件事情。例如，這意味著你不能讓同一個人假裝是一位天真的玩家，來多次經歷你遊戲的早期過程。

擁有重複的玩家可能會有所幫助，因為他們可以告訴你他們的喜好、什麼變好而什麼變糟了，以及在擁有遊玩經驗之後、某件事物是否對他們更有意義了。只是不要誤以為這代表那些從未見過你遊戲的人的體驗——他們可能會有完全不同的想法。

隨著你的遊戲開發和原型變得更加精緻（更多地基於實際建立出來的遊戲），你將希望擴大測試它的人數和類型。特別是，你希望讓測試遊戲的人與你的目標受眾更相近。但是，你要小心不要過多地限制測試來源，因為你可能會錯過重要的見解和機會。例如，如果你將目標市場設置得過於狹窄或者偏離那些真正喜歡它的人，那麼你可能會錯過那些喜歡你遊戲的潛在玩家。你也要小心熱情的鐵粉玩家。它們可以在測試時有所幫助，但是他們對遊戲的了解以及他們對「好」遊戲內容的堅定意見，可能會為測試帶來多於有用訊息的干擾。

準備你的遊戲測試

在開始遊戲測試之前，你需要清楚地了解測試的目標以及如何進行測試。有一些後勤問題要處理，例如在哪裡舉行遊戲測試。玩家不會分心的任何安靜區域都可以。在某些情況下，它甚至不需要非常安靜；例如，有遊戲在繁忙的大學公共場所內完成了成功的測試。

一些開發人員主張使用帶有單向玻璃的特殊設施來觀察他們的玩家和／或他們面部表情的影片，也包括記錄它們鍵盤和螢幕的動作。這些非常有用，但通常遠遠超過了你在有效進行遊戲測試並從其中獲取良好資料的需求。不要讓這種設備需求阻礙了你提前和經常進行測試。特別是在開發早期，就是動手製作原型並進行測試。這比等待合適的設施到來還要有用的許多。

類似的，一些開發者喜歡給予測試人員酬勞。這通常沒有必要，但如果你有任何道德考量，找到一種方法來做到公平。當使用大學生進行遊戲測試時，提供免費的比薩非常有效。在其他情況下，提供低價值的禮品卡則是合適的。這些人員經歷的測試和跟進調查越多，你越應該考慮提供更多補償。

撰寫一個腳本

在進行遊戲測試之前，請為其中的每個階段撰寫一個腳本。這包括從問候玩家到進行測試、詢問任何測試後的問題以及讓玩家離開的所有階段。此腳本應詳細到清楚說明了你在每個步驟中該說什麼。這將對你有很大的幫助，特別是當你剛開始進行遊戲測試時，它將幫助你只會說出你想要的內容，而不會讓玩家感到緊張或分心。這也有助於你確保每次都向他們提供相同的背景和說明。

透過問候和與玩家的簡短暖身討論來起始你的遊戲測試腳本。確保他們感到自在。從他們那裡獲取你需要的任何訊息，例如他們的姓名和聯繫資訊，如果他們願意、還可以記錄下年齡和性別（但只收集你真正需要的訊息）。你可能想要詢問他們玩的其他遊戲，以此來校準他們的體驗並幫助他們進入測試遊戲的心態。

作為一個職業道德問題，重要的是在你開始遊戲測試之前，你告訴玩家這是對遊戲的測試，而不是對他們的測試，他們的任何表現都是完全可以接受的。有一種不錯的方法（並且可能在某些地方是需要的）就是給他們一個關於這個的簡短聲明，並將它大聲朗讀出來。明確表示他們可以隨時停止遊戲和離開，並且回答有關遊戲的任何問題完全是自願性的。讓他們簽署一個聲明或至少得到他們口頭的回應會有幫助，以確保你知道玩家已經聽到（和／或閱讀過）這些內容了。

玩家想要在中途停止測試很少見，但它確實有可能發生。如果玩家想要在測試期間的任何時刻停止遊戲，那就停止測試：不要鼓勵他們繼續玩。要求他們繼續可能涉及道德問題。此外，他們停止的願望會提供你有關遊戲的重要訊息。

在遊戲測試之前，先對記錄玩家的行為做好準備。這可能包括你記錄用的簡單表格、或者如果你能夠（如果你的受測者同意），可以在測試時對螢幕和他們的臉部進行影像錄製。許多開發者喜歡收集遊戲測試影片供以後查看，但請記住，這將顯著增加對測試進行分析所需的時間，並且不一定會產生更多有用的結果，尤其是在開發早期。

創造問卷調查

你會想要創造一個簡短的測試後問卷讓玩家來填寫。問卷設計是一個需要一些專業知識的領域，因此要小心如何建構問卷和每個問題。重要的是要創造平衡的問題，讓正負面的問題一樣多。這有助於讓你避免提出引導性問題，並儘可能保持問題沒有偏誤，這樣玩家就不會覺得被引導提出特定意見。如果可以的

話，使用數位／線上調查，這可以讓你以隨機順序呈現問題，這有助於減少玩家答案的偏差，並使分析更容易。

你的調查應該只詢問幾個問題，這些問題都與你的遊戲測試目標和玩家的遊戲體驗直接相關，包括他們對遊戲的理解和心智模型。雖然每次都詢問遊戲的每個層面是很誘人的想法——像是，他們喜歡圖像嗎、音樂是否過於響亮、對手太容易還是太強等等——但請不要問出與目前測試之目標不相符的領域。這樣做只會讓玩家因為需回答更多問題而陷入困境，並為你提供你不會真正使用的數據。同時，如果玩家自發地說出有關遊戲的內容，那麼這是需要記下的重要訊息，並應該添加到你要檢視的問題列表中。

你可以讓問題採用數字刻度的方式來回應，這通常會使用五到七個選項。這些範圍可以從「強烈反對」到「強烈同意」，中央則是中性意見，或者你可以創造可能答案的類似範圍，允許玩家以易於你評估和評分的方式陳述他們的意見。確保與每個選項相關的語句構成了強烈的陳述，玩家可以對此表示同意或不同意。以下是一些陳述和答案量表的範例：

1. 對我來說在遊戲內四處移動很容易。

　　強烈反對──反對──中立──同意──強烈同意

2. 我一直都了解遊戲內發生的事情。

　　強烈反對──反對──中立──同意──強烈同意

3. 我心中有明確的目標，我嘗試去完成它。

　　強烈反對──反對──中立──同意──強烈同意

4. 我可以在不複習規則的情況下輕易地再玩一次。

　　強烈反對──反對──中立──同意──強烈同意

你還可以創造開放式的問題，並提供一些選項來讓玩家選擇（玩家選擇單個到多個皆可），這會讓結果仍然可以量化。以下是一個例子：

圈出符合你遊戲體驗的字彙

刺激　　快速　　混淆　　無聊　　令人崩潰　　深思熟慮

策略　　毀壞　　引人入勝

確保在選擇中提供相同數量的正面、負面和中性特徵，並且不要按任何特定順序排列（例如最好到最差）。

在某些情況下（取決於特定遊戲測試的目的），你可以詢問玩家對遊戲或使用者介面的理解程度，以及他們所建立的對遊戲的心智模型是否完善。你可以詢問理解問題——例如，向玩家展示遊戲中的幾個符號或圖標，並詢問符號的含義。你還可以詢問更多過程導向的問題，這個答案會揭示他們的心智模型，例如詢問「假設你想找到有多少士兵可以使用。描述你需要做的步驟。」或是「這是一個來自遊戲內常見時刻的螢幕截圖。請描述在這個情況下，接下來你想要做什麼，請把你的手指當作滑鼠游標。」像這樣的問題通常最好以口語形式回答並以錄音或錄影的方式來記錄，因為這樣玩家可以比用寫的更自由地回應。

最後，你可以提出一些簡答題，讓玩家以口頭或書面形式來回答，其中包括開放式的問題來接受任何其他評論。例子如下：

簡要解釋你理解到的遊戲規則。

在遊戲中你對什麼感到驚訝？

你認為你應該在遊戲中完成什麼？

這讓你想起了哪些遊戲？

一些開發者喜歡問一個問題「你願意為這個遊戲付多少錢？」這對於評估玩家在遊戲內的正面或負面體驗是有幫助的，並可以得到他們對價格的模糊估計。但是，不要將此視為建立定價的可行方法。人們的實際行為往往與他們所說願意支付的價格有很大差異。

最後檢查

在測試遊戲之前一定要測試你的腳本！也就是說，與其他人、甚至是團隊成員一起進行模擬的遊戲測試，只是為了確保一切都合理並且適當地融合在一起。然後，當你準備好進行第一次遊戲測試時，你將能夠專注在玩家和遊戲上，並且不會出錯或思考你需要在測試或腳本中修復的內容。

執行遊戲測試

遊戲測試不需要很長；大多數只持續幾分鐘，而且它們通常不會超過 10 到 20 分鐘。時間只要足夠長到可以收集你要的資訊就行了。

當你開始後，你應該盡可能少地告訴測試人員有關遊戲的內容。在某些情況下，你可能希望在不同測試之間做一些改變：告訴玩家遊戲的名稱或向他們展示可能的封面圖片；在其他情況下，給他們一個廣泛的概述或甚至遊戲的電梯簡報，看看這會如何影響他們對遊戲的理解和享受。還有一些其他情況下，你根本不想給他們任何訊息——不過你可以告訴玩家接下來將在沒有進一步訊息的情況下繼續進行，這樣他們就不會對此感到困惑。無論你告訴他們什麼，請按照你的腳本，這樣你就不會無意中說出太多內容，或者告訴某些玩家較多內容。請記住，在遊戲發布之後，你無法在那裡解釋遊戲或其標題隱含的笑話等等，因此請在測試開始之前限制你給玩家的訊息。

在遊戲測試期間，離開玩家的視線範圍，不要在他們身邊徘徊，並儘量少說話。讓他們專注於遊戲。玩家可能有疑問；你應該盡可能少並簡短地回答它們。你需要讓他們玩遊戲——你需要目睹他們的困惑甚至是他們的沮喪。鼓勵他們繼續前進（除非他們顯然想要停止），但不要給他們任何提示或具體資訊。不要在螢幕上指出任何東西，或者說「嘗試點擊左上角」或「回到前一個目錄再讀一遍」。不要解釋遊戲，特別是不要回應任何他們可能提出的批評。不論是解釋遊戲的某些部分，或者更糟糕的是為它辯護，都會破壞了遊戲測試，並浪費你和玩家的時間。

寫下玩家做了什麼、說了什麼、以及他們看起來感到混淆的地方，特別是表現出某種情緒反應的時刻——突然的理解、喜悅、困惑、挫折等等。如果玩家尋求肯定，只要說他們做得很好並繼續前進。保持你的反應平淡及平常；玩家會尋找關於他們是否做得好（甚至是無意識間表示出）的跡象，以及表達批評是否真的沒有問題。你需要拋開你的恐懼、驕傲和任何防禦心理，並簡單地接受他們給你的任何東西。

如果玩家完成了你想要的測試，或者他們停了下來並且不知道如何繼續，那麼請考慮結束測試。然後，你可以詢問一些關於他們想要做什麼以及他們預期會發生什麼的問題——這些問題對於理解他們的心智模型很有用。但是在那之後，你需要進入測試後的階段。

完成遊戲測試

在結束遊戲測試時，請向玩家詢問他們的基本想法。密切關注他們首先說的內容；他們腦海中的第一反應非常重要。還要看看他們表達的結構；他們可能會先嘗試說些好話來緩和他們想要提供的真正批評所帶來的打擊。你需要開放性的聽取所有這些，不要關閉任何批評或者為遊戲辯護。

在給予玩家一些時間提供任何第一印象後，給他們你之前準備的問卷。再提醒一次，不要說任何可能使他們的答案產生偏誤的內容；依據你的腳本進行。向他們提供問卷，感謝他們的時間和誠實，並要求他們填寫問卷，如果他們願意的話。當他們完成（或他們拒絕填寫）時，詢問他們對遊戲是否還有任何最終想法，再次感謝他們，讓他們離開。

測試方法

在遊戲測試期間，你有多種方法可以使用，具體取決於你的測試目標以及你對自己能力的信心。

觀察

許多遊戲測試主要包括觀察玩家在玩遊戲時的行為。這可以對玩家如何看待和體驗遊戲產生有價值的見解。以下這些方式都會有所幫助，觀察（如果需要也可以進行記錄）玩家首先前往的位置、他們關注或忽略的選項以及在任何特定時刻他們是否按照設計師的預期行事。你應該注意與參與度有關的跡象（密切注視螢幕、噘起嘴唇、更少眨眼等等）以及任何類型的情緒反應。這些可能包括驚訝、喜悅或沮喪的外表或表情。記錄玩家在哪裡感到混淆、卡住或在相同內容（或使用者介面的相同部分）間來回移動數次，這可以說明他們在那個地點正在嘗試某事但沒有成功。

被引導的體驗和探索

除了觀察玩家在玩遊戲時的行為，你還可以加入其他方法來發掘更多有關他們體驗的資訊。你可以給他們一個特定的目標來完成、並把這作為腳本的一部分（這**不僅僅**是為了讓他們擺脫困惑），特別是如果玩家之前已經測試過遊戲並且已經知道如何玩遊戲。或者你可以告訴他們隨意探索並看看他們往哪裡去——同樣重要的是，他們忽略或避免的是什麼。

綠野仙蹤測試法

如果遊戲測試屬於早期測試，特別是使用不插電材料（紙張、骰子等）來進行時，你可以使用所謂的「綠野仙蹤（Wizard of Oz）」測試法，你扮演電腦來運行遊戲（你是幕後的巫師）並觀察玩家如何反應。這些測試是低擬真性的，這意味著你不能準確地從這個人在早期版本中的行為判斷他在之後數位版本的行為，但這種類型的測試可以讓你獲得對玩家的期望和心智模型的見解，這可以在開發遊戲時產生幫助。

大聲思考

在某些測試中，要求玩家在整段時間內都大聲說出他們的想法、意圖、想知道什麼…等等，是有幫助的。這對他們來說可能很困難，他們可能經常需要被提醒，因為很容易進入沉默，特別是當他們嘗試想要了解某件事情時。一個簡短的提示（「請繼續說話」）可以幫助他們重新開始。雖然這樣做會讓玩家在遊戲中的表現低於不說話時（特別是在壓榨玩家互動預算的遊戲中），但大聲思考可以讓你對玩家的內部目標和心智模型獲得有用的見解。如果在其他測試中你看到玩家感到困惑或迷失方向，但你不確定為何如此，那這種方法可能會特別管用。

你可以嘗試其他不同的方法，只要它們與你的遊戲測試目標有關。再提醒一次，不要浪費你的時間進行不會對遊戲開發方式產生直接影響的測試。

分析回饋內容

遊戲測試完成後，請立即花點時間記下你從中獲得的任何印象。這可能包括你看到的玩家反應、需要修復的錯誤、或者如何改善遊戲玩法的想法。此外，留出時間分析你獲得的資料。回顧你在每位玩家的測試中寫下的筆記、尋找共通的經驗、主題、對他們最重要的事物，等等。也檢視問卷中的定量數據，以尋找其中的趨勢。不要擔心——當然也不要拒絕——負面評論。正如遊戲測試不是對玩家能力的考驗，負面評論也不是評論你作為遊戲設計師的能力；遊戲測試的重點在於遊戲可以多好的創造出你想要創造的體驗。從玩家所說的內容中學習，特別是向負面評論學習，來使遊戲變得更好。

一位玩家可能喜歡這個遊戲，而另一位則覺得它很難理解。那些往往是異常值：你需要仔細檢視玩家間共通的事件和體驗。同時，不要對找到模式太有壓力，更不要試圖尋找統計上顯著的發現（除非你有一個完整的團隊為你籌備、運行和分析你的遊戲測試，並且每次都有幾十個玩家受測）。你應該尋找可以幫助你完善你的設計並回答關於哪些有效、哪些無效的問題的那些具特定方向的經驗。

這些具特定方向的經驗不僅發生在玩家間、也會在不同時間上出現。隨著遊戲的開發，觀察玩家的體驗和反應。他們是否覺得相同的構成元件仍然很吸引人？是否有一些原先令人困惑的區域，在經過變化和進一步的開發之後現在是令人愉快的？或者，你對遊戲所做的改變是否使遊戲的某些部分變得對玩家來說更加困難和不那麼愉快了？

最後，請記住，參與測試的玩家有一個有效的觀點，但他們不是設計師。你應該認真對待他們的回饋，但更多地將這視為辨識問題而不是提供解決方案。當你看到玩家看待遊戲的方式時，這可能會向你揭示遊戲的重要面向，有時甚至會讓你顯著改變遊戲設計。最近一個以海盜為主題的遊戲，在早期的遊戲測試中，玩家發現探索部分很無聊，並說那感覺像是戰鬥之間的填充物。戰鬥是對他們來說有趣的部分。因此，設計師重新思考了遊戲，最終專注於船艦之間的戰鬥，從而使遊戲更具吸引力（也更容易實現）。這種情況也會發生在大型開發商身上；例如，在*模擬市民*（*The Sims*）的早期階段，團隊認為遊戲主要像是老式的*電子雞*（*Tamagotchi*）那樣的生活模擬器。然而，玩家一直表示對模擬市民與從他們身上湧現出的故事的互動更感興趣。結果，遊戲的開發和行銷都發生了變化，並使它遠比原先可以達成的更成功。

製作的不同階段

在設計和測試遊戲時，你當然也必須建構遊戲。實際建構遊戲有很多方法，包括單純的跳進去開始。然而，長期的經驗（以及第 11 章「與團隊一同工作」中討論的 Game Outcomes Project）表明，使用設計——建構——測試循環來迭代式地建構遊戲效果很好，因此，這是目前遊戲開發的常態。非迭代式的方法（例如，「瀑布式」開發，你步驟化的從規格到實現再到測試和發行，就像水從瀑布上流下來）這種方法在遊戲開發中很少有效，特別是如果遊戲需要任何程度的創新時——而幾乎所有遊戲都需要創新。要有效的達成創新需要在遊戲開發過程中不斷迭代。

在線性世界中迭代

對於一些開發團隊（以及公司高管）來說，迭代設計是不舒服的，因為它似乎永遠不會結束：你只是不斷地反覆迭代，從來沒有真正得到任何結果。這是一個合理的考量，因為迭代的過程可能會讓你在沒有前往任何地方的情況時，仍覺得你有在做些什麼。（正如 Benjamin Franklin 所說的，「永遠別把動作與行動混為一談。」）有時那些沒有直接參與開發過程的人會想知道，為什麼所有這些迭代和對不同方法的嘗試都是必要的；為什麼不直接以直截了當、直線的方式來建構遊戲？當然了，因為遊戲開發必然是複雜和循環的，而不是複雜的和線性的，所以那樣做行不通。

通過設計──建構──測試的循環來進行迭代，對於遊戲以及任何你嘗試在其中創造新內容的其他計畫都至關重要。無論你的遊戲概念有多麼驚人，都無法提前知道它是否真正吸引人或哪些地方需要改變。了解這一點的唯一方法是設計遊戲並儘快開始建構和測試它。在這種情況下，不可能一次性就確定內容並設計遊戲、然後實現、測試和發行。你需要在整個過程中進行明顯的迭代。

階段關卡

然而，迭代地開發遊戲並不意味著一旦你開始，你就對它負責到底，不論要經過多少次迭代；每個概念都需要在不同階段進行審核，看看它是否有效（原型和測試結果是正面的），並且在市場上是可行的。一種有效的方法稱為**階段關卡**（*stage gating*）。執行這個方法時，會同時啟動多個計畫（和／或基於相同整體概念的多個設計）。然後定期評估每一個，看它是否依然可行、進展順利、並顯示出足夠的前景。在此過程的早期，當設計和早期原型應基於遊戲測試的回饋來快速進行迭代時，這可能會快速發生，像是每兩週一次。

沒有取得足夠進展和／或似乎風險過大的計畫要不是被送回進行重大修改，要不就是停止進一步開發。這從來不是一件容易的事情，但這是必需做的：它允許你將更多資源投入到更可行的計畫上，但不會消除遊戲開發中對新想法必要的探索。在淘汰的計畫上所做的工作不是浪費了。正如遊戲設計師 Daniel Cook 所解釋的，這些被放入了**概念銀行**（*concept bank*）中、可供以後使用：「你永遠不知道舊想法的殘餘部分，什麼時候會滋養出一個強大的新計畫」（Cook，2007 年）。

迭代製作

在迭代開發的概念中，存在許多你可以用來製作遊戲的方法。關於 Agile 與 scrum 的大量變體已經在遊戲行業中變得普遍，因為它們（至少大多數）非常適合迭代式的遊戲開發。

Agile 和 scrum 的一些重要特徵是，常規的設計——建構——測試循環發生在二到四週的時程內｛在 Agile 的術語中，每次過程都是一次衝刺（*sprint*）｝，其中有較小的每日循環（並有 scrum 會議穿插其中）來保持團隊內每個人的凝聚，並了解團隊其他成員正在做什麼。將這些稱為遊戲開發的核心循環並不是一個很大的延伸。

二到四週的衝刺循環與第 4 章「互動性和樂趣」和第 7 章「打造遊戲循環」中討論的設計師循環是一致的。在開發過程的早期，大部分工作應該是將遊戲設計描繪出來並開始建構遊戲玩法的小型原型。隨著計畫的進展，這種平衡應該轉向到更多原型以外的實現上（但仍然繼續測試），接著再轉向更多的測試。在整個過程中，透過保持相對較短（二到四週）的循環來幫助計畫持續進展，每個循環都包括了一次規劃（基於先前測試的評估結果）、設計、開發和測試的迭代。隨著這個過程，計畫將經歷多個階段。這些階段在遊戲行業內的不同部分有不同的名稱，但基本概念相當一致。

概念階段

概念階段（concept phase）發生在遊戲剛剛開始的時候。在這個階段，你創造概念文件（請參考第 6 章），開始整合美術和聲音風格，並開發一些小的、快速的、醜陋的原型來證明基本概念並驗證核心循環。你也可以開始著手處理一些主要的系統文件。

概念階段往往會持續一到三個月，具體取決於你嘗試建構之概念的清晰度。在這個階段的中途和結束，你應該各有一個關卡（gate）：在那個關卡，如果概念在原型時顯示無法運作，請重新開始或繼續其他東西，但不要再對它在遊戲中的部分投入任何資源。在概念和核心循環被清楚地理解和證實是有趣（即使只有一點點樂趣也不行）之前，繼續開發這個概念是沒有意義的。

前製階段

一旦基本概念看起來足夠完善，你應該根據概念文件以及你從早期原型中學到的內容，盡可能完成更多細節。你還需要確保遊戲是你可以從擁有的資源中製作出來的。

前製階段（preproduction phase）的主要目的是確保你和你（依然很小）的團隊了解遊戲是什麼、它將花費多少、以及開發遊戲需要多長時間。你將把你學到的東西和遊戲概念組合在一起，並將它轉化為額外的文件——其中一些直接與遊戲設計相關，有些則更關於創建出你所想像的遊戲需要多長時間。

你需要完成的詳細文件涵蓋了遊戲的起始特徵和所有美術資產（assets）、聲音資產，以及製作遊戲過程中所需的任何其他內容。毫無疑問，這個列表會是錯誤的，因為在遊戲實際完成時的需求會發生變化。但你仍然需要盡可能讓這個列表完整，否則你甚至無法開始規劃下一個開發階段。

特徵和資產

對遊戲特徵（features）的概述來自於你的概念文件和早期的系統描述與原型。這決定了遊戲發布時玩家可以使用的內容。你應該注意不要讓這個列表太長，以免增加遊戲開發的範疇和風險（並增加了無法通過階段關卡的可能性）。但是，如果列表太短，你可能會遺漏遊戲的重要層面，使其無法完全成為吸引人的體驗。近年來，*最簡可行產品*（*MVP，Minimum viable product*）的概念已被用於指示遊戲在發行時絕對不能沒有的特徵數量和組合。最簡可行產品的概念現在正在某些領域發生變化，轉向更為流程導向的，而不是關於交付一組特定的功能。然而，了解什麼是你遊戲的核心，它是無法在之後再行添加的，這是一個重要的里程碑。幸運的是，如果你已經建構了你的概念、核心循環和主要系統，你應該能夠非常快速地說出遊戲必須具備什麼才能發布，以及哪些可以在後續版本或後續發行時再加入。

根據你的基本特徵列表或最簡可行產品，你還需要建構一個主要列表、裡面包括了要為遊戲製作的所有資產。資產列表中必須包含對遊戲中的美術、聲音、動畫和其他任何部分的名稱、描述及任何特殊註釋（大小、動畫等等）等內容——這涵蓋了從使用者介面到每個怪物、角色、森林生物或遊戲中的其他任何東西。創建這個列表是一項艱鉅的任務，但如果你從它所處遊戲系統的構成部分來思考它，那麼它就會變得更容易管理。

專案計畫

隨著你思考遊戲所需的每個系統和每個細部內容時，你將更好地了解實現它所需要的人員和技術。這是你開始需要從資深製作人和程式設計師那裡獲得幫助的地方——例如，在為階段關卡（stage gate）會議作鋪墊時。獲取他們對遊戲可行性的意見，並從他們的觀點中看到需要修剪的位置或哪些區域看起來風險最大。有了這些資訊和他們的幫助，你可以為遊戲制定預算和專案計畫。

專案計畫（project plan）是不同類別的路線圖，它顯示了在何時需要建立什麼。在準備專案計畫時，一些製作人喜歡把整個專案，劃分出每日或每週的計畫。這幾乎總是浪費精神，因為遊戲的發展路徑將沿途徹底改變。相反地，應專注於在接下來的大約四週內，為每天創建詳細的工作安排（每日進度、依據任務區分、為團隊中的每個人），然後再按照稍微低一點的細節（需要完成的主要任務）來安排後續四週的時程。這些計劃應包括足夠的時間來進行完整的衝刺或類似的迭代模式，包括設計、實現、遊戲測試、評估和規劃，然後再回到下一階段的設計。

在這個最初詳細的時期之後，繼續計劃在後續的四到八週內每週的開發優先順序（程式設計、美術製作、新的設計文件），因此你得到一個涵蓋了三個月的時程表。然後逐月創建將在未來三個月內完成的內容列表（到目前為止總共列出了六個月），最後列出預計在此後按季度完成的內容。隨著開發的進展，時程表應該以同樣的方式製作並保持下去，逐週和逐月前進。因此，你總是可以非常詳細地了解未來一兩個月的預期情況，而在其後的幾個月和幾個季度中的安排則變得越來越沒有這麼詳細。這可以幫助你在專案向前推進並通過更多階段關卡時，按月或衝刺的基準來回顧你的進度。

通過前製階段

前製階段通常持續至少兩到三個月，有時長達六個月。那是很長一段時間，但只要你有效地運作，花在這裡的時間是值得的。所有這些都是為下一個困難階段做好準備。你要小心，不要讓前製階段成為一個不斷迭代卻沒有前進的時期——不願意做出承諾或取消它。因此，你應該考慮在前製階段的中途和結束都至少進行一次階段關卡會議。這將有助於防止你偏離軌道，同時還允許團隊有足夠的時間在這些會議之間迭代遊戲。當你準備好時程表和預算、概念和系統文件以及完整的資產列表來對前製階段進行彙總時，你可以確定（並向其他人證明）你知道自己正在建構什麼以及完成它需要花費多少資源和時間。

當然，在此期間，當你將預算和美術列表等內容組合在一起時，你也同時繼續進行迭代開發：編寫系統文件（參照概念文件的內容）、建構原型且測試這些想法，並奠定整個遊戲軟體的基礎架構。當你對自己的概念、系統架構、初始特徵、計劃和預算充滿信心時，你就可以移動通過階段關卡（確保一切順利、專案值得進行）並從那裡進入製作階段。

製作階段

當你知道要建構什麼時，就是建構它的時候了。這聽起來非常不具迭代性質，但這（在很大程度上）並不正確。到目前為止，你的設計大多是已知的，並透過原型和早期遊戲測試做過測試。你知道有很多東西是可行的。但是有很多東西仍然是未知的，並且在遊戲特徵可以被測試之前都是如此。重要的是，你要在整個製作過程中保持對設計——建構——測試循環的迭代，越來越少地依賴原型，並且隨著時間的推展越來越多地依靠遊戲本身進行測試。毫無疑問，你會發現新的想法，呈現特徵的新方法，以及你希望在遊戲中擁有但你之前不知道的潛在新系統。

可以預期會添加新功能，但避免經典的**範疇蔓延**（*scope creep*）問題非常重要。添加「再一個就好」酷炫的新系統或特徵可能非常誘人，但你必須記住，每次這樣做時，都會增加遊戲的開發時間和風險。每個新增加的內容都應根據遊戲的其餘部分以及它為遊戲帶來的影響進行全面仔細的評估。每個新特徵都必須通過自己的微型概念和前製階段才能放入製作中——如果你沒有時間做好這些，你就沒有時間將它添加到遊戲中。

很多情況下，新功能或系統的概念和系統設計可能完成了、也許還伴隨一個快速的早期原型，但你（或團隊）決定暫時擱置它們。這並不意味著這個特徵永遠消失了；它進入概念銀行並可以在之後被使用，但它實際上是被階段關卡排除在遊戲的初始版本以外。在之後把它添加回來可能是有意義的。但是，你不能把每個新想法都放入遊戲內，並讓遊戲根本無法完成，那樣並不值得。好上許多的作法是，保持遊戲設計的乾淨、專注並忠於原始的概念，同時也擁有一個可以在未來被加入的概念寶庫——你可以在遊戲獲得全球性成功之後把它加入。

製作階段的分析

如第 10 章「遊戲平衡的實踐」中所述，在製作過程中，制定出可以分析的指標非常重要，以幫助你了解計畫是否在軌道上。可以在任務、個人和迭代里程碑這些層級上來進行指標的追蹤。

個別任務應該根據它們最初完成的估計和實際完成花費的時間來追蹤。因此，如果團隊決定某個特定的設計或開發任務需要兩天完成，而在四天之後它還沒有完成，這中間就有問題。它可能看起來很微小，但這就是專案出錯的方式。引用軟體架構師 Fred Brooks 的話說，「一個專案如何變得落後了一整年？…一次一天」（Brooks，1995 年）。

正如可以追蹤任務的完成時間一樣，團隊成員也可以對自己的任務進行估算。這個需要小心謹慎的來進行，鼓勵個人提高績效，但如果他們對計畫的估算時間與完成時間不一致、也不要讓他們感到恥辱。有許多方法可以追蹤這個情形，包括保留初始估算與實際完成時間的歷史記錄，來了解兩者間的比率。經過足夠的時間來獲得足夠的數據後，這個比率可以作為個人估計的係數，也可以作為他們學習更好的任務估算技能的一種方式。例如，假設某人的任務經常較晚完成，並且在計算了初始估計值和實際完成時間之後，你發現他的平均值約為遲交了 20％。將來，這個比率可以應用到他們的估計上，將他們給出的估計完成時間乘以 1.2，以更準確地了解工作需要多長時間。然而，如果他們看到這樣的結果並開始做出更有效的估算，那麼很快完成時間將更接近他們的估計並低於 1.2 倍的時間——這意味著他們的比率需要向下修正。當團隊成員在任務評估和完成方面更準確時，專案更有可能按計劃進行。

最後，在專案的每個里程碑——例如，在每個衝刺或其他迭代結束時——團隊成員應該評估他們已經完成的工作，與原先所計畫完成的進行比對。對流程的這種反思——對過去迭代的一次非常小的事後回顧——有助於讓團隊意識到專案的狀態，並且不會掩蓋任何出現的重大問題或風險。在這方面，使用燃盡圖（*burndown charts*）和類似的方法來可視化進度及針對特定衝刺的所有相關任務的剩餘工作是有幫助的，因為它們允許團隊在工作結束和迭代完成之後看到自己的表現。

Alpha 里程碑

在製作過程中，遊戲最終會接近所謂的 alpha 里程碑。在某些層面，這是舊式遊戲開發方法的延續；傳統上，alpha 標示了開發的實現和測試階段之間的分界，在這個時候所有特徵都應該完成了。這個里程碑仍然帶有一些這樣的定義

（與先前一樣，在遊戲行業中的定義各有不同），儘管現今測試主要是被視為貫穿在整個開發過程中的。從另一個角度來看，這個里程碑與 Steam 上的「搶先體驗（early access）」版本有些一致，玩家可以在遊戲開發時就開始遊玩，並且開發人員開始獲得有關玩家如何實際玩遊戲的大量數據。

Alpha 里程碑的要點是擁有一個檢查點，遊戲在此時刻需被證明在很大程度上可以遊玩：所有主要系統、特徵和資產都已到位，而遊戲可以根據這些來被評估。遊戲中幾乎肯定存在重大的程式錯誤，但核心循環和次要遊戲玩法都已到位，並且已經被團隊外的人做過測試。如果遊戲符合這些標準，它會成功通過這個關卡。否則，它可能需要更多迭代工作——或者可能需要被中止。

在 alpha 里程碑之前，團隊主要致力於建構系統和特徵，並透過遊戲測試驗證他們的遊戲玩法。在通過此里程碑後，團隊將把主要關注點轉換到測試遊戲和修復錯誤上，而不是添加或實現新特徵或系統。可能會有少量的設計工作正在進行中，但這應該侷限於為了更愉悅的遊戲玩法所進行的系統平衡，以及調整低層級的屬性值上面。

隨著遊戲接近穩定狀態（雖然仍然存在錯誤），在 alpha 里程碑時所進行的審查可以用來檢驗另一個階段關卡。你需要再次詢問「遊戲是否值得繼續前進？」考慮到所有已經投入的工作，很容易對這個問題說是。但即使做了大量的工作，在很多方面，真正困難和昂貴的部分仍然還未到來。在遊戲製作後期殺死遊戲意味著很可能存在應該提前被辨識出來的重大問題，但如果遊戲就是沒有吸引力或樂趣，那麼這不應該阻止你或你的團隊這樣做。如果你確實在最後階段中止開發，你應該回顧並評估不只是遊戲出了什麼問題、同時也包括過程中出了什麼問題，而沒有在早前發現和處理這些有危害性的問題。

Beta 與首次發布的里程碑

一旦遊戲的特徵、系統和資產到位，團隊的焦點幾乎完全轉向平衡、修復程式錯誤和美化遊戲。這種美化的某些層面，包括了對不同遊戲系統深處之構成元件的屬性值進行微小變化。例如，一個生物的跑動速度可能比另一個生物略快一點點，從而改變了遊戲中該部分的平衡。美化的另一個主要層面是改良美術、動畫，尤其是使用者介面的部分。為使用者介面提供更多豐富感官刺激不會直接影響遊戲玩法，但確實能讓遊戲變得更具吸引力及吸引參與。

隨著越來越少的主要錯誤被發現並且遊戲是穩定的，對玩家的測試也繼續確保了遊戲依然充滿樂趣和吸引力。隨著這種狀態的到來，遊戲進入了 beta 里程碑。

Beta 里程碑曾經代表的時間點是當遊戲或其他產品在內部被判斷為可用且足夠穩定，足以向公眾展示時。但如今，則經常在早於這個階段之前就公開遊戲。Beta 現在通常更多地關於包含測試創造收益的設計（對免費遊玩的遊戲來說）、部署基礎架構、內容傳遞網絡以及其他輔助發布遊戲的面向。特別是對免費遊玩的遊戲來說，這也是評估遊戲的第一個重要指標出現的時候，檢視遊戲的玩家人數，特別是在第一天、一週和一個月之後有多少人繼續回到遊戲中。如果這些指標沒有表明遊戲可以在商業上取得成功，那麼它甚至可以在這個後期階段取消（這種情況發生在大型工作室中的頻率比你預期的更多）。

商業發布

在完成設計、開發和測試遊戲的所有工作之後，你終於來到可以完全向公眾發布的這一天。達到這個里程碑需要很長時間和很多困難的工作。你現在擁有了一個可以被全世界取得並遊玩的遊戲。這是一個值得品味的時刻。從現在開始，遊戲在某些方面來說也不再是只屬於你自己的了，因為玩家也會很快開始將它視為他們的遊戲。你現在需要將注意力更多地轉向玩家的想法以及分析師告訴你的內容，以使你可以為下一步該添加或修復的內容排出優先順序。

完成你的遊戲

非常多起始製作遊戲的人從未完成它。從你開始思考遊戲的那一刻起，以及在你設計、開發和測試遊戲的整個時間內，你必須設定並維持自己對完成它的承諾──或者，如果有必要時，中止它並重新開始。很久以前，我聽過一句話並一直記著：「任何完成的事情都比**每件**未完成的事情更好。」這包括了你未完成的遊戲。

任何實際出售的遊戲或是可以在網站上免費玩的遊戲，不論它多麼簡陋和糟糕，都比你放在頭腦中的超級驚人想法更好──**這僅僅是因為那些遊戲真實存在而你的想法沒有**。如果你想要你的遊戲很棒，你必須讓它變為真實。實現它的唯一方法是設計、開發並最終**完成它**。

遊戲開發中最困難的部分並非早期的概念階段。想法很容易、很多，並且本身沒有任何價值（很多沒有經驗的設計師會對此感到氣餒）。提出一個完整的遊戲概念可能會壓榨你的創造力，但這個過程在很多方面來說都是最自由和有趣的。困難時期出現在發展的後期，當你可能認為你差不多完成了的時候。然後，你和那些從未見過它（或沒見過你）的人，一起完成你第一次大型的完整遊戲測試，並得到了一頁又一頁的錯誤、批評、混淆點、以及破碎和不平衡的系統。這可能非常令人沮喪。你需要撐過這些時間，並把目光放在完成遊戲上。這是擁有連貫的概念和緊密的團隊可以真正有所表現的地方。你需要花很長時間來修復看似很小的問題，而這些修復的加總會使遊戲完全可被其他人遊玩。

「完成」並不意味著「做到完美」。任何遊戲或任何其他創造性作品都不會在其創作者的眼中真正完整、更不用說完美！要完成遊戲是很困難的，你需要做設計、開發並讓別人玩遊戲。你需要經歷開發它的困難時期，看它在遊戲測試中失敗和無法通過階段關卡，並一次又一次地淬煉，直到你終於有了某種真實的東西。

當你的遊戲可以遊玩並且對玩家來說有足夠吸引力和刺激時，你需要儘快的發布它。你幾乎肯定會認為遊戲尚未準備好發布。你可能會害怕看到遊戲進入野外。你可能想知道，在你長期努力工作之後，它怎麼可以現在結束。一旦你進入了漫長的開發階段，對於遊戲可以完成可能會覺得有點奇怪。當然還會有一些錯誤需要優先處理？當你到達這一點時，當遊戲測試進展順利，即使你確定還有更多工作要做，現在是時候發布了。

幸運的是，目前的技術使得在許多情況下可以在發布後繼續修改遊戲。但是為了能夠真正了解需要改進的內容，你仍然必須先完成遊戲——然後發布它、來真正看到除了一小群遊戲測試者之外的其他人如何對待它。

請將此視為最外層的設計師循環：你將從發布遊戲和看它在市場中表現而獲得經驗，這是你無法以其他方式學習的。一旦你完成整個過程，從早期令人興奮的概念到困難的開發山谷，最後到你的遊戲「就在那裡」，你終於真正成為一位遊戲設計師了。

摘要

要讓遊戲成為真實，需要執行大量遊戲設計以外的工作。首先，你需要在電梯到會議室等等情境當中，有效的傳達你的想法。你需要能夠將你的興奮傳遞給潛在的投資者、媒體聯絡人和團隊成員。在驗證概念時，你還需要能夠聽取對遊戲設計的批評。

你必須了解迭代開發的重要性，包括快速的原型製作、頻繁的遊戲測試和嚴格的階段關卡篩選。再加上對遊戲開發階段的理解——早期概念階段、前製、製作、alpha 和 beta——這些理解將幫助你以快速及可持續的步調開發遊戲。

最後，你需要認識到實際完成遊戲的困難度和本質。絕大多數對遊戲的好點子連原型都沒有做出來。在那些有製作為原型的當中，大多數從來沒有真正完成。越過那條線，讓其他玩家可以接觸到你的遊戲（並且遊戲是完成且經過美化的形式），這是一件非常困難的事情、不應該低估它。做這些工作的同時，也是你提升自己作為一位遊戲設計師的經驗、技能、知識和職業生涯的方式。

參考資料

Achterman, D. 2011. *The Craft of Game Systems.* November 12. Accessed March 1, 2017. https://craftofgamesystems.wordpress.com/2011/12/30/system-design-general-guidelines/.

Adams, E., and J. Dormans. 2012. *Game Mechanics: Advanced Game Design.* New Riders Publishing.

Alexander, C. 1979. *The Timeless Way of Building.* Oxford University Press.

Alexander, C., S. Ishikawa, and M. Silverstein. 1977. *A Pattern Language: Towns, Buildings, Construction.* Oxford University Press.

Alexander, L. 2014. *A Dark Room's Unique Journey from the Web to iOS.* Accessed March 25, 2017. http://www.gamasutra.com/view/news/212230/A_Dark_Rooms_unique_journey_from_the_web_to_iOS.php.

—. 2012. *GDC 2012: Sid Meier on How to See Games as Sets of Interesting Decisions.* Accessed 2016. http://www.gamasutra.com/view/news/164869/GDC_2012_Sid_Meier_on_how_to_see_games_as_sets_of_interesting_decisions.php.

Animal Control Technologies. n.d. *Rabbit Problems in Australia.* Accessed 2016. http://www.animalcontrol.com.au/rabbit.htm.

Aristotle. 350 BCE. *Metaphysics.* Accessed September 3, 2017. http://classics.mit.edu/Aristotle/metaphysics.8.viii.html.

Armson, R. 2011. *Growing Wings on the Way: Systems Thinking for Messy Situations.* Triarchy Press.

Army Training and Doctrine Command. 1975. *TRADOC Bulletin 2. Soviet ATGMs: Capabilities and Countermeasures (Declassifi ed).* U.S. Army.

Bartle, R. 1996. *Hearts, Clubs, Diamonds, Spades: Players Who Suit MUDs.* Accessed March 20, 2017. http://mud.co.uk/richard/hcds.htm.

Bateman, C. 2006. *Mathematics of XP.* August 8. Accessed June 15, 2017. http://onlyagame.typepad.com/only_a_game/2006/08/mathematics_of_.html.

Berry, N. 2011. *What Is Your Body Worth?* Accessed September 3, 2017. http://www.datagenetics.com/blog/april12011/.

Bertalnaff y, L. 1968. *General System Theory: Foundations, Development, Applications.* Braziller.

Bertalnaff y, L. 1949. "Zu Einer Allgemeinen Systemlehre, Blatter fur Deutsche Philosophie, 3/4," *Biologia Generalis, 19,* 139–164.

Bigart, H. 1962. "A DDT Tale Aids Reds in Vietnam," *New York Times,* February 2, 3.

Birk, M., I. Iacovides, D. Johnson, and R. Mandryk. 2015. "The False Dichotomy Between Positive and Negative Aff ect in Game Play," *Proceedings of CHIPlay.* London.

Bjork, S., and J. Holopainen. 2004. *Patterns in Game Design.* New York: Charles River Media.

Bogost, Ian. 2009. "Persuasive Games: Familiarity, Habituation, and Catchiness." Accessed November 24, 2016. http://www.gamasutra.com/view/feature/3977/persuasive_games_familiarity_.php.

Booth, J. 2011 *GDC Vault 2011—Prototype Through Production: Pro Guitar in ROCK BAND 3.* Accessed September 11, 2017. http://www.gdcvault.com/play/1014382/Prototype-Through-Production-Pro-Guitar.

Box, G., and N. Draper. 1987. *Empirical Model-Building and Response Surfaces.* Wiley.

Bretz, R. 1983. *Media for Interactive Communication.* Sage.

Brooks, F. 1995. *The Mythical Man-Month: Essays on Software Engineering.* Addison-Wesley.

Bruins, M. 2009. "The Evolution and Contribution of Plant Breeding to Global Agriculture," *Proceedings of the Second World Seed Conference.* Accessed September 3, 2017. http://www.fao.org/docrep/014/am490e/am490e01.pdf.

Bura, S. 2008. *Emotion Engineering in Videogames.* Accessed July 28, 2017. http://www.stephanebura.com/emotion/.

Caillois, R, and M. Barash. 1961. *Man, Play, and Games.* University of Illinois Press.

Capra, F. 2014. *The Systems View of Life: A Unifying Vision.* Cambridge University Press.

—. 1975. *The Tao of Physics.* Shambala Press.

Card, S., T. Moran, and A. Newell. 1983. *The Psychology of Human-Computer Interaction.* Erlbaum.

Case, N. 2017. *Loopy.* Accessed June 6, 2017. ncase.me/loopy.

—. 2014. *Parable of the Polygons.* Accessed March 15, 2017. http://ncase.me/polygons/.

CDC. 2017. *Work Schedules: Shift Work and Long Hours.* Accessed July 10, 2017. https://www.cdc.gov/niosh/topics/workschedules/.

Cheshire, T. 2011. "In Depth: How Rovio Made *Angry Birds* a Winner (and What's Next)," *Wired,* March 7. Accessed February 2, 2017. http://www.wired.co.uk/article/how-rovio-made-angry-birds-a-winner.

Cook, D. 2012. *Loops and Arcs.* Accessed February 24, 2017. http://www.lostgarden.com/2012/04/loops-and-arcs.html.

—. 2011a. *Shadow Emotions and Primary Emotions.* Accessed July 28, 2017. http://www.lostgarden.com/2011/07/shadow-emotions-and-primary-emotions.html.

—. 2011b. *Game Design Logs.* Accessed September 10, 2017. http://www.lostgarden.com/2011/05/game-design-logs.html

—. 2010. *Steambirds: Survival: Goodbye Handcrafted Levels.* Accessed July 27, 2017.http://www.lostgarden.com/2010/12/steambirds-survival-goodbye-handcrafted.html.

—. 2007. *Rockets, Cars, and Gardens: Visualizing Waterfall, Agile, and Stage Gate.* Accessed July 13, 2017. http://www.lostgarden.com/2007/02/rockets-cars-and-gardens-visualizing.html.

Cooke, B. 1988. "The Eff ects of Rabbit Grazing on Regeneration of Sheoaks, Allocasuarina, Verticilliata, and Saltwater TJ-Trees, Melaleuca Halmaturorum, in the Coorong National Park, South Australia," *Australian Journal of Ecology, 13,* 11–20.

Cookson, B. 2006. *Crossing the River: The History of London's Thames River Bridges from Richmond to the Tower.* Mainstream Publishing.

Costikyan, G. 1994. *I Have No Words and I Must Design.* Accessed 2016. http://www.costik.com/nowords.html.

Crawford, C. 1984. *The Art of Computer Game Design.* McGraw-Hill/Osborne Media.

—. 2010. *The Computer Game Developer's Conference.* Accessed December 24, 2016. http://www/

erasmatazz.com/personal/experiences/the-computer-game-developer.html.

Csikszentmihalyi, M. 1990. *Flow: The Psychology of Optimal Experience.* Harper & Row.

Damasio, A. 2003. *Looking for Spinoza: Joy, Sorrow, and the Feeling Brain.* Harcourt.

Dennet, D. 1995. *Darwin's Dangerous Idea.* Simon & Schuster.

Descartes, R. 1637/2001. *Discourses on Method, Volume V, The Harvard Classics.* Accessed June 10, 2016. http://www.bartleby.com/34/1/5.html.

Dewey, J. 1934. *Art as Experience.* Perigee Books.

Dinar, M., C. Maclellan, A. Danielescu, J. Shah, and P. Langley. 2012. "Beyond Function–Behavior–Structure," *Design Computing and Cognition,* 511–527.

Dmytryshyn, Y. 2014. *App Stickiness and Its Metrics.* Accessed July 28, 2017. https://stanfy.com/blog/app-stickiness-and-its-metrics/.

Dormans, J. n.d. *Machinations.* Accessed June 6, 2017. www.jorisdormans.nl/machinations.

Einstein, A., M. Born, and H. Born. 1971. *The Born-Einstein Letters: Correspondence Between Albert Einstein and Max and Hedwig Born from 1916–1955, with Commentary by Max Born.* Accessed June 10, 2016. https://archive.org/stream/TheBornEinsteinLetters/Born-TheBornEinsteinLetter_djvu.txt.

Ekman, P. 1992. "Facial Expressions of Emotions: New Findings, New Questions," *Psychological Science, 3,* 34–38.

Eldridge, C. 1940. *Eyewitness Account of Tacoma Narrows Bridge.* Accessed September 3, 2017. http://www.wsdot.wa.gov/tnbhistory/people/eyewitness.htm.

Ellenor, G. 2014. *Understanding "Systemic" in Video Game Development.* Accessed December 15, 2017. https://medium.com/@gellenor/understanding-systemic-in-video-game-development-59df3fe1868e.

Fantel, H. 1992. "In the Action with Star Wars Sound," *New York Times,* May 3. Accessed July 9, 2017. http://www.nytimes.com/1992/05/03/arts/home-entertainment-in-the-action-with-star-warssound.html.

Fitts, P., and J. Peterson. 1964. "Information Capacity of Discrete Motor Responses," *Journal of Experimental Psychology,* 67(2), 103–112.

Forrester, J. 1971. "Counterintuitive Behavior of Social Systems," *Technology Review, 73*(3), 52–68.

Fuller, B. 1975. *Synergetics: Explorations in the Geometry of Thinking.* Macmillan Publishing Co.

Gabler, K., K. Gray, M. Kucic, and S. Shodhan. 2005. *How to Prototype a Game in Under 7 Days.* Accessed March 10, 2017. http://www.gamasutra.com/view/feature/130848/how_to_prototype_a_game_in_under_7_.php?page=3.

Gambetti, R., and G. Graffi gna. 2010. "The Concept of Engagement," *International Journal of Market Research,* 52(6), 801–826.

Game of War—Fire Age. 2017. Accessed March 12, 2017. https://thinkgaming.com/app-sales-data/3352/game-of-war-fi re-age/.

Gardner, M. 1970. "Mathematical Games—The Fantastic Combinations of John Conway's New Solitaire Game *Life*," *Scientifi c American, 223,* 120–123.

Garneau, P. 2001. *Fourteen Forms of Fun.* Accessed 2017. http://www.gamasutra.com/view/feature/227531/fourteen_forms_of_fun.php.

Gell-Mann, M. 1995. *The Quark and the Jaguar: Adventures in the Simple and the Complex.* Henry Holt and Co.

Gero, J. 1990. "Design Prototypes: A Knowledge Representation Schema for Design," *AI Magazine, 11*(4), 26–36.

Giaime, B. 2015. "Let's Build a Game Economy!" *PAXDev*. Seattle.

Gilbert, M. 2017. *Terrence Mann Shares Industry Wisdom and Vision for Nutmeg Summer Series.* Accessed March 15, 2017. http://dailycampus.com/stories/2017/2/6/terrance-mann-shares-industrywisdom-and-vision-for-nutmeg-summer-series.

Goel, A., S. Rugaber, and S. Vattam. 2009. "Structure, Behavior, and Function of Complex Systems: The Structure, Behavior, and Function Modeling Language," *Artifi cial Intelligence for Engineering Design, Analysis and Manufacturing, 23*(1), 23–35.

Greenspan, A. 1996. *Remarks by Chairman Alan Greenspan.* Accessed August 8, 2017. https://www.federalreserve.gov/boarddocs/speeches/1996/19961205.htm.

Grodal, T. 2000. "Video Games and the Pleasure of Control." In D. Zillman and P. Vorderer (eds.), *Media Entertainment: The Psychology of Its Appeal* (pp. 197–213). Lawrence Erlbaum Associates.

Gwiazda, J., E. Ong, R. Held, and F. Thorn. 2000. *Vision: Myopia and Ambient Night-Time Lighting.*

History of CYOA. n.d. Accessed November 24, 2016. http://www.cyoa.com/pages/history-of-cyoa.

Heider, G. 1977. "More about Hull and Koff ka. *American Psychologist, 32*(5), 383.

Holland, J. 1998. *Emergence: From Chaos to Order.* Perseus Books .

—. 1995. *Hidden Order: How Adaptation Builds Complexity.* Perseus Books.

Howe, C. 2017. "The Design of Time: Understanding Human Attention and Economies of Engagement," *Game Developer's Conference.* San Francisco.

Huizinga, Johan. 1955. *Homo Ludens, a Study of the Play-Element in Culture.* Perseus Books.

Hunicke, R., M. LeBlanc, and R. Zubek. 2004. *MDA: A Formal Approach to Game Design and Game Research.* Accessed December 20, 2016. http://www.cs.northwestern.edu/~hunicke/pubs/MDA.pdf.

Iberg. 2015. *WaTor—An OpenGL Based Screensaver.* Accessed September 3, 2017. http://www.codeproject.com/Articles/11214/WaTor-An-OpenGL-based-screensaver.

Ioannidis, G. 2008. *Double Pendulum.* http://en.wikipedia.org/wiki/File:DPLE.jpg.

Jobs, S. 1997. *Apple World Wide Developer's Conference Closing Keynote.* Accessed March 23, 2017. https://www.youtube.com/watch?v=GnO7D5UaDig.

Juul, J. 2003. *The Game, the Player, the World: Looking for a Heart of Gameness.* Accessed September 3,

2017. http://ocw.metu.edu.tr/pluginfi le.php/4471/mod_resource/content/0/ceit706/week3_new/

JesperJuul_GamePlayerWorld.pdf.

Juul, J., and J. Begy. 2016. "Good Feedback for Bad Players? A Preliminary Study of 'Juicy' Interface Feedback," *Proceedings of First Joint FDG/DiGRA Conference.* Dundee.

Kass, S., and K. Bryla. 1995. *Rock Paper Scissors Spock Lizard.* Accessed July 5, 2017. http://www.samkass.com/theories/RPSSL.html.

Kellerman, J., J. Lewis, and J. Laird. 1989. "Looking and Loving: The Eff ects of Mutual Gaze on Feelings of Romantic Love," *Journal of Research in Personality, 23*(2), 145–161.

Kietzmann, L. 2011. *Half-Minute Halo: An Interview with Jaime Griesemer.* Accessed March 12, 2017. https://www.engadget.com/2011/07/14/half-minute-halo-an-interview-with-jaime-griesemer/.

Koster, R. 2004. *A Theory of Fun for Game Design.* O'Reilly Media.

—. 2012. *Narrative Is Not a Game Mechanic.* Accessed February 24, 2017. http://www.raphkoster. com/2012/01/20/narrative-is-not-a-game-mechanic/.

Krugman, P. 2013. "Reinhart-Rogoff Continued," *New York Times.*

Kuhn, T. 1962. *The Structure of Scientifi c Revolutions.* University of Chicago Press.

Lane, R. 2015. *Disney/Pixar President Tells BYU How 5 Films Originally "Sucked."* Accessed March 17, 2017. http://utahvalley360.com/2015/01/27/disneypixar-president-tells-byu-4-fi lms-originally-sucked/.

Lantz, F. 2015. *Game Design Advance.* Accessed January 5, 2017. http://gamedesignadvance. com/?p=2995.

Lau, E. 2016. *What Are the Things Required to Become a Hardcore Programmer?* Accessed September 3, 2017. https://www.quora.com/What-are-the-things-required-to-become-a-hardcore-programmer/ answer/Edmond-Lau.

Lawrence, D. H. 1915. *The Rainbow.* Modern Library.

Lawrence, D. H., V. de Sola Pinto, and W. Roberts. 1972. *The Complete Poems of D.H. Lawrence*, vol 1. Heinemann Ltd.

Lawrence, D. H. 1928. *The Collected Poems of D.H. Lawrence.* Martin Seeker.

Lazzaro, N. 2004. *The 4 Keys 2 Fun.* Accessed July 28, 2017. http://www.nicolelazzaro.com/the4-keys-to-fun/.

Liddel, H., and Scott R. 1940. *A Greek-English Lexicon.* Oxford University Press.

Lloyd, W. 1833. *Two Lectures on the Checks to Population.* Oxford University Press.

Lotka, A. 1910. "Contribution to the Theory of Periodic Reaction," *Journal of Physical Chemistry, 14*(3), 271–274.

Lovelace, D. 1999. *RPS-101.* Accessed July 4, 2017. http://www.umop.com/rps.htm.

Luhmann, N. 2002, 2013. *Introduction to Systems Theory.* Polity Press.

Luhmann, N. 1997. *Die Gesellschaft der Gesellschaft.* Suhrkamp.

Mackenzie, J. 2002. *Utility and Indiff erence.* Accessed August 3, 2017. http://www1.udel.edu/johnmack/ ncs/utility.html.

MacLulich, D. 1937. "Fluctuations in the Numbers of the Varying Hare (*Lepus americanus*)," *University of Toronto Studies Biological Series, 43.*

Maslow, A. 1968. *Toward a Psychology of Being.* D. Van Nostrand Company.

Master, PDF urist. 2015. *Mysterious Cat Deaths [Online forum comment].* Accessed 2016. http://www. bay12forums.com/smf/index.php?topic=154425.0.

Matsalla, R. 2016. *What Are the Hidden Motivations of Gamers?* Accessed March 20, 2017. https://blog. fyber.com/hidden-motivations-gamers/.

Maturana, H. 1975. "The Organization of the Living: A Theory of the Living Organization," *International Journal of Man–Machine Studies, 7,* 313–332.

Maturana, H., and F. Varela. 1972. *Autopoiesis and Cognition.* Reidek Publishing Company.

—. 1987. *The Tree of Knowledge: The Biological Roots of Human Understanding.* Shambhala/NewScience Press.

Mayer, A., J. Dorfl inger, S. Rao, and M. Seidenberg. 2004. "Neural Networks Underlying Endogenous and Exogenous Visual–Spatial Orienting," *NeuroImage, 23*(2), 534–541.

McCrae, R., and O. John. 1992. "An Introduction to the Five-Factor Model and Its Applications," *Journal of Personality, 60*(2), 175–215.

McGonigal, J. 2011. *Reality is Broken: Why Games Make Us Better and How They Can Change the World.* London: Penguin Press.

Meadows, D. H., D. L. Meadows, J. Randers, and W. Behrens. 1972. *Limits to Growth: A Report for the Club of Rome's Project on the Predicament of Mankind.* Universe Books.

Meadows, D. 2008. *Thinking in Systems: A Primer.* Chelsea Green Publishing Company.

Mintz, J. 1993. "Fallout from Fire: Chip Prices Soar." *The Washington Post*, July 22.

Mollenkopf, S. 2017. *CES 2017: Steve Mollenkopf and Qualcomm Are Not Just Talking About 5G—They're Making It Happen.* Accessed January 10, 2017. https://www.qualcomm.com/news/onq/2017/01/05/ces-2017-steve-mollenkopf-keynote.

Monbiot, G. 2013. *For More Wonder, Rewild the World.* Accessed September 3, 2017. https://www.ted.com/talks/george_monbiot_for_more_wonder_rewild_the_world

Morningstar, C., and R. Farmer. 1990. *The Lessons of Lucasfi m's Habitat.* Accessed July 7, 2017. http://www.fudco.com/chip/lessons.html.

Nagasawa, M., S. Mitsui, S. En, N. Ohtani, M. Ohta, Y. Sakuma, et al. 2015. "Oxytocin-Gaze Positive Loop and the Coevolution of Human–Dog Bonds," *Science, 348*, 333–336.

Newhagen, J. 2004. "Interactivity, Dynamic Symbol Processing, and the Emergence of Content in Human Communication," *The Information Society, 20*, 395–400.

Newton, I. 1687/c1846. *The Mathematical Principles of Natural Philosophy.* Accessed June 10, 2016. https://archive.org/details/newtonspmathema00newtrich.

Newton, Isaac. c.1687/1974. *Mathematical Papers of Isaac Newton*, vol. 6 (1684–1691). D. Whiteside (ed.). Cambridge University Press.

Nieoullon, A. 2002. "Dopamine and the Regulation of Cognition and Attention," *Progress in Neurobiology, 67*(1), 53–83.

Nisbett, R. 2003. *The Geography of Thought: How Asians and Westerners Think Diff erently…and Why.* Free Press.

Noda, K. 2008. *Go Strategy.* Accessed 2016. https://www.wikiwand.com/en/Go_strategy.

Norman, D. 1988. *The Design of Everyday Things.* Doubleday.

Norman, D., and S. Draper. 1986. *User-Centered System Design: New Perspectives on Human–Computer Interaction.* L. Erlbaum Associates, Inc.

Novikoff , A. 1945. "The Concept of Integrative Levels and Biology," *Science, 101*, 209–215.

NPS.gov. 2017. *Synchronous Firefl ies—Great Smoky Mountains National Park.* Accessed July 24, 2017. https://www.nps.gov/grsm/learn/nature/fi refl ies.htm.

Olff , M., J. Frijling, L. Kubzansky, B. Bradley, M. Ellenbogen, C. Cardoso, et al. 2013. "The Role of Oxytocin in Social Bonding, Stress Regulation and Mental Health: An Update on the Moderating Effects of Context and Interindividual Diff erences," *Psychoneuroendocrinology, 38*, 1883–1984.

Pearson, D. 2013. *Where I'm @: A Brief Look at the Resurgence of Roguelikes.* Accessed March 25, 2017. http://www.gamesindustry.biz/articles/2013-01-30-where-im-a-brief-look-at-the-resurgence-froguelikes.

Pecorella, A. 2015. *GDC Vault 2015—Idle Game Mechanics and Monetization of Self-Playing Games.* Accessed June 29, 2017. http://www.gdcvault.com/play/1022065/Idle-Games-The-Mechanics-and.

Piccione, P. 1980. "In Search of the Meaning of Senet," *Archeology,* July–August, 55–58.

Poincare, H. 1901. *La Science et l'Hypothese.* E. Flamarion.

Polansky, L. 2015. *Suffi ciently Human.* Accessed December 29, 2016. http://suffi cientlyhuman.com/archives/1008.

Popovich, N. 2017. *A Thousand Tiny Tales: Emergent Storytelling in Slime Rancher.* Accessed June 1, 2017. http://www.gdcvault.com/play/1024296/A-Thousand-Tiny-Tales-Emergent.

Quinn, G., C. Maguire, M. Shin, and R. Stone. 1999. "Myopia and Ambient Light at Night," *Nature, 399,* 113–114.

Rafaeli, S. 1988. "Interactivity: From New Media to Communication." In R. P. Hawkins, J. M. Weimann and S. Pingree (eds.), *Advancing Communication Science: Merging Mass and Interpersonal Process* (pp. 110–134). Sage.

Raleigh, M., M. McGuire, G. Brammer, D. Pollack, and A. Yuwiler. 1991. "Serotonergic Mechanisms Promote Dominance Acquisition in Adult Male Vervet Monkeys," *Brain Research, 559*(2): 181–190.

Reilly, C. 2017. *Qualcomm Says 5G Is the Biggest Thing Since Electricity.* Accessed January 10, 2017. https://www.cnet.com/news/qualcomm-ces-2017-keynote-5g-is-the-biggest-thing-sinceelectricity/?ftag=COS-05-10-aa0a&linkId=33111098.

Reinhart, C., and K. Rogoff . 2010. "Growth in a Time of Debt," *American Economic Review: Papers & Proceedings, 100,* 110–134. Accessed 2016. http://online.wsj.com/public/resources/documents/AER0413.pdf.

Reynolds, C. 1987. "Flocks, Herds, and Schools: A Distributed Behavioral Model." *Computer Graphics,* 21(4), 25–34.

Rollings, A., and D. Morris. 2000. *Game Architecture and Design.* Coriolis.

Routledge, R. 1881. *Discoveries & Inventions of the Nineteenth Century,* 5th ed. George Routledge and Sons.

Russell, J. 1980. "A Circumplex Model of Aff ect," *Journal of Personality and Social Psychology, 39,* 1161–1178.

Russell, J., M. Lewicka, and T. Nitt. 1989. "A Cross-Cultural Study of a Circumplex Model of Aff ect," *Journal of Personality and Social Psychology, 57,* 848–856.

Salen, K., and E. Zimmerman. 2003. *Rules of Play—Game Design Fundamentals.* MIT Press.

Schaufeli, W., M. Salanova, V. Gonzales-Roma, and A. Bakker. 2002. "The Measurement of Engagement and Burnout: A Two Sample Confi rmatory Factor Analytical Approach," *Journal of Happiness Studies, 3*(1), 71–92.

Schelling, T. 1969. "Models of Segregation," *American Economic Review, 59*(2), 488–493.

Scheytt, P. 2012. *Boids 3D.* Accessed 12 7, 2016. https://vvvv.org/contribution/boids-3d.

Schreiber, I. 2010. *Game Balance Concepts.* Accessed July 4, 2017. https://gamebalanceconcepts.wordpress.com/2010/07/21/level-3-transitive-mechanics-and-cost-curves/.

Sellers, M. 2013. "Toward a Comprehensive Theory of Emotion for Biological and Artifi cial Agents," *Biologically Inspired Cognitive Architectures, 4,* 3–26.

Sellers, M. 2012. *What Are Some of the Most Interesting or Shocking Things Americans Believe About Themselves or Their Country?"* Accessed 2016. https://www.quora.com/What-are-some-of-themost-interesting-or-shocking-things-Americans-believe-about-themselves-or-their-country/answer/Mike-Sellers.

Selvin, S. 1975. "A Problem in Probability [letter to the editor]," *American Statistician, 29*(1), 67.

Sempercon. 2014. *What Key Catalyst Is Driving Growth of the Internet of Everything?* Accessed September 3, 2017. http://www.sempercon.com/news/key-catalyst-driving-growth-interneteverything/.

Senge, P. 1990. *The Fifth Discipline.* Doubleday/Currency.

Seong, M. 2000. *Diamond Sutra: Transforming the Way We Perceive the World.* Wisdom Publications.

Sicart, M. 2008. "Defi ning Game Mechanics," *Game Studies, 8*(2).

Siebert, H. 2001. *Der Kobra-Eff ekt, Wie Man Irrwege der Wirtschaftspolitik Vermeidet.* Deutsche Verlags-Anstalt.

Simkin, M. 1992. *Individual Rights* Accessed May 5, 2017. http://articles.latimes.com/1992-01-12/local/me-358_1_jail-tax-individual-rights-san-diego.

Simler, K. 2014. *Your Oddly Shaped Mind.* Accessed September 3, 2017. http://www.meltingasphalt.com/the-aesthetics-of-personal-identity-mind/.

Simpson, Z. n.d. *The In-game Economics of Ultima Online.* Accessed September 3, 2017. http://www.mine-control.com/zack/uoecon/slides.html.

Sinervo, B., and C. Lively. 1996. "The Rock-Paper-Scissors Game and the Evolution of Alternative Male Strategies," *Nature, 340*, 240-243. Accessed July 3, 2017. http://bio.research.ucsc.edu/~barrylab/lizardland/male_lizards.overview.html.

Smuts, J. 1927. *Holism and Evolution,* 2nd ed. Macmillan and Co.

The State Barrier Fence of Western Australia. n.d. Accessed 2016. http://pandora.nla.gov.au/pan/43156/20040709-0000/agspsrv34.agric.wa.gov.au/programs/app/barrier/history.htm.

Sundar, S. 2004. "Theorizing Interactivity's Eff ects," *The Information Society, 20*, 385–389.

Sweller, J. 1988. "Cognitive Load During Problem Solving: Eff ects on Learning," *Cognitive Science, 12*(2), 257–285.

Swink, S. 2009. *Game Feel.* Morgan Kaufmann.

Taplin, J. 2017. *Move Fast and Break Things: How Facebook, Google, and Amazon Cornered Culture and Undermined Democracy.* Little, Brown and Company.

Teknibas, K., M. Gresalfi , K. Peppler, and R. Santo. 2014. *Gaming the System: Designing with the Gamestar Mechanic.* MIT Press.

Thoren, V. 1989. "Tycho Brahe." In C. Wilson and R. Taton (eds.), *Planetary Astronomy from the Renaissance to the Rise of Astrophysics* (pp. 3–21). Cambridge University Press.

Todd, D. 2007. *Game Design: From Blue Sky to Green Light.* AK Peters, Ltd.

Totilo, S. 2011. *Kotaku.* Accessed January 3, 2017. http://kotaku.com/5780082/the-maker-of-mario-kart-justifi es-the-blue-shell.

Tozour, P., et al. 2014. *The Game Outcomes Project.* Accessed July 8, 2017. http://www.gamasutra.com/blogs/PaulTozour/20141216/232023/The_Game_Outcomes_Project_Part_1_The_Best_and_the_Rest.php.

Turner, M. 2016. *This Is the Best Research We've Seen on the State of the US Consumer, and It Makes for Grim Reading.* Accessed September 3, 2017. http://businessinsider.com/ubs-credit-note-usconsumer-2016-6.

U.S. Department of Education and U.S. Department of Labor. 1991. *What Work Requires of Schools: Secretary's Commission on Achieving Necessary Skills Report for America 2000.* U.S. Department of Labor.

Van Der Post, L. 1977. *Jung and the Story of Our Time.* Vintage Books.

Vigen, T. 2015. *Spurious Correlations.* Accessed September 3, 2017. http://www.tylervigen.com/spurious-correlations.

Volterra, V. 1926. "Fluctuations in the Abundance of a Species Considered Mathematically," *Nature, 188,* 558–560.

Wallace, D. 2014. *This Is Water.* Accessed September 3, 2017. https://vimeo.com/188418265.

Walum, H., L. Westberg, S. Henningsson, J. Neiderhiser, D. Reiss, W. Igl, J. Ganiban, et al. 2008. "Genetic Variation in the Vasopressin Receptor 1a Gene (AVPR1A) Associates with Pair-Bonding Behavior in Humans," *Proceedings of the National Academy of Sciences of the United States of America, 105*(37), 14153–14156.

Waters, H. 2010. "Now in 3-D: The Shape of Krill and Fish Schools," *Scientifi c American.* Accessed December 7, 2016. https://blogs.scientifi camerican.com/guest-blog/now-in-3-d-the-shape-of-krilland-fi sh-schools/.

Weinberger, D. 2002. *Small Pieces Loosely Joined: A Unifi ed Theory of the Web.* Perseus Publishing.

Wertheimer, M. 1923. "Laws of Organization of Perceptual Forms (*Unterschungen zur Lehre von der Gestalt*)." In W. Ellis (ed.), *A Sourcebook of Gestalt Psychology* (pp. 310–350). Routledge.

White, C. 2008. *Anne Conway: Reverberations from a Mystical Naturalism.* State University of New York Press.

Wiener, N. 1948. *Cybernetics: Or the Control and Communication in the Animal and the Machine.* MIT Press.

Wikipedia. 2009. *Double Pendulum.* Accessed September 3, 2017. https://en.wikipedia.org/wiki/Double_pendulum.

Wilensky, U. 1999. *NetLogo.* Accessed June 1, 2017. http://ccl.northwestern.edu/netlogo.

Wilensky, U., and M. Resnick. 1999. "Thinking in Levels: A Dynamic Systems Approach to Making Sense of the World," *Journal of Science Education and Technology, 8,* 3–19.

Winter, J. 2010. *21 Types of Fun—What's Yours?* Accessed 2017. http://www.managementexchange.com/hack/21-types-fun-whats-yours.

Wittgenstein, L. 1958. *Philosophical Investigations.* Basil Blackwell.

Wohlwend, G. 2017. *Tumbleseed Postmortem.* Accessed June 29, 2017. http://aeiowu.com/writing/tumbleseed/.

Wolf, M., and B. Perron. 2003. *The Video Game Theory Reader.* Routledge.

Woodward, M. 2017. *Balancing the Economy for Albion Online.* Accessed July 7, 2017. http://www.gdcvault.com/play/1024070/Balancing-the-Economy-for-Albion.

WoWWiki. n.d. Accessed July 6, 2017. http://wowwiki.wikia.com/wiki/Formulas:XP_To_Level.

Yantis, S., and J. Jonides. 1990. "Abrupt Visual Onsets and Selective Attention: Voluntary Versus Automatic Allocation," *Journal of Experimental Psychology: Human Perception and Performance, 16,* 121–134.

Yee, N. 2016a. *7 Things We Learned About Primary Gaming Motivations from over 250,000 Gamers.* Accessed March 10, 2017. http://quanticfoundry.com/2016/12/15/primary-motivations/.

—. 2016b. *Gaming Motivations Align with Personality Traits.* Accessed March 20, 2017. http://quanticfoundry.com/2016/01/05/personality-correlates/.

—. 2017. *GDC 2017 Talk Slides.* Accessed March 20, 2017. http://quanticfoundry.com/gdc2017/.

Yerkes, R., and Dodson, J. 1908. "The Relation of Strength of Stimulus to Rapidity of Habit-Formation," *Journal of Comparative Neurology and Psychology, 18*, 459–482.

Zald, D., I. Boileau, W. El-Dearedy, R. Gunn, F. McGlone, G. Dichter, and A. Dagher. 2004. "Dopamine Transmission in the Human Striatum During Monetary Reward Tasks," *Journal of Neuroscience,* 24(17), 4105–4112.

索引

※ 提醒您：由於翻譯書排版的關係，部分索引名詞的對應頁碼會和實際頁碼有一頁之差。

數字

3-door problem（三門問題），329-332
5G networking（5G 網路），35

A

absorption（專注），144
acquisition funnel（獲取渠道），376-377
acquisition of players（獲取玩家），376-377
action games（動作遊戲），212
action/feedback interactivity（動作 / 回饋型互動），148-149
  moment-to-moment gameplay（時時刻刻的遊戲玩法），152
  present-tense action（現在式的行動），149
  reflexive attention（反射注意力），149
  stress and reward of fast action（快速動作的壓力與報酬），149-152
action-social motivations（動作 - 社交動機），216
active opponents（活躍的對手），117
adaptability（適應性），53, 87
ad-supported games（被廣告支持的遊戲），227
Adventure Capitalist（資本家大冒險），265, 349
adventure games（冒險遊戲），212
aesthetics, MDA（Mechanics-Dynamics-Aesthetics）framework（美學，機制 - 動態 - 美學框架，MDA 框架），98-99
affordance（預設用途），141
agency（player）（玩家主導權，玩家代理），107
Agile（敏捷），434-435
agon games（競賽遊戲），97
agreeableness（隨和性），217
Albion Online（阿爾比恩 Online），370-371

alea games（機率遊戲），97
Alexander, Christopher，33, 47-48, 63, 86
alpha milestone（alpha 里程碑），439-440
analog prototypes（類比 / 不插電的原型），419
analytical balance（分析性平衡），321, 374
  analytics-driven design（分析驅動的設計），323
  analytics-informed design（分析知情的設計），323
  cautions about（注意事項），323
  player behavior data（玩家行為資料）
    acquisition and first experience（獲取和首次體驗），376-377
    community（社群），381
    conversion（轉換），379-380
    retention（留存），377-379
    usage（使用），380-381
  player cohorts（玩家的世代分群），375-376
  player information, collecting（蒐集玩家資訊），375
  sample size and information distortion（樣本數量和資訊扭曲），323-324
  Tumbleseed example（翻滾吧種子案例），321-323
analytics（分析）
  analysis from systems view（從系統觀點分析），197-198
  analytical balance（分析性平衡），321, 374
    analytics-driven design（分析驅動的設計），323
    analytics-informed design（分析知情的設計），323
    cautions about（注意事項），323
    player behavior data（玩家行為資料），376-381

player cohorts（玩家的世代分群），375-376

player information, collecting（蒐集玩家資訊），375

sample size and information distortion（樣本數量和資訊扭曲），323-324

Tumbleseed example（翻滾吧種子案例），321-323

hypothesis-driven analysis（假設驅動的分析），17

production analytics（製作階段的分析），438-439

analytics-driven design（分析驅動的設計），323

analytics-informed design（分析知情的設計），323

Angry Birds（憤怒鳥），186, 202

Antichamber（魔幻密室），107

Apache OpenOffice , 280

APs（associate producers）（助理製作人），395-396

arbitrage（套利），368-370

architectural game elements（遊戲的架構元素），119-120

autotelic experience（自身為目的的體驗），122-123

content and systems（內容和系統），120

balancing（平衡），122

content-driven games（內容驅動的遊戲），120-121

systemic games（系統性遊戲），121-122

meaning（意義），125-126

narrative（敘事），123-125

themes（主題），125-126

architecture of companies（公司架構），392-394

Aristotle , 22, 47, 63, 103

arousal（激發），138-140, 142-143, 159

ARPDAU（average revenue per daily active user）（每日活躍使用者的平均收益），379

ARPU（average revenue per user）（每位使用者的平均收益），379

art, designing（藝術，設計），193-194

The Art of Computer Game Design（Crawford）（電腦遊戲設計的藝術），127

articulatory distance（分節距離），135

artists（美術家），401-402

associate game designers（助理遊戲設計師），397

associate producers（APs, 助理製作人），395-396

atomic parts（原子性質的構成元件），268. 亦請見 game parts

atoms, structure of（原子的結構），40-43

attention（注意力）

balancing progression with（平衡進展），365-366

executive（執行），152

reflective attention（反思注意力），158

reflexive（反射），149

attributes（屬性）

defining（定義），290-293

first-order attributes（一階屬性），291-292

nautical game example（航海遊戲的例子），295

ranges（範圍），292-293

second-order attributes（二階屬性），291-292

third-order attributes（三階屬性），291-292

values（數值），360-361

weights（權重），359-360

audience, target（受眾，目標），200-204. 亦請見 players

demographics（人口統計），217-218

environmental context（環境背景），218

identifying（識別），409, 422-423

motivations（動機），215-217

psychographics（心理變數），215-217

audio style（聲音風格），225-226

auditory feedback（聽覺回饋），302-303

Austin, Thomas, 25-26

Australia, introduction of rabbits into（澳洲引入野兔），25-26

autopoiesis（自我生成），33-34

autotelic experience（以自身為目的的體驗），122-123

avatars（虛擬化身），104

average revenue per daily active user
　　（ARPDAU）（每日活躍使用者的平
　　均收益），379

average revenue per user（ARPU）（每位
　　使用者的平均收益），379

B

balance（平衡）. 請見 game balance

Balileo, 28

basic emotions（基本情感），158

basic progression ratio（基本進展比率），
　　348

behaviors（行為），296-297

　　behavior extinction（行為消退），140

　　definition of（定義），100

　　emergence（湧現），299-301

　　feedback（回饋），301-302

　　　　amount of（數量），303

　　　　comprehension and（理解和），303-
　　　　304

　　　　kinds of（回饋的類型），302-303

　　　　nautical game example（航海遊戲的
　　　　例子），304-307

　　　　player expectations and（玩家期
　　　　望），302

　　　　timing of（時間點），303

　　generic, modular behaviors（通用、模
　　　　組化的行為），297-299

　　interactivity（互動），134-135

　　　　game behaviors and feedback（遊戲
　　　　行為和回饋），135-135

　　　　intentional choices（有意識的選
　　　　擇），136

　　　　player behaviors and cognitive load
　　　　（玩家行為和認知負荷），135-
　　　　135, 171

　　local action（局部行動），297

　　looping systems（循環的系統），307-
　　　　308

　　player behavior data（玩家行為資料）

　　　　acquisition and first experience（獲
　　　　取和首次體驗），376-377

　　　　community（社群），381

　　　　conversion（轉換），379-380

　　　　retention（留存），377-379

　　　　usage（使用），380-381

bell curve（鐘型曲線），328

belonging（歸屬感，馬斯洛的需求層次
　　理論），160

benefits（收益）

　　cost-benefit curves（成本 - 收益曲線）

　　　　exponential curves（指數曲線），
　　　　348-351

　　　　linear curves（線性曲線），347

　　　　logistic curves（邏輯曲線），351-
　　　　352

　　　　NAP（near-arithmetic progression）
　　　　curves（近似算術進展曲線），
　　　　356

　　　　piecewise linear curves（分段線性曲
　　　　線），353-356

　　　　polynomial curves（多項式曲線），
　　　　348

　　cost/benefit definitions（成本 / 收益的
　　　　定義），344-345

　　　　core resources（核心資源），345-
　　　　346

　　　　special cases（特殊情況），346-347

　　　　subsidiary resources（輔助資源），
　　　　346

Bernoulli process（伯努利過程），332

Bertalanff y, Karlvon, 30

beta/first release milestone（beta/ 首次發布
　　里程碑），440

biases, cognitive（認知偏誤），329-332

Bioshock（生化危機），164

Blake, William, 30

"blind boxes,（盲盒）" 307, 329

blue-sky design（藍天設計）

　　cautions（注意），206

　　constraints（限制），205

　　curation（策展），204

　　definition of（定義），202

　　methods（方法），202-204

Boomshine, 248

boosting engines（促進功能的引擎）

　　definition of（定義），253-254

　　engine problems（引擎的問題），255-
　　　　256

　　examples of（例子），254-255

Booth, Jason, 210

boundaries（界限）

　　definition of（定義），54-55

price boundaries（價格界限），371-372

Box, George, 216

brainstorming（腦力激盪），202-203

braking engines（煞車功能的引擎），256-257

breadth (concept document)（廣度，概念文件），231

bridges, collapses of（橋樑，倒塌），72-73

Brooks, Fred, 438

budget, interactivity（預算，互動性），173-175

Burgle Bros（扒手集團），158-159

burndown charts（燃盡圖），439

burnout（倦怠），140

Bushnell, Nolan, 89, 140

Bushnell's Law（Bushnell 定律），89, 140

C

Caillois, Roger, 96-97

call to action（行動呼召），141, 416

Candy Crush（糖果傳奇），154, 173-174

Capra, Fritjof, 33

CAS (complex adaptive systems)（複雜適應系統），31-33

Case, Nicky, 279, 300

casual games（休閒遊戲），212-213

Catmull, Ed, 198

causality, upward/downward（因果關係，向上／向下），85-86

causation versus correlation（因果關係與相關性），18-19

CCOs (chief creative officers)（創意長），394

CDs (creative directors)（創意總監），394

CEOs (chief executive officers)（執行長），392

CFOs (chief financial officers)（財務長），392

Chabin, Michael, 52

Chambers, John, 35

changing probabilities（改變機率），329

channels, market（渠道，市場），372-373

chaotic effects（混沌的影響），72-74

Chess（西洋棋），105, 106

chief creative officers (CCOs)（創意長），394

chief executive officers (CEOs)（執行長），392

chief financial officers (CFOs)（財務長），392

chief operating officers (COOs)（營運長），392

chief technical officers (CTOs)（技術長），394

"choose your own adventure" books（「選擇你自己的冒險」書籍），113

Cisco Systems（思科系統公司），35

Civilization（文明帝國），122

Clash of Clans（部落衝突），244-245

"cobra effect"（眼鏡蛇效應），19

cognitive biases（認知偏誤），329-332

cognitive interactivity（認知層面互動），152-154

cognitive load, player behaviors and（認知負荷，玩家行為與），135-135, 171

cognitive threshold diagram（認知門檻圖），171-173

cohorts（玩家的世代分群），375-376

collapsing bridges（崩塌的大橋），72-73

collecting player information（蒐集玩家資訊），375

collections, simple（蒐集，簡單），61-62

combat systems（戰鬥系統），274

combined effects（組合效應），66-69

combining loops（結合循環），269-271

commercial release（商業發布），440

commons, tragedy of（公地悲劇），80-81

communication, team（溝通，團隊），389-390

community analytics（社群分析），381

company architecture（公司架構），392-394

competition（競爭），156

complementary roles（互補角色），157

complex adaptive systems (CAS)（複雜適應系統），31-33

complex resources（複雜資源），238

complex systems（複雜系統），62-63

complicated processes（複雜的過程），61-62

comprehensible game systems（容易理解的遊戲系統），189

Computer Game Developer's Conference（電腦遊戲開發者大會）, 127

concept（概念）

　blue-sky design（藍天設計）

　　cautions（注意事項）, 206

　　constraints（限制）, 205

　　curation（策展）, 204

　　definition of（定義）, 202

　　methods（方法）, 202-204

　concept banks（概念銀行）, 434

　concept documents（概念文件）, 207-208

　　concept statement（概念陳述）, 209-210, 413-414

　　depth and breadth（深度與廣度）, 231

　　detailed design（詳細設計）, 228-230

　　elegance（優雅）, 231

　　game+player system（遊戲＋玩家的系統）, 230

　　genre(s)（類型）, 210-215

　　product description（產品描述）, 222-228

　　questions to consider（應思考的問題）, 232

　　target audience（目標受眾）, 215-219

　　themes（主題）, 230

　　USPs（unique selling points）（獨特賣點）, 219-221

　　working title（暫定名稱）, 209

　definition of（定義）, 202

　desired experience（期望讓玩家擁有的體驗）, 206-207

concept banks（概念銀行）, 434

concept documents（概念文件）, 207-208

　concept statement（概念陳述）, 209-210, 413-414

　genre(s)（類型）, 210-215

　product description（產品描述）, 222

　　game world fiction（遊戲世界小說）, 226

　　monetization（創造收益）, 226-227

　　player experience（玩家體驗）, 222-225

　　scope（範疇）, 228

　　technology, tools, and platforms（技術、工具和平台）, 227-228

　　visual and audio style（視覺和聲音風格）, 225-226

　target audience（目標受眾）, 215-219

　　demographics（人口統計）, 217-218

　　environmental context（環境背景）, 218

　　motivations（動機）, 215-217

　　psychographics（心理變數）, 215-217

　　USPs（unique selling points）（獨特賣點）, 219-221

　working title（暫定名稱）, 209

concept phase（game production）（概念階段，遊戲製作）, 435

concept statement（概念陳述）, 209-210, 413-414

conflict（衝突）, 116-117

connectors（連接器）, 56

conscientiousness（盡責性）, 217

consistency（一致性）, 189

constraints, blue-sky design and（限制，藍天設計與）, 205

construction systems（建構系統）, 275

content（內容）, 120

　balancing（平衡）, 122

　content-driven games（內容驅動的遊戲）, 120-121

　systemic games（系統性遊戲）, 121-122

content-driven games（內容驅動的遊戲）, 120-121

contexts for pitches（提案的情境）

　elevator pitches（電梯簡報）, 410-412

　pitch meetings（提案會議）, 412-413

contribution（貢獻，馬斯洛的需求層次理論）, 160

conversion, player（轉換，玩家）, 379-380

converters（轉換器）, 60-61, 239

Cook, Daniel, 122, 223, 434

COOs（chief operating officers）（營運長）, 392

Copernican model of solar system（哥白尼的太陽系模型）, 28-30

core loops（核心循環）, 136, 168-169, 242-244

detailed design（concept document）
（詳細設計，概念文件），228-229

examples of（例子），244-248

game mechanics（遊戲機制），236-249

core resources（核心資源），345-346

correlation（相關），18-19

cost-benefit curves（成本 - 效益曲線），344-347

exponential curves（指數曲線），348-351

linear curves（線性曲線），347

logistic curves（邏輯曲線），351-352

NAP（near-arithmetic progression）curves（近似算術進展曲線），356

piecewise linear curves（分段線性曲線），353-356

polynomial curves（多項式曲線），348

Costikyan, Greg, 98

costs（成本）

cost-benefit curves（成本 - 效益曲線）

exponential curves（指數曲線），348-351

linear curves（線性曲線），347

logistic curves（邏輯曲線），351-352

NAP（near-arithmetic progression）curves（近似算術進展曲線），356

piecewise linear curves（分段線性曲線），353-356

polynomial curves（多項式曲線），348

cost/benefit definitions（成本 / 收益的定義），344-345

core resources（核心資源），345-346

special cases（特殊情況），346-347

subsidiary resources（輔助資源），346

decoupling from value（數值解耦合），361-363

Crawford, Chris, 97-98, 127, 133

creative directors（CDs）（創意總監），394

Csikszentmihalyi, Mihaly, 164

CTOs（chief technical officers）（技術長），394

cultural interactivity（文化層面互動），163-164

currencies（貨幣），238, 260

curves（曲線）. 請見 progression and power curves

cyber- prefix（cyber 字首），31

cybernetics（控制論），31

Cybernetics（Wiener）（控制論），31

cycles of engagement（參與的循環），169-170

D

daily active users（DAU, 每日活躍使用者），377

Dark Age of Camelot（亞瑟王的暗黑時代），267-268, 337

Dark Souls（黑暗靈魂），319

data-driven design（資料驅動的設計），312-313

DAU（daily active users，每日活躍使用者），377

De Mundi Systemate（世界的系統，牛頓），30

Deadlands, 270

deadlock（鎖死），255

deciders（決策器），60-61, 239

decisions, meaningful（有意義的決定），115-116

decoupling cost from value（將成本與價值脫鉤），361-363

dedication（奉獻），144

deliverables（可交付的資料），281

demographic profiles（人口統計），217-218

depth（深度）

concept document（概念文件），231

interactivity（互動性），179-180

systemic（系統性），88-92

Descartes, Rene, 16, 28-30

design documents（設計文件），309-311

design process（設計流程）

designer's loop（設計師的循環），195-197

game analysis（遊戲分析），197-198

for game parts（遊戲構成元件之），308-309

iterative nature of（具有迭代性的本質），191-192

structural parts（結構性的構成元件），194-195

systemic loops（系統循環），194

thematic architecture of（主題架構），192-194

design tools（設計工具），279

　rapid prototyping tools（快速的原型製作工具），279-280

　spreadsheets（電子表格），280

　whiteboards（白板），279-280

designer-based balancing（以設計師為主的平衡），319-320

designer's loop（設計師的循環），5, 138, 249-250

detailed design（詳細設計，概念文件中），228

　core loops（核心循環），228-229

　interactivity（互動性），229

　narrative and main systems（敘事和主要系統），229

　objectives and progression（目標和進展），229

deterministic thinking（決定論的思維），16-21

development（開發）

　development teams（開發團隊）

　　art and sound（美術與聲音），401-402

　　game designers（遊戲設計師），397

　　organization chart（組織圖），395

　　other team members（其他團隊成員），402

　　producers（製作人），395-397

　　programmers（程式設計師），399-400

　　QA（品質保證），400-401

　　UI/UX, 399

　of game design（遊戲設計的開發），126-128

　product development（產品開發），387-388

development teams（開發團隊）

　art and sound（美術與聲音），401-402

　game designers（遊戲設計師），397

organization chart（組織圖），395

other team members（其他團隊成員），402

producers（製作人），395-397

programmers（程式設計師），399-400

QA（品質保證），400-401

UI/UX, 399

Dewey, John, 97-98

Diablo II（暗黑破壞神 II），265

The Dialogue Concerning the Two Chief World Systems（伽利略），28-30

"Diamond Sutra（金剛經），" 87, 93

digital games（數位遊戲），190

digital prototypes（數位遊戲），419

distance（距離）

　articulatory（分節距離），135

　semantic（語意距離），135

distributions（機率分佈），327-329

DLC（可下載內容），227

documentation（文件），280

　concept documents（概念文件），207-208

　　concept statement（概念陳述），209-210

　　depth and breadth（深度與廣度），231

　　detailed design（詳細設計），228-230

　　elegance（優雅），231

　　game+player system（遊戲＋玩家的系統），230

　　genre(s)（類型），210-215

　　product description（產品描述），222-228

　　questions to consider（應思考的問題），232

　　target audience（目標受眾），215-219

　　themes（主題），230

　　USPs（獨特賣點），219-221

　　working title（暫定名稱），209

　design documents（設計文件），309-311

　mockups（模型圖），282-283

　prototyping（原型製作），282-283

　spreadsheet documentation（電子表格文件），280, 288-289, 311-313

system design documents（系統設計文件），281

system technical design documents（系統技術設計文件），282

updating（更新），310-311

dominant strategy（占優策略），256

dopamine（多巴胺），145

Dormans, Joris, 239-240, 279

downloadable content（可下載內容），227

downward causality（向下的因果關係），85-86

drains（排水管），57-60, 239

Dwarf Fortress（矮人要塞），113-114

dynamic engines（動態的引擎），253

dynamics, MDA framework（機制 - 動態 - 美學框架，MDA 框架），98-99

E

ecologies（生態），25-26, 266-267

　ecological imbalances（生態不平衡），268-269

　kinds of（不同種類的），267-268

economic system balance（生態系統平衡），366-368

　arbitrage（套利），368-370

　challenges of（挑戰），373-374

　construction of game economy（建構遊戲經濟），370-371

　　market channel（市場渠道），372-373

　　price boundaries（價格界限），371-372

　inflation（通貨膨脹），368

economies（經濟），257-258

　constructing（建構），370-371

　　market channel（市場渠道），372-373

　　price boundaries（價格界限），371-372

　currencies（貨幣），260

　economic issues（經濟問題），262-264

　　arbitrage（套利），368-370

　　inflation（通貨膨脹），264-266, 368

　　stagnation（停滯），266, 368

　economic system balance（經濟系統平衡），366-368

　　arbitrage（套利），368-370

　challenges of（挑戰），373-374

　construction of game economy（建構遊戲經濟），370-373

　inflation（通貨膨脹），368

　stagnation（停滯），368

　economies with engines（含有引擎的經濟），260

　examples of（例子），261-262

　unfolding complexity in（逐步展開複雜性），259-260

eCPU（effective cost per user, 每位使用者的有效成本），380

effective cost per user（每位使用者的有效成本），380

Einstein, Albert, 42-43

electrons（電子），40-41

elegance（優雅），88-92, 179-180, 190, 231

elevator pitches（電梯簡報），410-412

Ellenor, Geoff, 111

emergence（湧現），82-85, 299-301

Emergence（湧現，Holland），31-33

emotional goals（情感目標），119

emotional interactivity（情感層面的互動），158-163

　challenges of（挑戰），162

　context（情境），161

　meaning and（意義與），224-225

　models of emotion（情感的模型），159-161

　situations and goals（情況和目標），161-162

encapsulation（封裝），55, 297

endless runners（跑酷），150

endogenous meaning（內生意義），112

endorphins（腦內啡），146

engagement（參與，參與度），138-140

　becoming and staying engaged（投入並保持參與），144

　cycles of（循環），169-170

　definition of（定義），144

　interactive engagement（互動參與），170-171

　neurochemical engagement（參與的神經化學），145-147

　psychological engagement（參與的心理學），147

engine-building games（引擎構築），254

engines（引擎），252-253

　　boosting engines（促進功能的引擎）

　　　definition of（定義），253-254

　　　engine problems（引擎的問題），
　　　　255-256

　　　examples of（例子），254-255

　　braking engines（煞車功能的引擎），
　　　256-257

　　economies with engines（含有引擎的經
　　　濟），260

　　engine-building games（引擎構築的遊
　　　戲），254

entrances（入口），223

environmental context（環境背景），218

EPs（executive producers，執行製作人），
　　394

Euclid, 28

EVE Online（星戰前夜），106

evolution of game design（遊戲設計的演
　　變），126-128

Excel, 280

exceptions to rules（規則的例外），107-
　　108

"excitement" games（興奮感的遊戲），
　　171-173

executive attention（執行注意力），152

executive producers（Eps，執行製作人），
　　394

executive teams（高管團隊），392-394

experience points（XP，經驗值），65, 270

experiencing systems（體驗系統），37-38

explicit goals（顯性的目標），117

exploration in playtesting（在遊戲測試中
　　探索），431-432

exponential curves（指數曲線），348-351

extensibility（可擴展性），190

extinction of behaviors（行為消退），140

extraversion（外向性），217

F

F2P（free to play, 免費遊玩），226-227

fairness（公平性），332-333

fantasy（幻想），222-223

Farmer, Randy, 368

Farmville（農場鄉村），157

faucet/drain economies（水龍頭 / 排水管
　　的經濟體），57-60, 239

FBS（Function-Behavior-Structure，功能 -
　　行為 - 結構本體論）

　　framework（框架），100

feedback（回饋），301-302

　　action/feedback interactivity（動作 / 回
　　　饋型互動），148-149

　　　moment-to-moment gameplay（時時
　　　　刻刻的遊戲玩法），152

　　　present-tense action（現在式的行
　　　　動），149

　　　reflexive attention（反射注意力），
　　　　149

　　　stress and reward of fast action（快
　　　　速動作的壓力與報酬），149-
　　　　152

　　amount of（數量），303

comprehension and（理解與），303-304

　　game behaviors and（遊戲行為與），
　　　135-135

　　kinds of（類型），302-303

　　nautical game example（航海遊戲的例
　　　子），304-307

　　player expectations and（玩家期望與），
　　　302

　　playtesting feedback, analyzing（分析
　　　遊戲測試的回饋），432-433

　　timing of（時效），303

The Fifth Discipline（第五項修練，
　　Senge），31

fifth generation networking（5G 網路），35

final checks（最後檢查），429

"finding the fun,（尋找樂趣）" 174-175,
　　188-189, 418

finishing（結束）

　　games（遊戲），440-442

　　playtests（遊戲測試），431

fireflies, as chaotic system（螢火蟲，如同
　　混沌系統），73-74

Firewatch（救火者），155

first-order attributes（一階屬性），291-292

first-time user experience（FTUE，首次使
　　用者體驗），376-377

Five Factor Model（五因子模型），217

five processes（五行），335

flocking algorithms（鳥群的演算法），
　　299-300
flow（流動）
　　in interactive loops（在互動循環中），
　　　　164-167
　　between parts（在構成元件間），56
　　of resources（資源流動），238-239
follow-up on pitches（簡報後的跟進），
　　416-417
For Honor（榮耀戰魂），192
Forrester, John, 31
frameworks（框架）
　　FBS（Function-Behavior-Structure, 功
　　　　能 - 行為 - 結構本體論），100
　　MDA（Mechanics-Dynamics-Aesthetics,
　　　　機制 - 動態 - 美學框架，MDA 框
　　　　架），98-99
　　other frameworks（其他框架），102
　　SBF（Structure-Behavior-Function，結
　　　　構 - 行為 - 功能框架），100
free to play（F2P, 免費遊玩），226-227
friction（摩擦），256
FTL, 96, 122
FTUE（first-time user experience, 首次使
　　用者體驗），376-377
Fugitive（神探緝兇），158-159
Fuller, Buckminster, 44
full-stack programmers（全端程式設計
　　師），400
fun（樂趣），175
　　characteristics of（特徵），176
　　definition of（定義），177-178
　　"finding the fun,（尋找樂趣）" 174-
　　　　175, 188-189, 418
　　negative affect in gameplay（遊戲玩法
　　　　的負面影響），178-179
function, definition of（功能，定義），100
functional aspects of games（遊戲的功能
　　層面），109
　　definition of function（定義功能），100
　　functional elements as machines（功能
　　　　元素如同機器），111
　　internal model of reality（對現實的內
　　　　部模型），111-114
　　　　Dwarf Fortress example（矮人要塞
　　　　　　的例子），113-114
　　　　endogenous meaning（內生意義），
　　　　　　112

second-order design（二階設計），
　　112-113
meaningful decisions（有意義的決定），
　　115-116
opposition and conflict（對抗與衝突），
　　116-117
player's mental model（玩家的心智模
　　型），115
possibilities for play（玩的可能性），
　　109-111
randomness（隨機性），114-115
uncertainty（不確定性），114-115
Function-Behavior-Structure（FBS, 功能 -
　　行為 - 結構本體論）
framework（框架），100

G

game analysis, systems view of（從系統觀
　　點分析遊戲），197-198
game balance（遊戲平衡），194, 317
　　analytical balance（分析性平衡），374
　　analytical methods（分析方法），320,
　　　　321
　　　　analytics-driven design（分析驅動的
　　　　　　設計），323
　　　　analytics-informed design（分析知
　　　　　　情的設計），323
　　　　cautions about（注意），323
　　　　sample size and information distortion
　　　　　　（樣本數量和資訊扭曲），323-
　　　　　　324
　　　　Tumbleseed example（翻滾吧種子
　　　　　　的例子），321-323
　　balancing loops（平衡循環），64-65,
　　　　236-237
　　content and systems（平衡內容和系
　　　　統），122
　　definition of（定義），318
　　designer-based balancing（以設計師為
　　　　主的平衡），319-320
　　economic system balance（經濟系統平
　　　　衡），366-368
　　　　arbitrage（套利），368-370
　　　　challenges of（挑戰），373-374
　　　　construction of game economy（建
　　　　　　構遊戲經濟），370-373
　　　　inflation（通貨膨脹），368

stagnation（停滯）, 368

importance of（重要性）, 318-319

intransitive balance（非遞移平衡）, 340

mathematical methods（數學方法）, 325-326

parts（構成元件）, 357-359

  attribute values（屬性值）, 360-361

  attribute weights（屬性權重）, 359-360

  decoupling cost from value（將成本與價值脫鉤）, 361-363

player behavior data（玩家行為資料）

  acquisition and first experience（獲取和首次體驗）, 376-377

  community（社群）, 381

  conversion（轉換）, 379-380

  player cohorts（玩家的世代分群）, 375-376

  player information, collecting（搜集玩家資訊）, 375

  retention（留存）, 377-379

  usage（使用）, 380-381

player-based balancing（以玩家為主的平衡）, 320

probability（機率）

  changing probabilities（改變機率）, 329

  cognitive biases（認知偏誤）, 329-332

  definition of（定義）, 326

  fairness（公平性）, 332-333

  likely occurance of unlikely events（很可能發生的罕見事件）, 333-334

  probability distributions（機率分布）, 327-329

  randomization（隨機化）, 326-327

  separate and linked events（獨立和鏈結的事件）, 327

progression and power curves（進展和能力曲線）, 344

  cost/benefit definitions（成本／收益的定義）, 344-347

  exponential curves（指數曲線）, 348-351

  linear curves（線性曲線）, 347

  logistic curves（邏輯曲線）, 351-352

  NAP (near-arithmetic progression, 近似算術進展）

    curves（曲線）, 356

    piecewise linear curves（分段線性曲線）, 353-356

    polynomial curves（多項式曲線）, 348

  progression balancing（平衡進展）, 363-364

    pacing（步調）, 364-365

    secondary progression（次級進展）, 366

    time and attention（時間與注意力）, 365-366

  transitive balance（遞移平衡）

    achieving（實現）, 339-340

    examples of（例子）, 334-338

    requirements for（要求）, 338-339

game concept（遊戲概念）

  blue-sky design（藍天設計）

    cautions（注意事項）, 206

    constraints（限制）, 205

    curation（策展）, 204

    definition of（定義）, 202

    methods（方法）, 202-204

  concept banks（概念銀行）, 434

  concept documents（概念文件）, 207-208

    concept statement（概念陳述）, 209-210, 413-414

    depth and breadth（深度和寬度）, 231

    detailed design（詳細設計）, 228-230

    elegance（優雅）, 231

    game+player system（遊戲＋玩家的系統）, 230

    genre(s)（類型）, 210-215

    product description（產品描述）, 222-228

    questions to consider（應思考的問題）, 232

    target audience（目標受眾）, 215-219

    themes（主題）, 230

USPs（獨特賣點），219-221

working title（暫定名稱），209

definition of（定義），202

desired experience（期望讓玩家擁有的體驗），206-207

game definitions（遊戲的定義），96-98, 102-103

game design theory（遊戲設計理論），128

compared to game theory（與賽局理論的比較），128

development of（發展），126-128

second-order design（二階設計），112-113

game designers（遊戲設計師），185

approaches to（途徑），186-187

design process（設計流程）

designer's loop（設計師的循環），195-197

iterative nature of（具有迭代性的本質），191-192

structural parts（結構性的構成元件），194-195

systemic loops（系統循環），194

thematic architecture of（主題架構），192-194

"finding the fun,（尋找樂趣）" 174-175, 188-189, 418

game analysis（遊戲分析），197-198

getting started（如何開始），186

inventors（發明家），188

knowing your strengths and weaknesses（了解你的優勢和弱點），187

playtesting（遊戲測試），198-200

prototyping（原型製作），198-200

storytellers（說書人），187

teamwork（團隊合作），384

balancing with needs of individuals（平衡個人的需求），391

communication（溝通），389-390

development team organization（開發團隊組織），395-402

executive teams（高管團隊），392-394

practices of successful teams（成功的團隊做了什麼），384-385, 388-389

principles for（原則），391-392

product development（產品開發），387-388

product vision（產品願景），385-386

studio roles（工作室的角色），394-395

team size（團隊大小），402

teams as systems（團隊作為系統），402-403

toymakers（玩具製造者），188

game frameworks（遊戲框架）

FBS（Function-Behavior-Structure，功能 - 行為 - 結構本體論），100

MDA（Mechanics-Dynamics-Aesthetics，機制 - 動態 - 美學框架，MDA 框架），98-99

other frameworks（其他框架），102

SBF（Structure-Behavior-Function，結構 - 行為 - 功能框架），100

game genres（遊戲類型）. 請見 genre(s)

game loops（遊戲循環）. 請見 loops

game mechanics（遊戲機制），108, 236-249

Game of Life（生命遊戲），299-300

Game of War（戰爭遊戲），157

Game Outcomes Project

communication（溝通），389-390

needs of individuals（個人的需求），391

practices of successful teams（成功的團隊做了什麼），384-385, 388-389

product development（產品開發），387-388

product vision（產品願景），385-386

summary（摘要），391-392

game parts（遊戲的構成元件），287-288

attributes（屬性），290-293

first-order attributes（一階屬性），291-292

ranges（範圍），292-293

second-order attributes（二階屬性），291-292

third-order attributes（三階屬性），291-292

behaviors（行為），296-297

emergence（湧現），299-301

feedback（回饋），301-304

generic, modular behaviors（通用、模組化的行為）, 297-299

local action（局部行動）, 297

looping systems（循環的系統）, 307-308

defining（定義）, 288-289

design process（設計流程）, 308-309

documentation for（文件）

design documents（設計文件）, 309-311

spreadsheet details（電子表格的詳細資料）, 311-313

updating（更新）, 310-311

internal state of（內部狀態）, 290

nautical game example（航海遊戲的例子）

attributes（屬性）, 295

behaviors（行為）, 304-307

core parts（核心構成元件）, 294-295

detail design process（詳細設計流程）, 295-296

game concept（遊戲概念）, 293-294

questions to consider（應思考的問題）, 313

simple/atomic parts（簡單/原子性質的構成元件）, 288

types of（類型）, 289-290

game+player system（遊戲+玩家的系統）, 132, 230

game production（遊戲製作）, 433

concept phase（概念階段）, 435

finishing games（完成遊戲）, 440-442

iterative design（迭代設計）, 433-434

iterative production（迭代製作）, 434-435

stage gating（階段關卡）, 434

preproduction phase（前製階段）, 435-436

features and assets（特徵和資產）, 436

length of（長度）, 437

project plans（專案計畫）, 436-437

production phase（製作階段）, 437-438

alpha milestone（alpha 里程碑）, 439-440

beta/first release milestone（beta/首次發布里程碑）, 440

commercial release（商業發布）, 440

production analytics（製作分析）, 438-439

game progression（遊戲進展）

balancing（平衡）, 363-364

pacing（步調）, 364-365

secondary progression（次級進展）, 366

time and attention（時間與注意力）, 365-366

core loops（核心循環）, 229

designing（設計）, 193

progression and power curves（進展和能力曲線）

cost/benefit definitions（成本/收益的定義）, 344-347

exponential curves（指數曲線）, 348-351

linear curves（線性曲線）, 347

logistic curves（邏輯曲線）, 351-352

NAP (near-arithmetic progression, 近似算數進展) curves（曲線）, 356

piecewise linear curves（分段線性曲線）, 353-356

polynomial curves（多項式曲線）, 348

game prototyping（遊戲原型製作）, 198-200

analog prototypes（不插電的原型）, 419

answering questions with（回答問題）, 421-422

definition of（定義）, 418-419

digital prototypes（數位原型）, 419

getting started with（開始）, 421

intended audience for（目標受眾）, 422-423

keeping separate（保持分離）, 419

moving fast（快速移動）, 423

game structure（遊戲結構）

architectural and thematic elements（架構和主題元素）, 119-120

autotelic experience（以自身為目的的體驗）, 122-123

content and systems（內容和系統），
120-122
meaning（意義），125-126
narrative（敘事），123-125
themes（主題），125-126
definition of（定義），100
depth in（深度），89-92
functional aspects（功能層面），109
functional elements as machines（功
能元素如同機器），111
internal model of reality（對現實的
內部模型），111-114
meaningful decisions（有意義的決
定），115-116
opposition and conflict（對抗與衝
突），116-117
player goals（玩家目標），117-119
player's mental model（玩家的心智
模型），115
possibilities for play（玩的可能性），
109-111
randomness（隨機性），114-115
uncertainty（不確定性），114-115
game mechanics（遊戲機制），108
metagaming（後設遊戲），108-109
repeated games（重複遊戲），109
rules（規則），106-108
structural parts（結構性的構成元件）
design process for（設計流程），
194-195
game mechanics（遊戲機制），108
metagaming（後設遊戲），108-109
repeated games（重複遊戲），109
rules（規則），106-108
tokens（標記），105-106
tokens（標記），105-106
game systems（遊戲系統），253. 亦請見
documentation
combat systems（戰鬥系統），274
construction systems（建構系統），275
game+player system（遊戲＋玩家的系
統），132
progression systems（進展系統），271-
274
qualities of（品質），189-190
skill and technological systems（技能及
科技系統），275

social and political systems（社交及政
治系統），275
tools for designing（設計工具），279
rapid prototyping tools（快速的原型
製作工具），279-280
spreadsheets（電子表格），280
whiteboards（白板），279-280
game theory versus game design（賽局
理論與遊戲設計相比）theory（理
論），128
game types（遊戲類型）
agon games（競賽遊戲），97
alea games（機率遊戲），97
ilinx games（暈眩遊戲），97
ludus-paidia spectrum（遊戲 - 玩 的光
譜），97
mimicry games（模仿遊戲），97
game world（遊戲世界）
concept document（概念文件），226
designing（設計），193
rules（規則），106-108
game-mediated social interaction（遊戲中
介的社交互動），155
gameplay loops（遊戲玩法循環），235-
236. 亦請見 interactive loops
ecologies（生態），266-267
ecological imbalances（生態不平
衡），268-269
kinds of（不同種類的），267-268
economies（經濟），257-258
currencies（貨幣），260
economic issues（經濟問題），262-
266
economies with engines（含有引擎
的經濟），260
examples of（例子），261-262
unfolding complexity in（逐步展開
複雜性），259-260
engines（引擎），252-253
boosting engines（促進功能的引
擎），253-256
braking engines（煞車功能的引
擎），256-257
game's model loop（遊戲的模型循環），
241
Gaming the System（Teknibas 等人），34
Gaussian distribution（高斯分佈），328

Gell-Mann, Murray, 42

General Systems（通用系統，
　　Bertalanffy），31

general systems theory（通用系統理論），
　　34

generic, modular behaviors（通用、模組
　　化的行為），297-299

genre(s)（類型），249

genres（類型），210-215

geocentric model of universe（地心說的宇
　　宙觀點），28

geo-heliocentric model of universe（地理 -
　　日心說的宇宙觀點），28

Gestalt psychology（完形心理學），22, 30

Gilbert, Ron, 202-203

gluon field（膠子場），43

Go（圍棋），89-92, 105, 140, 153-154

goals（目標）
　　defining（定義），276
　　emotional interactivity（情感層面的互
　　　動），161-162
　　identifying（識別），407-408
　　player goals（玩家的目標），117-119
　　playtesting（遊戲測試），425

Goethe, Johann Wolfgang von, 30

Gone Home , 173-174, 222-223

Google Docs, 280

greedy reductionism（貪婪的簡化論），18-
　　19

Greenspan, Alan, 78

Griesemer, James, 167-168

"grinding" gameplay（研磨的遊戲玩法），
　　278-279

The Grizzled（步兵的恐懼），158

grouping（分組），156

growth, limits to（增長的限制），76-79

Guitar Hero（吉他英雄），210

H

Habitat , 368

habituation（習慣化），272-274

Halley, Edmund, 30

Halo 2, 2, 167-168

Halo 3, 3, 167-168

heating an oven（加熱烤箱），23-25

hedonic fatigue（享樂疲勞），272, 273

heliocentric model of solar system（太陽系
　　的日心說模型），28-30

Hidden Order（隱藏秩序 , Holland），31-
　　33

hierarchy of loops（循環的層次結構），
　　250-252

history（歷史）
　　of game design（遊戲設計），126-128
　　of systems thinking（系統思維），28-30

Hobbes, Thomas, 39

holistic thinking（整體思維），21-22

Holland, John, 31-33

homeostasis（體內平衡），87

Homo Ludens（遊戲人，Huizinga），96

For Honor（榮耀戰魂），202

hooks（鉤子），141

"house rules（自定規則），" 101-102, 108-
　　109

Howe, Chelsea, 169

Huizinga, Johan, 96

hydrogen atoms（水原子），40

hypothesis-driven analysis（假設驅動的分
　　析），17

I

"iceberg" approach（「冰山」方法），414-
　　416

iconography for loop components（循環元
　　件的圖標），239-240

ideation（概念生成），188. 亦請見 blue-
　　sky design

identity（特性）
　　systems as things（系統如同事物），93-
　　　94
　　Theseus' ship paradox（忒修斯之船的
　　　悖論），39-40

idle games（休閒遊戲），213

ilinx games（暈眩遊戲），97, 176

immersion-creativity motivations（沉浸 -
　　創造力動機），216

implicit goals（內隱目標），117-118

individuals' needs, balancing with team
　　needs（平衡個人與團隊需求），391

inflation（通貨膨脹），264-266, 368

information distortion, sample size and（資
　　訊扭曲，樣本數量和），323-324

instant goals（即時目標），118

integrative levels（整合性層次），43
intentional choices（有意識的選擇），136
interactive loops（互動循環），147-148
　action/feedback interactivity（動作 / 回饋型互動），148-152
　　moment-to-moment gameplay（時時刻刻的遊戲玩法），152
　　present-tense action（現在式的行動），149
　　reflexive attention（反射注意力），149
　　stress and reward of fast action（快速動作的壓力與報酬），149-152
　blending types of（混合類型的互動），153-154
　cognitive interactivity（認知層面的互動），152-154
　core loops（核心循環），136, 168-169, 242-244
　　concept document（概念文件），228-229
　　examples of（例子），244-248
　　game mechanics（遊戲機制），236-249
　cultural interactivity（文化層面的互動），163-164
　designer's loop（設計師的循環），138, 195-197
　emotional interactivity（情感層面的互動），158-163
　　challenges of（挑戰），162
　　context（情境），161
　　models of emotion（情感的模型），159-161
　　situations and goals（情況和目標），161-162
　flow in（心流），164-167
　social interactivity（社交層面的互動），154-157
　　game-mediated social interaction（遊戲中介的社交互動），155
　　techniques for encouraging（鼓勵社交互動的技巧），155-157
　time-scale view of（時間尺度的觀點），167-171
　　core loops（核心循環），168-169

　　cycles of engagement（參與的循環），169-170
　　narrative and interactive engagement（敘事和互動參與），170-171
interactivity（互動性），131
　behaviors（行為），134-135
　　behavior extinction（行為消退），140
　　game behaviors and feedback（遊戲的行為與回饋），135-135
　　intentional choices（有意識的選擇），136
　　player behaviors and cognitive load（玩家行為及認知負荷），135-135, 171
　definition of（定義），112-113, 133
　depth（深度），179-180
　detailed design（詳細設計，概念文件），229
　elegance（優雅），179-180
　fun（樂趣），175
　　characteristics of（特徵），176
　　definition of（定義），177-178
　　"finding the fun（尋找樂趣），" 174-175, 188-189, 418
　　negative affect in gameplay（遊戲玩法的負面影響），178-179
　game+player system（玩家 + 遊戲的系統），132, 230
　interactive loops（互動循環），147-148
　　action/feedback interactivity（動作 / 回饋型互動），148-152
　　blending types of（混合類型的互動），153-154
　　cognitive interactivity（認知層面的互動），152-154
　　core loops（核心循環），136, 168-169
　　cultural interactivity（文化層面的互動），163-164
　　cycles of engagement（參與的循環），169-170
　　designer's loop（設計師的循環），138
　　emotional interactivity（情感層面的互動），158-163
　　flow in（心流），164-167

narrative and interactive engagement
（敘事和互動參與），170-171
social interactivity（社交層面的互動），154-157
time-scale view of（時間尺度），167-171
interactivity budget（互動預算），173-175
internal state（內部狀態），134
mental load（心理負荷），171-173
mental models（心智模型）
arousal（激發），138-140, 142-143
building（建構），141-142
engagement（參與度），138-140, 144-147
systemic approach to（系統方法），132-133
whole experience（整體體驗），138
interactivity budget（互動預算），173-175
interconnected world（互相聯結的世界），35-37
internal model of reality（對現實的內部模型），111-114
Dwarf Fortress example（矮人要塞 例子），113-114
endogenous meaning（內生意義），112
second-order design（二階設計），112-113
internal state（內部狀態），134, 290
intransitive balance（非遞移平衡），340
inventors（發明家），188
irrational exuberance（非理性繁榮），77-78
iterative design（迭代設計），433-434
iterative production（迭代製作），434-435
stage gating（階段關卡），434
iterative production（迭代製作），434-435

J

Jobs, Steve, 204
Journal of Computer Game Design, 127
Journey（風之旅人），158-159
Joyce, James, 42
junior game designers（初級遊戲設計師），397

K

key moments（關鍵時刻），223-224
key performance indicators（KPIs, 關鍵績效指標），375
Knights of the Old Republic, 125, 158-159
Koff ka, Kurt, 22, 30, 63
Kohler, Wolfgang, 30
KPIs（key performance indicators，關鍵績效指標），375
Kristallnacht, 163
Kuhn, Thomas, 17

L

LAMP programmers（LAMP 程式設計師），400
The Last of Us（最後生還者），222-223
Lau, Edmund, 36
Lawrence, D. H. 44-45, 45-46, 63, 103
League of Legends（英雄聯盟），174, 218
"legacy" games（「傳承」遊戲），108
Legend of Zelda（薩爾達傳說），274
leveling treadmill（練級跑步機），279
levels of organization（組織層級），86-87
lifetime value（LTV, 終身價值），379
limited-play pricing（有限遊玩定價模式），227
limits to growth（增長的限制），76-79
linear curves（線性曲線），347
linear effects（線性效應），66-69
linear interpolation（線性插值），353
linked events, probability and（鏈結事件, 機率和），327
"living" documents（「有生命的」文件），310-311
local action（局部行動），297
localization（在地化），228
logistic curves（邏輯曲線），351-352
long-term cognitive interactivity（長期認知層面互動），152
long-term goals（長期目標），119
loops（循環），63-64, 235
balancing loops（平衡循環），64-65, 236-237
for behaviors（行為），307-308
chaotic effects（混沌效應），72-74

combined effects（組合效應），66-69

combining（結合），269-271

components of（元件），237-240

defining（定義）

　goals（目標），276

　linking player experience and system design（鏈接玩家體驗和系統設計），278-279

　looping structure（循環的結構），276-278

designer's loop（設計師的循環），249-250

in game design（遊戲設計），237

game systems（遊戲系統），271

　combat systems（戰鬥系統），274

　construction systems（建築系統），275

　progression systems（進展系統），271-274

　skill and technological systems（技能及科技系統），275

　social and political systems（社交及政治系統），275

gameplay loops（遊戲玩法循環），252-253

　ecologies（生態），266-269

　economies（經濟），257-266

　engines（引擎），253-257

game's model loop（遊戲的模型循環），241

interactive loops（互動循環），147-148, 241-242

　action/feedback interactivity（動作/回饋型互動），148-152

　blending types of（混合類型），153-154

　cognitive interactivity（認知層面的互動），152-154

　core loops（核心循環），136, 228-229, 242-248

　cultural interactivity（文化層面的互動），163-164

　designer's loop（設計師的循環），138, 195-197

　emotional interactivity（情感層面的互動），158-163

　flow in（心流），164-167

social interactivity（社交層面的互動），154-157

time-scale view of（時間尺度），167-171

levels and hierarchy（層級和階層結構），250-252

limits to growth（增長的限制），76-79

linear effects（線性效應），66-69

mathematical modeling（數學模型），69-71

nonlinear effects（非線性效應），66-70

player's mental loop（玩家的心智循環），241

questions to consider（應思考的問題），283-284

random effects（隨機效應），71-72

reinforcing loops（增強循環），64-65, 236

systemic loops（系統循環），194

systemic modeling（系統模型），70-71

systems design（系統設計），236

tragedy of the commons（公地悲劇），80-81

trophic cascades（營養瀑布），81-82

unintended consequences loops（意外後果循環），74-75

Loopy, 279-280

Lostgarden blog（Lostgarden 部落格），122

Lotka-Volterra equations（Lotka-Volterra 方程式），69-70

LTV（lifetime value, 終身價值），379

ludus（遊戲），97, 102

Luhmann, Niklas, 33-34, 138

M

Machinations, 239-240, 279-280

machines（機器）

　functional game elements as（功能元素如同機器），111

　randomness（隨機性），114-115

magic circle（魔法圈），96

main systems（主要系統，詳細設計文件），229

Man, Play, and Games（Callois），96

Mann, Terrence, 191

marginal utility（邊際效用），273

Mario Kart（瑪莉歐賽車），65, 99, 264

market channel（市場渠道），372-373

Marvel War of Heroes（漫威英雄戰爭），247, 256-257

Maslow, Abraham, 160

Maslow's hierarchy of needs（馬斯洛的需求層次理論），160

massively multiplayer online games（大型多人線上遊戲）. 請見 MMOs（massively multiplayer online games）

mastery-achievement motivations（專精 - 成就動機），216

Masuda, Takahiko, 14

mathematical game balancing（遊戲平衡的數學方法），325-326

mathematical modeling（數學模型）

　nonlinear effects（非線性效應），69-70

　versus systemic modeling（與系統模型對比），70-71

Maturana, Humberto, 33-34

MAU（monthly active users, 每月活躍使用者），377-379

McGonigal, Jane, 98

MDA（Mechanics-Dynamics-Aesthetics）framework（機制 - 動態 - 美學框架，MDA 框架），98-99

Meadows, Donella, 33

mean（平均值），328

meaning in games（遊戲中的意義），125-126

　emotions and（情感和），224-225

　endogenous meaning（內生意義），112

　meaningful decisions（有意義的決定），115-116

meaningful decisions（有意義的決定），115-116

mechanics（機制）

　game mechanics（遊戲機制），108, 236-249

　MDA（Mechanics-Dynamics-Aesthetics）framework（機制 - 動態 - 美學框架，MDA 框架），98-99

Mechanics-Dynamics-Aesthetics（MDA）framework（機制 - 動態 - 美學框架，MDA 框架），98-99

median（中位數），328

meetings, pitch（會議 , 簡報），412-413

Meier, Sid, 98

mental load（心理負荷），171-173

mental models（心智模型），115

　arousal（激發），138-140, 142-143

　building（建構），141-142

　engagement（參與），138-140

　　becoming and staying engaged（投入並保持參與），144

　　definition of（定義），144

　　neurochemical engagement（參與的神經化學），144

　　player's mental loop（玩家的心智循環），241

metacognition（後設認知），14

metagaming（後設遊戲），108-109

metastability（準穩態），43-46

Michigan Fish Test（密西根魚測試），14-15

Microsoft Excel, 280

milestones（里程碑）

　alpha milestone（alpha 里程碑），439-440

　beta/first release milestone（beta/ 首次發布里程碑），440

military training, transitive balance in（軍事訓練 , 遞移平衡），337

mimicry games（模仿遊戲），97

Minecraft（當個創世神），126

minimum viable product（MVP，最簡可行產品），434-435

misleading feedback（誤導性回饋），304

MMOs（massively multiplayer online games，大型多人線上遊戲），102

　definition of（定義），213

　faucet/drain economies in（水龍頭 / 排水管的經濟體），57-60

　game-mediated social interaction（遊戲中介的社交互動），155

mockups（模型圖），282-283

mode（眾數），328

modeling（模型）

　mathematical（數學），69-71

　systemic（系統），70-71

models of emotion（情感的模型），159-161

molecules（分子），44-46

Mollenkopf, Stephen, 35
moment-to-moment gameplay（時時刻刻的遊戲玩法），152
monetization（創造收益／貨幣化），380
　concept document（概念文件），226-227
　designing（設計），193-194
Monopoly（大富翁），64, 108-109, 224-225
　boosting engines（促進功能的引擎），254
　braking engines（煞車功能的引擎），256-257
　reinforcing loops in（增強循環），237
　tokens in（標記），106
　zero-sum view in（零和視界），262-264
monthly active users（MAU，每月活躍使用者），377-379
Monty Hall problem（三門問題），329-332
Monument Valley（紀念碑谷），107
Morningstar, Chip, 368
morphology（形態學），30
motivations（動機），215-217
MVP（minimum viable product, 最簡可行產品），436

N

name-value pairs（名稱與值配對），290
NAP（near-arithmetic progression）curves（近似算術進展曲線），356
narrative（敘事），123-125
　designing（設計），193
　detailed design（詳細設計，概念文件），229
　interactive engagement（互動參與），170-171
nautical game example（航海遊戲的例子），295-296
　attributes（屬性），295
　behaviors（行為），304-307
　core parts（核心元件），294-295
　detail design process（詳細設計流程），295-296
　game concept（遊戲概念），293-294
near misses（差一點就中了），333-334

near-arithmetic progression（NAP）curves（近似算術曲線），356
negative affect in gameplay（遊戲玩法的負面影響），178-179
negative feedback loops（負回饋循環），63-65
Nesbitt, Richard, 14
NetLogo, 279-280
neurochemical engagement（參與的神經化學），145-147
neuroticism（神經質），217
neutrons（中子），42, 45
Newton, Isaac, 16
No Man's Sky, 126
nonlinear effects（非線性效應），66-70
nonsensical feedback（無意義的回饋），304
norepinephrine（去甲基腎上腺素），146
normal distribution（常態分佈），328
normalization（標準化），292

O

objectives（目標，詳細設計文件），229
Objectivism（客觀主義），164
observation of playtests（遊戲測試時的觀察），431
"The One Question,（一個問題）" 196, 210
oneness（一體），48
openness to experience（對體驗的開放性），217
OpenOffice, 280
opposition（對抗），116-117
organization, levels of（組織，層級），86-87
organization charts（組織圖），395
oven-heating loop（過熱循環），23-25
oxytocin（催產素），146

P

P&L responsibility（損益責任），394
pacing（步調），364-365
Pac-Man（小精靈），150
paidia（玩），97, 102
pairs, name-value（配對，名稱 - 值），290

Papers, Please（請出示文件），158, 173-174

Parable of the Polygons（多邊形的寓言），300

paradigm shifts（典範轉移），17

parasympathetic nervous system（副交感神經系統），247

parts of games（遊戲的構成元件），267-268. 亦請見 loops

  attributes（屬性），290-293

    first-order attributes（一階屬性），291-292

    ranges（範圍），292-293

    second-order attributes（二階屬性），291-292

    third-order attributes（三階屬性），291-292

  balancing（平衡），357-359

    attribute values（屬性值），360-361

    attribute weights（屬性權重），359-360

    decoupling cost from value（將成本與價值脫鉤），361-363

  behaviors（行為），296-297

    emergence（湧現），299-301

    feedback（回饋），301-304

    generic, modular behaviors（通用、模組化的行為），297-299

    local action（局部行動），297

    looping systems（循環的系統），307-308

  defining（定義），288-289

  design process（設計流程），308-309

  documentation for（文件）

    design documents（設計文件），309-311

    spreadsheet details（詳列於電子表格），311-313

    updating（更新），310-311

  game mechanics（遊戲機制），108

  internal state of（內部狀態），290

  metagaming（後設遊戲），108-109

  nautical game example（航海遊戲的例子）

    attributes（屬性），295

    behaviors（行為），304-307

    core parts（核心構成元件），294-295

  detail design process（詳細設計流程），295-296

  game concept（遊戲概念），293-294

  questions to consider（應思考的問題），313

  repeated games（重複遊戲），109

  rules（規則），106-108

  simple/atomic parts（簡單／原子性質的構成元件），288

  tokens（標記），105-106

  types of（類型），289-290

parts of systems（系統的構成元件）

  behaviors（行為），55

  boundaries（界限），54-55

  converters（轉換器），60-61

  deciders（決策器），60-61

  flow between（流動），56

  resources（資源），56

  sinks（水槽），57-60

  sources（來源），56

  state（狀態），53-54

  stocks（庫存），56-57

A Pattern Language（Alexander），33, 47-48

patterns（模式），47-48

payload of pre-processed information（經過預先處理之訊息的訊息內容），170

Peggle, 150-152

pendulum, path of（鐘擺，路徑），19-20

persistence（持久性），53, 87

personality traits（人格特徵），217

phases of game production（遊戲開發的階段）

  concept（概念），435

  finishing games（完成遊戲），440-442

  preproduction（前製），435-436

    features and assets（特徵和資產），436

    length of（長度），437

    project plans（專案計畫），436-437

  production（製作），437-438

    alpha milestone（alpha 里程碑），439-440

    beta/first release milestone（beta／首次發布里程碑），440

    commercial release（商業發布），440

production analytics（製作分析），
438-439

phenomenological thinking（現象學的思
考方式），15

physiological needs（生理需求，馬斯洛
的層次理論），160

piecewise linear curves（分段線性曲線），
353-356

pitching games（為遊戲進行募投簡報），
407
elevator pitches（電梯簡報），410-412
follow-up（跟進），416-417
pitch content（簡報內容），413-414
call to action（行動呼召），416
"iceberg" approach（「冰山」方
法），414-416
pitch meetings（募投簡報會議），412-
413
preparation（準備）
audience identification（了解聽眾），
409
goal identification（了解目標），
407-408
knowing your material（了解題材），
409-410

Pixar, 198

plans, project（計畫，專案），436-437

platformer games（平台遊戲），213

platforms, defining in concept document
（平台，定義於概念文件），227-228

player-based balancing（以玩家為主的平
衡），320

players（玩家）. 亦請見 playtesting
agency, 107
behaviors and cognitive load（行為及認
知負荷），135-135, 171
choosing for playtesting（遊戲測試時
選擇），425-426
game+player system（遊戲＋玩家的系
統），132, 230
goals（目標），117-119
intuition（直覺），320
mental loops（心智循環），241
mental models（心智模型），115, 241
motivations（動機），215-217
as part of larger system（作為較大系統
的一部分），104-105
personality traits（人格特徵），217

player agency（玩家主導權, 玩家代
理），107

player behavior data（玩家行為資料）
acquisition and first experience（獲
取和首次體驗），376-377
community（社群），381
conversion（轉換），379-380
retention（留存），377-379
usage（使用），380-381

player cohorts（玩家的世代分群），
375-376

player expectations（玩家期望），302

player experience（玩家體驗），222
emotions and meaning（情感及意
義），224-225
fantasy（幻想），222-223
key moments（關鍵時刻），223-224
linking with system design（與系統
設計連結），278-279

player information, collecting（搜集玩
家資訊），375

player-based balancing（以玩家為主的
平衡），320

player-to-player economies（玩家間的
經濟），261-262

target audience（目標受眾），215-219
demographics（人口統計），217-218
environmental context（環境背景），
218
motivations（動機），215-217
psychographics（心理變數），215-
217

as type of opposition（一種對抗的形
式），117

player-to-player economies（玩家間的經
濟），261-262

playtesting（遊戲測試），184-185. 亦請見
prototyping
feedback, analyzing（回饋，分析），
432-433
finishing（完成），431
goals of（目標），425
importance of（重要性），424
player-based balancing（玩家為主的平
衡），320
preparation（準備），426
final checks（最後檢查），429
scripts（腳本），426-427

surveys（問卷調查），427-429

running playtests（執行遊戲測試），
429-431

test subjects（受測試人員），425-426

testing methods（測試方法），431-432

when to test（何時進行測試），424

Poincare, Henri, 47

Poker（撲克牌），102

political systems（政治系統），275

polynomial curves（多項式曲線），348

Portal（傳送門），212

positive feedback loops（正回饋循環），
63-65

possibilities for play（玩的可能性），109-
111

postmortems（事後分析），439

power curves（能力曲線）. 請見
progression and power curves

Power Grid（電力公司），197, 237

predator-prey equations（捕食者 - 獵物方
程式），69-70

predictability（可預測性），189-190

premium pricing（溢價定價模式），226

preparation（準備）

for pitching games（為遊戲進行募投簡
報）

audience identification（了解聽眾），
409

goal identification（了解目標），
407-408

knowing your material（了解題材），
409-410

for playtesting（為遊戲測試），426

final checks（最後檢查），429

scripts（腳本），426-427

surveys（問卷調查），427-429

preproduction phase（前製階段，遊戲製
作），435-436

features and assets（特徵和資產），436

length of（長度），437

project plans（專案計畫），436-437

presentations（簡報），414-416

present-tense action（現在式的行動），149

prestige loops（聲望循環），265

price boundaries（價格界限），371-372

primary emotions（主要情感），158

Principia Mathematica（Newton），30

probability（機率）

changing probabilities（改變機率），
329

cognitive biases（認知偏誤），329-332

definition of（定義），326

fairness（公平性），332-333

likely occurence of unlikely events（很
可能發生的罕見事件），333-334

probability distributions（機率分佈），
327-329

randomization（隨機化），326-327

separate and linked events（獨立和鏈結
的事件），327

process of game design（遊戲設計的流
程）

designer's loop（設計師的循環），195-
197

iterative nature of（具有迭代性的本
質），191-192

structural parts（結構性的構成元件），
194-195

systemic loops（系統循環），194

thematic architecture of（主題架構），
192-194

processes, complicated（複雜的過程），
61-62

producers（製作人），395-397

product descriptions（產品描述），222

game world fiction（遊戲世界小說），
226

monetization（創造收益），226-227

player experience（玩家體驗），222

scope（範疇），228

technology, tools, and platforms（技
術、工具和平台），227-228

visual and audio style（視覺和聲音風
格），225-226

product development（產品開發）

development teams（開發團隊）

art and sound（美術與聲音），401-
402

game designers（遊戲設計師），397

organization chart（組織圖），395

other team members（其他團隊成
員），402

producers（製作人），395-397

programmers（程式設計師），399-
400

QA（quality assurance，品質保證），
400-401

UI/UX, 399

top-priority items for（最優先項目），
387-388

product managers（產品經理），396-397

product vision（產品願景），385-386

production（製作），433

concept phase（概念階段），435

finishing games（完成遊戲），440-442

iterative design（迭代設計），433-434

iterative production（迭代製作），
434-435

stage gating（階段關卡），434

preproduction phase（前製階段），435-
436

features and assets（特徵和資產），
436

length of（長度），437

project plans（專案計畫），436-437

production phase（製作階段），437-438

alpha milestone（alpha 里程碑），
439-440

beta/first release milestone（beta/ 首
次發布里程碑），440

commercial release（商業發布），
440

production analytics（製作分析），
438-439

production analytics（製作分析），438-439

production chains（生產鏈），238

production phase（製作階段，遊戲製
作），437-438

alpha milestone（alpha 里程碑），439-
440

beta/first release milestone（beta/ 首次
發布里程碑），440

commercial release（商業發布），440

production analytics（製作分析），438-
439

programmers（程式設計師），399-400

progression（進展）

balancing（平衡），363-364

pacing（步調），364-365

secondary progression（次級進展），
366

time and attention（時間與注意力），
365-366

core loops（核心循環），229

designing（設計），193

progression and power curves（進展和
能力曲線）

cost/benefit definitions（成本 / 收益
的定義），344-347

exponential curves（指數曲線），
348-351

linear curves（線性曲線），347

logistic curves（邏輯曲線），351-
352

NAP（near-arithmetic progression）
curves（近似算術進展曲線），
356

piecewise linear curves（分段線性曲
線），353-356

polynomial curves（多項式曲線），
348

progression systems（進展系統），271-
274

progression and power curves（進展和能
力曲線），344

cost/benefit definitions（成本 / 收益的
定義），344-347

exponential curves（指數曲線），348-
351

linear curves（線性曲線），347

logistic curves（邏輯曲線），351-352

NAP（near-arithmetic progression）
curves（近似算術進展曲線），
356

piecewise linear curves（分段線性曲
線），353-356

polynomial curves（多項式曲線），348

progression systems（進展系統），271-274

project managers（專案經理），396-397

project plans（專案計畫），436-437

protons（質子），40-43, 45

prototyping（原型製作），198-200

analog prototypes（不插電的原型），
419

answering questions with（回答問題），
421-422

definition of（定義），418-419

digital prototypes（數位原型），419

getting started with（開始），421

intended audience for（目標受眾），
422-423

keeping separate（保持分離），419

moving fast（快速移動），423

psychographics（心理變數），215-217

psychological engagement（參與的心理學），147

Q

QA（quality assurance，品質保證），400-401

Qualcomm, 35

quality assurance（QA，品質保證），400-401

"quality without a name（無名品質），" 47, 48, 63, 103

Quantic Foundry

　cognitive threshold diagram（認知門檻圖），172-173

　gamer motivations（玩家動機），215-217

quarks（夸克），42-45

R

rabbits, introduction into Australia（野兔引入澳洲），25-26

The Rainbow（Lawrence），45-46

Rampart（領土之戰），255

random determination（隨機決定），116

randomization（隨機化），326-327

randomness（隨機）

　creating uncertainty with（創造不確定性），114-115

　random determination（隨機決定），116

　random effects（隨機效應），71-72

　randomization（隨機化），326-327

range, definition of（範圍，定義），328

ranges, attribute（範圍，屬性），292-293

rapid prototyping tools（快速的原型製作工具），279-280

reality, internal model of（對現實的內部模型），111-114

　Dwarf Fortress example（矮人要塞 例子），113-114

　endogenous meaning（內生意義），112

　second-order design（二階設計），112-113

Realm of the Mad God（狂神國度），156

Realm vs. Realm combat（王國對抗王國的戰鬥），267-268, 337

reductionist thinking（簡化論／簡化思維），16-21

reflexive attention（反射注意力），149

reinforcing loops（增強循環），64-65, 236

repeated games（重複遊戲），109

The Resistance（抵抗組織），106

resources（資源），56, 237-238

　core resources（核心資源），345-346

　subsidiary resources（輔助資源），346

retention, player（留存，玩家），377-379

reward of fast action（快速動作的報酬），149-152

Reynolds, Craig, 37

rhythm games（節奏遊戲），213

Risk（戰國風雲），262-264

Rock Band（搖滾樂隊），210

Rock-Paper-Scissors（剪刀石頭布），109, 334-337

Rock-Paper-Scissors-Lizard-Spock（剪刀石頭布＋蜥蝪、史巴克），335

roguelike games（類 rogue 遊戲），214

role-playing games（角色扮演遊戲）. 請見 RPGs（role-playing games）

roles（角色）

　complementary roles（互補角色），157

　team roles（團隊角色），392

　　art and sound（美術與聲音），401-402

　　development team organization chart（開發團隊組織圖），395

　　executive teams（高管團隊），392-394

　　game designers（遊戲設計師），397

　　other team roles（其他團隊角色），402

　　producers（製作人），395-397

　　programmers（程式設計師），399-400

　　QA（quality assurance，品質保證），400-401

　　studio roles（工作室的角色），394-395

　　UI/UX, 399

Romantic philosophers（浪漫的哲學家），
30

Romero, Brenda, 163

Rovio, 186

RPGs (role-playing games，角色扮演遊
戲)，270

    definition of（定義），214

    experience points in（經驗值），65

rules（規則）

    design process for（設計流程），194-
195

    "house rules（自定規則）," 101-102,
108-109

    metagaming（後設遊戲），108-109

    purpose of（目的），106-108

    as type of opposition（一種對抗的形
式），116-117

RuneScape（符文之地），349

running playtests（執行遊戲測試），429-
431

RvR (Realm vs. Realm combat, 王國對抗
王國的戰鬥)，337

S

safety（安全，馬斯洛的需求層次理論），
160

Salen, Katie, 98

sample size（樣本數），323-324

satiation（飽和），273

SBF (Structure-Behavior-Function)
framework（結構 - 行為 - 功能框
架），100

schedules, variable（變動時距），261

schools of fish, shape of（魚群的形狀），
82-84

scientific method（科學方法），16-21

scope（範疇）

    defining in concept document（定義於
概念文件），228

      scope creep（範疇蔓延），438

scope creep（範疇蔓延），438

scripts for playtesting, writing（遊戲測試
腳本，書面），426-427

scrum, 434-435

second difference（第二階差），348, 349

secondary progression（次級進展），366

second-order attributes（二階屬性），291-
292

second-order design（二階設計），112

security（安全，馬斯洛的需求層次理
論），160

self-actualization（自我實現，馬斯洛的需
求層次理論），160

selling points, unique（獨特賣點），219

semantic distance（語意距離），135

Senet, 127

separate events, probability and（獨立事
件，機率和），327

serotonin（血清素），145

Settlers of Catan（卡坦島），106, 264

shape of schools of fish（魚群的形狀），
82-84

shooters（射擊），210-212

short-term cognitive interactivity（短期認
知層面互動），152

short-term goals（短期目標），118

Sid Meier's Pirates, 125

Siebert, Horst, 19

sigmoid (logistic) curves (S 型曲線 / 邏輯
曲線)，351-352

SimCity（模擬城市），186, 225

Simkin, Marvin, 275

simple collections（簡單的集合），61-62

simple resources（簡單資源），238

simple/atomic parts（簡單 / 原子性質的構
成元件），268. 亦請見 game parts

The Sims（模擬市民），225

simulation games（模擬遊戲），214

single-player games（單人遊戲），104

sinks（水槽），57-60, 239

size of teams（團隊的大小），402

skill and attainment（技能和成就，馬斯洛
的需求層次理論），160

skill and technological systems（技能及科
技系統），275

Slime Rancher, 300-301

Smuts, Jan Christian, 22, 30, 63

social casino games（社交賭場遊戲），
333-334

social goals（社交目標），119

social interactivity（社交層面的互動），
154-157

game-mediated social interaction（遊戲中介的社交互動），155

techniques for encouraging（鼓勵社交互動的技巧），155-157

social needs（社交需求，馬斯洛的需求層次理論），160

social reciprocity（社會互惠），157

social referents（社會參照物），156

social systems（社交系統），275

software engineers（軟體工程師），399-400

solar system, views of（太陽系觀點），28-30

sound design（聲音設計），401-402

sources（來源），56, 238

space for play, designing（設計遊戲空間），194

Splendor（璀璨寶石），126, 198, 254-255

sports games（運動遊戲），214

spreadsheet documentation（電子表格文件），280, 288-289, 311-313

spreadsheet specific（詳列於電子表格），288-289

sprints（衝刺），434-435

spurious correlations（偽相關），21

stage gating（階段關卡），434

stagnation（停滯），266, 368

Star Realms（星域奇航），274

state（狀態）
definition of（定義），53-54
internal state（內部狀態），134, 290

statements（陳述）
concept statement（概念陳述），209-210, 413-414
x-statements（x-陳述），221

static engines（靜態引擎），253

Steambirds: Survival, 122

Stellaris（恆星戰役），115, 174

stock market crash of 1929（1929年的股市崩盤），77-78

stocks（庫存），56-57, 238-239

story-driven games（故事驅動的遊戲），123-125

storytellers（說書人），187

strategy games（策略遊戲），171-173, 214

strengths, knowing（了解優勢），187

stress of fast action（快速動作的壓力），149-152

structural coupling（結構耦合），87

structural parts（結構性的構成元件）
design process for（設計流程），194-195
game mechanics（遊戲機制），108
metagaming（後設遊戲），108-109
repeated games（重複遊戲），109
rules（規則），106-108
tokens（標記），105-106

structure（結構，遊戲）
architectural and thematic elements（架構和主題元素），119-120
autotelic experience（以自身為目的的體驗），122-123
content and systems（內容和系統），120-122
meaning（意義），125-126
narrative（敘事），123-125
themes（主題），125-126
definition of（定義），100
depth in（深度），89-92
functional aspects（功能層面），109
functional elements as machines（功能元素如同機器），111
internal model of reality（對現實的內部模型），111-114
meaningful decisions（有意義的決定），115-116
opposition and conflict（對抗與衝突），116-117
player goals（玩家目標），117-119
player's mental model（玩家的心智模型），115
possibilities for play（玩的可能性），109-111
randomness（隨機性），114-115
uncertainty（不確定性），114-115
game mechanics（遊戲機制），108
metagaming（後設遊戲），108-109
repeated games（重複遊戲），109
rules（規則），106-108
structural parts（結構性的構成元件）
design process for（設計流程），194-195
game mechanics（遊戲機制），108

metagaming（後設遊戲），108-109
repeated games（重複遊戲），109
rules（規則），106-108
tokens（標記），105-106
tokens（標記），105-106
Structure-Behavior-Function（SBF）
framework（結構 - 行為 - 功能框
架），100
studio roles（工作室的角色），394-395
style guides（風格指南），226
subatomic structure（次原子粒子結構），
40-43
subjective contour（主觀的輪廓），22
subprime lending（次級抵押貸款），78-79
subsidiary resources（輔助資源），346
Sudoku（數獨），152
Sumitomo Chemical Plant（Sumitomo 化學
工廠），35-36
Super Meat Boy（超級肉肉哥），319
supply and demand（供給與需求），262
surveys, creating（問卷，創造），427-429
symmetrical distribution（對稱分佈），329
sympathetic nervous system（交感神經系
統），247
synergy, metastability and（協同作用，準
穩態），43-46
system design documents（系統設計文
件），281
system technical design documents（系統
技術設計文件），282
systema, 28
systemic depth and elegance（系統的深度
和優雅），88-92
systemic game designers（系統性遊戲設
計師）. 請見 game designers
systemic games（系統性遊戲），121-122
systemic loops（系統循環），194
systemic machines（系統性的機器），252-
253
ecologies（生態），266-267
ecological imbalances（生態不平
衡），268-269
kinds of（不同種類的），267-268
economies（經濟），257-258
currencies（貨幣），260
economic issues（經濟問題），262-
266

economies with engines（含有引擎
的經濟），260
examples of（例子），261-262
unfolding complexity in（逐步展開
複雜性），259-260
engines（引擎），252-253
boosting engines（促進功能的引
擎），253-256
braking engines（煞車功能的引
擎），256-257
systemic modeling（系統模型）
overview of（概述），70-71
systemic organization of games（遊戲
的系統組織），103-104
architectural and thematic elements
（架構和主題元素），119-126
functional aspects（功能層面），109-
119
player as part of larger system（玩
家作為更大系統的一部分），
104-105
structural parts（結構性的構成元
件），105-109
systemic organization of games（遊戲的系
統組織），103-104
player as part of larger system（玩家作
為更大系統的一部分），104-105
structural parts（結構性的構成元件）
game mechanics（遊戲機制），108
metagaming（後設遊戲），108-109
repeated games（重複遊戲），109
rules（規則），106-108
tokens（標記），105-106
systemic thinking（系統思維）. 請見
systems thinking
systems（系統）
adaptability（適應性），87
complicated versus complex（複雜的與
複雜對比），61-63
definition of（定義），51-53
downward causality（向下的因果關
係），85-86
emergence（湧現），82-85
game systems（遊戲系統），120, 271
balancing（平衡），122
combat systems（戰鬥系統），274
construction systems（建築系統），
275

content-driven games（內容驅動的遊戲），120-121

progression systems（進展系統），271-274

skill and technological systems（技能及科技系統），275

social and political systems（社交及政治系統），275

systemic games（系統性遊戲），121-122

levels of organization（組織層級），86-87

loops（循環），63-64

balancing loops（平衡循環），64-65

chaotic effects（混沌效應），72-74

combined effects（combined），66-69

limits to growth（增長的限制），76-79

linear effects（線性效應），66-69

mathematical modeling（數學模型），69-71

nonlinear effects（非線性效應），66-70

random effects（隨機效應），71-72

reinforcing loops（增強循環），64-65

systemic modeling（系統模型），70-71

tragedy of the commons（公地悲劇），80-81

trophic cascades（營養瀑布），81-82

unintended consequences loops（意外後果循環），74-75

metacognition（後設認知），14

parts of（構成元件）

behaviors（行為），55

boundaries（界限），54-55

complicated processes（複雜的過程），61-62

converters（轉換器），60-61

deciders（決策器），60-61

flow between（流動），56

resources（資源），56

sinks（水槽），57-60

sources（水源），56

state（狀態），53-54

stocks（庫存），56-57

persistence（持久性），87

structural coupling（結構耦合），87

systemic depth and elegance（系統的深度和優雅），88-92

systems thinking（系統思維），23-27

current state of（現今狀態），33-34

examples of（例子），23-27

experiencing systems（體驗系統），37-38

history of（歷史），28-30

importance of（重要性），34

and interconnected world（互相聯結的世界），35-37

metastability and synergy（準穩態和協同作用），43-46

patterns and qualities（模式和品質），47-48

rise of（興起），30-33

subatomic structure（次原子粒子結構），40-43

Theseus' ship paradox（忒修斯之船的悖論），39-40, 46-47

teams as（團隊如同），402-403

upward causality（向上的因果關係），85-86

wholes（整體），92

systems design（系統設計），220. 亦請見 loops

systems thinking（系統思維），23-27

current state of（現今狀態），33-34

examples of（例子），23-27

experiencing systems（體驗系統），37-38

game analysis and（遊戲分析），197-198

history of（歷史），28-30

importance of（重要性），34

and interconnected world（互相聯結的世界），35-37

metastability and synergy（準穩態和協同作用），43-46

patterns and qualities（模式和品質），47-48

rise of（興起），30-33

subatomic structure（次原子粒子結構），40-43

Theseus' ship paradox（忒修斯之船的悖論），39-40, 46-47

The Systems View of Life（Capra），33-34

T

tabletop games（桌上遊戲），190
Tacoma Narrows Bridge（塔科馬海峽大橋），72-73
The Tao of Physics（Capra），33
target audience（目標受眾），215-219
  demographics（人口統計），217-218
  environmental context（環境背景），218
  identifying（識別），409, 422-423
  motivations（動機），215-217
  psychographics（心理變數），215-217
teamwork（團隊合作），384
  balancing with needs of individuals（平衡個人的需求），391
  communication（溝通），389-390
  development teams（開發團隊）
    art and sound（美術與聲音），401-402
    game designers（遊戲設計師），397
    organization chart（組織圖），395
    other team members（其他團隊成員），402
    producers（製作人），395-397
    programmers（程式設計師），399-400
    QA（quality assurance，品質保證），400-401
    UI/UX，399
  executive teams（高管團隊），392-394
  practices of successful teams（成功的團隊做了什麼），384-385, 388-389
  principles for（原則），391-392
  product development（產品開發），387-388
  product vision（產品願景），385-386
  studio roles（工作室的角色），394-395
  team size（團隊大小），402
  teams as systems（團隊如同系統），402-403
technology（技術）
  defining in concept document（定義於概念文件），227-228
  technological systems（科技系統），275

Temple Run，150
Terraria，125
testing（測試）. 請見 playtesting
thematic architecture（主題架構），192-194
thematic game elements（主題遊戲元素），119-120
  autotelic experience（以自身為目的的體驗），122-123
  content and systems（內容和系統），120
    balancing（平衡），122
    content-driven games（內容驅動的遊戲），120-121
    systemic games（系統性遊戲），121-122
  meaning（意義），125-126
  narrative（敘事），123-125
  themes（主題），125-126
themes（主題），125-126
  concept document（概念文件），230
  thematic architecture（主題架構），192-194
  thematic game elements（主題遊戲元素），119-120
    autotelic experience（以自身為目的的體驗），122-123
    content and systems（內容和系統），120-122
    meaning（意義），125-126
    narrative（敘事），123-125
    themes（主題），125-126
Theseus' ship paradox（忒修斯之船的悖論），39-40, 46-47
"thingness"（事物）
  systems as things（系統如同事物），93-94
  Theseus' ship paradox（忒修斯之船的悖論），39-40
thinking aloud in playtesting（遊戲測試時大聲思考），432
Thinking in Systems（Meadows），33
"The Third Thing"（第三件事 / 第三部分，Lawrence），45, 63, 103
third-order attributes（三階屬性），291-292
This War of Mine（屬於我的戰爭），158, 224-225

thought processes（思考過程）
　differences in（差異），14-15
　holistic thinking（整體思維），21-22
　metacognition（後設認知），14
　phenomenological thinking（現象學的
　　　思考方式），15
　reductionist thinking（簡化論／簡化思
　　　維），16-21
　systems thinking（系統思維），23-27,
　　　197-198
　　current state of（現今狀態），33-34
　　experiencing systems（體驗系統），
　　　37-38
　　history of（歷史），28-30
　　importance of（重要性），34
　　and interconnected world（互相聯結
　　　的世界），35-37
　　metastability and synergy（準穩態和
　　　協同作用），43-46
　　patterns and qualities（模式和品
　　　質），47-48
　　rise of（興起），30-33
　　subatomic structure（次原子粒子結
　　　構），40-43
　　Theseus' ship paradox（忒修斯之船
　　　的悖論），39-40, 46-47
three-door problem（三門問題），329-332
Tic-Tac-Toe（圈圈叉叉），115
time（時間）
　balancing progression with（平衡進展
　　　與），365-366
　time-scale view of interactive loops（互
　　　動循環的時間尺度），167-171
　　core loops（核心循環），168-169
　　cycles of engagement（參與的循
　　　環），169-170
　　narrative and interactive engagement
　　　（敘事和互動參與），170-171
　　timestamps in documentation（文件中
　　　的時間戳記），313
The Timeless Way of Building
　　　（Alexander），33, 48
time-scale view of interactive loops（互動
　　　循環的時間尺度），167-171
　core loops（核心循環），168-169
　cycles of engagement（參與的循環），
　　　169-170

narrative and interactive engagement
　　　（敘事和互動參與），170-171
timestamps in documentation（文件中的時
　　　間戳記），313
timing of feedback（回饋的時機），303
title（名稱，概念文件），209
tokens（標記），105-106, 194-195, 237-
　　　238
tools（工具），279
　defining in concept document（定義於
　　　概念文件），227-228
　rapid prototyping tools（快速的原型製
　　　作工具），279-280
　spreadsheets（電子表格），280
　whiteboards（白板），279-280
Torg, 270
total progression ratio（總進展比），348
tower defense games（塔防遊戲），214-
　　　215
Townsend, Michael, 349
toymakers（玩具製造者），188
Tozour, Paul, 384
trading economies（交易經濟），261
tragedy of the commons（公地悲劇），80-
　　　81
Train（火車），163-164, 174-175, 179
transitive balance（遞移平衡）
　achieving（實現），339-340
　examples of（例子），334-338
　requirements for（需求），338-339
trophic cascades（營養瀑布），81-82
Tumbleseed（翻滾吧種子），321-323, 377
Twilight Struggle（冷戰熱鬥），96
twisting ideas（扭轉想法），203-204
Tycho Brahe, 28

U

UI（user interface）team role（使用者介
　　　面，團隊角色），399
Ultima Online , 57-60
uncertainty（不確定性），114-115
unfolding complexity（逐步展開複雜性），
　　　259-260
unintended consequences loops（意外後果
　　　循環），74-75

unique selling points（USPs，獨特賣點），219-221

unlikely events, likely occurence of（很可能發生的罕見事件），333-334

Up（天外奇蹟），198

updating documentation（更新文件），310-311

upward causality（向上的因果關係），85-86

U.S. military training, transitive balance in（軍事訓練，遞移平衡），337

usage-based metrics（以使用情形為根基的指標），380-381

user interactions（UX）team role（使用者互動，團隊角色），399

user interface（UI）team role（使用者介面，團隊角色），399

USPs（unique selling points，獨特賣點），219-221

UX（user interactions）team role（使用者互動，團隊角色），399

V

valence（效價），159

values（數值）
　　assigning to attributes（分配屬性值），360-361
　　decoupling cost from（將成本與價值脫鉤），361-363
　　design process for（設計流程），194-195

VandenBerghe, Jason, 192

Varela, Francisco, 33-34

variable schedules（變動時距），261

vasopressin（血管加壓素），146

vertical slice of game（遊戲的垂直切片），422

vigor（活力），144

vision, product（願景，產品），385-386

visual artists（視覺美術師），401-402

visual feedback（視覺回饋），302-303

visual style（視覺風格），225-226

W

water molecules（水分子），44-46

ways of thinking（思考的方式）. 請見 thought processes

weaknesses, working to（弱點，補強），187

weapons, balancing（武器，平衡），357-359
　　attribute values（屬性值），360-361
　　attribute weights（屬性權重），359-360
　　decoupling cost from value（將成本與價值脫鉤），361-363

weight coefficients, assigning to attributes（加權係數，分配屬性值），359-360

Wertheimer, Max, 30

whiteboards（白板），279-280

whole experience（整體的體驗）. 請見 game concept

wholes（整體），92

Wiener, Norbert, 31

The Witcher 3（巫師3），140

Wittgenstein, Ludwig, 102-103

"Wizard of Oz" protocol（綠野仙蹤測試法），432

wolves, reintroduction into Yellowstone National Park（狼群，重新引入黃石國家公園），26-27

working title（暫定名稱，概念文件），209

world（世界，遊戲）
　　concept document（概念文件），226
　　designing（設計），193
　　rules（規則），106-108

World of Warcraft（魔獸世界），140, 267-268, 338
　　arbitrage（套利），368-370
　　NAP（near-arithmetic progression）curves（近似算術進展曲線），356
　　stock limitations in（庫存限制），274

Wright, Will, 186, 225

writing scripts for playtesting（撰寫遊戲測試腳本），426-427

Wu Xing（五行），335

X

XP（experience points, 經驗值），65, 270

x-statements（x-陳述），221

Y

Yellowstone National Park, reintroduction of wolves into（黃石國家公園，重新引入狼群），26-27

Yerkes-Dodson curve（Yerkes-Dodson 曲線），164-166

Yerkes-Dodson Law（Yerkes-Dodson 法則），142-143

Z

zero-sum view（零和視角），262-264

Zimmerman, Eric, 98

進階遊戲設計｜系統性的遊戲設計方法

作　　　者：Michael Sellers
譯　　　者：孫豪廷
企劃編輯：蔡彤孟
文字編輯：江雅鈴
設計裝幀：張寶莉
發 行 人：廖文良

發 行 所：碁峰資訊股份有限公司
地　　　址：台北市南港區三重路 66 號 7 樓之 6
電　　　話：(02)2788-2408
傳　　　真：(02)8192-4433
網　　　站：www.gotop.com.tw
書　　　號：ACG005900
版　　　次：2019 年 09 月初版
建議售價：NT$580

國家圖書館出版品預行編目資料

進階遊戲設計：系統性的遊戲設計方法 / Michael Sellers 原著；
　孫豪廷譯. -- 初版. -- 臺北市：碁峰資訊, 2019.09
　　面；　　公分
　譯自；Advanced Game Design: A Systems Approach
　ISBN 978-986-502-252-5(平裝)
　1.電腦遊戲　2.電腦程式設計
312.8　　　　　　　　　　　　　　　　　　108013402

讀者服務

● 感謝您購買碁峰圖書，如果您
  對本書的內容或表達上有不
  清楚的地方或其他建議，請至
  碁峰網站：「聯絡我們」\「圖書
  問題」留下您所購買之書籍及
  問題。(請註明購買書籍之書
  號及書名，以及問題頁數，以
  便能儘快為您處理)
  http://www.gotop.com.tw

● 售後服務僅限書籍本身內容，
  若是軟、硬體問題，請您直接
  與軟體廠商聯絡。

● 若於購買書籍後發現有破損、
  缺頁、裝訂錯誤之問題，請直
  接將書寄回更換，並註明您的
  姓名、連絡電話及地址，將有
  專人與您連絡補寄商品。